本书由庆阳市政府采购项目(QYZC2021-0203)、中医药部门公共卫生专项子课题(GSZYPC201712、GSZYPC201809、GSZYPC201810、GSZYPC20185Z03)、甘肃省陇东生物资源保护利用与生态修复重点实验室、甘肃省子午岭生态学野外观测研究站专项经费、陇东学院专著出版基金和甘肃陇欣达生物科技有限公司资助出版

甘肃子午岭省级自然保护区综合科学考察报告

——生态状况调查监测

马世荣　寇志承　主编

西北农林科技大学出版社
Northwest A&F University Press
·杨凌·

图书在版编目（CIP）数据

甘肃子午岭省级自然保护区综合科学考察报告：生态状况调查监测 / 马世荣，寇志承主编 . — 杨凌：西北农林科技大学出版社，2022.12

ISBN 978-7-5683-1209-7

Ⅰ . ①甘…　Ⅱ . ①马…②寇…　Ⅲ . ①自然保护区—科学考察—考察报告—甘肃　Ⅳ . ① S759.992.42

中国国家版本馆 CIP 数据核字（2023）第 008170 号

甘肃子午岭省级自然保护区综合科学考察报告：
生态状况调查监测

马世荣　寇志承　**主编**

出版发行　西北农林科技大学出版社
地　　址　陕西杨凌杨武路 3 号　　**邮　编**　712100
电　　话　总编室：029-87093195　　发行部：029-87093302
电子邮箱　press0809@163.com
印　　刷　西安日报社印务中心
版　　次　2022 年 12 月第 1 版
印　　次　2022 年 12 月第 1 次印刷
开　　本　787 mm × 1 092 mm　1/16
印　　张　25.75
字　　数　502 千字

ISBN 978-7-5683-1209-7

定价：68.00 元

《甘肃子午岭省级自然保护区综合科学考察报告——生态状况调查监测》

《甘肃子午岭省级自然保护区综合科学考察报告——生态状况调查监测》

调查编辑单位、考察人员及撰稿人

陇东学院： 车海同 陈德来* 陈亚锋 丁孝娜 冯徐英 韩亚鹏* 景红红 梁 霄 刘富顺* 刘灵霞* 柳鹏飞* 刘瑞瑞* 刘艳艳 马世荣* 蒙玉青 秦雪雪* 尚 菲* 史红全* 史俊梅 王春林* 王凤琴* 肖佳佳* 许姝娟* 杨文辉 张亮梅 张耀宗 周天林*

甘肃子午岭自然保护区正宁管理局： 李宁平 李亚东 王 涛 谢 煜 燕晓锋 杨 振 张文伟

甘肃子午岭自然保护区宁县管理局： 刘治权 马军孝

甘肃子午岭自然保护区合水管理局： 何登宁 何志瑞 李辉鹏 盛 飞 王亚恒 王瑞娟 张育宏

甘肃子午岭自然保护区华池管理局： 郭晋宏

庆阳市林业科学研究所： 王威力

西北师范大学生命科学学院： 朱学泰

庆城县白马铺小学： 吴菊明

甘肃陇欣达生物科技有限公司： 胡亚红

*表示同属甘肃省陇东生物资源保护利用与生态修复重点实验室和子午岭野外科学观测研究站研究人员。

人员排名按姓名音序。

前言

甘肃子午岭省级自然保护区位于庆阳市境内，含子午岭林区的华池、合水、宁县、正宁四个管理局所辖林区核心地段，总面积242106.1hm²，其主要保护对象为黄土高原丘陵地区天然次生森林生态系统及野生动植物资源。保护区地处我国温带草原区南部，具有一定的暖温带落叶阔叶林向温带草原过渡特征，是本区天然的物种资源宝库，亦是陇东和陕北黄土高原的重要水源区。保护好森林生态系统，对维持区域生态环境的稳定具有十分重要的作用。

1953—1981年，中国科学院植物研究所和西北生物土壤研究所对本区植物多样性进行了四次小范围调查。1980年以来，原庆阳师范高等专科学校生物系刘立品等学者通过生物多样性实习及后期相关项目工作的开展，基本摸清了子午岭林区木本植物资源本底情况。2006年以来，陇东学院生命科学与技术学院马世荣副教授通过专业见习及第四次全国中药资源普查和相关项目工作的开展，初步掌握了保护区维管植物多样性概况。

2021年8月，受庆阳市林业和草原局的委托，由陇东学院马世荣副教授组织子午岭野外科学观测研究站、甘肃省陇东生物资源保护利用与生态修复重点实验室、生命科学与技术学院、历史与地理学院和政法学院等单位相关专业专家及本科生组成考察队，依据《甘肃黄河流域自然保护区本底资源调查技术方案》、《自然保护区生物多样性调查规范》（LY/T 1814—2009）、《自然保护区综合科学考察规程》（环涵〔2010〕139号）、《国家公园资源调查与评价规范》（LY/T 3189—2020）、《县域陆生高等植物多样性调查与评估技术规定》、《县域植被多样性调查与评估技术规定》、《县域陆生哺乳动物多样性调查与评估技术规定》、《县域鸟类多样性调查与评估技术规定》、《县域两栖类和爬行类多样性调查与评估技术规定》、

《内陆鱼类多样性调查与评估技术规定》和《外来入侵植物对自然保护区植物多样性影响评估技术导则》等相关技术标准，对甘肃子午岭省级自然保护区自然地理环境、自然资源、野生动物资源调查、野生植物资源及植被资源、社会经济和旅游资源、保护区受威胁因素、保护区保护管理现状等方面进行了全面的综合性科学考察，根据所获资料及多年的调研数据，编纂完成此报告。

本书由马世荣、寇志承全面负责本书的构想设计、组织协调、统稿润色、修订定稿工作，副主编许姝娟、王威力、柳鹏飞和张耀宗参与构想设计、组织协调工作，并对本书进行了细致的审阅和修改。陈德来负责第一章内容编写，参与第三章编写，字数6万字；张耀宗、刘艳艳负责第二章内容编写，字数3万字；马世荣负责第三章内容编写，字数3万字；李辉鹏参与第三章内容编写，字数3万字；王威力参与第三章内容编写，字数3万字；杨振参与第三章内容编写，字数12.5万字；许姝娟负责第四章内容编写，字数8万字；柳鹏飞参与第四章内容编写，字数1万字；李亚东负责第五章、第六章、第七章、第八章内容编写工作，字数8.1万字；车海童负责第九章内容编写，字数0.5万字。其他项目团队成员负责数据采集及资料收集工作。

本书中维管植物物种信息主要参考“植物智——中国植物物种信息系统http:// www. iplant. cn.”进行检索鉴定，科属编排按《中国维管植物生命之树》。动物物种信息及科属编排依据《中国动物志》、《中国生物物种名录》（第二卷）和各类群最新研究成果进行整理。

在此，谨向支持和关心本次考察的庆阳市林业和草原局，甘肃子午岭自然保护区华池、合水、宁县和正宁管理局及下辖管理站，陇东学院，子午岭野外科学观测研究站，甘肃省陇东生物资源保护利用与生态修复重点实验室，甘肃陇欣达生物科技有限公司等单位，亲自参加考察付出艰辛劳动的研究人员、专家以及为本次考察做了大量后勤保障的保护区的同志们致以衷心的感谢。

由于保护区是首次科学考察，项目周期较短，调查和文稿编写时间仓促，难免有遗漏和不足之处，我们热忱欢迎读者和各界人士批评指正。

编者

2022年11月

目录

第1章 总 论

1.1 自然保护区地理位置

子午岭地跨陕西、甘肃两省，处于黄土高原的腹地，因与本初子午线方向一致，故称子午岭。子午岭是桥山山脉的一条支脉，它介于泾河与洛河两大水系之间，位于著名的董志原和洛川原之间的抬升山地。甘肃子午岭省级自然保护区位于甘肃省庆阳市东部，含子午岭林区的华池、合水、宁县、正宁四个管理局所辖林区核心地段，地理坐标在东经108°09′～108°43′，北纬35°18′～36°30′之间。

1.2 自然地理环境概况

子午岭在地质构造上属于华北陆台的鄂尔多斯地台的一部分，经过古生代后期和中生代长时期升降变迁，到晚新生代受新构造运动影响而隆升成梁，并经第三纪红黏土、第四纪黄土堆积形成。在第四纪后期经冰川融化及降雨侵蚀、切割形成现存的梁、峁、残塬、沟谷、川台等多种多样的地表形态。区域内地形起伏缓和，主岭海拔1500～1600m，南、中、北段高差不大，南部调令关海拔1756m，为子午岭在甘肃境内的制高点，最低处合水太白镇以东葫芦河谷底海拔1100m。山体相对高差多在200～400m之间。梁、峁顶部浑圆平缓，斜倾3°～5°；沟坡上斜下陡，变化于10°～35°之间。区内土壤类型主要有：灰褐色森林土，在子午岭林区分布最广；黑垆土，分布于林区平缓梁峁、沟谷川台地和林缘残塬塬面；黄绵土，在子午岭梁峁沟坡和残塬斜面分布较多；草甸土，在林区沟谷底部发育。

保护区北部（华池县麻子腰岘——林镇范台——合水县上平定川一线以北）属陇中北部北温带半干旱区，林区中部和南部属陇中南部北温带半湿润区。保护区年平均日照时数2416h，年均太阳辐射量173MJ/m^2，年平均总云量5.3～6.2成。在全球气温升温的背景下，近50年子午岭地区气温呈上升趋势，1971—2020年年平均气温已达8.6～9.6℃，极端最高气温42.1℃，极端最低气温–27.7℃。年无霜期110～150d；年累积积温3284～3430℃，≥10℃的持续日数155～160天，积温2670℃，≥15℃的持续日数仅100天左右，积温1905～2150℃。年平均风速1.7m/s，年平均降水量在493～622mm之间，年平均蒸发1492mm，年平均绝对湿度（水汽压）8～10百帕。

1.3 自然资源概况

甘肃子午岭省级自然保护区地处我国温带草原区域的南部，属温带大陆性季风气候。冬季寒冷干燥，夏季高温多雨，从而导致植物的生态型以中生植物为主，并含有一定数量的旱中生植物和湿中生植物。由于林区处于暖温带落叶阔叶林区北缘，与温带草原区域接连，加之林区呈南北狭长分布，林区中段和南段落叶阔叶林特征明显，北段呈现了温带森林草原景观。受地形影响，岭东较岭西及阳坡和阴坡存在一定差异。另外，由于多年来的人工育林工程，子午岭形成了大面积的人工森林群落，主要有人工油松林、刺槐林和华北落叶松林。目前，保护区森林覆盖率达87.62%，区内动植物资源丰富。

通过本次科学考察，共收录到维管植物133科593属1394个分类群（含种下等级）。其中，蕨类植物8科13属24种，裸子植物5科9属23种，被子植物120科571属1347种。木本植物407种（含半灌木），草本植物987种。野生植物113科469属1116种，栽培植物74科185属278种；有国家Ⅰ级野生保护植物1种，国家Ⅱ级野生保护植物6种。子午岭特有植物2种，即细茎紫菀和亚环鳞荛花。资源植物类型及种类数量繁多，有重大的研究及开发利用价值。其中，药用植物1209种，经济价值较大的有甘草、柴胡、达乌里秦艽、穿龙薯蓣、黄精、卷叶黄精、远志、槲寄生、北桑寄生、酸枣、黄芩、防风、杠柳、急折百蕊草、蕤核等。果树植物资源73种，如山荆子、陇东海棠、花叶海棠、楸子、花红、杜梨、山杏、毛樱桃、山桃、甘肃桃、山楂、山里红、无毛山楂、湖北山楂、茅莓、五味子等。菜用植物94种，如蕨麻、荠、蒲公英、泥胡菜、水芹等。园林绿化及观赏植物203种，如紫丁香、北京丁香、互叶醉鱼草、栾树、连翘、白蜡等。水土保持植物69种，如狼尾草、荻、假苇拂子茅、芦苇、牛筋草、中间锦鸡儿、牛枝子、胡枝子、广布野豌豆、背扁膨果豆、中国沙棘、榆树、小叶杨、毛梾等。记录到苔藓植物15科

21属21种，藻类植物3科3属3种，大型菌类24科43属63种。

收录到动物资源59目251科1392种。其中，陆生野生脊椎动物28目80科172属285种，水生脊椎动物中鱼类2目4科13属14种。陆生脊椎动物中兽类6目16科29属41种、鸟类18目55科129属228种、爬行类2目6科10属11种、两栖类2目3科4属5种。无脊椎动物29目167科1093种；其中，昆虫类15目144科1060种；其他无脊椎动物包括5门12纲14目23科33种。国家Ⅰ级保护动物有华北豹（俗称金钱豹）、秃鹫、大鸨、黑鹳、金鹏、玉带海鹏和猎隼7种；国家Ⅱ级保护动物有黄喉貂、石貂、豹猫、水獭、狼、赤狐、大天鹅、小天鹅、鸿雁、鸳鸯、棉凫、苍鹰、雀鹰、日本松雀鹰、赤腹鹰、普通鵟、大鵟、红脚隼、红隼、燕隼、游隼、灰背隼、白腹鹞、水雉、红腹锦鸡（放生）、灰鹤、领角鸮、红角鸮、雕鸮、纵纹腹小鸮、灰林鸮、长耳鸮、短耳鸮、云雀、红胁绣眼鸟、北朱雀、红交嘴雀、斑头鸺鹠、领鸺鹠、橙翅噪鹛、蓝喉歌鸲和大鲵（养殖放生）42种。中国特有鸟类有红腹锦鸡、山噪鹛、橙翅噪鹛、宝兴歌鸫和黄腹山雀5种。2017—2022年在子午岭均发现有华北豹（金钱豹）种群，本次调查通过210台红外相机系统监测，发现子午岭已成为我国特有物种——华北豹最大种群分布区。

子午岭林区的河流分属于黄河二级支流泾河和洛河两大水系，其中岭西为泾河东源（亦是其主源）马莲河，有柔远川、城壕川、合水川、固城川、湘乐川、九龙川、解家川（疙拉河）、四郎河、支当河9条支流汇入；岭东为洛河流域的葫芦河，有二将川、荔园堡川、豹子川、大凤川、平定川、太白川6条支流汇入，于合水太白镇以东入陕西富县。林区共有天然湫池、人工水库和塘坝80多处（座），其中水库9座，总库容量2449×104m^3，控制流域面积951km^2；人工塘坝和天然湫池蓄面积约300hm^2。此外，还有林区湿地（沟谷沼泽）面积约1000hm^2。

1.4　社会经济概况

子午岭省级自然保护区在正宁、宁县、合水、华池4个县境内都有分布。其核心区内没有居民居住和农牧民活动，在缓冲区和实验区及其边缘总计有14个乡镇，104个行政村，人口14.68万人，其中农业人口12.66万人，主要分布在实验区和保护区外围，缓冲区人口分布较少。由于自然条件限制，林区社会经济发展缓慢，群众生活比较贫困。群众主要从事农业生产，兼营一定规模的畜牧业和少量林副业。农作物品种林区以玉米为主，并有少量水稻和西葫芦（产白瓜子）；林缘区有玉米、小麦、油菜、马铃薯、红薯等；畜禽有牛、马、猪、鸡、鸭等；林副业主要有采种、挖药、山货编制及小农具加工等。

自然保护区所在4个县共有36镇19乡，567个行政村（社区），2777个村民小组，总人口109.77万人。主要以汉族为主，占总人口的99%以上，其他还有回、蒙古、藏、苗、满、羌、土家等多个少数民族。总体受教育程度较低，高中以下文化程度占绝大多数。2020年，正宁、宁县、合水和花池四县（区）国内生产总值238.75亿元，其中第一产业产值37.42亿元，第二产业产值121.06亿元，第三产业产值80.27亿元。农业总产值74.81亿元。粮食总产量为50.58万吨，人均粮食占有量460.78kg，农民人均可支配收入10505.43元。

保护区内及周边有大小名胜古迹、革命圣地旧址和森林旅游资源等143处，如南梁苏维埃政府旧址、抗日军政大学第七分校旧址、双塔寺、保全寺、唐王墓、秦直道以及黄土高原森林生态景观。

保护区内有G22青兰高速、309国道和303省道，另有县乡公路、乡乡公路交错，基本达到了村村通。所有行政村全部通电，并有中国移动、中国电信和中国联通无线网络覆盖。各乡镇均已实现通邮及部分快递。

1.5 保护区范围及功能区划

甘肃子午岭省级自然保护区北以分水梁为界与陕西志丹县接壤，东以华池豹子川管理站与合水平定川管理站分水岭——葫芦河——陕甘边界一线为界，南部达正宁县与陕西省相邻，西线沿华池县老南梁、九只窑口，经合水县的田家坪、木瓜岭、小沟、西拉沟、拓儿塬、太白庙、安子塬，宁县川庄子、宋家庄、九曲、姜家台、桃树庄、榆田，再经正宁县韩淆、南桥、苇庄子、五顷塬、红土窑、梁子塬、薛家沟、前马塬以南省界为止。区划涉及子午岭22个管理站，区划经营面积242106.1hm^2；其中核心区65153.3hm^2，缓冲区46859.0hm^2，实验区130093.8hm^2。

1.6 综合评价

甘肃子午岭省级自然保护区位于我国温带草原区南部，保存有典型的暖温带—温带森林生态系统，是天然的物种资源宝库，包含有多种珍稀、濒危野生动植物。本区以华北成分为主，其次为华中成分和黄土高原成分，还杂有少量蒙新成分、东北成分和欧洲中亚成分，是多种区系成分交汇组成。自然植被类型具有一定的暖温带落叶阔叶林向温带草原过渡特征，森林覆盖率达87.62%。该区还是陇东和陕北黄土高原的重要水源区，保护好森林生态系统，对维持区域生态环境的稳定具有十分重要的作用。

该区是我国黄土高原地区生物多样性较丰富的地区之一，保护区的建立有利于保护地区生态环境，有利于该区的生物多样性保护。

第2章　自然地理环境

2.1　地质

大约在第四纪晚期，即全新世，地质又处在新构造运动中，整个黄土平原出现中度挠曲和隆升，将原来黄土堆积的低平盆地抬升成为高起的表面完整的黄土高原。今子午岭从湖盆中上升为南北走向的长梁，也即桥山山脉。

2.1.1　地质演变

4.4亿年前古生代初期，庆阳东面吕梁山上升，西面鄂尔多斯地块下陷，形成整个华北地区东高西低的构造局面。庆阳市沉积着较厚的海相灰岩，有早古生代寒武系竹叶状灰岩、砂岩、页岩及奥陶系块状厚层灰岩、砂页岩。

大约3.5亿年前志留纪、泥盆纪时期，经加里东运动，下陷的鄂尔多斯盆地曾上升为构造剥蚀环境，经过上古生代晚期海西运动，构造剥蚀上升环境又一度下陷为构造沉积环境。

至2.3亿年前中生代初期，长达数十亿年间，庆阳全境处于一片汪洋大海之中。

2亿年前中生代三叠纪晚期，发生印支运动，亚洲东部、南部出现褶皱山脉，庆阳一带隆升为陆地，成为起分岭作用的古陆梁。印支运动末期，甘肃省区域上升为陆地，西部出现祁连山，南部出现陇南山脉和秦岭，东部出现高差不大的丘陵。

大约1.5亿年前中生代侏罗纪，今甘肃省区域大部分河水东向流动，在今陇东形成大湖和沉积。庆阳处于最大的湖盆——庆阳湖区。发源于安西、敦煌的古阿拉善河及古黄河、蒙古河、古纳水河等皆注入庆阳湖内。

1.4亿年前侏罗纪晚期，华北发生燕山运动，使甘肃陆地再次抬升，庆阳湖一度干涸，并在湖区西部出现南北走向的贺兰山和六盘山。

1亿年前中生代白垩纪时期，庆阳市再次形成湖泊水域环境。

2500万年前新生代第三纪，由于受西面六盘山上升的陇山运动影响，庆阳部分地区隆升为陆地，部分地区仍属下陷水域。伴随着陇山运动的继续推进，至第三纪晚期，庆阳全境才成为陆地。

1000万年前，庆阳已是地势低平的绿色草原。

200万年前，庆阳所在区域为亚热带半干旱草原环境。中更新世，陕甘宁湖盆缩小，由于全国气温升高，庆阳一带在黄土堆积中发育出许多条状红色古土壤，称为红土化时期。晚更新世，地壳进一步上升，青藏高原海拔达到4000 m，阻挡了印度洋暖湿气流的北上，迫使干冷的空气在西伯利亚大陆上聚集加强，中国季风最后形成。北方气候变得十分干冷，西北风非常强烈，将蒙古高原的土带向东南，在华北、西北东部飘落下来，覆盖于山顶、丘峁、河谷、湖泊地带，经近百万年堆积，厚度加大，最厚处达百米以上，形成一望无际的黄土平原，被称为大黄土时期。甘肃、山西、陕西及鄂尔多斯湖盆首当其冲，黄土层深厚。

大约在第四纪晚期，即全新世，至1.5万年，地质又处在新构造运动中，整个黄土平原出现中度挠曲和隆升，将原来黄土堆积的低平盆地抬升成为整体隆起的黄土高原。庆阳东部的子午岭从湖盆中上升为南北走向的长梁，即桥山山脉。残积湖水冲破南部峡谷，向南流入泾水，形成马莲河、蒲河水系。全新世开始后，由于黄土本身质地疏松，加之河流洪水长期侵蚀冲刷和近晚期人类活动的影响，水土流失严重，黄土高原逐渐解体。原来较为平坦的地面被切割成碎块，出现高原、沟壑、梁峁、河谷、平川、山峦并存的地貌格局。

2.1.2　地质构造

庆阳市的地质构造，属于内陆新华夏系统沉降带构造盆地，为中国北方华北地台大地构造单元的一部分，处于祁连山—贺兰山—吕梁山“山”字构造东翼盾地褶皱带。最深层基底由前震旦系片岩、片麻岩组成；上层为震旦系石英岩和矽质灰岩，亦有寒武系和下奥陶统形成的碳酸盐岩；中奥陶统为绿色砂页岩。中上石炭统多为海陆交互相含煤建造，直接伏于中奥陶统之上。以上为二叠系以后的陆相沉积。二叠系、三叠系沉积岩厚度达3000m，为当时鄂尔多斯沉积中心。自中元古代至第三纪各代沉积岩总厚度达7000多米。

平凉至环县山城堡以西有“牛首山太统山隆起”，是古生代一系列边缘凹地相地层，有含煤的海陆交替相石炭二叠纪地层，从印支运动时期隆起，形成“古陆梁”。白垩纪晚期，在南起灵台、北至环县、西到镇原的广大范围内，所出露的白垩纪砂页岩交互层均呈水平分布，后经长期侵蚀，从白垩纪末期至第三纪间，形成一个广阔的古剥蚀面，除其边缘局部沉积第三纪红土层外，大部直接被第四纪土状堆积物覆盖。白垩纪基岩的古剥蚀面是黄土高原的下层基础。第四纪地层由下更新世的红黏土（又称午城黄土）、中更新世的老黄土（又名离石黄土）与砂砾层、上更新世的黄土（又称马兰黄土）至全新世的灰黄色薄层堆积物组成。全市各地土层厚度不一，合计在60～240m之间，以西峰附近最厚，在240m左右。

2.1.3 地层状况

2.1.3.1 中生代白垩系

洛河组：厚241～266m，广布于全市地下，其顶板高程以15.3%的坡降由东向西倾斜，至镇原境又翘起。岩性为棕红、浅棕红交错层，间夹细砂岩和少量粗砂岩。碎屑矿物成分以长石、石英为主，云母次之，钙质与泥质胶结，结构疏松，岩相较为稳定，连续沉积于宜君组地层之上。

华池组：厚129～179m，分布全市，以15.3%的坡降向南倾斜。北薄而南厚，岩性以棕红、紫红、充填，岩相变化较大，但结构致密坚硬。

环河组：厚145～363m，分布广泛，出露仅见于河谷。地层东西厚而中部薄。下部岩性以棕红、紫红色泥岩、页岩为主，夹少量灰色、灰绿色粉砂岩；上部以灰紫色泥、页岩为主，夹暗紫色、紫红色粉细砂岩。岩相变化不大。

罗汉洞组：厚233m，分布于子午岭至正宁解家川一带。岩性以橘红、橘黄、浅灰、紫色中薄砂岩、泥岩、砂质泥岩、泥质粉砂岩组成。底部以砂岩具大型交错层理，呈厚层块状，由钙、泥质作软胶结，结构较为疏松。

2.1.3.2 新生代第三系

上新统泥岩厚126.39m，分布较广，但露头仅见于沟谷两侧和沟脑部位，厚度由东向西逐渐变薄。本层属于三础马红土层，岩性以棕红、浅棕红、浅棕色泥岩与砂质泥岩为主，其中夹有零散和成层的钙质结核，少数结成钙板。

2.1.3.3 新生代第四系

1.下更新统

三门组，厚9m，主要分布于泾河、马莲河河谷五级阶地之下。岩性以橘黄、棕黄色为主。其下部为砂砾石层，呈灰白和橘黄色，具交错层理，属河床型。成分由灰岩、页岩、石英岩、石英砂岩、砂岩、钙质结核等组成。上部以棕黄色砂面黏土和砂质土为主，夹砂砾石层和粉细砂层，可见水平层理。

午城黄土，厚30～40m，出露于河谷上游。西部厚而东部薄。其颜色以浅棕黄为主，岩相稳定。土质成分由亚黏土、粉砂土组成，钙质含量高，成岩作用强，并夹有大量钙质结核。

2.中更新统

下冲积层，厚70m，主要分布于泾、马二河四级阶地。岩性主要为灰白及灰黄色砾石层，砂层夹褐色黏土和亚砂土层。砂石成分以泥岩、砂岩为主，并含少量钙质结核与灰岩，局部为半胶结状态。

离石黄土下部，厚50～86m，广泛分布于河间区，出露于沟谷坡地。其成分以棕黄、浅棕黄色亚黏土、亚砂土为主，夹5～10层棕红、褐红色古土壤和灰黄色钙质结核层。

上冲积层，厚9m，分布于泾河、蒲河、马莲河、固城河三级台地。下部岩性为灰白、灰黄色砂砾石层，砾石以石英、灰岩为主，砂、泥岩次之，并夹少量火成砾石。上部为灰黄色、褐黄色亚砂土，含零星钙质结核，并加薄层钙板，密实而半坚硬，具有水平层理。

离石黄土上部：厚30～57m，广泛分布于三级台地以上河间地区，出露于沟谷陡坡。其岩性为浅黄、灰黄色砂质黄土，间夹3～4层棕红色、褐红色古土壤层，单层厚1～2m，间隔7～16m，黄土颗粒组分，各地变化不大，平均含砂粒16%，含粉粒67%，含黏粒17%。

3.上更新统

冲积层，厚10～30m，分布于诸河沿岸二级阶地，属萨拉乌苏组。其底部岩性为灰白、灰黄、褐黄色砂砾石层，成分以泥岩、灰岩、石英岩为主，钙质结核和火成岩次之。中部为亚砂土夹砂砾石层，结构松散。上部为灰黄、褐黄色亚黏土，具水平层理，并加黏土淤泥条带和细砂薄层。

马兰黄土：厚5～20m，广泛覆盖于二级阶地及其以上河间、塬面、山岭，土层为浅黄色砂质黄土，质地均一，结构松散。

4.全新统

冲积层下部：厚10～15m，分布于川谷一级阶地，沿河两侧做带状布展。其岩性下部为灰黄色亚砂土，砂石成分以泥岩、页岩和钙质结核为主。泾、马、蒲河区砾石成分中还有灰岩、火成岩、石英岩等。上部为亚砂土，质地均一，较疏松，局部夹透明状砂砾石层，具有明显的二元结构特征。

冲积层上部：厚2～5m，分布于河漫滩地，岩性主要为灰色、灰黄色砂砾、卵石，成分以砂岩、泥岩为主，含少量灰岩、火成岩。部分地区则以泥岩、页岩和钙质结核为主。

2.2 地貌

子午岭，又名子午山，主脉居中南北向。古人认北为“子”，认南为“午”，故有此名。《大明一统志》记述此山“南连耀州，北抵盐川，东接延安，绵亘八百余里”。支脉呈指状东西伸展，形成大片丘陵山地。梁峁长短不一，最长10余km，梁面多似鱼脊，梁坡以3°～7°向两侧倾斜。沟谷切深100～200m，沟坡25°～35°，多有滑坡。

子午岭海拔多在1600～1900m之间，南北长约413km（庆阳境内207km），东西宽60～80km，纵贯环县、华池、合水、宁县、正宁5县和陕西省定边、吴旗、志丹、富县、黄陵、旬邑、宜君、耀州、淳化9县。北起陕西省定边县马鞍山，南至淳化县嵯峨山，相对高程250～400m，从中部兴隆关向南逐渐升高。本区内最高为调令关，其海拔1756m。子午岭桥山山脉支系为泾河、洛河分水岭，地形以梁峁为主，两侧多沟谷，短小狭窄，长2～5km。沟谷间分布有梁峁状黄土丘陵。区内地形起伏大，但因植被覆盖良好，水土流失轻，年侵蚀模数为1795t/（km^2·Y）。

庆阳境内按地形地段可分为铁边山、老爷岭、青龙山、斜梁4段，向东西辐射支脉数十个。山区总面积5734km^2。

2.2.1 山脉

子午岭位于境内东部，是庆阳市第一大山系。唐代前整个山系均称桥山山脉或桥山，后因地段不同出现分段名称，如横岭、斜梁、老爷岭、青龙山、子午岭等。秦代在山脉岭脊筑有直道，南起云阳，北达九原，在境内长达290km。沿途设有数百座烽燧、墩台和关口，主要关寨自北至南有五亭寨、兴隆关、艾蒿店、调令关等。

2.2.1.1 铁边山山脉

铁边山是子午岭主脉北部箭杆岭、钻天岭之南一段山脉，呈南北走向，进入环县、华池境内后改为西北朝东南走向，直达华池县紫坊畔乡。境内长达58km，支脉涉及环县耿湾、四合塬、樊家川、八珠和华池县乔川、白马、元城、怀安、乔河等乡镇。山地面积约760km^2。主要支脉：

兴隆山位于环县原四合塬乡，海拔1774m。东北—西南走向，有兴隆山古建筑群。支脉是黑家大山，其海拔1673m。

横岭位于华池、环县交界区，北部海拔1700m，南部海拔1500m，是白马川与安山川分水岭，呈南北走向，直达庆城县境内。

青沙岭位于乔川乡北部，有铁角城和秦长城。

营盘岭位于铁角城东、秦长城南墙根，宋代为范仲淹屯兵扎营之地。

打扮梁本名大坂，位于乔河乡东北，是铁边山东段南北分水梁，东有双墩儿山，东南有黑老虎岭。

黄帝山位于华池县柔远镇庙巷南山。古时山上有轩辕黄帝庙，山下沟渠称庙巷。

2.2.1.2　老爷岭山脉

老爷岭位于华池县东部，呈南北走向，海拔1672m，是子午岭主脉中段主要山脉，也是葫芦河与柔远河分水岭。北起双墩儿山西脉，南至合水县大岔，全长53km。支脉涉及华池县紫坊畔、乔河、柔远、山庄、南梁、城壕、林镇与合水县太白等乡镇。山区面积约1106km^2。主要支脉有大分水梁和二将山。

大分水梁位于陕西志丹县与华池县边界，海拔1625m，为陕甘两省分水岭，又是北洛河与葫芦河分水岭。山势呈西北——东南走向，东南部深入陕西境内，山岭南侧涉及华池县南梁、林镇及合水县太白镇域。

二将山位于老爷岭东侧山庄乡境内，峰峦高筑，林木茂盛。山腰有宋代边关守将范仲淹亲筑大顺城。

太阳坡岭位于城壕川掌，山下修有太阳坡水库。

2.2.1.3　青龙山山脉

青龙山位于合水县与华池县境内，呈西北——东南走向，是子午岭中段主脉之一，西北起于华池、合水，交之木瓜岭，东南至合水与宁县交界的午亭子，全长50km。北部海拔1633m，南部海拔1658m。山脉中段最低处有子午岭隧道穿洞而过。主要支脉如下：

天子坳山位于合水、华池两县边界，也是城壕川与杨坪川分水岭。相传周先祖公刘生于此地，故称天子坳。

英雄山位于合水县杨坪南部，是杨坪川与干湫子川分水岭。

青龙山东岭位于合水县太白镇西北部，是葫芦河与苗村川分水岭，全长10km，海拔1620m。北山小支脉为东华池堡子山，山下有宋代砖塔和中国人民抗日军政大学第七分校旧址。南山下苗村有宋代塔儿湾石塔。

黄蒿山也称黄蒿塬，位于蒿咀铺乡南部，是县川与瓦岗川分水岭，全长10km，海拔1600m。

拓儿山也称拓儿塬，位于合水太莪乡，是香水河与瓦岗川分水岭，海拔1600m。

桌子岭位于合水大山门林场境内，海拔1580m。

马岔山位于太白镇西部，海拔1600m，是苗村川支流烟景川与曹寺川分水岭。长柏山位于太白镇与陕西富县直罗镇边界，是苗村川与槐树庄川分水岭。东部山岭深入陕西境内。

2.2.1.4 斜梁山脉

合水县午亭子到正宁县刘家店，山势呈南北走向，是子午岭最南端的一段支脉，也是陕甘两省边界和泾、洛二河分水岭。全长46km，海拔1658～1756m，中段兴隆关海拔1687m，南部调令关海拔1756m，为子午岭最高峰。支脉涉及宁县盘克、金村、九岘和正宁县西坡、五顷塬、三嘉等乡镇。山区面积约1022.14km^2，其中宁县境内659.36km^2，正宁境内362.78km^2。主要支脉如下：

午亭子西山位于宁县盘克山脉东罗山府管理站境内，是固城川与湘乐川分水岭，从东向西倾斜，山南坡下有白吉坡水库。

木瓜山位于兴隆关西金村境内，是湘乐川与平道川分水岭。西部有梁掌林场和金村乡。

碾盘山位于正宁县西坡镇境内，是四郎河与九龙河分水岭。

中湾山位于正宁县南邑乡境内，海拔1700m。正铜公路纵贯全岭。山中有中湾管理站和林科所。

调令斜梁，三梁岇经调令关向西南至刘家店，是马栏河与王家河分水岭，海拔1756m。

2.2.2 丘陵

东部低山丘陵区包括整个子午岭林区及其西部边缘区，北起华池县紫坊畔乡，南至正宁县三嘉乡刘家店，纵跨华池、合水、宁县、正宁4县东部。该区面积4972km^2，占全市国土总面积的18.33%，占丘陵总面积的36.25%。

西北部丘陵沟壑区位于环县、华池两县西北部，包括子午岭西北支脉和羊圈山主脉及大部分支脉，是全市最干旱的地区。总面积8745km^2，占全市国土总面积的32.25%，占丘陵总面积的63.75%，其中环县境内7909km^2，华池境内764km^2。

2.2.3 川台

全市子午岭范围内的川台区主要分布在马莲河、四郎河、九龙河、葫芦河及泾河干流两岸。各县区均有少量一、二级川台地。川台地是全市农业生产最发达、自然条件最好的地方。土地肥沃，水利条件好，既有高产粮食作物，也有蔬菜、瓜果等经济作物。

2.2.3.1 马莲河川台

马莲河川台地面积最大，范围最广，中下游海拔850～1100m，上游海拔达1400m。该区包括各大支流川台地共38万亩（含非耕地），为庆城、宁县、合水、华池、环县所有。在川台地上建有环县、华池、庆阳、宁县四座县城，涉及乡镇40多个。该区主要出产小麦和经济作物。宁县一些川台地小麦亩产高达400～500kg。宁县九龙川的大枣和黄柑桃，享誉省内外。庆城县环江和合水县板桥的甜瓜、西瓜也颇有名气。

2.2.3.2 四郎河川台

四郎河川台地主要在正宁县原罗川乡，山河、西坡、宫河、周家、永和等乡镇只有少量分布。该区总面积2.1万亩。这里气候温和，雨量适中，是全区农作物生长最好的地区之一，主要农作物是小麦、玉米、高粱，经济作物有烟叶、大葱、瓜、菜等。四郎河川台果类瓜菜品种繁多，尤以柿子、大葱著名。罗川烟叶皮厚味浓，享誉省内外。

2.2.3.3 葫芦河川台

葫芦河川台地位于华池和合水两县东部葫芦河上游，范围涉及太白、林镇、山庄、南梁4个乡镇和连家砭、太白、平定川、大风川、豹子川、南梁、山庄、林镇8个管理站部分川台地。该地总面积9.3万亩，其中合水4万亩，华池5.3万亩。葫芦河川台以出产白瓜籽著名，年产约30万千克。这里又是区内唯一种植水稻的川地，素有“陇东小江南”之称。该地出产的大米粒大、味香，可与宁夏大米媲美。

2.3 河流

庆阳境内子午岭自然保护区主要分属两大流域，泾河流域和葫芦河流域。

2.3.1 泾河水系

泾河发源于宁夏回族自治区泾源县老龙潭，流经甘肃省平凉市崆峒区、泾川县，于蒲河口进入庆阳市宁县长庆桥，流经庆阳市内30km，从正宁县周家镇出境入陕西省长武县、彬州区东去。市内主要支流有马莲河、四郎河、无日天沟河，均系泾河流域。

2.3.1.1 马莲河

马莲河古称煌涧，汉代称泥水，北魏后称马岭河，唐代因两大支流马岭水和白马水（柔远河）在庆城南汇合后称马莲河，属黄河水系，为泾河支流。东南向入合水县，有县川河由东注入，后呈南北流向，太乐沟、赵家川河从西岸汇入，继续向南流入宁县境内，又有固城川河，湘乐川河，九龙河在宁县城附近汇入，再南流至政平注入泾河。马莲河全长374.8km，庆城以下长110km，是庆阳市第一大河，流域面积19086km^2，其中境内面积16920km^2，占总流域面积的88.65%，占全市总土地面积的62.39%。年径流量4.7×10^8 m^3，主要靠降雨补给。其主要支流如下：

柔远河，源于北部市界华池县乔河乡小马岔村，南流经乔河、柔远2乡镇，至悦乐镇汇合元城河，再南流，于新堡接收东侧城壕河，继续南流至庆城南与环江合并形成马莲河。全长118km，流域面积3063km^2，年径流量0.93×10^8 m^3。

环江，北魏始称马岭河，元代后称环江，源于陕西省定边县和宁夏盐池县境，流经环县甜水、山城、洪德、环城、木钵、曲子，庆城县马岭、卅铺、庆城等乡镇。全长159km，庆城以上流域面积7141km^2，年径流量2.325×10^8 m^3。

城壕河，华池县南最大河流，源于子午岭西部，北侧依次接收洞子沟、王西沟、桥沟、雷家川、胡家沟等沟（川）水；南侧依次接收曹畔沟、曹咀子沟、造纸沟、拾社沟、白岔沟、四咀沟、张八沟、樊畔沟等沟水，流经城壕镇，于转咀子汇入柔远河。全长37km，主川河床比降9.3%，流域面积456km^2，其中林地94.6km^2，占城壕河流域的21.9%。该流域地处黄土残塬沟壑区和子午岭林区边缘，植被较好，出口年平均流速是0.342m^3/s，年输沙量130×10^4 t。

2.3.1.2 县川河

县川河古称建水或乐蟠河，马莲河一级支流。发源于子午岭西麓三官桥，经蒿咀铺、老城镇、板桥三乡镇，纳干湫沟、北川、瓦岗川诸水于板桥清凉寺注入马莲河。全长46km，流域面积788km^2，平均比降7.8%，多年平均流量0.53m^3/s，多年平均总径流量0.166×10^8 m^3。

2.3.1.3 固城河

固城河因水流湍急如走马，且注入马莲河，历史上称走马水，后称固城河，发源于子午岭拓儿塬和大山门。上游名响水河，从东北向西南流至固城（古为长城镇），大山门水从东注入，再西南流至九顷湾转向南流，在宁县湘乐米家川口有柳叶河从东注入，继续南流至寨子河口与湘乐河汇合后称城北河，再南流15km在宁县城西汇入马莲河。全长63km，年径流量0.588×10^8 m^3。

2.3.1.4 湘乐河

湘乐河古称延川或奢延川，又名宁江，发源于子午岭兴隆关，经罗山府西南流，在湘乐镇与平道川水（古称小延川）汇合，西流至寨子河口汇入城北河。全长64km，年径流量0.255×10^8 m^3。

2.3.1.5　九龙河

九龙河源于宁县九岘龙池，向西流，为正宁、宁县之界河，经九岘川口由嘉峪川河从南注入，再西南流至新宁镇龙二村转向西流，于宁县城南汇入马莲河。全长56km，年径流量0.15×10^8 m^3。

2.3.1.6　四郎河

四郎河唐称罗川水，源于子午岭艾蒿店子南山脚下宫河寺。自东北向西南横贯6个乡镇，于周家镇李家坡村汇入泾河。清咸丰四年（1854）、民国二十二年（1933）9月2日，在高家台观测，洪峰流量（m^3/s）分别是2580m^3/s、588m^3/s。1983年10月普查，境内河长83km，流域面积644km^2，年径流量2880×10^4 m^3。年均流量1.002m^3/s，自产水0.316×10^8 m^3，pH值8.6，矿化度0.505g/L，灌溉系数24.66。2006年10月普查，境内河长70km，流域面积619.6km^2，年径流量3987.7×10^4 m^3。平水期流量0.143m^3/s，现状水质Ⅲ类，灌溉系数20.1，矿化度0.324g/L。

2.3.1.7　无日天沟河

无日天沟亦称吴田沟，源于正宁县山河掌圈沟脑，上游称疙拉沟，是宁县、正宁两县界河，东西流向，流经至正宁县榆林子党家咀，折向西南，于宁县政平汇入泾河。全长47km，流域面积338km^2，年径流量0.149×10^8 m^3。1983年10月普查，境内流域面积173km^2，年均流量0.24m^3/s，年径流总量770×10^4 m^3，矿化度0.6g/L。2006年10月普查，干流长59.2km，流域面积188.0km^2，年均流量0.225m^3/s，年径流量709.8×10^4 m^3。现状水质Ⅱ类，灌溉系数12.5，矿化度0.346g/L。

2.3.1.8　王家河

王家河源于正宁县调令关南侧牛庄，西南流向，于永和文家庄入陕西省旬邑境，称支党河，又向西南入彬州市境内，汇入泾河。境内长20km，流域面积342km^2，年径流量0.177×10^8 m^3。

2.3.1.9　左家川河

左家川河源于子午岭。1983年10月普查，境内流域面积92.13km^2，年均流量0.12m^3/s，年径流量360.05×10^4 m^3。2006年10月普查，干流长25.8km，流域面积70.9km^2，年均流量0.13m^3/s，年径流量409.3×10^4 m^3。现状水质Ⅱ类，灌溉系数24.0，矿化度0.344g/L。

2.3.2 葫芦河水系

葫芦河，古名华池水，北洛河主要支流，源于华池县紫坊畔山区。上游称二将川水，先南北流向，至大顺城，折向东南流，于九窑口有荔原堡川水从北注入，再东南流至东华池，大风川、豹子川两水从南北两岸注入，继续东南向出华池县入合水县境，平定川水从东北岸注入，至太白镇，苗村川水从西南岸注入，过太白后入陕西富县，继续东南流，汇入北洛河。境内全长70km，流域面积2247km^2，年径流量0.559×10^8 m^3。

2.4 气候

2.4.1 历史气候变迁

200万年前，庆阳已形成亚热带半干旱草原气候，多风沙，少雨雪，黄土层开始堆积，逐渐将热带、亚热带气候条件下繁衍的动、植物群埋葬在深厚的黄土层底部。在早更新世，形成北方森林草原动物群，气候湿冷；更新世中期，庆阳基本为温带草原气候；后期的前半期为以草原为主的森林草原，气候较为湿润，但稍寒冷，后半期为荒漠草原，气候较为温暖干燥。大约1万年前的全新世，庆阳气候虽有冷暖、干湿变化，但在青藏高原、秦岭等周边主要地形影响下，奠定了温凉、干燥气候的总趋势。至5000年前，冰川消退，气温回升，庆阳逐渐形成温凉、干燥的季风气候特点。

5000年来，庆阳气候大致经历了九个温暖、寒冷交替变化的过程。公元前3000年至周代初期公元前1000年的2000年间为第一个温暖期；周代初至中期公元前780年的220年间为第一个寒冷期；周代中期至汉代中期公元初年的780年间为第二个温暖期；汉代中期至隋代公元600年的600年间为第二个寒冷期；隋至宋元初公元1000年的400年间为第三个温暖期；北宋初至南宋中期公元1200年的200年间为第三个寒冷期；南宋中期至明初公元1400年的200年间为第四个温暖期；明初至清末公元1900年的大约500年间为第四个寒冷期。该期四年一旱的周期较为明显，其中15、16世纪较干燥，18世纪稍湿润，19世纪又趋于干燥，且出现三年一旱的新周期。至20世纪初，气候又逐渐转暖。整个20世纪，庆阳气候一直呈转暖趋势，实际上已进入第五个温暖期。

2.4.2 气候要素

2.4.2.1 气温

庆阳市冬季寒冷漫长，春秋舒适变温快，夏季短促气温高。

1971—2020年，庆阳市平均气温9.4℃，各县区气温在8.6～10℃之间，最低气温5.3℃，最高气温14℃。春季（3—5月）平均气温10.6℃，最低气温6℃，最高气温15.7℃。夏季（6—8月）平均气温21℃，最低气温17℃，最高气温25.6℃，极端最高39.9℃（庆城站，2017.7.10）。2006年夏季最热，平均气温22.6℃；1976年夏季最凉，平均气温19.5℃。秋季（9—11月）平均气温9.2℃，最低气温5.5℃，最高气温14℃。冬季（12月至次年2月）平均气温-3.3℃，最高气温1.69℃，最低气温-7.6℃，极端最低-26.5℃（华池站，1991.12.28）。2016年冬季最暖，平均气温-0.8℃；1976年冬季最冷，平均气温-5.6℃。子午岭自然保护区气温分布见表2-1。

表2-1 1971—2020年甘肃子午岭省级自然保护区气象站点气温

单位：℃

站点	1月	2月	3月	4月	5月	6月	7月	8月	9月	10月	11月	12月	年平均
华池	-6.56	-2.94	3.38	10.38	15.79	19.92	21.95	20.29	14.85	8.42	1.24	-5.07	8.52
合水	-4.49	-1.36	4.57	11.24	16.05	20.08	21.87	20.48	15.41	9.62	2.84	-3.02	9.49
正宁	-4.46	-1.68	3.89	10.36	15.20	19.29	20.99	19.71	14.79	9.24	2.70	-2.98	8.97
宁县	-5.17	-1.67	4.46	10.99	15.85	20.16	22.25	20.89	15.51	9.42	2.42	-3.72	9.33

2.4.2.2 降水

1971—2020年庆阳市平均降水量558mm，多年平均降水日数93d，地域分布由东南向西北递减，正宁站最多，104d，环县站最少，80d。降水量年度分布差异较大，各县区年降水量最多663～869mm（2003），最少277～473mm（1997）。春、夏、秋、冬各季降水分别为95mm、283mm、135mm和15mm，分别占年降水18%、54%、25%、3%。由于受季风环流影响，常年有两个多雨期和两个少雨期。盛夏多雨期常年7月上旬至8月中旬为庆阳市多雨期，多以阵雨为主，76%暴雨出现在此期。平均降雨量178mm，占整个夏季降雨量的64.2%，占全年降雨量的35.4%。盛夏降水年际变化大，最多年降雨量334mm（1988），最少年降雨量89mm（2007）。一日最大降水量159.2mm（庆城站2003.8.26）。年平均雷暴日数24d，庆城站最多，35d，华池站最少，20d。初秋多雨期常年9月上旬至10月上旬，多有连阴雨天气，降雨时段集中，雨量均匀连续。平均降雨量87mm，占秋季总降雨量的71.2%，占全年总降雨量的17.3%。最多降雨量185mm（2003）。初秋连阴雨往往累计雨量偏大，影响农业生产，有时可引发泥石流、山体滑坡等衍生性地质灾害。春末少雨期5月后半月，庆阳进入夏季风控制时期，但暖湿气流缺乏，晴天多，降水少，平均雨量20mm，占全月总降雨量的47.3%。5月后半月降水量反而少于前半月，与从春到夏降水逐渐增多趋势相反，易发生干旱。庆阳市整个冬季寒冷少雪，平均降雪量15.4mm，仅占年降水总量的3.1%。个别年份整个冬季甚至无有效降雪，导致严重冬旱。年平均降雪日数28d，正宁站最多，37d，最长积雪日数63d（正宁站1989.1.3—3.6）。子午岭自然保护区降水分布见表2-2。

表2-2　1971—2020年甘肃子午岭省级自然保护区气象站点降水

单位：mm

站点	1月	2月	3月	4月	5月	6月	7月	8月	9月	10月	11月	12月	年平均
华池	3.94	5.79	12.49	27.09	40.15	60.05	110.27	114.15	70.41	33.53	14.62	3.57	496.05
合水	5.85	8.51	18.55	33.73	50.23	66.71	122.62	110.55	88.50	42.85	17.91	4.62	570.61
正宁	6.76	9.70	19.15	38.44	56.47	72.77	127.91	123.19	92.90	51.56	19.51	5.82	624.18
宁县	6.22	8.60	18.57	33.86	50.42	66.80	117.36	114.39	89.37	46.16	17.38	5.08	574.20

2.4.2.3　日照

庆阳光照资源丰富，1971—2020年平均日照时数2400h。受季节变化和中低云量综合影响，春、夏、秋、冬四季日照时数差异较大，分别为663h、677h、511h和549h，各占年日照时数的27.6%、28.2%、21.3%、22.9%。日照时数在月份分布上差异更大，5月日照时数最多，达244h，9月和2月日照时数最少，分别为163h和170h。3—8月平均日照时数223h，占全年日照时数55.8%，光照充足，能满足农作物生长需要。子午岭自然保护区日照时数分布见表2-3。

表2-3　1971—2020年甘肃子午岭省级自然保护区气象站点日照时数

单位：h

站点	1月	2月	3月	4月	5月	6月	7月	8月	9月	10月	11月	12月	年平均
华池	175	163	187	210	231	227	214	198	159	169	165	169	2268
合水	189	169	195	222	247	240	230	212	163	174	176	187	2404
正宁	192	171	195	214	238	235	226	209	161	173	177	192	2383
宁县	189	166	192	212	239	238	223	210	155	161	168	185	2340

2.4.2.4　风速风向

1971—2020年庆阳市年平均风速1.8m/s。春季风速最大，为2.1m/s；夏季次之，1.9m/s；秋季风速最小，仅1.6m/s。夏季偏南风最大，冬、春季西北风最大，秋季风向比较零乱。全年偏东风风速最小。环县北部山区常年风速偏大，风能资源比较丰富。塬区风速一般大于山区，山区大于川区。庆阳市大风（瞬间风速＞17m/s）日数较多，年平均15站次，其中春季平均9站次，占全年60%。大风受地形因素影响很大，年平均大风日数2.6d，庆城、环县大风日数最多，年平均4～7次，约占全市大风日数的70%；华池大风日数最少，25年仅出现1次。全市多年平均极大风速21m/s，庆城站最大，23.4m/s（南风，2006.7.6）。年平均沙尘暴日数不到0.7d，西峰站、正宁站未出现沙尘暴，其余站年平均1d左右。

风向受地形影响较大。西峰基准气候站资料，全年盛行偏南风，西南到东南5个风向合计频率42.44%，其中南风频率13.64%，为年最多风向。东南东风到北北东风5个风向合计频率仅17.12%，其中北北东风频率为2.96%，为最少风向。夏半年多吹偏南风，冬半年多吹西北风。盛行风向冬夏反向交替运行，季风特征明显。常年静风频率为7.4%，仅次于南、南南东和西北3个风向频率。子午岭自然保护区风速见表2-4。

表2-4　1971—2020年甘肃子午岭省级自然保护区气象站点平均风速

单位：m/s

站点	1月	2月	3月	4月	5月	6月	7月	8月	9月	10月	11月	12月	年平均
华池	1.55	1.61	1.73	1.93	1.81	1.73	1.56	1.43	1.36	1.43	1.53	1.52	1.60
合水	1.65	1.73	2.03	2.27	2.17	2.02	1.99	1.90	1.69	1.60	1.60	1.59	1.85
正宁	1.92	2.10	2.45	2.68	2.52	2.33	2.25	2.17	1.97	1.95	1.99	1.91	2.19
宁县	1.59	1.79	2.13	2.30	2.08	1.98	1.99	1.81	1.55	1.55	1.61	1.55	1.83

2.4.2.5　水汽压与相对湿度

1971—2018年庆阳市年平均水汽压8.75hPa，各县区平均值在8～9.5hPa之间。月、季分布规律与气温变化基本一致，冬季最小2.7hPa，夏季最大16.4hPa，春季6.9hPa，秋季8.9hPa。水汽压的地域分布与降水相似，庆阳市由东南向西北递减。

1971—2020年庆阳市年平均相对湿度63%，各县区平均值在58%～69%之间。春、夏、秋、冬四季相对湿度分别为54%、68%、72%和57%。8—10月为全年最潮湿季节，各月相对湿度在73%～77%之间；4—5月为全年最干燥季节，各月相对湿度仅在52%～55%之间。相对湿度地域分布规律大致为川区大于山塬区，南部大于北部。

2.4.2.6 云量

庆阳市年平均总云量5.3～6.2成，8—9月云量最多，达6.8成，11月云量最少，平均4.1成。地域分布特征是狭川区最多，董志塬区最少。以日平均云量小于2成为晴天，大于8成为阴天，2～8成为有云划分，全市晴天259d，占全年日数71%；昙天97d，占26%；阴天9d，比例不足3%。有云和阴天主要集中在7—10月，晴天主要集中在冬季。低云量地域分布与降水量分布相似。

2.4.2.7 蒸发

庆阳市年平均蒸发1492mm（指规定小型蒸发皿水面蒸发量），相当于年平均降水量3倍。夏半年（4—9月）蒸发量1093mm，占全年蒸发量的73%；5—7月各月蒸发量均在200mm以上；隆冬季节（12月至次年1月）月蒸发量不足50mm。蒸发量与天气和天空状况关系密切，晴热干燥和吹风天气蒸发量大，阴雨天气蒸发量小。蒸发量的地域分布是北部大于南部，山区大于塬区，塬区大于川区。

2.4.3 气候特征

2.4.3.1 季风性特征

庆阳市冬季盛行西北风、北风和偏西北风；夏季盛行偏南风、偏东南风；冬、夏盛行风向呈反向交替运行，季风特征明显。受季风北进南撤影响，夏半年雨带两次经过庆阳，造成盛夏和初秋两个相对多雨期。盛夏7—8月累计降水量最大，气温亦最高；冬季天气寒冷，降水量大减；春季气温逐渐上升，雨水渐增；深秋气温下降，降水锐减。全年雨热同步协调特征明显。

2.4.3.2 气候年型特征

庆阳市冬夏季风强弱变化时空分布各年不同，形成不同的气候年型。1986—2010年，庆阳市少雨、多雨年各4年，占总年数32%，降水正常17年，占总年数68%。暖年、冷年和温度平年分别占总年数20%、28%和52%。3/4少雨年为温度平年，1/4少雨年为冷年；3/4多雨年为冷年，1/4多雨年为温度平年；降水正常年份5年对应暖年，3年对应冷年，9年对应温度平年。结论：少雨年气温多正常，多雨年气温多偏冷，降水正常年份气温多正常。

2.4.3.3 偏冬性特征

庆阳市四季时间分配差异大：春、夏、秋、冬分别为76～106d、21～46d、61～66d和167～182d，各占全年天数21%～29%、6%～13%、17%～18%和46%～50%。冬春季长、夏秋季短的特征明显。据统计，以日最高气温32℃为炎热天气全市每年仅有4d左右炎热期，庆城、宁县炎热期最长（平均6～7d），西峰、正宁炎热期最短（平均不到1d）；以候平均气温低于-5℃为严寒期，全市年平均有12～62d严寒期，占冬季总天数的7%～34%。北部严寒期47～62d，气候具有明显偏冬性特征。

2.4.3.4　春干暖秋湿凉特征

庆阳市秋雨多于春雨，春季平均降水量仅88.8mm，秋季平均降水量为122.1mm。春温高于秋温，春季平均气温10.6℃，秋季平均气温9.3℃。秋季降温快于春季升温，春季5月较3月升温12℃；秋季11月较9月降温13.3℃。

2.4.4　气候变化

以子午岭保护区华池、合水、宁县、正宁4个气象站点的降水、气温、降水、平均风速、日照时数资料为依据，分析子午岭气候变化基本特征。

2.4.4.1　气温变化

1971—2020年，子午岭保护区平均气温在8.6～9.6℃之间，详见图2-1。

在全球气温升温的背景下，近50年子午岭自然保护区气温呈上升趋势，华池、合水、宁县、正宁气候倾向率分别为0.2℃/10a、0.2℃/10a、0.4℃/10a、0.4℃/10a。

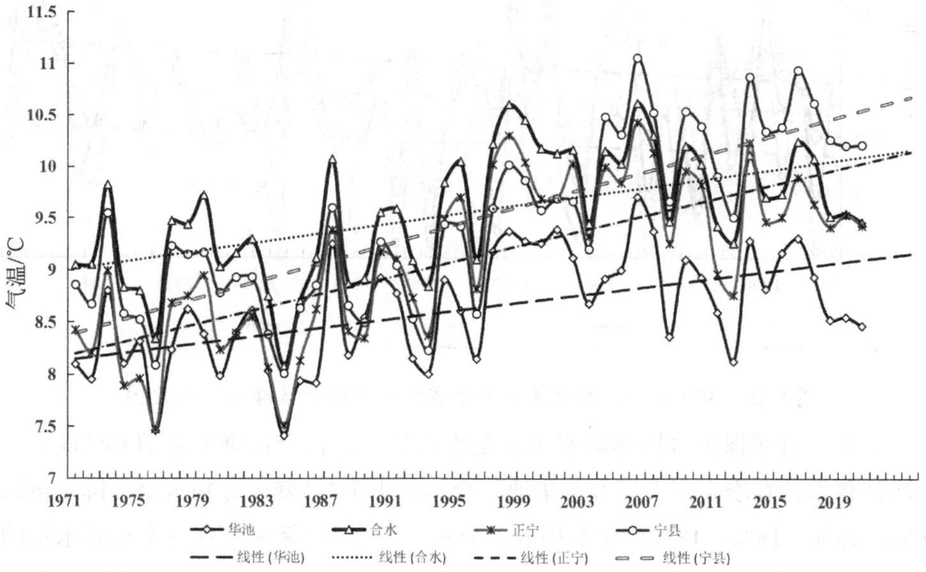

图2-1　1971—2020年甘肃子午岭省级自然保护区气温变化图

子午岭保护区春季气温大于秋季气温，春季气温在9.9～10.7℃之间；夏季气温在20～21.1℃之间；秋季气温在8.3～9.4℃之间，冬季气温在-4.8～-2.8℃之间。四季气温均呈上升趋势，春季气温上升趋势在四季中最明显，详见表2-5。

表2-5 甘肃子午岭省级自然保护区气象站点气温季节变化趋势

站点	春		夏		秋		冬	
	平均值/℃	倾向率/(℃/10a)	平均值/℃	倾向率/(℃/10a)	平均值/℃	倾向率/(℃/10a)	平均值/℃	倾向率/(℃/10a)
华池	9.9	0.29	20.8	0.09	8.3	0.14	-4.8	0.24
合水	10.7	0.42	20.8	0.09	9.4	0.12	-2.8	0.24
正宁	10.0	0.58	20.0	0.18	9.1	0.26	-2.8	0.46
宁县	10.6	0.62	21.1	0.31	9.3	0.36	-3.4	0.46

2.4.4.2 降水量变化

1971—2020年，子午岭保护区平均降水量在493～622mm之间。降水在波动中呈增加趋势，华池、合水、宁县、正宁气候倾向率分别为10mm/10a、13mm/10a、14mm/10a、3mm/10a。详见图2-2。

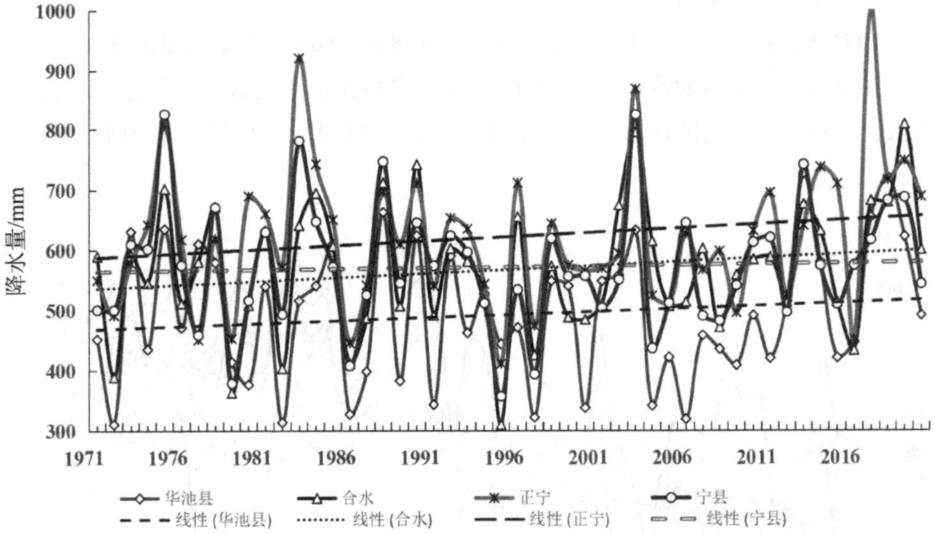

图2-2 1971—2020年甘肃子午岭省级自然保护区降水量变化图

子午岭自然保护区四季降水主要集中在夏季，占全年降水量的50%以上，其次是秋季、春季、冬季。春季华池、合水、正宁4站降水分别占全年降水量的16%、18%、18%、18%；夏季华池、合水、正宁4站降水分别占全年降水量的58%、53%、52%、52%；秋季降水占全年降水的24%、26%、26%、27%；冬季降水分别占全年降水量的2%、3%、3%、3%（表2-6）。

子午岭自然保护区夏季降水增加较为明显，在春季、秋季合水、宁县两站的降水呈减少趋势，华池、正宁两县呈增加趋势。冬季降水变化不明显。

表2-6 甘肃子午岭省级自然保护区气象站点降水量季节变化趋势

站点	春季		夏季		秋季		冬季	
	平均值/mm	倾向率/(mm/10a)	平均值/mm	倾向率/(mm/10a)	平均值/mm	倾向率/(mm/10a)	平均值/mm	倾向率/(mm/10a)
华池	79	0.2	284	6.7	117	2.8	12	0.0
合水	103	–0.4	300	12.6	148	–0.2	18	0.6
正宁	14	0.1	324	10.9	163	1.8	21	1.0
宁县	103	–5.0	299	10.7	153	–2.4	18	–0.4

2.4.4.3 风速变化

1971—2020年，子午岭保护区平均风速在1.59～2.16m/s之间。在全球气温升温的背景下，近50年子午岭自然保护区平均风速呈减小趋势，华池、合水、宁县、正宁气候倾向率每10年分别为–0.07m/s、–0.04m/s、–0.20m/s、–0.20m/s。

子午岭保护区春季平均风速在四季中最大，春季气温在1.8～2.5m/s之间；夏季气温在1.6～2.2m/s之间；秋季气温在1.4～2.0m/s之间，冬季气温在1.5～1.9m/s之间。四季平均气温呈减小趋势，春季、夏季平均风速在四季中减小最明显，详见表2–7。

表2–7 甘肃子午岭省级自然保护区气象站点平均风速季节变化趋势

站点	春		夏		秋		冬	
	平均值/(m/s)	倾向率/[(m/s)/10a]	平均值/(m/s)	倾向率/[(m/s)/10a]	平均值/(m/s)	倾向率/[(m/s)/10a]	平均值/(m/s)	倾向率/[(m/s)/10a]
华池	1.8	−0.11	1.6	−0.08	1.4	−0.04	1.5	−0.05
合水	2.1	−0.06	1.9	−0.12	1.6	−0.02	1.6	0.05
正宁	2.5	−0.24	2.2	−0.22	2.0	−0.18	1.9	−0.15
宁县	2.1	−0.22	1.8	−0.25	1.5	−0.16	1.6	−0.18

2.4.4.4 日照时数变化

1971—2020年，子午岭保护区日照时数为2266～2401h，详见图2–8。在全球气温升温的背景下，近50年子午岭自然保护区日照时数呈减小趋势，合水、宁县、正宁气候倾向率分别为–47h/10a、–66h/10a、–72h/10a，华池呈增加趋势，气候倾向率为30h/10a。

子午岭保护区夏季日照时数在四季中最长，夏季日照时数在636～677h之间；春季日照时数在632～666h之间；秋季日照时数在四季中最短在488～515h之间，冬季日照时数在508～551h之间。四季中夏、秋、冬三季日照时数呈减少趋势，春季日照时数华池、合水、宁县呈增加趋势，正宁日照时数呈减少趋势，详见表2–8。

表2-8 甘肃子午岭省级自然保护区气象站点日照时数季节变化趋势

站点	春季		夏季		秋季		冬季	
	平均值/h	倾向率/(h/10a)	平均值/h	倾向率/(h/10a)	平均值/h	倾向率/(h/10a)	平均值/h	倾向率/(h/10a)
华池	632	17.76	636	−1.17	491	−2.69	508	15.56
合水	666	7.20	677	−24.70	512	−21.49	547	−8.16
正宁	654	−4.22	662	−25.78	515	−22.89	551	−12.87
宁县	657	2.47	665	−32.23	488	−32.09	541	−10.91

2.5 土壤

庆阳市境内土地均被黄土覆盖，主要土壤为交错分布的黑垆土和黄绵土。其土壤分为7个土类，8个亚类，15个土属，28个土种。土壤养分总状况是氮少、磷缺、钾丰富，有机质贫乏，其黄绵土是主要的成土母质，深厚、疏松、质地细匀，垂直结构发达，透水性强，耕性良好。甘肃省子午岭林区主要分布有灰褐土，灰褐土是山地垂直带中的森林土壤。

2.5.1 灰褐土类

灰褐土，自然土壤，发育于森林植被之下。主要分布于甘肃子午岭省级保护区次生林区。其土属分为灰褐土、灰褐墡土、耕种灰褐土及耕种灰褐墡土。

灰褐土属：发育于马兰黄土母质之上，分布于子午岭林区梁峁及缓坡。土质疏松多孔，腐殖质层厚5～15cm，为林区佳壤。

灰褐墡土属：发育离石黄土母质之上的森林土壤，分布于子午岭林区沟坡中下部。

耕种灰褐土属：农业用地土壤，即灰褐土开垦耕种发育而成。质地中壤，土质深厚肥沃，但其所处地理位置光照较差，环境寒冷阴湿。

耕种灰褐墡土属：是灰褐墡土新开垦后的耕种土壤，分布在子午岭区平缓坡地和川台、沟谷上。

2.5.2 水稻土类

水稻土类，系长期栽培水稻，经水耕熟化而成。多分布于葫芦河及苗村河沿岸，固城河川、县北川有零星地块。分为渗育型水稻土、潴育型水稻土两个亚类和黄沙土、黄泥土两个土属以及底砾黄沙土、黄泥土、青底黄泥土3个土种。

底砾黄沙土：发育于淤沙土母质之上，下多砾石，仅有耕作层及犁底层，水肥多漏。

黄泥土：发育于淤黄土母质之上，有耕作层、犁底层、潴淤层（氧化还原层，剖面中有锈纹锈斑）和母质层，系水稻土中之佳壤。

青底黄泥土：发育于淤黄土母质之上，因下层长期积水，形成潜育层（青泥），不利于水稻生长发育，生产力较低。

2.5.3 黑垆土类

黑垆土类，分布于子午岭周边各大塬面坳心，肥力较高，其土属分为覆盖黑垆土和黑垆土。

覆盖黑垆土属：分布于坡度5°以下的坳心地及平坦川台地。其土种分为厚、薄、条田、硬烂黑垆土。质地中壤，绵软疏松，蓄水保肥，宜耕期长，适种性广，发小苗（幼苗）亦发老苗（成株）。呈微碱性至碱性反应，为高产土壤。

黑垆土属：多分布于塬边、山咀、峁顶及地面5°～7°的地区。其土种分为黑垆土、鸡粪垆土、黄垆土。呈微碱性至碱性反应，质地中壤至重壤，易板结，土质较次，宜耕期短。

2.5.4 黄绵土类

黄绵土类，发育于黄土母质之上的幼年土壤，多分布于梁、峁、沟、坡。其土属分为黄绵土、黄墡土、灰绵土及灰墡土。

黄绵土属：熟化土壤，处于马兰黄土母质之上的幼年性土壤。其土种分为梯田、轻度侵蚀、中度侵蚀及强度侵蚀黄绵土。土体深厚，质地适中，疏松绵软，矿物质营养丰富。但因储水条件差而耕作不便，肥力低，生产性能差。其可分为黄绵土、黄塘土、灰绵土及灰墡土土层。

黄墡土属：熟化土壤，处于离石黄土母质之上。其土种分为梯田、轻度侵蚀、中度侵蚀及强度侵蚀黄墡土。土体深厚，质地中壤至重壤，结构紧实致密，熟化层薄而营养含量低，生产性能差。

灰绵土属：荒地土壤，处于马兰黄土母质之上。多分布于阴坡，为薄腐殖灰绵土。植物以针茅、黄蒿、白草为主，覆盖率40%～70%。土质深厚疏松，质地良好，腐殖质层3～7cm，自然肥力较高，系天然牧场和造林地。

灰墡土属：荒地土壤，处于离石黄土母质之上。多分布于阴僻陡峭沟坡，为薄腐殖灰墡土。植被覆盖率低于14%。腐殖质层1～5cm，自然肥力低，水土流失严重，宜生长耐旱树种或灌木。

2.5.5 淤积土类

淤积土类，发育于冲积和洪积母质之上。分布于川道级阶地、河漫滩及超河漫滩，其土属分布为淤积土、残余草甸土。

淤积土属：分为五花土、淤黄土、坝淤土、淤砂土及淤石土。前三种土层深厚，质地适中，熟化程度较高，带水保墒，肥力较高，产量高而稳，宜种瓜类和蔬菜。

残余草甸土属：零星分布于太白古河滩，草甸植被经洪水淤漫及耕种熟化而成，为肥沃高产土壤。

2.5.6 潮土类

潮土类，发育于淤积母质之上，受地下高水位影响，经耕种熟化而成，零星分布于固城河川上部。其土种分为盐潮土、黄潮土，地下水位1～2m，剖面中下部有锈纹斑或蓝色潜育层。春秋返潮，地温低，肥力差，部分盐渍严重，不适于禾苗生长，产量均低。

2.5.7 红土类

红土类，形成于第三纪红土和午城黄土母质之上。零星分布于黄土河谷中下沟床坡脚。质地黏重，渗透性差，土壤侵蚀强烈，腐殖质层厚1～2cm，肥力较低。

第3章　植物资源

通过本次科学考察，共收录到维管植物133科593属1394个分类群（含种下等级）。其中，蕨类植物8科13属24种，裸子植物5科9属23种，被子植物120科571属1347种。栽培植物有278种，野生植物1116种，分别占维管植物的19.94%和80.06%。木本植物（含半灌木）407种，草本植物987种，分别占维管植物的29.2%和70.8%。国家Ⅰ级野生保护植物有紫斑牡丹1种，国家Ⅱ级野生保护植物有毛杓兰、甘草、野大豆、甘肃桃、沙芦草和毛披碱草6种。记录到苔藓植物15科21属21种，藻类植物3科3属3种，大型菌类24科43属63种。

3.1　维管植物多样性及区系分析

3.1.1　子午岭维管植物多样性分析

3.1.1.1　维管植物组成分析

据调查结果统计，子午岭自然保护区共有维管植物133科593属1394种，分别占甘肃省维管植物科、属、种的50.37%、45.02%、26.77%和陕西省维管植物科、属、种的63.03%、46.73%、30.34%。其中，蕨类植物8科13属24种，分别占甘肃省蕨类植物科、属、种的21.05%、15.66%、7.57%，分别占陕西省蕨类植物科、属、种的34.78%、22.03%、9.84%；裸子植物5科9属23种，分别占甘肃省裸子植物科、属、种的71.43%、50%、43.4%，分别占陕西省裸子植物科、属、种的55.56%、37.50%、38.33%；被子植物120科572属1347种，分别占甘肃省被子植物科、属、种的54.79%、47.04%、25.87%，分别占陕西省被子植物科、属、种的67.80%、48.35%、29.32%。详见表3-1、表3-2。

表3-1　子午岭自然保护区与甘肃省维管植物科属种多样性的比较

植物类别	科数			属数			种数		
	甘肃省	子午岭	百分比/%	甘肃省	子午岭	百分比/%	甘肃省	子午岭	百分比/%
蕨类植物 Pteridophytes	38	8	21.05	83	13	15.66	317	24	7.57
裸子植物 Gymnosperms	7	5	71.43	18	9	50	53	23	43.40
被子植物 Angiosperms	219	120	54.79	1216	572	47.04	5207	1347	25.87

表3-1　子午岭自然保护区与陕西省维管植物科属种多样性的比较

植物类别	科数			属数			种数		
	陕西省	子午岭	百分比/%	陕西省	子午岭	百分比/%	陕西省	子午岭	百分比/%
蕨类植物 Pteridophytes	23	8	34.78	59	13	22.03	244	24	9.84
裸子植物 Gymnosperms	9	5	55.56	24	9	37.50	60	23	38.33
被子植物 Angiosperms	177	120	67.80	1183	572	48.35	4594	1347	29.32

3.1.1.2　科的多样性分析

子午岭自然保护区维管植物经调查分类共133科（见表3-3），其中蕨类植物8科，包括卷柏科（Selaginellaceae）、木贼科（Equisetaceae）和碗蕨科（Dennstaedtiaceae）等；裸子植物5科，包括银杏科（Ginkgoaceae）、松科（Pinaceae）、柏科（Cupressaceae）、麻黄科（Ephedraceae）、红豆杉科（Taxaceae）；被子植物120科，包括菊科（Asteraceae）、禾本科（Poaceae）、十字花科（Brassicaceae）和伞形科（Apiaceae）等。

表3-3　子午岭自然保护区维管植物科的名录

序号	科名	属数/种数	序号	科名	属数/种数
1	卷柏科Selaginellaceae	1/2	8	水龙骨科Polypodiaceae	3/4
2	木贼科Equisetaceae	1/4	9	银杏科Ginkgoaceae	1/1
3	碗蕨科Dennstaedtiaceae	1/1	10	松科Pinaceae	4/10
4	凤尾蕨科Pteridaceae	1/2	11	柏科Cupressaceae	2/8
5	铁角蕨科Aspleniaceae	1/4	12	麻黄科Ephedraceae	1/3
6	蹄盖蕨科Athyriaceae	2/2	13	红豆杉科Taxaceae	1/1
7	鳞毛蕨科Dryopteridaceae	3/5	14	睡莲科Nymphaeaceae	1/2

续表

序号	科名	属数/种数	序号	科名	属数/种数
15	五味子科Schisandraceae	1/2	54	葡萄科Vitaceae	3/10
16	三白草科Saururaceae	1/1	55	蒺藜科Zygophyllaceae	1/1
17	马兜铃科Aristolochiaceae	2/2	56	豆科Fabaceae	37/116
18	木兰科Magnoliaceae	1/2	57	远志科Polygalaceae	1/3
19	蜡梅科Calycanthaceae	1/1	58	蔷薇科Rosaceae	26/118
20	樟科Lauraceae	2/2	59	胡颓子科Elaeagnaceae	2/3
21	菖蒲科Acoraceae	1/1	60	鼠李科Rhamnaceae	4/13
22	天南星科Araceae	3/3	61	榆科Ulmaceae	2/6
23	泽泻科Alismataceae	1/1	62	大麻科Cannabaceae	3/4
24	水鳖科Hydrocharitaceae	1/1	63	桑科Moraceae	3/3
25	水麦冬科Juncaginaceae	1/1	64	荨麻科Urticaceae	5/6
26	眼子菜科Potamogetonaceae	2/5	65	壳斗科Fagaceae	2/6
27	薯蓣科Dioscoreaceae	1/1	66	胡桃科Juglandaceae	1/2
28	菝葜科Smilacaceae	1/1	67	桦木科Betulaceae	4/6
29	百合科Liliaceae	3/4	68	葫芦科Cucurbitaceae	9/11
30	兰科Orchidaceae	9/11	69	卫矛科Celastraceae	2/12
31	鸢尾科Iridaceae	2/9	70	酢浆草科Oxalidaceae	1/2
32	阿福花科Asphodelaceae	1/3	71	金丝桃科Hypericaceae	1/6
33	石蒜科Amaryllidaceae	4/18	72	堇菜科Violaceae	1/17
34	天门冬科Asparagaceae	6/17	73	杨柳科Salicaceae	2/21
35	鸭跖草科Commelinaceae	1/1	74	大戟科Euphorbiaceae	4/11
36	美人蕉科Cannaceae	1/1	75	亚麻科Linaceae	1/6
37	香蒲科Typhaceae	2/6	76	叶下珠科Phyllanthaceae	2/2
38	灯心草科Juncaceae	2/5	77	牻牛儿苗科Geraniaceae	2/5
39	莎草科Cyperaceae	7/29	78	千屈菜科Lythraceae	3/3
40	禾本科Poaceae	54/104	79	柳叶菜科Onagraceae	5/9
41	金鱼藻科Ceratophyllaceae	1/1	80	省沽油科Staphyleaceae	1/1
42	罂粟科Papaveraceae	7/13	81	白刺科Nitrariaceae	2/4
43	防己科Menispermaceae	1/1	82	漆树科Anacardiaceae	4/6
44	小檗科Berberidaceae	1/8	83	无患子科Sapindaceae	4/13
45	毛茛科Ranunculaceae	15/45	84	芸香科Rutaceae	2/3
46	莲科Nelumbonaceae	1/1	85	苦木科Simaroubaceae	2/2
47	悬铃木科Platanaceae	1/2	86	楝科Meliaceae	1/1
48	黄杨科Buxaceae	1/1	87	锦葵科Malvaceae	6/17
49	芍药科Paeoniaceae	1/4	88	瑞香科Thymelaeaceae	3/5
50	茶藨子科Grossulariaceae	1/4	89	旱金莲科Tropaeolaceae	1/1
51	虎耳草科Saxifragaceae	2/2	90	十字花科Brassicaceae	21/33
52	景天科Crassulaceae	4/4	91	檀香科Santalaceae	2/3
53	扯根菜科Penthoraceae	1/1	92	桑寄生科Loranthaceae	1/1

续表

序号	科名	属数/种数	序号	科名	属数/种数
93	柽柳科Tamaricaceae	2/2	114	紫草科Boraginaceae	9/15
94	白花丹科Plumbaginaceae	1/1	115	旋花科Convolvulaceae	5/9
95	蓼科Polygonaceae	7/27	116	茄科Solanaceae	10/16
96	石竹科Caryophyllaceae	8/19	117	木犀科Oleaceae	6/15
97	苋科Amaranthaceae	14/29	118	苦苣苔科Gesneriaceae	1/1
98	番杏科Aizoaceae	1/1	119	车前科Plantaginaceae	5/12
99	商陆科Phytolaccaceae	1/1	120	玄参科Scrophulariaceae	2/3
100	紫茉莉科Nyctaginaceae	2/2	121	紫葳科Bignoniaceae	3/6
101	马齿苋科Portulacaceae	1/2	122	马鞭草科Verbenaceae	2/2
102	仙人掌科Cactaceae	1/1	123	唇形科Lamiaceae	26/49
103	绣球科Hydrangeaceae	3/8	124	通泉草科Mazaceae	1/1
104	山茱萸科Cornaceae	2/7	125	透骨草科Phrymaceae	2/2
105	凤仙花科Balsaminaceae	1/2	126	泡桐科Paulowniaceae	1/3
106	花荵科Polemoniaceae	2/3	127	列当科Orobanchaceae	9/15
107	柿科Ebenaceae	1/2	128	桔梗科Campanulaceae	4/9
108	报春花科Primulaceae	4/8	129	菊科Asteraceae	63/162
109	杜鹃花科Ericaceae	2/2	130	五福花科Adoxaceae	2/6
110	杜仲科Eucommiaceae	1/1	131	忍冬科Caprifoliaceae	7/17
111	茜草科Rubiaceae	2/8	132	五加科Araliaceae	2/3
112	龙胆科Gentianaceae	5/14	133	伞形科Apiaceae	18/29
113	夹竹桃科Apocynaceae	6/15			

含50个种以上的科有4科，分别是菊科（Asteraceae）、豆科（Fabaceae）、蔷薇科（Rosaceae）和禾本科（Poaceae），菊科作为被子植物的第一大科，在该地区的分布数量和范围都表现出了显著优势；含10种以上50种以下的科分别为莎草科（Cyperaceae）、毛茛科（Ranunculaceae）、杨柳科（Salicaceae）、十字花科（Brassicaceae）、苋科（Amaranthaceae）、蓼科（Polygonaceae）、唇形科（Lamiaceae）和伞形科（Apiaceae），占总科数的6.02%。总体而言，占比最大的是寡种科（含2～9种）达51.13%，其次为单种科22.56%（见表3-4）。

表3-4　子午岭自然保护区维管植物科的数量组成分析

科的分组	科数	占总科数/%	属数	占总属数/%	种数	占总种数/%
大科（≥50）	4	3.01	180	30.35	500	35.87
较大科（20～49）	8	6.02	110	18.55	262	18.79
中等科（10～19）	23	17.29	130	21.92	332	23.82
寡种科（2～9）	68	51.13	143	24.11	270	19.37
单种科	30	22.56	30	5.06	30	2.15
合计	133	100	593	100	1394	100

3.1.1.3　属的多样性分析

据调查结果统计，在属级水平上，数量最多的为单种属，共有331属占总属数的55.82%；其次为寡种属（2～9种）有246属占总属数的41.48%，寡种属的种数约为总种数的3/5。由此可见，该保护区中单种属和寡种属占维管植物的主要组成部分，也正是这些少种属提高了该地区的生物多样性；含10～20种的中等属只有15属，占比较小；隶属于第一大科菊科的蒿属（*Artemisia*）成为该区的第一大属，占总属数的0.17%，其分类包含30个种，占总种数的2.15%（表3-5）。

表3–5　子午岭维管植物属的数量组成分析

属的分组	属数	占总属数/%	种数	占总种数/%
较大属（≥20）	1	0.17	30	2.15
中等属（10～20）	15	2.53	198	14.20
寡种属（2～9）	246	41.48	835	59.90
单种属	331	55.82	331	23.74
合计	593	100	1394	100

综上所述，子午岭自然保护区分布有维管植物133科593属1394种，分别占甘肃省维管植物264科1317属5577种的50.37%、45.02%、25.00%，占陕西省维管植物211科1269属4919种的63.03%、46.73%、28.34%，可见该地区的物种丰富度较高。就物种数而言，其与阿夏自然保护区、插岗梁自然保护区和多儿国家级自然保护区等相关研究的丰富度大致相同。科级水平上，寡种科共有68科，占子午岭维管植物的51.13%，对本区维管植物区系的构建起主导作用。其余各科所含种数依次是中等科（332种）＞寡种科（270种）＞较大科（262种）＞单种科（30种）。属级水平上，寡种属共246属835种占子午岭维管植物的属种的41.48%、59.61%。其余各属所含种数依次是单种属（331种）＞中等属（198种）＞较大属（30种）。由此可见，寡种属和单种属是该地区维管植物的主要组成部分，表明该地区的植物分布比较松散，从侧面体现了植物多样性高的特点。由于少种属还没有扩展出更大的种系，分布范围较小，有极易丧失的风险。所以，少种属是多样性保护中的重点，防止在该地区消失从而导致生物多样性降低。因此，保护少种属，可以促进生态发展，对于保护区的生物多样性保护也具有极为重要的意义。

3.1.2　子午岭维管植物区系特征

3.1.2.1　科的区系特征

子午岭共有维管植物113科，去除栽培引种，如银杏科（Ginkgoaceae）、红豆杉科（Taxaceae）、睡莲科（Nymphaeaceae）等20科，对剩余野生113科做区系分析。该区域的科分布有7个分布型和5个变型，结果分析如下：

1.世界广布：世界广布的子午岭维管植物有49科，也是该区域科数最多的一个分布型，占子午岭维管植物总科数的43.36%，大多数为被子植物门所属，如菊科（Asteraceae）、禾本科（Poaceae）、兰科（Orchidaceae）、莎草科（Cyperaceae）、毛茛科（Ranunculaceae）等；也有部分为蕨类植物，如卷柏科（Selaginellaceae）、木贼科（Equisetaceae）、蹄盖蕨科（Athyriaceae）、鳞毛蕨科（Dryopteridaceae）、铁角蕨科（Aspleniaceae）。其中有的科还具有较高的药用价值，如豆科（Fabaceae）、远志科（Polygalaceae）、龙胆科（Gentianaceae）。

2.热带分布：热带分布的子午岭维管植物共36科，占该地区总科数的31.86%。主要以泛热带分布为主，泛热带分布共25科，占热带分布的69.44%，包括马兜铃科（Aristolochiaceae）、葫芦科（Cucurbitaceae）、大戟科（Euphorbiaceae）等；其分布的2个变型有以热带亚洲、热带非洲、热带美洲分布的鸢尾科（Iridaceae），以南半球为主的泛热带分布有商陆科（Phytolaccaceae）、石蒜科（Amaryllidaceae）和桑寄生科（Loranthaceae）。东亚和热带南美间断记录有5科，占比4.42%，虽占比例不大，但也体现了子午岭自然保护区植物资源的丰富多样以及与世界区系之间的联系，分别为被子植物门的省沽油科（Staphyleaceae）、五加科（Araliaceae）、苦苣苔科（Gesneriaceae）和蕨类植物门的碗蕨科（Dennstaedtiaceae）。旧世界热带和热带亚洲至大洋洲各分布一科，分别为天门冬科（Asparagaceae）和通泉草科（Mazaceae），各占子午岭维管植物总科数的0.88%。

3.温带分布：温带分布的子午岭维管植物共28科，占该地区总科数的24.78%。北温带整体分布占19.47%，包括北温带分布7科，分别为百合科（Liliaceae）、芍药科（Paeoniaceae）、金丝桃科（Hypericaceae）、大麻科（Cannabaceae）、列当科（Orobanchaceae）、忍冬科（Caprifoliaceae）和五福花科（Adoxaceae），其变型北温带和南温带间断分布有13科，如柏科（Cupressaceae）、花荵科（Polemoniaceae）、灯心草科（Juncaceae）等，占总科数的11.5%；欧亚和南美温带间断分布2科，分别为麻黄科（Ephedraceae）、小檗科（Berberidaceae）。麻黄科具有重要的药用价值，其中草麻黄（*Ephedra sinica*）和中麻黄（*Ephedra intermedia*）被列入CITES公约附录Ⅱ，限制其国家贸易；东亚和北美间分布5科，分别为五味子科（Schisandraceae）、三白草科

（Saururaceae）、菖蒲科（Acoraceae）、扯根菜科（Penthoraceae）、透骨草科（Phrymaceae）；地中海区、西亚至中亚分布型仅有1科，为其变型地中海至温带、热带亚洲、大洋洲分布的白刺科（Nitrariaceae）。在科的分布上，热带科明显多于温带科，热带科具显著优势。

3.1.2.2　属的区系分析

据调查结果统计，子午岭自然保护区维管植物593属，除引种栽培124属，如银杏属（*Ginkgo*）、玉兰属（*Yulania*）、郁金香属（*Tulipa*）等，对剩余469属做区系分析，该地区的属可分为15个分布型和5个变型（表3–6子午岭维管植物区系分布），具体分析如下。

表3–6　子午岭维管植物区系分布

分布型及其变型	科		属	
	数量	百分比/%	数量	百分比/%
1世界广布	49	43.36	75	16.03
2泛热带	25	22.12	43	9.19
2-2热带亚洲—热带非洲—热带美洲（南美洲）	1	0.88	—	—
2S以南半球为主的泛热带	3	2.65	—	—
3东亚（热带、亚热带）及热带南美间断	5	4.42	8	1.71
4旧世界热带	1	0.88	9	1.92
5热带亚洲至热带大洋洲	1	0.88	8	1.71
6热带亚洲至热带非洲	—	—	6	1.28
7热带亚洲	—	—	4	0.85
8北温带	7	6.19	147	31.41
8-4北温带和南温带间断分布	13	11.50	2	0.43
8-5欧亚和南美洲温带间断	2	1.77	1	2.10
9东亚及北美间断	5	4.42	26	5.56
10旧世界温带	—	—	70	14.96
10-1地中海区至西亚（或中亚）和东亚间断分布	—	—	1	0.21
11温带亚洲	—	—	19	4.06
12地中海区、西亚至中亚	—	—	15	3.21
12-3地中海区至温带—热带亚洲、大洋洲和/或北美南部至南美洲间断	1	0.88	—	—
13中亚	—	—	3	0.64
14东亚	—	—	10	2.14
14SH中国—喜马拉雅	—	—	4	1.07
14SJ中国—日本	—	—	11	2.35
15中国特有	—	—	6	1.28
合计	113	100	468	100

1.世界广布：属于此分布型共有75属，占该地区总属数的16.03%，包括藜属（*Chenopodium*）、苋属（*Amaranthus*）、莎草属（*Cyperus*）等，如蒿属是子午岭维管植物第一大属，这些属都在世界大范围分布，没有特殊的分布中心，是子午岭植物多样性的重要组成部分。

2.热带分布：分布在热带的属共78个，占该地区总属数的16.67%。其中泛热带分布43属，包括蒺藜属（*Tribulus*）、菟丝子属（*Cuscuta*）、曼陀罗属（*Datura*）、碗蕨属（*Dennstaedtia*）等，无分布变型；东亚热带及热带南美间分布和热带亚洲至非洲，各分布8属，分别占该地区总属数1.71%；旧世界热带分布了天门冬属（*Asparagus*）、菅属（*Themeda*）、白饭树属（*Flueggea*）、百蕊草属（*Thesium*）等9属19种，分别占该地区总属数的1.92%、1.7%；热带亚洲至非洲分布较少，只占分布总属数的1.28%；只分布于热带亚洲的有4属7种，分布较少。

3.北温带分布，在此研究区域中占绝对优势，共分布147属，如菖蒲属（*Acorus*）、天南星属（*Arisaema*）、紫堇属（*Corydalis*）等，占该地区总属数的31.41%。不仅在子午岭维管植物区系中占主导地位，而且还具有重要的生态经济和多样性价值。北温带及其变型所包含的植物数量已远大于热带分布，成为该资源区系中包含属数和种数最多的分布类型。子午岭地处北半球温带，故温带属比热带属更具有地理优势，如常见的温带分布有百合属（*Lilium*）、苹果属（*Malus*）、蔷薇属（*Rosa*）、细辛属（*Asarum*）等。北温带分布型还包括两个变型，北温带南温带间断分布的拂子茅属（*Calamagrostis*）和柳兰属（*Chamerion*），欧亚南美间断分布的麻黄属（*Ephedra*）。

4.东亚及北美间断分布：该地区分布26属，包括五味子属（*Schisandra*）、头蕊兰属（*Cephalanthera*）、胡枝子属（*Lespedeza*）等，占总研究区比例的5.56%。

5.温带分布：旧世界温带仅次于北温带，是温带地区的第二大分布型，还包含一变型，共计71属；温带亚洲分布型共计19属，如锦鸡儿属（*Caragana*）、米口袋属（*Gueldenstaedtia*）、杏属（*Armeniaca*）、笐子梢属（*Campylotropis*）等；地中海区、西亚至中亚分布型记录15属，是子午岭维管植物总属数的3.21%，虽所占比例不大，但在维持植物区系多样性中起到了重要的作用。

6.中亚地区分布：该地区分布角蒿属（*Incarvillea*）、兔唇花属（*Lagochilus*）、栉叶蒿属（*Neopallasia*）3属；东亚分布型统计共10属，其变型中国—喜马拉雅分布4属，分别是扁核木属（*Prinsepia*）、秃疮花属（*Dicranostigma*）、刺榆属（*Hemiptelea*）、蔓黄芪属（*Phyllolobium*）；中国—日本分布型有11属，有半夏属（*Pinellia*）、博落回属（*Macleaya*）、棣棠花属（*Kerria*）、兔儿伞属（*Syneilesis*）等占温带分布区的3.48%。

7.中国特有：以我国整体自然地区为核心，并且分布边界不超出国境的属可称为中国特有属，子午岭维管植物中属于中国特有的属共有6属且都为单种属，占该研究区总属数的1.28%，分别是虎榛子属（*Ostryopsis*）、地构叶属（*Speranskia*）、文冠果属（*Xanthoceras*）、翼蓼属（*Pteroxygonum*）、华蟹甲属（*Sinacalia*）、栾属（*Koelreuteria*）。

综上所述，在科级水平上，共有5个分布型7个变型；世界广布分布49科，占子午岭维管植物总科数的43.06%，热带科（31.86%）分布多于温带科（19.74%）。在属级水平上，共有15个分布型5个变型，温带属（67.52%）分布远多于热带属分布（16.67%），表现出了温热带区域过渡的特性，温带属在植物组成中居主要地位，大多数温带分布的植物，都能成为某一植被类型的优势种或建群种。如温带分布的针茅属（*Stipa*）是禾草草原的建群种，唐松草属（*Thalictrum*）是少数杂草草原区和农田交错带的建群种，说明该地区的植物区系和温带分布区系有着密切的关系。子午岭自然保护区分布中国特有种6属，其特有种分布的相似性最高的是陕西省，其次为四川省。表明子午岭自然保护区与周边省份特有种分布具有高度相似性，特有种的生态幅和分布区也为保护物种资源提供参考。

3.2 植被

3.2.1 子午岭植物的生态学特征

子午岭地处我国温带草原区南部，属温带大陆性季风气候。冬季寒冷干燥，夏季高温多雨，从而导致植物的生态型以中生植物为主，并含有一定数量的旱生中生植物和湿中生植物。植物在生长季中应正常生长和发育，在寒冷的冬季则进入休眠状态，并形成固有的生态适应特性。例如，山杨（*Populus davidiana*）、小叶杨（*Populus simonii*）、白桦（*Betula platyphylla*）、少脉椴（*Tilia paucicostata*）等乔木树种的树干和枝条都有一层较厚的树皮层保护，芽有坚实的芽鳞，也常受树脂保护，树皮有较发达的木栓组织等。一些灌木植物如单瓣黄刺玫（*Rosa xanthina* var. *normalis*）、樱草蔷薇（*Rosa primula*）、土庄绣线菊（*Spiraea pubescens*）、山桃（*Amygdalus davidiana*）、沙棶（*Cornus bretschneideri*）、河北木蓝（*Sphagofera bungeana*）和互叶醉鱼草（*Buddleja alternifolia*）等则呈丛状生长，提高植株近地面的温度，增强其抗寒性。此外，许多植物的器官表面被有蜡粉和密毛，叶片有油脂类物质保护，这些形态特征都是对低温的生态适应。

本区夏季气温较高，而且阳坡较阴坡生境更为干旱贫瘠。一般分布在阳坡的草地植被，其建群种多为旱中生的多年生草本植物，如丛生隐子草（*Cleistogenes caespitosa*）、狼针草（*Stipa baicalensis*）、甘青针茅（*Stipa przewalskyi*）、白羊草（*Bothriochloa ischaemum*）等。典型的旱生植物也为数不少，如大针茅（*Stipa grandis*）、针茅（*Stipa capillata*）等。这些植物的根系部分也强烈发育，有利于吸收更多的土壤水分、养分和其他的营养元素，这些形态特征属于植物对干旱的生态适应性。

依据Raunkiaer的生活型系统，对本区1064种野生种子植物的生活型进行统计，结果显示地面芽植物最多，占总种数的41.17%；其次属高位芽植物，占总种数的22.74%；一年、二生植物占总种数的19.08%；地下芽植物占总种数的14.19%；地上芽植物仅占2.82%。由此可见，以多年生草本地面芽植物占优势，木本高位芽植物次之，反映了本区植物发育是在温带半湿润的森林草原气候条件下进行的。

在木本植物中，除了几种常绿植物，如油松（*Pinus tabuliformis*）、侧柏（*Platycladus orientalis*）、槲寄生（*Viscum coloratum*）等，其余都为冬季落叶的阔叶种类。在草本植物中，除常绿地上芽植物喜冬草，其余也都是冬季地上部分枯死的种类及一年两生植物。因而，本区各种植物群落的季相四季分明，而且表现十分突出。

3.2.2　植被类型

甘肃子午岭地处我国温带草原区域的南部，属温带大陆性季风气候。冬季寒冷干燥，夏季高温多雨，从而导致植物的生态型以中生植物为主，并含有一定数量的旱中生植物和湿中生植物。本区经过长期的人为干扰破坏，多数原生植被类型不复存在，代之以各种不同的人工植被、不同演替阶段的植被类型，或者遭受较轻微破坏，而具有韧性较强的、仍然保持较稳定特性的植被类型，由此呈现出一幅五彩斑斓、类型复杂的森林植被景观。

3.2.2.1　分布特点

由于子午岭相对海拔高差较小（多在200～400m），林区森林植被的垂直带谱不甚明显。一般沟底及山坡下部喜湿性植物分布较多，如香蒲属（*Typha*）、䓣草（*Beckmannia syzigachne*）、水杨梅（*Geum chiloense*）、乌柳（*Salix cheilophila*）、红皮柳（*Salix sinopurpurea*）、小叶杨（*Populus simonii*）等，梁峁顶部耐旱性植物则较多，如白羊草（*Bothriochloa ischaemum*）、小尖隐子草（*Cleistogenes mucronata*）、芦苇（*Phragmites australis*）、龙芽草（*Agrimonia pilosa*）、胡枝子属（*Lespedeza*）植物、锦鸡儿属（*Caragana*）植物、白刺花（*Sophora davidii*）、柳叶鼠李（*Rhamnus erythroxylum*）、杜梨（*Pyrus betulifolia*）、山杏（*Armeniaca sibirica*）等。

森林植被的水平分布特征明显。由于林区处于暖温带落叶阔叶林区北缘，与温带草原区域接连，加之林区呈南北狭长分布，水热分配南多北少，从而导致南北森林群系组成有一定差异。林区中段和南段落叶阔叶林特征明显，北段呈现了温带森林草原景观；其次，因受地形影响，岭东较岭西相对湿润，从而植被分布也有一定差异，如要求较湿润环境条件的白桦（*Betula platyphylla*），在岭东坡面形成群落，在岭西多为孤株散生于阴湿沟坡下部。同时，由于黄土高原沟壑地貌的复杂性引起的水热条件不同，致使植被发育在阴坡与阳坡间差异悬殊，连片森林主要分布在阴坡和半阴坡，而半阳坡和阳坡中下部森林分布比较稀疏，形成的林相也比较破碎，在阳坡上部仅见疏林、灌丛或为裸地。另外，由于多年来的人工育林工程，子午岭形成了大面积的人工森林群落，主要有人工油松（*Pinus tabuliformis*）林、刺槐（*Robinia pseudoacacia*）林和华北落叶松（*Larix gmelinii* var. *principis-rupprechtii*）林。

3.2.2.2 主要植被群系特征概述

甘肃子午岭省级自然保护区自然植被按照植被类型分类原则，将本区分为3个植被型组，即针叶林、阔叶林、灌丛和灌草丛；5个植被型，即寒性针叶林、温性针叶林、温性针阔混交林、落叶阔叶林和落叶阔叶灌丛；26个群系。

1.寒性针叶林

华北落叶松（*Larix gmelinii* var. *principis-rupprechtii*）林：该群系在保护区南北林区均有，但为人工种植。其林下鲜有土著植物，少数林内仅有披针薹草（*Carex lancifolia*）、鞘柄菝葜（*Smilax stans*）、铃兰（*Convallaria majalis*）、玉竹（*Polygonatum odoratum*）、大苞黄精（*Polygonatum megaphyllum*）等少数几种植物，林龄多以50多年为主，林相均非常整齐。

2.温性针叶林

（1）油松（*Pinus tabuliformis*）林：该群系是保护区各区的一个稳定群落。自然分布只在子午岭南端有成片分布，集中在中湾八只窑一带。中部九曲、连家贬、太白偶有零星分布，北部由于耕垦砍伐过甚，种源断绝已无分布。子午岭油松林是以油松（*Pinus tabuliformis*）、沙棶（*Cornus bretschneideri*）、栒子属（*Cotoneaster*）植物、胡枝子（*Lespedeza bicolor*）、杭子梢（*Campylotropis macrocarpa*）、鞘柄菝葜（*Smilax stans*）、披针薹草（*Carex lancifolia*）为基本成分所组成的群丛。主要生长在地势较缓，水分、养分条件好的阴坡、半阴坡和半阳坡上。林龄虽多代混杂，但林相较为整齐。另外，保护区各类地形有大量的人工油松（*Pinus tabuliformis*）林，其植物组成也因原有植被不同而变化较大，林龄80年到几年的不等，林相多整齐。

（2）华山松（*Pinus armandii*）林：该群系在保护区南北林区均有，为人工种植。其林下有部分土著植物，如栒子属（*Cotoneaster*）植物、沙棶（*Cornus bretschneideri*）、杠柳（*Periploca sepium*）、牛奶子（*Elaeagnus umbellata*）、陕西荚蒾（*Viburnum schensianum*）、野菊（*Chrysanthemum indicum*）、细裂叶莲蒿（*Artemisia gmelinii*）、牛尾蒿（*Artemisia dubia*）、披针薹草（*Carex lancifolia*）、铃兰（*Convallaria majalis*）、玉竹（*Polygonatum odoratum*）、大苞黄精（*Polygonatum megaphyllum*）、黄精（*Polygonatum sibiricum*）等，林相多较整齐。

（3）侧柏（*Platycladus orientalis*）林：该群系是保护区相对稳定的群落。在子午岭分布较广，从南到北均见，以北部华池林区较多。其分布呈小片零星分布，一般不超过两公顷，现存总面积较小。主要生长在阳坡陡壁、侵蚀沟头、梁下裸岩处。主要以侧柏（*Platycladus orientalis*）、白刺花（*Sophora davidii*）、锦鸡儿属（*Caragana*）植物、柳叶鼠李（*Rhamnus erythroxylum*）、针茅属（*Stipa*）植物为基本成分组成的群丛。

3.温性针阔混交林

油松（*Pinus tabuliformis*）林：该群系多数为人工改造林，在保护区广布，主要以油松（*Pinus tabuliformis*）、蒙古栎（*Quercus mongolica*）、白桦（*Betula platyphylla*）、山杨（*Populus davidiana*）、刺槐（*Robinia pseudoacacia*）混交形成，灌木层多以栒子属（*Cotoneaster*）植物、土庄绣线菊（*Spiraea pubescens*）、单瓣黄刺玫（*Rosa xanthina* var. *normalis*）、樱草蔷薇（*Rosa primula*）、沙棶（*Cornus bretschneideri*）、陕西荚蒾（*Viburnum schensianum*）、虎榛子（*Ostryopsis davidiana*）、杭子梢（*Campylotropis macrocarpa*）、胡枝子（*Lespedeza bicolor*）等植物为主，草本层多以白羊草（*Bothriochloa ischaemum*）、赖草（*Leymus secalinus*）、披针薹草（*Carex lancifolia*）、京芒草（*Achnatherum pekinense*）、细裂叶莲蒿（*Artemisia gmelinii*）、野菊（*Chrysanthemum indicum*）、大火草

（*Anemone tomentosa*）、北柴胡（*Bupleurum chinense*）等植物为主。林龄多代混杂，林相极不整齐。

4.落叶阔叶林

（1）蒙古栎（*Quercus mongolica*）林：该群系是保护区植被内生态演替序列中的顶级群落，也是面积分布最大的林分。由于多年来过度采伐，目前难见整齐连片的蒙古栎（*Quercus mongolica*）林，多是零星小片与其他树种团状混杂。区内蒙古栎（*Quercus mongolica*）群系主要是由蒙古栎（*Quercus mongolica*）、土庄绣线菊（*Spiraea pubescens*）、虎榛子（*Ostryopsis davidiana*）、鞘柄菝葜（*Smilax stans*）为基本成分组成的群丛。现绝大多数是萌生林，生长缓慢，干型弯曲。

（2）白桦（*Betula platyphylla*）林：白桦（*Betula platyphylla*）和山杨（*Populus davidiana*）相似，都是喜光、喜湿润的树种。但白桦（*Betula platyphylla*）对水分要求较山杨高，因此该群系在保护区的分布范围比山杨（*Populus davidiana*）小得多。一般只生长在山梁遮阴处，土壤湿度较大的阴坡、半阴坡的中下部，在坡的上部就过渡为山杨（*Populus davidiana*）、蒙古栎（*Quercus mongolica*）的混交林。白桦（*Betula platyphylla*）林是以白桦（*Betula platyphylla*）、土庄绣线菊（*Spiraea pubescens*）、虎榛子（*Ostryopsis davidiana*）和鞘柄菝葜（*Smilax stans*）为基本成分组成的群丛。其混交树种有蒙古栎（*Quercus mongolica*）、山杨（*Populus davidiana*）、茶条槭（*Acer tataricum* subsp. *ginnala*）、细裂槭（*Acer pilosum* var. *stenolobum*）等。由于本群丛所处的生境水分充足，草本和半灌木植物极为丰富，种类达105种。白桦（*Betula platyphylla*）林的生长速度仅次于山杨（*Populus davidiana*）和小叶杨（*Populus simonii*）。

（3）茶条槭（*Acer tataricum* subsp. *ginnala*）林：该群系在保护区合水和华池段有一定分布。一般多生长在山梁阳处或梁峁顶部。主要以茶条槭（*Acer tataricum* subsp. *ginnala*）、土庄绣线菊（*Spiraea pubescens*）、水栒子（*Cotoneaster multiflorus*）和鼠李属（*Rhamnus*）植物为基本成分组成的群丛。其混交树种有蒙古栎（*Quercus mongolica*）、山杨（*Populus davidiana*）、油松（*Pinus tabuliformis*）等。草本和半灌木植物较为丰富，种类达82种。

（4）细裂槭（*Acer pilosum* var. *stenolobum*）林：该群系在保护区华池段有一定分布。一般多生长在山梁阳处或梁峁顶部。主要以细裂槭（*Acer pilosum* var. *stenolobum*）、鼠李属（*Rhamnus*）植物、单瓣黄刺玫（*Rosa xanthina* var. *normalis*）、樱草蔷薇（*Rosa primula*）和虎榛子（*Ostryopsis davidiana*）为基本

成分组成的群丛。其混交树种有蒙古栎（*Quercus mongolica*）、山杨（*Populus davidiana*）、油松（*Pinus tabuliformis*）、茶条槭（*Acer tataricum* subsp. *ginnala*）、侧柏（*Platycladus orientalis*）等。草本和半灌木植物也较为丰富，种类达80多种。

（5）小叶杨（*Populus simonii*）林：该群系在保护区各类地形中均有，川道和沟谷约占5%，这里植物组成复杂，种类繁多，生长茂盛。较多见的大乔木是小叶杨（*Populus simonii*），涧水坡以南还常有茶条槭（*Acer tataricum* subsp. *ginnala*）、漆树（*Toxicodendron vernicifluum*）、白桦（*Betula platyphylla*）、春榆（*Ulmus davidiana* var. *japonica*）、红皮椴（*Tilia paucicostata* var. *dictyoneura*）、山定子（*Malus baccata*）、杜梨（*Pyrus betulifolia*）等。将这种沟道植被统称为小叶杨（*Populus simonii*）杂木林群系。本群系的早期建群树种小叶杨（*Populus simonii*），树形高大，树干通直圆满，是子午岭最重要的大径级用材树种。第一代小叶杨（*Populus simonii*）树龄约140年，零星分布在沟岸、谷地。第二代年龄约100年，曾经遍布子午岭的川道沟谷。它们密度均匀，生长健旺。但是，由于人为破坏，目前只在道路尚未修开人为干预不到的支沟毛沟里，还可见到成片小叶杨（*Populus simonii*）纯林或槭属（*Acer*）、漆（*Toxicodendron vernicifluum*）、红皮椴（*Tilia paucicostata* var. *dictyoneura*）等阔叶树混交林。

（6）山杨（*Populus davidiana*）林：该群系在保护区分布广，数量较多。一般由山杨（*Populus davidiana*）、土庄绣线菊（*Spiraea pubescens*）、虎榛子（*Ostryopsis davidiana*）组成群丛。主要分布在阴坡、半阴坡，偶尔分布在半阳坡，但仅限于较隐蔽的坡下部。90%以上为多代萌生林分，生长周期较短。山杨生长的速度较快，但多代萌生的林分生长极差，一般40年生的山杨林树高7～11m，胸径平均11cm。山杨（*Populus davidiana*）是先锋树种，在演替序列中的地位是不稳定的。

（7）刺槐（*Robinia pseudoacacia*）林：该群系主要集中在保护区南段的宁县和正宁县林区的各类地形中，系人工栽培。其植物组成也因原有植被不同而变化较大，同时也与刺槐（*Robinia pseudoacacia*）栽植密度有很大关系，在疏林地有一定的林下植被，在密林地土著物种鲜有踪迹，林相亦多整齐。

5.灌丛和灌草丛

本区灌木林主要是森林破坏后次生演替的产物和农田弃耕后形成的次生山地灌丛，其次在子午岭林区内干旱贫瘠向阳山坡也多发育灌木林，灌木林在子午岭林区森林演替过程中占有重要地位。灌木群落主要有以下几种群系：

（1）白刺花（*Sophora davidii*）灌丛：在子午岭及周边以白刺花（*Sophora davidii*）为建群种的灌木群落，是本区森林植被遭破坏消失后次生演替而来的常见灌丛之一，分布较为普遍，在海拔1100～1500m干旱阳坡、半阳坡、梁峁及沟谷沙地，群落盖度50%～90%，高度1～2m，群落组成有山桃（*Amygdalus davidiana*）、杜梨（*Pyrus betulifolia*）、单瓣黄刺玫（*Rosa xanthina* var. *normalis*）、胡枝子（*Lespedeza bicolor*）、三裂绣线菊（*Spiraea trilobata*）、土庄绣线菊（*Spiraea pubescens*）、文冠果（*Xanthoceras sorbifolium*）、紫丁香（*Syringa oblata*）、酸枣（*Ziziphus jujuba* var. *spinosa*）、红花锦鸡儿（*Caragana rosea*）、甘蒙锦鸡儿（*Caragana opulens*）、秦晋锦鸡儿（*Caragana purdomii*）等。草本层比较发达，盖度达60%，主要有白羊草（*Bothriochloa ischaemum*）、长芒草（*Stipa bungeana*）、细裂叶莲蒿（*Artemisia gmelinii*）、白叶蒿（*Artemisia leucophylla*）、兴安胡枝子（*Lespedeza davurica*）等。

（2）白刺花（*Sophora davidii*）—酸枣（*Ziziphus jujuba* var. *spinosa*）—单瓣黄刺玫（*Rosa xanthina* var. *normalis*）灌丛：零星分布于子午岭林区及林区边缘海拔1300m左右的阳坡石质山地上，群落盖度80%以上，建群种为白刺花（*Sophora davidii*）、酸枣（*Ziziphus jujuba* var. *spinosa* ）、单瓣黄刺玫（*Rosa xanthina* var. *normalis*），伴生灌木还有山桃（*Amygdalus davidiana*）、葱皮忍冬（*Lonicera ferdinandi*）、土庄绣线菊（*Spiraea pubescens*）、蕤核（*Prinsepia uniflora*）、榆树（*Ulmus pumila*）、冻绿（*Rhamnus utilis*）、灌木铁线莲（*Clematis fruticosa*）等。草本及半灌木层有60余种，主要为细裂叶莲蒿（*Artemisia gmelinii*）、牛枝子（*Lespedeza potaninii*）、兴安胡枝子（*Lespedeza davurica*）、白羊草（*Bothriochloa ischaemum*）、长芒草（*Stipa bungeana*）、委陵菜（*Potentilla chinensis*）、细叶韭（*Allium tenuissimum* ）、鸦葱（*Scorzonera austriaca*）、黄芩（*Scutellaria baicalensis*）、大针茅（*Stipa grandis*）、柯孟披碱草（*Elymus kamoji*）、赖草（*Leymus secalinus*）、白头翁（*Pulsatilla chinensis*）、糙叶败酱（*Patrinia scabra*）、阿拉伯黄背草（*Themeda triandra*）、二色棘豆（*Oxytropis bicolor*）等。

（3）山杏（*Armeniaca sibirica*）灌丛：零星分布于子午岭林区海拔1200～1700m的干旱阳坡、梁峁。建群种山杏（*Armeniaca sibirica*）株高3～4m，在条件优越地域呈小乔木状，伴生灌木主要有山桃（*Amygdalus davidiana*）、鼠李属（*Rhamnus*）、土庄绣线菊（*Spiraea pubescens*）、三裂绣线菊（*Spiraea trilobata*）等。草本层主要为披针薹草（*Carex lancifolia*）、阿拉伯黄背草

（*Themeda triandra*）、小尖隐子草（*Cleistogenes mucronata*）、细裂叶莲蒿（*Artemisia gmelinii*）、北柴胡（*Bupleurum chinense*）、毛秆野古草（*Arundinella hirta*）、白羊草（*Bothriochloa ischaemum*）等。

（4）山桃（*Amygdalus davidiana*）灌丛：零星分布于保护区海拔1200～1700m的向阳山坡及其周围山地，在黄土高原沟壑区和丘陵沟壑区山坡也有天然或人工山桃灌丛分布。群落盖度70%左右，高度1.5～4m，伴生灌木主要有白刺花（*Sophora davidii*）、单瓣黄刺玫（*Rosa xanthina* var. *normalis*）、蕤核（*Prinsepia uniflora*）、大果榆（*Ulmus macrocarpa*）、柳叶鼠李（*Rhamnus erythroxylum*）、甘青鼠李（*Rhamnus tangutica*）、紫丁香（*Syringa oblata*）、酸枣（*Ziziphus jujuba* var. *spinosa*）、虎榛子（*Ostryopsis davidiana*）、文冠果（*Xanthoceras sorbifolium*）、土庄绣线菊（*Spiraea pubescens*）、水栒子（*Cotoneaster multiflorus*）、毛樱桃（*Cerasus tomentosa*）等。草本层主要有白叶蒿（*Artemisia leucophylla*）、长芒草（*Stipa bungeana*）、白羊草（*Bothriochloa ischaemum*）、阿拉伯黄背草（*Themeda triandra*）、兴安胡枝子（*Lespedeza davurica*）、细裂叶莲蒿（*Artemisia gmelinii*）、北柴胡（*Bupleurum chinense*）、草木樨状黄芪（*Astragalus melilotoides*）等。

（5）虎榛子（*Ostryopsis davidiana*）灌丛：遍布于子午岭林区，生长于海拔1100～1750m之间的阴坡、荒山及林缘地。群落盖度达90%，高度0.5～1.5m，伴生种有单瓣黄刺玫（*Rosa xanthina* var. *normalis*）、紫丁香（*Syringa oblata*）、牛奶子（*Elaeagnus umbellata*）、中国沙棘（*Hippophae rhamnoides* subsp. *sinensis*）、短柄小檗（*Berberis brachypoda*）、河北木蓝（*Sphagofera bungeana*）、多花木蓝（*Sphagofera amblyantha*）、茅莓（*Rubus parvifolius*）、多花胡枝子（*Lespedeza floribunda*）、圆叶鼠李（*Rhamnus globosa*）、冻绿（*Rhamnus utilis*）、土庄绣线菊（*Spiraea pubescens*）、三裂绣线菊（*Spiraea trilobata*）、无毛山楂（*Crataegus pinnatifida* var. *psilosa*）、灰栒子（*Cotoneaster acutifolius*）、河北木蓝（*Sphagofera bungeana*）、灌木铁线莲（*Clematis fruticosa*）、粗齿铁线莲（*Clematis grandidentata*）等。草本及半灌木层盖度达70%，主要有披针薹草（*Carex lancifolia*）、细裂叶莲蒿（*Artemisia gmelinii*）、白叶蒿（*Artemisia leucophylla*）、北柴胡（*Bupleurum chinense*）、委陵菜（*Potentilla chinensis*）、糙叶败酱（*Patrinia scabra*）、硬质早熟禾（*Poa sphondylodes*）、长芒草（*Stipa bungeana*）、柯孟披碱草（*Elymus kamoji*）、草木樨状黄芪（*Astragalus melilotoides*）、石沙参（*Adenophora polyantha*）、

山野豌豆（*Vicia amoena*）、防风（*Saposhnikovia divaricata*）、小尖隐子草（*Cleistogenes mucronata*）、细叶百合（*Lilium pumilum*）、贝加尔唐松草（*Thalictrum baicalense*）、糙苏（*Phlomis umbrosa*）、短尾铁线莲（*Clematis brevicaudata*）等。

（6）单瓣黄刺玫（*Rosa xanthina* var. *normalis*）灌丛：子午岭及其周围地区普遍分布，生长于海拔1200～1750m之间的阳坡、半阳坡及梁峁顶部，群落盖度约70%，高度1～3m，伴生灌木主要有白刺花（*Sophora davidii*）、紫丁香（*Syringa oblata*）、牛奶子（*Elaeagnus umbellata*）、短柄小檗（*Berberis brachypoda*）、黄檗刺（*Berberis dielsiana*）、无毛山楂（*Crataegus pinnatifida* var. *psilosa*）、橘红山楂（*Crataegus aurantia*）、土庄绣线菊（*Spiraea pubescens*）、虎榛子（*Ostryopsis davidiana*）、黄素馨（*Jasminum floridum*）等，草本、半灌木主要有兴安胡枝子（*Lespedeza davurica*）、白羊草（*Bothriochloa ischaemum*）、长芒草（*Stipa bungeana*）、阿拉伯黄背草（*Themeda triandra*）、白叶蒿（*Artemisia leucophylla*）、细裂叶莲蒿（*Artemisia gmelinii*）、米口袋（*Gueldenstaedtia verna*）等。

（7）樱草蔷薇（*Rosa primula*）灌丛：子午岭及其周边普遍分布，见于华池豹子川、合水大山门、正宁中湾等，生长在海拔1100～1756m间的山坡、林缘、路边等，群落组成基本与单瓣黄刺玫（*Rosa xanthina* var. *normalis*）灌丛相同。

（8）红皮柳（*Salix sinopurpurea*）—皂柳（*Salix wallichiana*）—乌柳（*Salix cheilophila*）灌丛：普遍分布于子午岭林区，生于海拔1100～1500m的沟谷、河滩、溪流岸边等处，高2～4m，群落总盖度90%，以红皮柳（*Salix sinopurpurea*）、皂柳（*Salix wallichiana*）、乌柳（*Salix cheilophila*）为共优势种，伴生种有中国黄花柳（*Salix* caprea）、黄龙柳（*Salix liouana*）、太白杭子梢（*Campylotropis macrocarpa* var. *girlaldii*）、腺花茅莓（*Rubus parvifolius* var. *adenochlamys*）、虎榛子（*Ostryopsis davidiana*）、胡枝子（*Lespedeza bicolor*）等，草本层主要有披针薹草（*Carex lancifolia*）、大油芒（*Spodiopogon sibiricus*）、毛秆野古草（*Arundinella hirta*）、阿拉伯黄背草（*Themeda triandra*）、糙叶败酱（*Patrinia scabra*）、糙苏（*Phlomis umbrosa*）、北柴胡（*Bupleurum chinense*）等。

（9）中国沙棘（*Hippophae rhamnoides* subsp. *sinensis*）灌丛：子午岭林区内及周边的梁脊、山坡、沟底、撂荒地等处均有零星栽培，有时成片，甚至可以形成单优势种的小乔木林灌丛，高度一般1～3m，以中国沙棘（*Hippophae rhamnoides* subsp. *sinensis*）占绝对优势，伴生灌木有单瓣黄刺玫（*Rosa xanthina* var. *normalis*）、牛奶子（*Elaeagnus umbellata*）、无毛山楂（*Crataegus pinnatifida* var. *psilosa*）、紫丁香（*Syringa oblata*）、土庄绣线菊（*Spiraea pubescens*）等，草本半灌木层有细裂叶莲蒿（*Artemisia gmelinii*）、兴安胡枝子（*Lespedeza davurica*）、白羊草（*Bothriochloa ischaemum*）、毛秆野古草（*Arundinella hirta*）、龙芽草（*Agrimonia pilosa*）、甘草（*Glycyrrhiza uralensis*）、北柴胡（*Bupleurum chinense*）、阿尔泰狗娃花（*Aster altaicus*）、远志（*Polygala tenuifolia*）等。

（10）牛奶子（*Elaeagnus umbellata*）灌丛：分布于子午岭南北山地，多生长于海拔1200～1700m的干燥山坡，群落以牛奶子（*Elaeagnus umbellata*）为优势种，其他伴生种主要有柳叶鼠李（*Rhamnus erythroxylum*）、小叶鼠李（*Rhamnus parvifolia*）、太白杭子梢（*Campylotropis* macrocarpa var. *girlaldii*）、兴安胡枝子（*Lespedeza davurica*）、无毛山楂（*Crataegus pinnatifida* var. *psilosa*）等。草本层主要为细裂叶莲蒿（*Artemisia gmelinii*）、披针薹草（*Carex lancifolia*）、糙叶败酱（*Patrinia scabra*）、龙芽草（*Agrimonia pilosa*）、漏芦（*Rhaponticum uniflorum*）、阿拉伯黄背草（*Themeda triandra*）等。

（11）酸枣（*Ziziphus jujuba* var. *spinosa*）灌丛：普遍分布于子午岭林区及陇东黄土高原山坡、沟谷、崖畔的阳坡，群落分布生境一般坡度较大，土壤贫瘠，多为坚硬的黄土母质，极为干旱。在林区酸枣（*Ziziphus jujuba* var. *spinosa*）灌丛高度0.4～1.5m，除建群种酸枣（*Ziziphus jujuba* var. *spinosa*）外，伴生灌木有白刺花（*Sophora davidii*）、红花锦鸡儿（*Caragana rosea*）、单瓣黄刺玫（*Rosa xanthina* var. *normalis*）、兴安胡枝子（*Lespedeza davurica*）、胡枝子（*Lespedeza bicolor*）、杠柳（*Periploca sepium*）等。草本层常见的有白叶蒿（*Artemisia leucophylla*）、细裂叶莲蒿（*Artemisia gmelinii*）、白羊草（*Bothriochloa ischaemum*）、阿尔泰狗娃花（*Aster altaicus*）、西山委陵菜（*Potentilla sischanensis*）、二裂委陵菜（*Potentilla bifurca*）、长芒草（*Stipa bungeana*）、狗尾草（*Setaria viridis* subsp. *viridis*）、茵陈蒿（*Artemisia capillaris*）、中华小苦荬（*Ixeris chinensis*）等。在林区以外的黄土坡地上酸枣（*Ziziphus jujuba* var. *spinosa*）常形成单一灌丛。

（12）杠柳（*Periploca sepium*）灌丛：分布普遍，是黄土高原上常见的单优势种群落。生于海拔1000～1600m的阳坡、阴坡、路旁、村边、山顶或溪边的撂荒地、采伐迹地上，对地形条件选择极不严格，群落盖度60%～90%，高度0.5～1.5m，伴生灌木有蕤核（*Prinsepia uniflora*）、枸杞（*Lycium chinense*）、白刺花（*Sophora davidii*）等。草本层主要有细裂叶莲蒿（*Artemisia gmelinii*）、白叶蒿（*Artemisia leucophylla*）、甘草（*Glycyrrhiza uralensis*）、兴安胡枝子（*Lespedeza davurica*）、茵陈蒿（*Artemisia capillaris*）、长芒草（*Stipa bungeana*）、白羊草（*Bothriochloa ischaemum*）、小尖隐子草（*Cleistogenes mucronata*）等。

3.3　植物资源及其分布

3.3.1　被子植物

经多年来项目工作及本次科学考察，共记录到甘肃子午岭省级自然保护区土著及栽培被子植物120科571属1347种（含种下单位）。

睡莲目Nymphaeales

1.睡莲科Nymphaeaceae Salisb.

1）睡莲属*Nymphaea* L.

（1）白睡莲*Nymphaea alba* L.

别（土）名：睡莲（庆阳）

保护区内有人工室内栽培。

（2）红睡莲*Nymphaea alba* L. var. *rubra* Lönnr.

别（土）名：睡莲（庆阳）

保护区内有人工室内栽培。

木兰藤目Austrobaileyales

2.五味子科Schisandraceae Blume

2）五味子属*Schisandra* Michx.

（3）五味子*Schisandra chinensis*（Turcz.）Baill.

别（土）名：北五味子、血藤、乌梅子、山花椒

据《子午岭木本植物志》记载，正宁县刘家店林区有分布，生于沟谷溪旁，海拔1000～1500m。

（4）华中五味子*Schisandra sphenanthera* Rehder & E. H. Wilson

别（土）名：红铃子、大血藤、活血藤、五香血藤、山包谷

本区仅见于合水县太白镇瓦川，生于沟谷溪旁，海拔1000～1500m。

胡椒目Piperales

3.马兜铃科Aristolochiaceae Juss.

3）细辛属*Asarum* L.

（5）细辛*Asarum heterotropoides* Fr. Schmidt

别（土）名：辽细辛、库页细辛

本区仅见于合水县连家砭、太白林区，生于山坡林下、山沟土质肥沃而阴湿地上，海拔1000～1600m。

4）马兜铃属*Aristolochia* L.

（6）北马兜铃*Aristolochia contorta* Bge.

别（土）名：后老婆罐、天仙藤、葫芦罐、臭罐罐、马兜铃（庆阳）

保护区各区广布，生于山坡灌丛、沟谷两旁及林缘，海拔1000～1600m。

4.三白草科Saururaceae Rich. ex T. Lestib.

5）蕺菜属*Houttuynia* Thunb.

（7）蕺菜*Houttuynia cordata* Thunb.

别（土）名：鱼腥草、侧耳根、鱼鳞草、臭草、折耳根

本区仅见于连家砭花溪谷景区，生于人工花坛下，为无意引进种。

木兰目Magnoliales

5.木兰科Magnoliaceae Juss.

6）玉兰属*Yulania* Spach

（8）玉兰*Yulania denudata*（Desrousseaux）D. L. Fu

别（土）名：应春花、望春花、玉堂春、木兰、白玉兰（庆阳）

保护区各管理站院子及管护站多有栽培，作园林绿化及观赏用。

（9）二乔玉兰*Yulania* × *soulangeana*（Soulange-Bodin）D. L. Fu

别（土）名：紫玉兰（庆阳）

保护区各管理站院子及管护站多有栽培，作园林绿化及观赏树种。

樟目Laurales

6.蜡梅科Calycanthaceae Lindl.

7）蜡梅属*Chimonanthus* Lindl.

（10）蜡梅*Chimonanthus praecox*（L.）Link

别（土）名：大叶蜡梅、狗矢蜡梅、蜡梅、黄梅花、梅花

大凤川有栽培。

7.樟科Lauraceae Juss.

8）山胡椒属*Lindera* Thunb.

（11）三桠乌药（原变种）*Lindera obtusiloba* Bl.

别（土）名：大山胡椒、三角枫、三键风、甘橿、红叶甘橿

仅见于正宁县刘家店林区，生于路边，海拔1500m。

9）木姜子属*Litsea* Lam.

（12）木姜子*Litsea pungens* Hemsl.

别（土）名：辣姜子、兰香树、山胡椒、木香子、山苍子

除华池豹子川林区外，保护区各区均有分布，生于山地阳坡杂木林中或林缘，海拔1000～1500m。

菖蒲目Acorales

8.菖蒲科Acoraceae Martinov

10）菖蒲属*Acorus* L.

（13）菖蒲*Acorus calamus* L.

别（土）名：臭草、家菖蒲、土菖蒲、剑叶菖蒲、水菖蒲

保护区各区均有分布，生于水边或沼泽湿地，海拔1000～1400m。

泽泻目Alismatales

9.天南星科Araceae Juss.

11）紫萍属*Spirodela* Schleid.

（14）紫萍*Spirodela polyrhiza*（L.）Schleid.

别（土）名：紫背浮萍、浮萍、水萍草、田萍、萍

保护区各区淡水水体均有分布，生于水田、湖湾或水沟中，海拔1000～1400m。

12）半夏属*Pinellia* Ten.

（15）半夏*Pinellia ternata*（Thunb.）Breit.

别（土）名：野半夏、土半夏、小天南星、野芋头、三叶半夏

保护区各区均有零星分布，生于草坡、荒地、玉米地、田边或疏林下，海拔1000～1300m。

13）天南星属*Arisaema* Mart.

（16）一把伞南星*Arisaema erubescens*（Wall.）Schott

别（土）名：洱海南星、溪南山南星、台南星、基隆南星、短柄南星

保护区各区均有零星分布，合水、宁县和正宁县林区较常见，生于谷底林下、灌丛或草坡处，海拔1000～1360m。

10. 泽泻科Alismataceae Vent.

14）泽泻属*Alisma* L.

（17）东方泽泻*Alisma orientale*（Samuel）Juz.

别（土）名：泽泻、水车前、水白菜、水蛤蟆叶、天鹅蛋

保护区各区均有分布，生于水塘、沟渠或沼泽中，海拔1000～1400m。

11. 水鳖科Hydrocharitaceae Juss.

15）黑藻属*Hydrilla* Rich.

（18）黑藻*Hydrilla verticillata*（L. f.）Royle

别（土）名：罗氏轮叶黑藻、车轴草、水草、轮叶黑藻、轮叶水草

保护区各区均有分布，生于河流及鱼池等淡水中，海拔1000～1500m。

12. 水麦冬科Juncaginaceae Rich.

16）水麦冬属*Triglochin* L.

（19）水麦冬*Triglochin palustris* L.

别（土）名：小麦冬、牛毛墩、长果水麦冬

保护区各区均有零星分布，生于咸湿地或浅水处，海拔1050～1400m。

13. 眼子菜科Potamogetonaceae Bercht. & J. Presl

17）篦齿眼子菜属*Stuckenia* Borner

（20）篦齿眼子菜*Stuckenia pectinata*（L.）Borner

别（土）名：龙须眼子菜、柔花眼子菜、篦齿眼子菜、矮眼子菜、铺散眼子菜保护区各区广布，生于池塘、河流等各种水体。

18）眼子菜属*Potamogeton* L.

（21）眼子菜*Potamogeton distinctus* A. Benn.

别（土）名：泉生眼子菜

本区仅见于合水县太白镇，生于海拔1100m的稻田边积水坑中。

（22）浮叶眼子菜*Potamogeton natans* L.

别（土）名：厚叶眼子菜、活叶眼子菜、西藏眼子菜

本区仅见于合水县太白镇，生于海拔1100m的荒野池塘静水中。

（23）穿叶眼子菜*Potamogeton perfoliatus* L.

别（土）名：抱茎眼子菜

保护区各区均有分布，生于池塘、灌渠、河流等水体，海拔1000～1600m。

（24）菹草*Potamogeton crispus* L.

别（土）名：札草、虾藻

保护区各区均有分布，生于池塘、水沟及缓流河水中，海拔1000～1600m。

薯蓣目Dioscoreales

14. 薯蓣科Dioscoreaceae R. Br.

19）薯蓣属*Dioscorea* L.

（25）穿龙薯蓣*Dioscorea nipponica* Makino

别（土）名：山常山、穿山龙、穿地龙（庆阳）

保护区各区广布，生于林缘灌丛及疏林下，海拔1000～1600m。

百合目Liliales

15. 菝葜科Smilacaceae Vent.

20）菝葜属*Smilax* L.

（26）短梗菝葜*Smilax scobinicaulis* C. H. Wright

别（土）名：威灵仙

保护区各区均有分布，生于林下、灌丛或山坡阴处，海拔1000～1400m。

（27）鞘柄菝葜*Smilax stans* Maxim.

保护区各区广布，生于林下、灌丛或山坡阴处，海拔1000～1600m。

16. 百合科Liliaceae Juss.

21）顶冰花属*Gagea* Salisb.

（28）少花顶冰花*Gagea pauciflora* Turcz.

保护区各区均有零星分布，生于草原山坡、田边空地上，海拔1000～1450m。

22）郁金香属*Tulipa* L.

（29）郁金香*Tulipa gesneriana* L.

保护区各区均有栽培，供观赏。

23）百合属*Lilium* L.

（30）卷丹*Lilium tigrinum* Ker Gawler

别（土）名：卷丹百合

保护区各区均有零星栽培，供观赏。

（31）山丹*Lilium pumilum* DC.

别（土）名：山丹花、细叶百合、焉支花、簪簪花

保护区各区广布，多生于山坡草地或林缘，海拔1000～1650m。

天门冬目Asparagales

17. 兰科Orchidaceae Juss.

24）杓兰属*Cypripedium* L.

（32）毛杓兰*Cypripedium franchetii* E. H. Wilson

别（土）名：兰竹参、龙舌箭

保护区各区均有零星分布，生于疏林下或灌丛中，海拔1400～1650m，为我国Ⅱ级保护野生植物，《中国物种红色名录》中评定为易危（VU）。

25）绶草属*Spiranthes* Rich.

（33）绶草*Spiranthes sinensis*（Pers.）Ames

别（土）名：盘龙参、红龙盘柱、一线香

保护区各区广布，生于山坡林下、灌丛及草地中，海拔1200～1650m。

26）斑叶兰属*Goodyera* R. Br.

（34）小斑叶兰*Goodyera repens*（L.）R. Br.

别（土）名：匍枝斑叶兰、袖珍斑叶兰

本区仅见于太白林区瓦川沟，生于山坡疏林下，海拔1150m。

27）角盘兰属*Herminium* L.

（35）角盘兰*Herminium monorchis*（L.）R. Br.

别（土）名：人参果、人头七

保护区各区均有分布，生于山坡林下、灌丛及山坡草地中，海拔1300～1600m。

28）兜被兰属*Neottianthe* Schltr.

（36）二叶兜被兰*Neottianthe cucullata*（L.）Schltr.

别（土）名：兜被兰、二狭叶兜被兰、一叶兜被兰

保护区各区均有分布，生于林下、灌丛及草地中，海拔950～1400m。

29）舌唇兰属*Platanthera* Rich.

（37）二叶舌唇兰*Platanthera chlorantha* Cust. ex Rchb.

别（土）名：土白芨、蛇儿参

保护区各区均有分布，生于林下、灌丛或草丛中，海拔950～1400m。

（38）蜻蜓兰*Platanthera souliei* Kraenzl.

别（土）名：蜻蜓舌唇兰

保护区各区均有零星分布，生于山坡林下或沟边。

30）头蕊兰属*Cephalanthera* Rich.

（39）银兰*Cephalanthera erecta*（Thunb.）Blume

别（土）名：白花草

保护区各区均有分布，生于林下或灌丛中，海拔1000～1600m。

（40）头蕊兰*Cephalanthera longifolia*（L.）Fritsch

别（土）名：长叶头蕊兰

保护区各区均有分布，生于林下、灌丛或草丛中，海拔1000～1600m。

31）火烧兰属*Epipactis* Zinn

（41）火烧兰*Epipactis helleborine*（L.）Crantz.

别（土）名：台湾铃兰、小花火烧兰、台湾火烧兰

保护区各区广布，生于山坡林下、林缘、灌丛及草地，海拔1100～1600m。

32）羊耳蒜属*Liparis* Rich.

（42）羊耳蒜*Liparis campylostalix* Rchb. f.

别（土）名：鸡心七

保护区各区均有零星分布，生于林下、灌丛中或草地荫蔽处，海拔1000～1600m。

18. 鸢尾科Iridaceae Juss.

33）鸢尾属*Iris* L.

（43）野鸢尾*Iris dichotoma* Pall.

别（土）名：扁蒲扇、羊角草、扇子草、二歧鸢尾、白射干

保护区各区均有分布，生于砂质草地、山坡石隙等向阳干燥处，海拔1000～1600m。

（44）鸢尾*Iris tectorum* Maxim.

别（土）名：老鸹蒜、蛤蟆七、扁竹花、紫蝴蝶、蓝蝴蝶

保护区各区人工设施周边多有栽培，供观赏。

（45）德国鸢尾*Iris germanica* L.

保护区各区人工设施周边多有栽培，供观赏。

（46）薄叶鸢尾*Iris leptophylla* Lingelsh. ex H. Limpr.

别（土）名：四川鸢尾

本区仅见于正宁县刘家店林区，生于林下、林缘草地或山坡背阴处，海拔

1000～1300m。

（47）细叶鸢尾*Iris tenuifolia* Pall.

别（土）名：丝叶马蔺、细叶马蔺、老牛拽

保护区各区均有分布，生于荒坡草地或砂质地上，海拔1000～1600m。

（48）马蔺*Iris lactea* Pall.

别（土）名：马莲、兰花草、马兰花、马兰、白花马蔺

保护区各区均有分布，生于荒地、路旁、山坡草地等处，海拔1000～1600m。

（49）华夏鸢尾*Iris cathayensis* Migo

保护区各区均有分布，生于开阔的山坡草地，海拔1100～1600m。

（50）单花鸢尾*Iris uniflora* Pall. ex Link

本区仅见于正宁县刘家店林区，生于林缘及路旁砂质土上，海拔1000～1200m。

34）射干属*Belamcanda* Adans.

（51）射干*Belamcanda chinensis*（L.）Redouté

别（土）名：野萱花、交剪草

本区仅见于正宁县中湾管理站，生于路边，疑逸为野生。

19. 阿福花科Asphodelaceae Juss.

35）萱草属*Hemerocallis* L.

（52）黄花菜*Hemerocallis citrina* Baroni

别（土）名：金针菜、柠檬萱草、金针花

保护区各区均有栽培。

（53）萱草*Hemerocallis fulva*（L.）L.

别（土）名：摺叶萱草、黄花菜

保护区庭园偶有栽培。

（54）长瓣萱草*Hemerocallis fulva*（L.）L. var. *kwanso* Regel

别（土）名：重瓣萱草

保护区庭园偶有栽培。

20. 石蒜科Amaryllidaceae J. St.-Hil.

36）葱属*Allium* L.

（55）葱*Allium fistulosum* L.

别（土）名：北葱、白葱、香葱、四季葱

保护区各区庭园边均有栽培。

（56）唐古韭*Allium tanguticum* Regel

本区仅见于连家砭管理站北山，生于干旱山坡、沙丘或草地，海拔1200m。

（57）薤白*Allium macrostemon* Bge.

别（土）名：小根蒜、团葱、羊胡子、密花小根蒜、野蒜

保护区各区均有分布，生于山坡、丘陵、山谷或草地上，海拔1000～1700m。

（58）洋葱*Allium cepa* L.

别（土）名：圆葱

保护区庭园偶有栽培。

（59）楼子葱*Allium cepa* L. var. *proliferum* Regel

保护区庭园偶有栽培。

（60）矮韭*Allium anisopodium* Ledeb.

保护区各区均有分布，生于山坡、草地或砂质土丘，海拔1000～1600m。

（61）糙葶韭*Allium anisopodium* Ledeb. var. *zimmermannianum*（Gilg）Wang et Tang

保护区各区均有分布，生于山坡、草地或砂质土丘，海拔1100～1600m。

（62）细叶韭*Allium tenuissimum* L.

保护区各区均有分布，生于山坡、草地或砂质土丘，海拔1000～1600m。

（63）黄花葱*Allium condensatum* Turcz.

本区仅见于华池县豹子川管理站双塔沟，生于山坡草地，海拔1440m。

（64）短齿韭*Allium dentigerum* Prokh.

本区仅见于太白村北山，生于山坡草地，海拔1120m。

（65）韭*Allium tuberosum* Rottler ex Spreng.

别（土）名：久菜、韭菜（庆阳）

保护区各区庭园周边均有栽培。

（66）野韭*Allium ramosum* L.

保护区各区均有分布，生于向阳山坡、草坡或草地上，海拔1000～1700m。

（67）蒙古韭*Allium mongolicum* Regel

别（土）名：沙葱

保护区各区均有分布，生于荒漠、砂地或干旱山坡，海拔1100～1600m。

（68）青甘韭*Allium przewalskianum* Regel

保护区各区均有分布，生于干旱山坡、石缝、灌丛或草坡处，海拔1100～1600m。

（69）卵叶韭*Allium ovalifolium* Hand.-Mzt.

别（土）名：天蒜、天韭、卵叶山葱、鹿耳韭

仅见于连家砭烟景川，生于林下、阴湿山坡或林缘处，海拔1100～1200m。

37）水仙属*Narcissus* L.

（70）水仙*Narcissus tazetta* subsp. *chinensis*（M. Roem.）Masam. & Yanagih.

别（土）名：中国水仙

保护区各区庭园及生态旅游景点偶有栽培，供观赏。

38）朱顶红属*Hippeastrum* Herb.

（71）朱顶红*Hippeastrum rutilum* Herb.

别（土）名：华胃兰、红花莲、百枝莲、对红（庆阳）

保护区各区庭园及生态旅游景点偶有室内盆栽，供观赏。

39）石蒜属*Lycoris* Herb.

（72）石蒜*Lycoris radiata*（L' Hér.）Herb.

别（土）名：彼岸花、两生花、死人花、幽灵花、舍子花

保护区各区庭园及生态旅游景点偶有栽培，供观赏。

21. 天门冬科*Asparagaceae* Juss.

40）知母属*Anemarrhena* Bge.

（73）知母*Anemarrhena asphodeloides* Bge.

别（土）名：羊胡子草、蒜辫子草、兔子油草、穿地龙

保护区各县区均有分布，生于山坡、草地或路旁较干燥、向阳的地方，海拔1200～1700m。

41）玉簪属*Hosta* Tratt.

（74）玉簪*Hosta plantaginea*（Lam.）Aschers.

保护区各区庭园及生态旅游区偶有栽培，供观赏。

42）天门冬属*Asparagus* L.

（75）羊齿天门冬*Asparagus filicinus* D. Don

别（土）名：千锤打、土百部、月牙一支蒿、滇百部、羊齿天冬

保护区各区均有分布，生于林下或山谷阴湿处，海拔1000～1700m。

（76）长花天门冬*Asparagus longiflorus* Franch.

保护区各区均有零星分布，生于山坡、林下或灌丛中，海拔1000～1700m。

（77）攀援天门冬*Asparagus brachyphyllus* Turcz.

别（土）名：寄马椿、海滨天冬

保护区各区均有零星分布，生于山坡向阳处，海拔1200～1600m。

（78）西北天门冬*Asparagus breslerianus* Schult. f.

保护区各区均有零星分布，生于干旱荒坡草地上，海拔1100～1700m。

（79）石刁柏*Asparagus officinalis* L.

别（土）名：芦笋、露笋

仅见于太白村农田边，疑为逸生。

（80）曲枝天门冬*Asparagus trichophyllus* Bge.

仅见于太白镇瓦川沟口，生于荒地上，海拔1100m。

（81）兴安天门冬*Asparagus dauricus* Link

仅见于合水县大山门管理站北山，生于海拔1300m的向阳山坡草地上。

43）舞鹤草属*Maianthemum* F. H. Wigg.

（82）舞鹤草*Maianthemum bifolium*（L.）F. W. Schmidt

别（土）名：二叶午鹤草、午鹤草

仅见于正宁县刘家店林区，生于杂木林下，海拔1500m。

（83）鹿药*Maianthemum japonicum*（A. Gray）LaFrankie

别（土）名：山糜子、偏头七、狮子七、铁梳子、盘龙七

保护区合水县、宁县和正宁县林区均有零星分布，生于林下阴湿处，海拔1200～1600m。

44）黄精属*Polygonatum* Mill.

（84）玉竹*Polygonatum odoratum*（Mill.）Druce

别（土）名：铃铛菜、尾参、地管子

保护区各区广布，生于林下、林缘及灌丛中，海拔1000～1700m。

（85）大苞黄精*Polygonatum megaphyllum* P. Y. Li

保护区各区广布，生于林下、林缘及灌丛中，海拔1000～1700m。

（86）二苞黄精*Polygonatum involucratum*（Franch. et Sav.）Maxim.

仅见于合水县太白林区，生于林下或阴湿山坡，海拔1100m。

（87）黄精*Polygonatum sibiricum* Redouté

别（土）名：鸡爪参、爪子参、笔管菜、鸡头黄精、老虎姜（庆阳）

保护区各区广布，生于林下、灌丛或山坡阴处，海拔1000～1700m。

（88）卷叶黄精*Polygonatum cirrhifolium*（Wall.）Royle

别（土）名：滇钩吻、老虎姜（庆阳）

保护区各区广布，生于林下、山坡或草地，海拔1000～1700m。

45）沿阶草属*Ophiopogon* Ker Gawl.

（89）麦冬*Ophiopogon japonicus*（L. f.）Ker Gawl.

别（土）名：沿阶草、矮麦冬、狭叶麦冬、小麦冬、书带草

保护区各区庭园偶有栽培。

禾本目Poales

22. 香蒲科Typhaceae Juss.

46）黑三棱属*Sparganium* L.

（90）黑三棱*Sparganium stoloniferum*（Buch.-Ham. ex Graebn.）Buch.-Ham. ex Juz.

保护区各区均有分布，生于河沟、沼泽、水塘边浅水处，海拔1000～1400m。

47）香蒲属*Typha* L.

（91）香蒲*Typha orientalis* C. Presl

别（土）名：东方香蒲、菖蒲、长苞香蒲

保护区各区均有分布，生于池塘、沟渠、沼泽及河流缓流带，海拔1000～1500m。

（92）宽叶香蒲*Typha latifolia* L.

保护区各区均有分布，生于池塘、沟渠、湿地、沼泽及河流的缓流浅水带，海拔1000～1500m。

（93）无苞香蒲*Typha laxmannii* Lepech.

据中国数字植物标本馆标本资料显示，合水县太白镇太白村有产，生于池塘、河流的浅处。

（94）水烛*Typha angustifolia* L.

别（土）名：狭叶香蒲、蒲草、水蜡烛、蜡烛草

保护区各区均有分布，生于河流、池塘浅水处、沼泽、沟渠等处，海拔1000～1500m。

（95）小香蒲*Typha minima* Funck ex Hoppe

保护区各区均有分布，生于池塘、水沟边浅水处、湿地及低洼处，海拔1000～1600m。

23. 莎草科Cyperaceae Juss.

48）藨草属*Scirpus* L.

（96）东方藨草*Scirpus orientalis* Ohwi

别（土）名：朔北林生藨草

保护区各区广布，生于沟底水边及谷底阴湿处，海拔1000～1400m。

49）薹草属*Carex* L.

（97）细叶薹草 *Carex duriuscula* C. A. Mey. subsp. *stenophylloides*（V. I. Kreczetowicz）S. Yun Liang & Y. C. Tang

保护区各区均有分布，生于山坡、半干旱地区或草原上，海拔1000～1600m。

（98）唐进薹草*Carex tangiana* Ohwi

保护区各县区均有分布，生于山谷、沟边、路旁的潮湿处，海拔1000～1600m。

（99）团穗薹草*Carex agglomerata* C. B. Clarke

仅见于合水县蒿咀铺林区，生于山谷阴湿处，海拔1450m。

（100）翼果薹草*Carex neurocarpa* Maxim.

保护区各区均有分布，生于水边湿地或草丛中，海拔1000～1600m。

（101）二柱薹草*Carex lithophila* Turcz.

别（土）名：卵囊薹草

保护区各区均有分布，生于沼泽、河岸湿地或草甸上，海拔1000～1400m。

（102）异鳞薹草*Carex heterolepis* Bge.

仅见于合水县太白、连家砭林区，生于水边、河岸，海拔1000～1200m。

（103）异穗薹草*Carex heterostachya* Bge.

仅见于合水县太白林区，生于水边、河岸，海拔1100m。

（104）大披针薹草*Carex lanceolata* Boott

别（土）名：冬青（子午岭）

保护区各区均有分布，生于林下、林缘或山坡草地，海拔1300～1400m。

（105）似莎薹草*Carex heterolepis* Bge.

仅见于太白林区，生于水边、河岸，海拔1100～1300m。

（106）点叶薹草*Carex hancockiana* Maxim.

别（土）名：华北薹草

保护区各区均有分布，生于林中草地、低洼湿地及沼泽地，海拔1000～1400m。

（107）河北薹草 *Carex tangii* Kukenth.

保护区各区均有分布，生于林边阴湿处、阴坡沟底或草丛中，海拔1000～1600m。

（108）披针薹草*Carex lancifolia* C. B. Clarke

别（土）名：冬青（子午岭）

保护区各区广布，生于山坡疏林下，海拔1000～1700m。

（109）签草*Carex doniana* Spreng.

保护区各区均有分布，生于溪边、沟边、林下、灌丛和草丛中潮湿处，海拔1000～1500m。

（110）宽叶薹草*Carex siderosticta* Hance

仅见于正宁县刘家店林区，生于阴坡林下潮湿处，海拔1400m。

50）荸荠属*Eleocharis* R. Br.

（111）具刚毛荸荠*Eleocharis valleculosa* Ohwi var. *setosa* Ohwi

别（土）名：具槽秆荸荠

保护区各区均有分布，生于浅水中或周边湿地，海拔1000～1400m。

（112）牛毛毡*Eleocharis yokoscensis*（Franch. & Sav.）Tang & F. T. Wang

仅见于合水连家砭林区，生于河边湿黏土上，海拔1000～1100m。

51）三棱草属*Bolboschoenus*（Asch.）Palla

（113）扁秆荆三棱*Bolboschoenus planiculmis*（F. Schmidt）T. V. Egorova

别（土）名：扁秆藨草

仅见于合水连家砭和太白林区，生于沟谷底湿草地，海拔1000～1200m。

（114）荆三棱*Bolboschoenus yagara*（Ohwi）Y. C. Yang & M. Zhan

仅见于合水连家砭和太白林区，生于沟谷底湿草地，海拔1000～1100m。

52）水葱属*Schoenoplectus*（Rchb.）Palla

（115）水葱*Schoenoplectus tabernaemontani*：（C. C. Gmel.）Palla

别（土）名：南水葱

保护区各区均有零星分布，生于浅水塘中及周边湿地，海拔1000～1400m。

（116）萤蔺*Schoenoplectus juncoides*（Roxb.）Lye

仅见于合水连家砭和太白林区，生于沼泽中，海拔1000～1100m。

（117）三棱水葱*Schoenoplectus triqueter*（L.）Palla

别（土）名：青岛藨草、藨草

保护区各区均有分布，生于河边湿地上，海拔1000～1500m。

53）莎草属*Cyperus* L.

（118）水莎草*Cyperus serotinus* Rottb.

保护区各区均有分布，多生于浅水中、水边沙土上，海拔1000～1300m。

（119）香附子*Cyperus rotundus* L.

别（土）名：香附、香头草、梭梭草、金门莎草保护区各区均有零星分布，生于水边潮湿处，海拔1000～1300m。

（120）褐穗莎草*Cyperus fuscus* L.

别（土）名：北莎草、绿白穗莎草

保护区各区均有分布，多生于沟底水边及潮湿处，海拔1000～1300m。

（121）头状穗莎草*Cyperus glomeratus* L.

别（土）名：喂香壶、状元花、三轮草

仅见于合水县太白林区，生于溪边阴湿的草丛中，海拔1100m。

（122）碎米莎草*Cyperus iria* L.

仅见于合水县太白林区，生于路旁阴湿的草丛中，海拔1200m。

54）扁莎属*Pycreus* P. Beauv.

（123）红鳞扁莎*Pycreus sanguinolentus*（Vahl）Nees ex C. B. Clarke

别（土）名：黑扁莎、矮红鳞扁莎

保护区各区均有分布，生于河旁或谷底潮湿处，海拔1000～1400m。

（124）球穗扁莎*Pycreus flavidus*（Retz.）T. Koyama

保护区各区均有分布，生于沟旁潮湿处或溪边湿润的沙土上，海拔1000～1500m。

24. 灯芯草科Juncaceae Juss.

55）地杨梅属*Luzula* DC.

（125）羽毛地杨梅*Luzula plumosa* E. Mey.

仅见于合水县连家砭烟景川，生于水边潮湿处，海拔1200m。

56）灯芯草属*Juncus* L.

（126）灯芯草*Juncus effusus* L.

别（土）名：膜稃草、水灯草

保护区各区均有分布，生于河边、池旁、水沟、草地及沼泽湿处，海拔1000～1400m。

（127）小花灯芯草*Juncus articulatus* L.

保护区各区均有分布，生于草甸、河滩、河边、沟边湿地，海拔1000～1500m。

（128）扁茎灯芯草*Juncus gracillimus*（Buchenau）V. I. Krecz. & Gontsch.

保护区各区均有分布，生于河岸、塘边、沼泽及湿地，海拔1000～1500m。

（129）小灯芯草*Juncus bufonius* L.

保护区各区均有分布，生于河岸、塘边、沼泽及湿地，海拔1000～1500m。

25. 禾本科Poaceae Barnhart

57）芦苇属*Phragmites* Adans.

（130）芦苇*Phragmites australis*（Cav.）Trin. ex Steud.

别（土）名：芦、苇、葭、蒹、苇子草

保护区各区广泛分布，生于池塘沟渠沿岸和低湿地、林缘路边、山坡草地等各种生境，海拔1000～1600m。本种为高多倍体和非整倍体植物多型种。

58）三芒草属*Aristida* L.

（131）三芒草*Aristida adscensionis* L.

合水县连家砭和太白林区有分布，生于干山坡、河滩沙地及石隙内，海拔1000～1200m。

59）画眉草属*Eragrostis* Wolf

（132）画眉草*Eragrostis pilosa*（L.）P. Beauv.

保护区各区均有分布，多生于田野草地及田间，海拔1000～1600m。

（133）小画眉草 *Eragrostis minor* Host

保护区各区均有分布，生于田野草地、路旁及田间，海拔1000～1600m。

（134）大画眉草*Eragrostis cilianensis*（All.）Vignolo-Lutati ex Janch.

保护区各区均有分布，生于田野草地、路旁及田间，海拔1000～1600m。

60）隐花草属*Crypsis* Ait.

（135）隐花草*Sporobolus aculeata*（L.）P. M. Peterson

别（土）名：扎屁股草

保护区各区均有零星分布，生于河岸、沟旁及盐碱地，海拔1000～1700m。

61）隐子草属*Cleistogenes* Keng

（136）小尖隐子草*Cleistogenes mucronata* Keng ex P. C. Keng & L. Liu

别（土）名：细弱隐子草

保护区各区均有分布，生于山坡草地及碎石中，海拔1000～1600m。

（137）丛生隐子草*Cleistogenes caespitosa* Keng

保护区各区均有分布，为保护区丛生禾草草原主要建群种，多生于干燥山坡、林缘灌丛，海拔1000～1700m。

（138）朝阳隐子草*Cleistogenes hackelii*（Honda）Honda

别（土）名：中华隐子草

保护区各区均有分布，生于干旱山坡及林缘草地，海拔1000～1600m。

（139）糙隐子草*Cleistogenes squarrosa*（Trin.）Keng

别（土）名：兔子毛

保护区各县区均有分布，多生于干旱山坡草地，海拔1000～1600m。

62）䅟属*Eleusine* Gaertn.

（140）牛筋草*Eleusine indica*（L.）Gaertn.

别（土）名：蟋蟀草

保护区各区均有分布，多生于荒芜之地及道路旁，海拔1000～1600m。

63）虎尾草属*Chloris* Swartz

（141）虎尾草*Chloris virgata* Sw.

保护区各区均有分布，多生于路旁荒野及河岸，海拔1000～1600m。

64）狗牙根属*Cynodon* Rich.

（142）狗牙根*Cynodon dactylon*（L.）Pers.

别（土）名：百慕达草

仅见于连家砭林区花溪谷景区，疑为无意引入种。

65）粽叶芦属*Thysanolaena* Nees

（143）粽叶芦*Thysanolaena latifolia*（Roxb. ex Hornem.）Honda

别（土）名：莽草、粽叶草、竽叶、竽子（庆阳）

宁县罗山府管理站有栽培。

66）马唐属*Digitaria* Haller

（144）马唐*Digitaria sanguinalis*（L.）Scop.

别（土）名：蹲倒驴

保护区各区均有分布，农田区更为常见，生于路旁、田野，是保护区危害农田、果园的常见杂草，海拔1000～1400m。

（145）毛马唐*Digitaria ciliaris*（Retz.）Koel. var. *chrysoblephara*（Figari & De Notaris）R. R. Stewart

别（土）名：黄繸马唐

保护区各区均有分布，农田区更为常见，生于路旁田野，海拔1000～1400m。

（146）止血马唐*Digitaria ischaemum*（Schreb.）Muhl.

合水县连家砭和太白林区有产，生于路旁田野，海拔1000～1300m。

（147）紫马唐*Digitaria violascens* Link

仅见于合水县太白村北山脚下，生于山坡草地，海拔1100m。

67）黍属*Panicum* L.

（148）稷*Panicum miliaceum* L.

别（土）名：糜子、糜、黍

保护区各区均有栽培，是庆阳特色小杂粮之一。

68）狗尾草属*Setaria* P. Beauv.

（149）粱*Setaria italica*（L.）P. Beauv.

别（土）名：谷子、小米

保护区各区均有栽培，是庆阳特色小杂粮之一。

（150）狗尾草*Setaria viridis*（L.）P. Beauv.

别（土）名：谷莠子、莠

保护区各区广泛分布，生于荒野、道旁，为旱地作物常见杂草，海拔1100～1700m。

（151）巨大狗尾草*Setaria viridis*（L.）P. Beauv. subsp. *pycnocoma*（Steud.）Tzvel.

保护区各区均有分布，生于荒野、道旁，为旱地作物常见杂草，海拔1200～1500m。

（152）金色狗尾草*Setaria pumila*（Poir.）Roem. & Schult.

别（土）名：恍莠莠、硬稃狗尾草

保护区各区均有分布，生于林边、山坡、路边和荒芜的园地及荒野，为旱地作物常见杂草，海拔1000～1700m。

69）狼尾草属*Pennisetum* Rich.

（153）白草*Pennisetum flaccidum* Griseb.

别（土）名：兰坪狼尾草

保护区各区均有分布，多生于山坡和较干燥草地，海拔1000～1700m。

（154）狼尾草*Pennisetum alopecuroides*（L.）Spreng.

别（土）名：[艹/戾]草、狗尾巴草、芮草、老鼠狼、狗仔尾

保护区各区均有分布，生于荒地、道旁及小山坡上，海拔1000～1600m。

70）稗属*Echinochloa* P. Beauv.

（155）稗*Echinochloa crus-galli*（L.）P. Beauv.

别（土）名：旱稗、稗子、扁扁草

保护区各区均有分布，多生于沼泽地、沟边及田间，海拔1000～1600m。

71）求米草属*Oplismenus* P. Beauv.

（156）求米草*Oplismenus undulatifolius*（Ard.）Roemer & Schuit.

保护区各区均有零星分布，生于疏林下阴湿处，海拔1000～1600m。

72）野古草属*Arundinella* Raddi

（157）野古草*Arundinella hirta*（Thunb.）Tanaka

别（土）名：毛秆野古草

保护区各区均有分布，生于山坡、路旁或灌丛中，海拔1000～1600m。

73）荩草属*Arthraxon* P. Beauv.

（158）荩草*Arthraxon hispidus*（Thunb.）Makino

别（土）名：绿竹、光亮荩草、匿芒荩草

保护区各区均有零星分布，海拔1000～1400m。

74）玉蜀黍属*Zea* L.

（159）玉蜀黍*Zea mays* L.

别（土）名：苞米、珍珠米、麻蜀棒子、包谷、玉米（庆阳）

保护区各区广为栽培。

75）薏苡属*Coix* L.

（160）薏米 *Coix lacryma-jobi* var. *ma-yuen*（Rom. Caill.）Stapf

别（土）名：苡米、绿谷、马圆薏苡、感米、回回米

仅合水县太白镇有少量种植。

76）大油芒属*Spodiopogon* Trin.

（161）大油芒*Spodiopogon sibiricus* Trin.

别（土）名：山黄管、大荻

保护区各区均有分布，常生于山坡、路旁林荫之下，海拔1000～1600m。

77）白茅属*Imperata* Cyrillo

（162）白茅*Imperata cylindrica*（L.）P. Beauv.

别（土）名：毛启莲、红色男爵白茅

仅见于合水县太白镇，生于山坡草地，海拔1100m。

78）芒属*Miscanthus* Andersson

（163）荻*Miscanthus sacchariflorus*（Maxim.）Benth. & Hook. f. ex Franch.

保护区各区均有分布，生于山坡草地、河岸湿地，海拔1000～1700m。

79）高粱属*Sorghum* Moench

（164）甜高粱*Sorghum bicolor* ‘Dochna’

别（土）名：甜秆、糖高粱

保护区各区均有栽培。

（165）散穗高粱*Sorghum nervosum* Bess. ex Schult. var. *flexibile* Snowden

保护区各区均有少量栽培。

（166）硬秆高粱*Sorghum durra*（Forssk.）Stapf

保护区各区均有栽培。

80）菅属*Themeda* Forssk.

（167）黄背草*Themeda triandra* Forssk.

别（土）名：黄麦秆、阿拉伯黄背草

保护区各区均有分布，生于林缘草地、灌丛及山坡草地，海拔1000～1700m。

81）孔颖草属*Bothriochloa* Kuntze

（168）白羊草*Bothriochloa ischaemum*（L.）Keng

保护区各区均有分布，生于山坡草地和荒地，海拔1000～1700m，并在部分地区形成白羊草草原。

82）稻属*Oryza* L.

（169）粳稻*Oryza sativa* L. subsp. *japonica* Kato

别（土）名：稻谷、水稻（庆阳）、稻子（庆阳）

合水县太白镇有栽培。

83）箬竹属*Indocalamus* Nakai

（170）阔叶箬竹*Indocalamus latifolius*（Keng）McClure

别（土）名：棕叶、棕巴叶、棕巴叶竹、庐山茶竿竹、截平茶竿竹

保护区各区均有零星栽培。

84）刚竹属*Phyllostachys* Siebold & Zucc.

（171）刚竹*Phyllostachys sulphurea* var. *viridis* R. A. Young

保护区各区均有零星栽培。

85）芨芨草属*Achnatherum* P. Beauv.

（172）中华芨芨草*Achnatherum chinense*（Hitchc.）Tzvelev

别（土）名：中华落芒草

保护区各区均有分布，生于干旱山坡、路旁草丛及林缘草地，海拔1000～1600m。

（173）芨芨草*Achnatherum splendens*（Trin.）M. Nobis, P. D. Gudkova & A. Nowak

保护区各区均有分布，生于微碱性的草滩及砂土山坡上，海拔1000～1600m。

（174）湖北芨芨草*Achnatherum henryi*（Rendle）S. M. Phillips & Z. L. Wu

别（土）名：亨利落芒草、湖北落芒草

保护区各区均有分布，生于山坡林下草地、路旁树阴下或荒地上，海拔1000～1700m。

（175）醉马草*Achnatherum inebrians*（Hance）Keng ex Tzvelev

仅见于豹子川林区，生于路旁，海拔1100m。

（176）羽茅*Achnatherum sibiricum*（L.）Keng ex Tzvelev

别（土）名：光颖芨芨草

合水县太白林区有产，生于山坡草地、林缘及路旁，海拔1000～1200m。

（177）京芒草*Achnatherum pekinense*（Hance）Ohwi

别（土）名：京羽茅、远东芨芨草

保护区均有分布，生于山坡林下草地、路旁树荫下，海拔1000～1700m。

86）针茅属*Stipa* L.

（178）甘青针茅 *Stipa przewalskyi* Roshev.

保护区各区均有分布，常生于林缘、山坡草地或路旁，海拔1000～1600m。

（179）西北针茅*Stipa sareptana* var. *krylovii*（Roshev.）P. C. Kuo et Y. H. Sun

保护区各区均有产，生于山坡草地，海拔1000～1600m。

（180）短花针茅*Stipa breviflora* Griseb.

保护区各区均有分布，多生于石质山坡、干山坡或河谷阶地上，海拔1000～1600m，为保护区丛生禾草草原主要建群种。

（181）狼针草*Stipa baicalensis* Roshev.

别（土）名：贝加尔针茅

保护区各区均有分布，常生于山坡和草地，海拔1200～1700m。

（182）针茅*Stipa capillata* L.

别（土）名：克氏针茅

保护区各区均有分布，多生于山间谷地或石质性的向阳山坡，海拔1100～1600m。

（183）长芒草*Stipa bungeana* Trin.

保护区各区均有分布，常生于山坡草地，海拔1000～1600m，为保护区丛生禾草草原主要建群种。

（184）大针茅*Stipa grandis* P. A. Smirn.

保护区各区均有分布，为保护区丛生禾草草原区主要建群种。

（185）戈壁针茅*Stipa tianschanica* Roshev. var. *gobica*（Roshev.）P. C. Kuo et Y. H. Sun

保护区各区均有零星分布，生于石砾山坡，海拔1300～1600m。

87）臭草属*Melica* L.

（186）臭草*Melica scabrosa* Trin.

别（土）名：毛臭草、肥马草、枪草

保护区各区均有分布，生于山坡草地、荒芜田野、渠边路旁等处，海拔1000～1700m。

（187）细叶臭草*Melica radula* Franch.

保护区仅见于华池县豹子川管理站双塔沟，生于海拔1400m的石砂质土山坡或田野、路旁。

88）短柄草属*Brachypodium* P. Beauv.

（188）短柄草*Brachypodium sylvaticum*（Huds.）P. Beauv.

别（土）名：基隆短柄草、细株短柄草、小颖短柄草

保护区各县区均有分布，生于林下、林缘、灌丛中、山坡草地、田野与路旁，海拔1000～1700m。

89）虉草属*Phalaris* L.

（189）虉草*Phalaris arundinacea* L.

保护区各区均有分布，生于林下、潮湿草地或水湿处，海拔1000～1600m。

90）洽草属*Koeleria* Pers.

（190）洽草*Koeleria macrantha*（Ledeb.）Schult.

别（土）名：[艹/洽]草、大花[艹/洽]草

保护区各区均有分布，生于山坡、草地或路旁，海拔1000～1700m。

91）三毛草属*Trisetum* Pers.

（191）穗三毛*Trisetum spicatum*（L.）Richt.

保护区各区均有分布，生于山坡草地，海拔1100～1700m。

92）燕麦属*Avena* L.

（192）野燕麦*Avena fatua* L.

别（土）名：燕麦草、乌麦、南燕麦

保护区各区均有分布，生于荒芜田野或为田间杂草，海拔1000～1600m。

（193）燕麦*Avena sativa* L.

保护区北部华池县偶有栽培。

（194）莜麦*Avena chinensis*（Fisch. ex Roem. & Schult.）Metzg.

别（土）名：油麦、小燕麦（庆阳）

保护区北部华池县有栽培。

93）野青茅属*Deyeuxia* Clarion

（195）野青茅*Deyeuxia pyramidalis*（Host）Veldkamp

别（土）名：短舌野青茅、房县野青茅、湖北野青茅、台湾野青茅、长序野青茅

保护区各区均有分布，生于干旱山坡草地，海拔1000～1600m。

94）拂子茅属*Calamagrostis* Adans.

（196）假苇拂子茅*Calamagrostis pseudophragmites*（Haller f.）Koeler

别（土）名：假苇子

保护区各区均有分布，生于山坡草地或河岸阴湿之处，海拔1000～1700m。

（197）拂子茅*Calamagrostis epigeios*（L.）Roth

别（土）名：林中拂子茅、密花拂子茅

保护区各区均有分布，生于林缘、潮湿地及河岸沟渠旁，海拔1000～1700m。

95）剪股颖属*Agrostis* L.

（198）华北剪股颖*Agrostis clavata* Trin.

别（土）名：剪股颖

保护区各区均有零星分布，生于林下、林边、丘陵、河沟以及路旁潮湿地方，海拔1200～1600m。

（199）巨序剪股颖*Agrostis gigantea* Roth

保护区各区均有分布，生于林缘路边、山坡草地、沟谷湿地等处，海拔1000～1700m。

96）鸭茅属*Dactylis* L.

（200）鸭茅*Dactylis glomerata* L.

别（土）名：喜马拉雅鸭茅

保护区各区均有零星分布，疑为逸生，生于庭园边，海拔1300～1500m。

97）黑麦草属*Lolium* L.

（201）黑麦草*Lolium perenne* L.

保护区三大草坪草之一。

（202）多花黑麦草*Lolium multiflorum* Lamk.

别（土）名：一年生黑麦草（本地）

保护区各区均有零星栽培，可作为优良牧草。

98）羊茅属*Festuca* L.

（203）远东羊茅*Festuca extremiorientalis* Ohwi

保护区各区均有分布，生于林下、山谷、河边草丛中，海拔1000～1600m。

（204）苇状羊茅*Festuca arundinacea* Schreb.

别（土）名：苇状狐茅、高狐茅、高羊茅、高牛尾草

保护区各区均有栽培，为保护区三大草坪草之一。

99）碱茅属*Puccinellia* Parl.

（205）碱茅*Puccinellia distans*（Jacq.）Parl.

别（土）名：铺茅

保护区各区均有零星分布，生于轻度盐碱性湿润草地、田边、水溪、河谷、盐化沙地等处，海拔1000～1300m。

100）梯牧草属*Phleum* L.

（206）梯牧草*Phleum pratense* L.

别（土）名：猫尾草

保护区园林绿化区偶见杂草，未见野生种群。

101）早熟禾属*Poa* L.

（207）早熟禾*Poa annua* L.

别（土）名：爬地早熟禾

保护区各区均有分布，生于路旁草地或荫蔽荒坡湿地，海拔1000～1600m。

（208）草地早熟禾*Poa pratensis* L.

别（土）名：狭颖早熟禾、多花早熟禾、绿早熟禾、扁杆早熟禾

保护区各区广泛栽培，为保护区主要的草坪草之一。

（209）硬质早熟禾*Poa sphondylodes* Trin.

别（土）名：基隆早熟禾

保护区各区均有分布，生于山坡草地，海拔1000～1600m。

102）菵草属*Beckmannia* Host

（210）菵草*Beckmannia syzigachne*（Steud.）Fern.

别（土）名：罔草、菵米、水稗子

保护区各县区均有零星分布，生于湿地、水沟边及浅的流水中，海拔1000～1500m。

103）看麦娘属*Alopecurus* L.

（211）看麦娘*Alopecurus aequalis* Sobol.

别（土）名：棒棒草

保护区各区均有分布，生于田边及潮湿草地，海拔1000～1400m。

104）雀麦属*Bromus* L.

（212）雀麦*Bromus japonicus* Thunb.

保护区各区均有分布，农田区更为常见，生于山坡林缘、荒野路旁、河漫滩湿地及田间，海拔1000～1700m。

（213）无芒雀麦*Bromus inermis* Leyss.

别（土）名：普康雀麦

保护区各区均有零星分布，生于林缘、山坡、谷地、河边路旁等处，海拔1200～1500m。

105）大麦属*Hordeum* L.

（214）芒颖大麦草*Hordeum jubatum* L.

别（土）名：芒麦草

保护区禾草草坪常见混生种。

（215）紫大麦草*Hordeum roshevitzii* Bowden

别（土）名：紫野麦草

仅见于合水县连家砭林区，生于谷底阴处草地，海拔1300m。

106）赖草属*Leymus* Hochst.

（216）赖草*Leymus secalinus*（Georgi）Tzvel.

别（土）名：厚穗滨草、滨草、冰草（庆阳）

保护区各区广泛分布，多生于林缘、路边、撂荒地等处，海拔1000～1700m。

（217）羊草*Leymus chinensis*（Trin.）Tzvel.

别（土）名：冰草（庆阳）

保护区各区均有分布，生于山坡及道旁草地、林缘，海拔1000～1700m。

107）冰草属*Agropyron* Gaertn.

（218）冰草*Agropyron cristatum*（L.）Gaertn.

保护区各区均有零星分布，生于干燥草地、山坡、丘陵以及沙地，海拔1400～1700m。

（219）根茎冰草*Agropyron michnoi* Roshev.

仅见于华池县豹子川，生于沙地、坡地，海拔1300m。

（220）沙生冰草*Agropyron desertorum*（Fisch.）Schult.

仅见于华池县豹子川，生于沙地、坡地，海拔1250m。

（221）沙芦草*Agropyron mongolicum* Keng

仅见于华池县豹子川，生于沙地、坡地，海拔1200m，为我国Ⅱ级保护野生植物。

108）小麦属*Triticum* L.

（222）普通小麦*Triticum aestivum* L.

别（土）名：小麦、冬小麦

保护区边缘均有栽培，保护区内路边偶有逸生，品种较多，性状均有所不同。

109）披碱草属*Elymus* L.

（223）肃草*Elymus strictus*（Keng）S. L. Chen

别（土）名：多变鹅观草、大肃草

保护区各区均有零星分布，多生于林缘、路边、撂荒地等处，海拔1000～1600m。

（224）紫穗披碱草*Elymus purpurascens*（Keng）S. L. Chen

别（土）名：紫穗鹅观草

保护区各区均有分布，生于沟谷底溪流岸边，海拔1000～1600m。

（225）鹅观草*Elymus kamoji*（Ohwi）S. L. Chen

别（土）名：柯孟披碱草

保护区各区均有分布，多生于山坡和湿润草地，海拔1000～1700m。

（226）纤毛披碱草*Elymus ciliaris*（Tri. ex Bge.）Tzvelev

别（土）名：纤毛鹅观草

保护区各区均有分布，生于路旁或潮湿草地及山坡上，海拔1000～1700m。

（227）老芒麦*Elymus sibiricus* L.

保护区各区均有分布，多生于沟底路旁或湿草地上，海拔1000～1600m。

（228）垂穗披碱草*Elymus nutans* Griseb.

保护区各区均有分布，多生于草原或山坡道旁和林缘，海拔1000～1600m。

（229）肥披碱草*Elymus excelsus* Turcz.

保护区各区均有分布，多生于山坡、草地和路旁，海拔1000～1700m。

（230）毛披碱草*Elymus villifer* C. P. Wang & H. L. Yang

据中国数字植物标本馆标本资料显示，正宁县中湾管理站有产，生于山底路旁，为我国Ⅱ级保护野生植物。

（231）披碱草*Elymus dahuricus* Turcz.

保护区各区均有分布，多生于山坡草地或路边，海拔1000～1700m。

（232）圆柱披碱草*Elymus dahuricus* var. *cylindricus* Franch.

保护区各区均有零星分布，多生于山坡或路旁草地，海拔1200～1400m。

110）偃麦草属*Elytrigia* Desv.

（233）偃麦草*Elytrigia repens*（L.）Desv. ex Nevski

保护区各区均有分布，生于路边、沟谷草地湿处，海拔1000～1400m。

鸭跖草目Commelinales

26. 鸭跖草科Commelinaceae Mirb.

111）鸭跖草属*Commelina* L.

（234）鸭跖草*Commelina communis* L.

别（土）名：淡竹叶、竹叶菜、挂梁青、鸭儿草、竹芹菜

仅见于连家砭村花溪谷绿化带，疑为绿化建设带入物种。

姜目Zingiberales

27. 美人蕉科Cannaceae Juss.

112）美人蕉属*Canna* L.

（235）大花美人蕉*Canna* × *generalis* L. H. Bailey

保护区各区均有零星栽培，供观赏。

金鱼藻目Ceratophyllales

28. 金鱼藻科Ceratophyllaceae Gray

113）金鱼藻属*Ceratophyllum* L.

（236）金鱼藻*Ceratophyllum demersum* L.

保护区各区均有分布，生于水库、池塘、河沟及人工湖，海拔1000～1600m。

毛茛目Ranunculales

29. 罂粟科Papaveraceae Juss.

114）罂粟属*Papaver* L.

（237）虞美人*Papaver rhoeas* L.

别（土）名：丽春花、赛牡丹、锦被花、蝴蝶满园春、虞美人花

保护区各区均有零星栽培。

115）博落回属*Macleaya* R. Br.

（238）小果博落回*Macleaya microcarpa*（Maxim.）Fedde

别（土）名：泡桐杆、黄婆娘、野麻子、吹火筒、野狐杆

仅见于正宁县刘家店管理站路边，疑为无意引进种。

116）秃疮花属*Dicranostigma* Hook. f. & Thomson

（239）秃疮花*Dicranostigma leptopodum*（Maxim.）Fedde

别（土）名：秃子花、勒马回

保护区各区均有分布，生于草坡或路旁、田埂等处，海拔1000～1700m。

117）白屈菜属*Chelidonium* L.

（240）白屈菜*Chelidonium majus* L.

别（土）名：土黄连、断肠草、雄黄草、见肿消、黄连

保护区各区均有零星分布，生于山坡、山谷林缘草地或路旁、石缝，海拔1000～1600m。

118）角茴香属*Hypecoum* L.

（241）细果角茴香*Hypecoum leptocarpum* Hook. f. et Thomson

别（土）名：节裂角茴香

保护区各区均有分布，生于山坡、草地、山谷、河滩、砾石坡、砂质地或田间，海拔1000～1700m。

（242）角茴香*Hypecoum erectum* L.

别（土）名：咽喉草、麦黄草、雪里青、直立角茴香、细叶角茴香

保护区各区均有分布，生于山坡草地、河边砂地、田间，海拔1300～1700m。

119）荷包牡丹属*Lamprocapnos* Endl.

（243）荷包牡丹*Lamprocapnos spectabilis*（L.）Fukuhara

别（土）名：滴血的心、鱼儿牡丹、活血草、土当归、荷包花

合水县连家砭管理站烟景川有种植，供观赏。

120）紫堇属*Corydalis* DC.

（244）紫堇*Corydalis edulis* Maxim.

别（土）名：蝎子花、麦黄草、断肠草、闷头花

保护区各区均有分布，生于路边及田间，海拔1300～1600m。

（245）地丁草*Corydalis bungeana* Turcz.

别（土）名：紫堇、布氏地丁、苦地丁、苦丁、紫花地丁

保护区各区均有分布，生于路边及田间，海拔1000～1700m。

（246）地锦苗*Corydalis sheareri* S. Moore

别（土）名：珠芽地锦苗、断肠草、牛屎草、牛奶七、苦心胆

仅见于连家砭花溪谷景区水边林下潮湿地，疑为无意引进种。

（247）北京延胡索*Corydalis gamosepala* Maxim.

仅见于正宁县刘家店林区，生于水边或林下潮湿地，海拔1100～1300m。

（248）小花黄堇*Corydalis racemosa*（Thunb.）Pers.

别（土）名：黄花地锦苗、断肠草、白断肠草、黄堇、鱼子草

仅见于正宁县刘家店林区，生于林缘阴湿地，海拔1100～1600m。

（249）灰绿黄堇*Corydalis adunca* Maxim.

别（土）名：滇西灰绿黄堇、帚枝灰绿黄堇

仅见于华池县林镇北山，生于干旱砂质草地，海拔1300m。

30. 防己科Menispermaceae Juss.

121）蝙蝠葛属*Menispermum* L.

（250）蝙蝠葛*Menispermum dauricum* DC.

别（土）名：北豆根

保护区各区均有分布，生于路边灌丛或疏林中，海拔1000～1600m。

31. 小檗科Berberidaceae Juss.

122）小檗属*Berberis* L.

（251）短柄小檗*Berberis brachypoda* Maxim.

别（土）名：毛叶小檗、三棵针（子午岭）

保护区各县区均有分布，生于灌丛、林下、林缘及山坡草地，海拔1000～1700m。

（252）延安小檗*Berberis purdomii* C. K. Schneid.

保护区各区均有零星分布，生于灌丛中，海拔1250～1450m。

（253）首阳小檗*Berberis dielsiana* Fedde

别（土）名：黄檗刺

保护区各区均有分布，生于灌丛、林缘及林下，海拔1000～1700m。

（254）黄芦木*Berberis amurensis* Rupr.

别（土）名：大叶小檗、小檗、三棵针、阿穆尔小檗、狗奶根

仅见于子午岭合水县林区及林缘区，生于灌丛、林缘及疏林中，海拔1200～1300m。

（255）紫叶小檗*Berberis thunbergii* DC.‘Atropurpurea’

别（土）名：紫叶女贞、紫叶日本小檗、红叶小檗

保护区各区均有栽培，常于庭园、路旁作绿化或绿篱用。

（256）直穗小檗*Berberis dasystachya* Maxim.

仅见于合水县太白镇林区，生于向阳山坡灌丛中，海拔1000～1300m。

123）南天竹属*Nandina* Thunb.

（257）南天竹*Nandina domestica* Thunb.

别（土）名：蓝田竹、红天竺

保护区庭园及生态旅游景点有栽培，供观赏。

124）淫羊藿属*Epimedium* L.

（258）柔毛淫羊藿*Epimedium pubescens* Maxim.

别（土）名：淫羊藿（庆阳）

仅见于正宁县刘家店林区西牛庄，生于山沟阴湿处，海拔1300m。

（259）淫羊藿*Epimedium brevicornu* Maxim.

俗名：短角淫羊藿

保护区各区均有零星分布，生于林下、林缘、灌丛、山沟阴湿处，海拔1300～1700m。

32. 毛茛科Ranunculaceae Juss.

125）升麻属*Cimicifuga* L.

（260）升麻*Cimicifuga* foetida L.

别（土）名：绿升麻

仅见于合水县太白镇林区，生于林缘、林中或路旁草丛中，海拔1000～1200m。

126）侧金盏花属*Adonis* L.

（261）甘青侧金盏花*Adonis bobroviana* Sim.

仅见于华池县豹子川，生于干山坡草地，海拔1460m。

127）黑种草属*Nigella* L.

（262）黑种草*Nigella damascena* L.

保护区生态旅游园区、庭园、广场有栽培，供观赏。

128）乌头属*Aconitum* L.

（263）乌头*Aconitum carmichaelii* Debeaux

别（土）名：五毒、鹅儿花、盐乌头、乌药、草乌

正宁县中湾和刘家店林区有零星分布，生于林缘、山地草坡或灌丛中，海拔1300～1600m。

（264）瓜叶乌头*Aconitum hemsleyanum* Pritz.

别（土）名：盐附子、乌毒、羊角七、草乌、藤乌

仅见于正宁县刘家店林区，生于山坡林下灌丛中，海拔1400～1600m。

（265）牛扁*Aconitum barbatum* Pers. var. *puberulum* Ledeb.

别（土）名：扁桃叶根

仅见于正宁县刘家店林区，生于疏林下或较阴湿处，海拔1500～1600m。

（266）西伯利亚乌头*Aconitum barbatum* Pers. var. *hispidum*（DC.）Ser.

别（土）名：黑秦艽、马尾大艽

仅见于正宁县刘家店和合水县太白镇林区，生于疏林下或较阴湿处，海拔1200～1600m。

（267）高乌头 *Aconitum sinomontanum* Nakai

别（土）名：七连环、九连环、花花七、口袋七、穿心莲

仅见于华池县东华池林区，生于山坡草地或林中，海拔1300～1400m。

（268）伏毛铁棒锤*Aconitum flavum* Hand.-Mazz.

别（土）名：一支蒿、乌药、断肠草、小草乌、铁棒锤

保护区各区均有零星分布，生于山坡草地或疏林下，海拔1200～1600m。

129）翠雀属*Delphinium* L.

（269）翠雀*Delphinium grandiflorum* L.

别（土）名：鸽子花、百部草、鸡爪连

保护区各县区均有分布，生于林缘路边、灌丛及山坡草地，海拔1000～1600m。

（270）腺毛翠雀*Delphinium grandiflorum* L. var. *gilgianum*（Pilger ex Gilg）Finet & Gagnep.

保护区各县区均有分布，生于林缘路边、灌丛及山坡草地，海拔1000～1600m。

（271）光果翠雀*Delphinium grandiforum* L. var. *leiocarpum* W.T.Wang

仅见于正宁县中湾林区，生于山坡阳出草地，海拔1300～1500m。

130）铁筷子属*Helleborus* L.

（272）铁筷子*Helleborus thibetanus* Franch.

别（土）名：小桃儿七、九朵云、九龙丹、九百棒、黑毛七

仅见于正宁县刘家店林区，生于灌丛中，海拔1500m。

131）驴蹄草属*Caltha* L.

（273）空茎驴蹄草*Caltha palustris* L. var. *barthei* Hance

别（土）名：红花空茎驴蹄草

仅见于合水县太白林区，生于山地溪边、草坡或林下阴湿处，海拔1150m。

132）唐松草属*Thalictrum* L.

（274）瓣蕊唐松草*Thalictrum petaloideum* L.

别（土）名：马尾黄连

保护区各区均有分布，生于林缘路边、灌丛及山坡草地，海拔1200～1600m。

（275）贝加尔唐松草*Thalictrum baicalense* Turcz. ex Ledeb.

别（土）名：马尾黄连

保护区各区均有分布，生于林下、林缘及湿润草坡，海拔1000～1600m。

（276）东亚唐松草*Thalictrum minus* L. var. *hypoleucum*（Siebold & Zucc.）Miq.

别（土）名：穷汉子腿、佛爷指甲、金鸡脚下黄、烟锅草

保护区各区均有分布，生于林下及林缘路边，海拔1000～1400m。

（277）展枝唐松草*Thalictrum squarrosum* Stephan ex Willd.

别（土）名：猫爪子

保护区各区均有零星分布，生于干燥草坡及田边，海拔1200～1600m。

（278）短梗箭头唐松草*Thalictrum simplex* L. var. *brevipes* H. Hara

别（土）名：硬水黄连、黄脚鸡

仅见于正宁县刘家店林区，生于林缘及沟底阴湿处，海拔1400～1500m。

（279）丝叶唐松草*Thalictrum foeniculaceum* Bge.

保护区各区均有零星分布，生于干燥草坡、沙地，海拔1400～1600m。

133）蓝堇草属*Leptopyrum* Rchb.

（280）蓝堇草*Leptopyrum fumarioides*（L.）Rchb.

本区仅见于合水县太白镇瓦川，生于河滩，海拔1100m。

134）耧斗菜属*Aquilegia* L.

（281）耧斗菜*Aquilegia viridiflora* Pall.

仅见于合水县连家砭烟景川，生于沟底潮湿草地，海拔1200m。

（282）华北耧斗菜*Aquilegia yabeana* Kitag.

别（土）名：紫霞耧斗、五铃花、黄花华北耧斗菜

保护区合水县及其以南林区均有分布，生于林下、林缘路边、石缝及砂砾地上，海拔1100～1700m。

135）碱毛茛属*Halerpestes* Greene

（283）碱毛茛*Halerpestes sarmentosa*（Adams）Kom.

别（土）名：圆叶碱毛茛、水葫芦苗

保护区各县区均有分布，生于盐碱性沼泽地或湖边，海拔1000～1600m。

136）毛茛属*Ranunculus* L.

（284）茴茴蒜*Ranunculus chinensis* Bge.

保护区各区均有分布，生于林缘、灌丛、河沟湿地等处，海拔1000～1700m。

（285）石龙芮*Ranunculus sceleratus* L.

保护区各县区均有分布，生于河边及沟谷湿地，海拔1000～1700m。

（286）毛茛*Ranunculus japonicus* Thunb.

别（土）名：老虎脚迹、五虎草

保护区各县区均有分布，生于林缘路边及沟底或河渠边湿草地上，海拔1000～1700m。

137）银莲花属*Anemone* L.

（287）草玉梅*Anemone rivularis* Buch.-Ham. ex DC.

别（土）名：五倍叶、见风青、汉虎掌、白花舌头草、虎掌草

保护区各区均有分布，生于林下及沟谷底阴湿处，海拔1000～1600m。

（288）小花草玉梅*Anemone rivularis* Buch.-Ham. ex DC.var. *flore-minore* Maxim.

保护区各区均有分布，生于林下及沟谷底阴湿处，海拔1000～1600m。

（289）大火草*Anemone tomentosa*（Maxim.）C. P'ei

别（土）名：大头翁、野棉花

保护区各县区均有分布，生于山地草坡或路边阳处，海拔1000～1700m。

138）白头翁属*Pulsatilla* Adans.

（290）白头翁*Pulsatilla chinensis*（Bge.）Regel

别（土）名：毛姑朵花、老公花、老冠花、羊胡子花、记性草

保护区各区均有分布，生于林下、林缘路边、灌丛及山坡草地，海拔1000～1600m。

139）铁线莲属*Clematis* L.

（291）粗齿铁线莲*Clematis grandidentata*（Rehder & E. H. Wilson）W. T. Wang

别（土）名：线木通、小木通、白头公公、大蓑衣藤、大木通

保护区各区均有分布，生于林缘、灌丛中，海拔1200～1700m。

（292）短尾铁线莲*Clematis brevicaudata* DC.

别（土）名：连架拐、石通、林地铁线莲

保护区各区均有分布，生于疏林中、灌丛及山坡草地，海拔1000～1700m。

（293）钝萼铁线莲*Clematis peterae* Hand.-Mazz.

别（土）名：柴木通、线木通、细木通、小木通、木通藤

子午岭林区均有分布，生于林缘灌丛，海拔1450～1700m。

（294）小木通*Clematis armandii* Franch.

别（土）名：川木通、蓑衣藤

仅见于宁县桂花塬林区，生于林缘及灌丛中，海拔1300～1400m。

（295）钝齿铁线莲*Clematis apifolia* DC. var. *argentilucida*（H. Lév. & Vaniot）W. T. Wang

别（土）名：川木通

保护区各区均有零星分布，生于林缘及灌丛中，海拔1300～1600m。

（296）粉绿铁线莲*Clematis glauca* Willd.

保护区各区均有零星分布，生于山坡、路边灌丛中，海拔1300～1600m。

（297）黄花铁线莲*Clematis intricata* Bge.

别（土）名：透骨草、蓼吊秧

保护区各区广泛分布，生于山坡、路旁或灌丛中，海拔1000～1600m。

（298）灌木铁线莲*Clematis fruticosa* Turcz.

保护区各区广泛分布，生于山坡灌丛中或路旁，海拔1100～1700m。

（299）浅裂铁线莲*Clematis fruticosa* Turcz. var. *lobata* Maxim.

保护区各区广泛分布，生于山坡灌丛中或路旁，海拔1100～1700m。

（300）棉团铁线莲*Clematis hexapetala* Pall.

别（土）名：野棉花、棉花子花、山蓼

保护区各区均有分布，生于林缘、灌丛及山坡草地，海拔1000～1700m。

（301）芹叶铁线莲*Clematis aethusifolia* Turcz.

别（土）名：透骨草、断肠草

保护区各区均有分布，林区以外更常见，生于灌丛及山坡草地，海拔1300～1700m。

（302）秦岭铁线莲*Clematis obscura* Maxim.

保护区各区均有零星分布，生于林缘、灌丛中，海拔1100～1700m。

（303）扬子铁线莲*Clematis puberula* Hook. f. & Thomson var. *ganpiniana*（H. Lév. & Vaniot）W. T. Wang

别（土）名：镇平铁线莲、平滑果短尾铁线莲

正宁县各林区均有零星分布，生于灌丛或杂木林中，海拔1300～1600m。

（304）圆锥铁线莲*Clematis terniflora* DC.

别（土）名：铜脚威灵仙、蟹珠眼草、铜威灵、小叶力刚、黄药子

仅见于宁县罗山府林区，生于林边或灌丛中，海拔1200～1300m。

山龙眼目Proteales

33. 莲科Nelumbonaceae A. Rich.

140）莲属*Nelumbo* Adans.

（305）莲*Nelumbo nucifera* Gaertn.

别（土）名：荷花、菡萏、芙蓉、芙蕖、莲花

保护区各县区均有栽培，野生居群为我国Ⅱ级野生保护植物。

34. 悬铃木科Platanaceae T. Lestib.

141）悬铃木属*Platanus* L.

（306）二球悬铃木*Platanus acerifolia*（Aiton）Willd.

别（土）名：悬铃木、英国梧桐

保护区各区均有栽培。

（307）三球悬铃木*Platanus orientalis* L.

别（土）名：法国梧桐、槭叶悬铃木

保护区各区均有栽培。

黄杨目Buxales

35. 黄杨科Buxaceae Dumort.

142）黄杨属*Buxus* L.

（308）黄杨*Buxus sinica*（Rehder & E. H. Wilson）M. Cheng

别（土）名：锦熟黄杨、瓜子黄杨、黄杨木

保护区多有栽培，用于园林绿化。

虎耳草目Saxifragales

36. 茶藨子科Grossulariaceae DC.

143）茶藨子属*Ribes* L.

（309）美丽茶藨子*Ribes pulchellum* Turcz.

保护区各区均有分布，生于林缘及阳坡灌丛中，海拔1000～1500m。

（310）尖叶茶藨子*Ribes maximowiczianum* Kom.

别（土）名：北方茶藨子、北方茶藨、远东茶藨、马氏醋李

保护区各区均有分布，生于山坡或山谷林下及灌丛中，海拔1200～1700m。

（311）刺果茶藨子*Ribes burejense* F. Schmidt

别（土）名：刺李、山梨、刺醋李、醋栗、酸溜溜

仅见于合水县太白镇瓦川林区，生于山坡灌丛及林缘，海拔1200m。

（312）东北茶藨子*Ribes mandshuricum*（Maxim.）Kom.

别（土）名：满洲茶藨子、东北醋李、狗葡萄、山樱桃、灯笼果

仅见于合水县太白镇瓦川林区，生于山坡或山谷杂木林内，海拔1280m。

37. 虎耳草科Saxifragaceae Juss.

144）虎耳草属*Saxifraga* Tourn. ex L.

（313）虎耳草*Saxifraga stolonifera* Curt.

别（土）名：耳朵草、天荷叶、老虎耳、金线吊芙蓉、石荷叶

仅见于合水县太白镇瓦川和宁县罗山府林区，生于沟谷阴湿岩隙，海拔1000～1150m。

145）落新妇属*Astilbe* Buch.-Ham. ex D. Don

（314）落新妇*Astilbe chinensis*（Maxim.）Franch. & Sav.

别（土）名：红升麻、金毛狗、金毛三七、山花七、马尾参

保护区各区均有零星分布，生于山谷、溪边、林下、林缘等处，海拔1000～1400m。

38. 景天科Crassulaceae J. St.-Hil.

146）费菜属*Phedimus* Raf.

（315）费菜*Phedimus aizoon*（L.）'t Hart

别（土）名：土三七、三七景天、景天三七、养心草

保护区各县区均有分布，生境多样，海拔1000～1700m。

147）瓦松属*Orostachys*（DC.）Fisch.

（316）瓦松*Orostachys fimbriata*（Turcz.）A. Berger

保护区各区均有分布，生于屋顶瓦缝中或岩石上，海拔1000～1400m。

148）八宝属*Hylotelephium* H. Ohba

（317）长药八宝*Hylotelephium spectabile*（Bor.）H. Ohba

别（土）名：八宝景天、石头菜、蝎子掌、蝎子草（庆阳）

保护区各区庭园均有栽培，供观赏。

149）景天属*Sedum* L.

（318）垂盆草*Sedum sarmentosum* Bge.

别（土）名：三叶佛甲草、豆瓣菜、卧茎景天、水马齿苋、匍行景天

保护区公共绿化地均有分布，为无意引入种。

39. 扯根菜科Penthoraceae Rydb. ex Britton

150）扯根菜属*Penthorum* Gronov. ex L.

（319）扯根菜*Penthorum chinense* Pursh

别（土）名：水泽兰、水杨柳、干黄草

仅见于合水县太白镇瓦川沟口，生于水边草地，海拔1100m。

40. 芍药科Paeoniaceae Raf.

151）芍药属*Paeonia* L.

（320）芍药*Paeonia lactiflora* Pall.

别（土）名：川白芍、赤芍药、赤芍、白芍、毛果芍药

保护区各区庭园均有栽培，花瓣各色。

（321）草芍药*Paeonia obovata* Maxim.

别（土）名：野芍药、山芍药

仅见于正宁县中湾管理站丁家山北侧沟底，海拔1400m。

（322）牡丹*Paeonia suffruticosa* Andr.

别（土）名：白茸、木芍药、百雨金、洛阳花、富贵花

保护区各区庭园、公共绿化区及旅游园区广泛栽培作观赏，品种繁多；保护区亦有油用牡丹栽培，但产量较低。

（323）紫斑牡丹*Paeonia rockii*（S. G. Haw & Lauener）T. Hong & J. J. Li

别（土）名：野牡丹（子午岭）

保护区各区均有零星分布，唯合水县太白林区面积最大，生于山坡林下及灌丛中，海拔1200～1600m，为我国Ⅰ级保护野生植物。

葡萄目Vitales

41. 葡萄科Vitaceae Juss.

152）蛇葡萄属*Ampelopsis* Michx.

（324）乌头叶蛇葡萄（原变种）*Ampelopsis aconitifolia* Bge.var. *aconitifolia*（C. B. Clarke）Ridley

保护区各县区均有分布，生于林下、林缘、山坡灌丛或草地，海拔1200～1700m。

（325）掌裂草葡萄*Ampelopsis aconitifolia* Bge. var. *palmiloba*（Carr.）Rehd.

保护区各县区均有分布，生于林下、林缘、山坡灌丛或草地，海拔1000～1700m。

（326）白蔹*Ampelopsis japonica*（Thunb.）Makino

别（土）名：黄狗蛋、鹅抱蛋、猫儿卵、箭猪腰、五爪藤

保护区各区均有分布，生于林下、林缘路边、灌丛或草地，海拔1000～1700m。

（327）三裂蛇葡萄*Ampelopsis delavayana* Planch.

别（土）名：德氏蛇葡萄、三裂叶蛇葡萄、赤木通

仅见于合水县太白管理站瓦川沟，生于山谷林中或山坡灌丛，海拔1000～1400m。

153）地锦属*Parthenocissus* Planch.

（328）五叶地锦*Parthenocissus quinquefolia*（L.）Planch.

别（土）名：美国地锦、美国爬山虎、五叶爬山虎

保护区各区均有栽培，用于垂直绿化。

154）葡萄属*Vitis* L.

（329）葡萄*Vitis vinifera* L.

别（土）名：全球红、蒲陶、草龙珠、赐紫樱桃、菩提子

保护区各区均有栽培。

（330）变叶葡萄*Vitis piasezkii* Maxim.

别（土）名：复叶葡萄、少毛复叶葡萄、无毛变叶葡萄、少毛葡萄

保护区各县区均有分布，生于山坡、灌丛或林中，海拔1000～1700m。

（331）桑叶葡萄*Vitis heyneana* Roem. & Schult subsp. *ficifolia*（Bge.）C. L. Li

别（土）名：毛葡萄、野葡萄、河南毛葡萄

仅见于正宁县刘家店林区，生于林缘，海拔1400m。

（332）蘡薁*Vitis bryoniifolia* Bge.

别（土）名：野葡萄、华北葡萄

仅见于正宁县刘家店林区，生于林缘、灌丛中，海拔1400～1500m。

（333）山葡萄*Vitis amurensis* Rupr.

别（土）名：阿穆尔葡萄

仅见于正宁县刘家店林区，生于林缘、灌丛中，海拔1350～1500m。

蒺藜目Zygophyllales

42. 蒺藜科Zygophyllaceae R. Br.

155）蒺藜属*Tribulus* L.

（334）蒺藜*Tribulus terrestris* L.

别（土）名：白蒺藜、蒺藜狗

保护区各区均有分布，生于沙地、荒地、山坡、居民点附近，海拔1000～1600m。

卫矛目Celastrales

43. 卫矛科Celastraceae R. Br.

156）南蛇藤属*Celastrus* L.

（335）南蛇藤*Celastrus orbiculatus* Thunb.

别（土）名：蔓性落霜红、南蛇风、大南蛇、香龙草、果山藤

保护区各区均有分布，生于山坡灌丛、林缘及林下，海拔1000～1700m。

（336）短梗南蛇藤*Celastrus rosthornianus* Loes.

别（土）名：黄绳儿、丛花南蛇藤

保护区各区均有分布，生于山坡林缘和丛林下，海拔1400～1700m。

（337）苦皮藤*Celastrus angulatus* Maxim.

别（土）名：马断肠、老虎麻、棱枝南蛇藤、苦皮树、老麻藤

仅见于正宁县刘家店林区，生于路边灌丛中，疑为人为引入。

157）卫矛属*Euonymus* L.

（338）卫矛*Euonymus alatus*（Thunb.）Sieb.

别（土）名：鬼见羽、鬼箭羽、艳龄茶、南昌卫矛、毛脉卫矛

保护区各区均有分布，生于林缘及疏林中，海拔1000～1700m。

（339）白杜*Euonymus maackii* Rupr

别（土）名：丝绵木、桃叶卫矛、明开夜合、华北卫矛、玉杨木（子午岭）

保护区各县区均有零星分布，多生于杂木林中，海拔1000～1700m，保护区各区亦广泛栽培。

（340）陕西卫矛*Euonymus schensianus* Maxim.

保护区各区庭园偶有栽培，园艺栽培称金丝吊蝴蝶。

（341）瘤枝卫矛*Euonymus verrucosus* Scop.

别（土）名：少花瘤枝卫矛、中华瘤枝卫矛

保护区南北林区均有分布，生于山地疏林中，海拔1100～1700m。

（342）栓翅卫矛*Euonymus phellomanus* Loes. ex Diels

别（土）名：鬼箭羽、木栓翅、水银木

保护区南北林区均有分布，生于山谷杂木林中，海拔1000～1500m。

（343）八宝茶*Euonymus przewalskii* Maxim.

别（土）名：甘青卫矛

仅见于合水县太白镇瓦川，生于山谷杂木林中，海拔1300m。

（344）冬青卫矛*Euonymus japonicus* Thunb.

别（土）名：扶芳树、正木、大叶黄杨

保护区各区广泛栽培。

（345）石枣子*Euonymus sanguineus* Loes.

别（土）名：披针叶石枣子

仅见于正宁县刘家店林区，生于山地林缘或灌丛中，海拔1500m。

（346）垂丝卫矛*Euonymus oxyphyllus* Miq.

仅见于正宁县刘家店林区，生于杂木林内，海拔1450m。

酢浆草目Oxalidales

44. 酢浆草科Oxalidaceae R. Br.

158）酢浆草属*Oxalis* L.

（347）酢浆草*Oxalis corniculata* L.

别（土）名：酸三叶、酸醋酱、鸠酸、酸味草

保护区各区均有分布，生于山坡草地、河谷沿岸、路边、田边、荒地或林下阴湿处等，海拔1000～1600m。

（348）红花酢浆草*Oxalis corymbosa* DC.

别（土）名：多花酢浆草、紫花酢浆草、南天七、铜锤草、大酸味草

仅见于合水县连家砭村花溪谷景区，为无意引进种。

金虎尾目Malpighiales

45. 金丝桃科Hypericaceae Juss.

159）金丝桃属*Hypericum* L.

（349）黄海棠*Hypericum ascyron* L.

别（土）名：长柱金丝桃、短柱金丝桃

保护区各区均有分布，生于山坡林下、林缘、灌丛间、草丛、溪旁及河岸湿地等处，海拔1000～1400m。

（350）赶山鞭*Hypericum attenuatum* Fisch. ex Choisy

别（土）名：小金丝桃、女儿茶、小旱莲、香龙草、乌腺金丝桃

仅见于保护区正宁和宁县林区，生于林内及林缘灌丛，海拔1200～1600m。

（351）贯叶连翘*Hypericum perforatum* L.

别（土）名：小贯叶金丝桃、贯叶金丝桃

仅见于合水县连家砭林区，生于林下及河边草地，海拔1100～1300m。

（352）长柱金丝桃*Hypericum longistylum* Oliv.

别（土）名：红旱莲、金丝蝴蝶、黄海棠

保护区太白林区有产，生于山坡阳处或沟边潮湿处，海拔1100～1300m。

（353）金丝桃*Hypericum monogynum* L.

别（土）名：狗胡花、金线蝴蝶、过路黄、金丝海棠、金丝莲

保护区太白林区有产，生于山坡、路旁或灌丛中，海拔1000～1200m。

（354）突脉金丝桃*Hypericum przewalskii* Maxim.

别（土）名：大萼金丝桃、具梗金丝桃

保护区南北林区均零星分布，生于山坡及河边灌丛等处，海拔1100～1400m。

46. 叶下珠科Phyllanthaceae Martinov

160）雀舌木属*Leptopus* Decne.

（355）雀儿舌头*Leptopus chinensis*（Bge.）Pojark.

别（土）名：线叶雀舌木、小叶雀舌木、云南雀舌木、粗毛雀舌木

仅见于合水县太白村南山河边，生于河边灌丛，海拔1100m。

161）白饭树属*Flueggea* Willd.

（356）叶底珠*Flueggea suffruticosa*（Pall.）Baill.

别（土）名：一叶萩

仅见于合水县太白镇西头河边，生于灌丛中，海拔1100m。

47. 堇菜科Violaceae Batsch

162）堇菜属*Viola* L.

（357）鸡腿堇菜*Viola acuminata* Ledeb.

别（土）名：鸡腿菜、胡森堇菜、红铧头草、走边疆

保护区各区均有分布，南段较多，生于杂木林下、林缘、灌丛、山坡草地或溪谷湿地等处，海拔1400～1700m。

（358）斑叶堇菜*Viola variegata* Fischer ex Link

保护区各区均有分布，生于山坡草地、林下、灌丛中或阴处岩石缝隙中，海拔1000～1700m。

（359）细距堇菜*Viola tenuicornis* W. Beck. subsp. *tenuicornis*（Batalin）H. Hara

保护区各区均有分布，生于山坡草地较湿润处、灌丛、林下或林缘，海拔1000～1700m。

（360）东北堇菜*Viola mandshurica* W. Beck.

别（土）名：白花东北堇菜

保护区各区均有分布，生于山坡阴湿草地、灌丛、林缘或疏林下，海拔1100～1600m。

（361）深山堇菜*Viola selkirkii* Pursh ex Goldie

别（土）名：一口血

保护区各区均有分布，生于针阔混交林、落叶阔叶林及灌丛下腐殖层较厚的土壤上、溪谷、沟旁阴湿处，海拔1000～1600m。

（362）南山堇菜*Viola chaerophylloides*（Regel）W. Beck.

别（土）名：胡堇草、胡堇菜、细芹叶堇

子午岭林区均有分布，生于山地阔叶林下或林缘、溪谷阴湿处、阳坡灌丛及草坡，海拔1000～1600m。

（363）白花堇菜*Viola lactiflora* Nakai

别（土）名：宽叶白花堇菜

保护区合水段均有分布，生于阔叶林林下、山地灌丛间及山坡草地，海拔1200～1600m。

（364）阴地堇菜*Viola yezoensis* Maxim.

保护区合水段均有分布，生于阔叶林林下、山地灌丛间及山坡草地，海拔1100～1500m。

（365）犁头草*Viola japonica* Langsd. ex DC.

保护区各区各地均有零星分布，生于林缘、林下开阔草地、溪谷旁，海拔1100～1600m。

（366）蒙古堇菜*Viola mongolica* Franch.

保护区各区均有分布，生于阔叶林、针叶林林下及林缘灌丛等处，海拔1100～1700m。

（367）球果堇菜*Viola collina* Bess.

别（土）名：细齿堇菜

保护区各区均有分布，生于林下或林缘、灌丛、山坡草地、沟谷及路旁阴湿处，海拔1200～1700m。

（368）茜堇菜*Viola phalacrocarpa* Maxim.

据中国数字植物标本馆标本资料显示，合水县子午岭老隧道旁林下有产。

（369）早开堇菜*Viola prionantha* Bge.

别（土）名：泰山堇菜、毛花早开堇菜

保护区各区均有分布，生于山坡草地、沟边、宅旁等向阳处，海拔1000～1600m。

（370）紫花地丁*Viola philippica* Cav.

别（土）名：辽堇菜、野堇菜、光瓣堇菜

保护区广泛分布，生于田间、荒地、山坡草丛、林缘或灌丛中，海拔1000～1600m。

（371）总裂叶堇菜*Viola dissecta* Ledeb. var. *incisa*（Turcz.）Y. S. Chen

别（土）名：裂叶堇菜

保护区各区偶有分布，生于山地林缘及灌丛中，海拔1200～1700m。

（372）裂叶堇菜*Viola dissecta* Ledeb.

别（土）名：深裂叶堇菜

保护区各区均有分布，生于山坡草地、杂木林缘、灌丛下及田边、路旁等地，海拔1000～1600m。

（373）三色堇*Viola tricolo*r L.

别（土）名：猴面花、鬼脸花、猫儿脸

保护区各区均有栽培，供观赏。

48. 杨柳科Salicaceae Mirb.

163）杨属*Populus* L.

（374）河北杨*Populus* × *hopeiensis* Hu & Chow

保护区各区均有栽培。

（375）银白杨*Populus alba* L.

保护区各区均有栽培。

（376）新疆杨*Populus alba* L. var. *pyramidalis* Bge.

保护区各区均有栽培。

（377）毛白杨*Populus tomentosa* Carr.

别（土）名：大叶杨、响杨

保护区各区均有栽培。

（378）山杨*Populus davidiana* Dode

保护区南北林区均有零星纯林，区域内各地均有分布及栽培，多生于山坡、山脊和沟谷地带，海拔1200～1700m。

（379）青杨*Populus cathayana* Rehd.

保护区各区均有栽培。

（380）小叶杨*Populus simonii* Carr.

别（土）名：南京白杨、河南杨、明杨、青杨

保护区各区均有分布，海拔1000～1700m。

（381）北京杨*Populus* × *beijingensis* W. Y. Hsu

保护区各区均有栽培。

（382）加杨*Populus* × *canadensis* Moench

别（土）名：加拿大杨

保护区各区均有栽培。

164）柳属*Salix* L.

（383）旱柳*Salix matsudana* Koidz.

别（土）名：柳树（庆阳）

保护区各区均有栽培。

（384）龙爪柳*Salix matsudana* Koidz. f. *tortuosa*（Vilm.）Rehd.

别（土）名：柳树（庆阳）

保护区各区公园及庭园偶有栽培，供观赏。

（385）绦柳*Salix matsudana* Koidz. f. *pendula* Schneid.

别（土）名：柳树（庆阳）

保护区各区均有栽培。

（386）红皮柳*Salix sinopurpurea* C. Wang & C. Y. Yang

保护区各区均有分布，生于山地灌丛或沿河生长，海拔1000～1700m。

（387）黄龙柳*Salix liouana* C. Wang & C. Y. Yang

保护区各区均有分布，生于河边或沟底阴湿处，海拔1000～1600m。

（388）乌柳*Salix cheilophila* Schneid.

保护区各区均有分布，生于河沟边及沟底湿处，海拔1000～1600m。

（389）线叶柳*Salix wilhelmsiana* M. Bieb.

保护区各区均零星分布，生于山坡草地及林缘或疏林下，海拔1100～1500m。

（390）小叶柳*Salix hypoleuca* Seemen

别（土）名：山杨柳、红梅蜡、翻白柳

保护区各区均有分布，生于山坡林缘及山沟，海拔1000～1400m。

（391）腺柳*Salix chaenomeloides* Kimura

别（土）名：河柳

保护区各区均有分布，多生于山沟水旁，海拔1100～1300m。

（392）皂柳*Salix wallichiana* Anderss.

保护区各区均有分布，生于山谷溪流旁、林缘或山坡，海拔1000～1700m。

（393）中国黄花柳*Salix sinica*（K. S. Hao ex C. F. Fang & A. K. Skvortsov）G. H. Zhu

保护区各区均有分布，生于山坡灌丛、林缘或疏林中，海拔100～1500m。

49. 亚麻科Linaceae DC. ex Perleb

165）亚麻属*Linum* L.

（394）亚麻*Linum usitatissimum* L.

别（土）名：山西胡麻、壁虱胡麻、鸦麻、胡麻（庆阳）

保护区各区均有栽培。

（395）野亚麻*Linum stelleroides* Planch.

保护区各区均有分布，生于山坡、路旁和山坡草地，海拔1000～1700m。

（396）宿根亚麻*Linum perenne* L.

别（土）名：豆麻、多年生亚麻、蓝亚麻

保护区各区均有分布，生于田边、灌丛或草地，海拔1100～1600m。

（397）垂果亚麻*Linum nutans* Maxim.

别（土）名：贝加尔亚麻

保护区各区均有分布，生于沙质草原和干山坡，海拔1300～1700m。

（398）短柱亚麻*Linum pallescens* Bge.

保护区合水县连家砭林区有产，生于干山坡、荒地和河谷砂地，海拔1200～1400m。

（399）黑水亚麻*Linum amurense* Alef.

保护区各区均有分布，生于草原、山地干山坡、干河床沙砾地等，海拔1300～1700m。

50. 大戟科Euphorbiaceae Juss.

166）大戟属*Euphorbia* L.

（400）地锦草*Euphorbia humifusa* Willd.

别（土）名：血见愁草、草血竭、小红筋草、奶汁草、雀（qiǎo）儿盖头（庆阳）

保护区各区均有分布，生于原野荒地、路旁、田间、山坡等，海拔1000～1600m。

（401）银边翠*Euphorbia marginata* Pursh.

别（土）名：高山积雪

仅见于宁县木瓜塬有栽培。

（402）甘遂*Euphorbia kansui* T. N. Liou ex S. B. Ho

别（土）名：漂甘遂、猫儿眼

保护区各区均有分布，生于荒坡、沙地、田边、低山坡、路旁等，海拔1200～1600m。

（403）大戟*Euphorbia pekinensis* Rupr.

别（土）名：湖北大戟、京大戟、北京大戟

保护区各区均有分布，生于山坡、灌丛、路旁、荒地、草丛、林缘和疏林下，海拔1000～1700m。

（404）沙生大戟*Euphorbia kozlovii* Prokh.

别（土）名：狭叶沙生大戟、猞地青海大戟、青海大戟

仅见于华池县豹子川，生于砂质草地，海拔1400m。

（405）乳浆大戟*Euphorbia esula* L.

别（土）名：乳浆草、华北大戟、猫眼草、猫眼睛、新月大戟

保护区各区均有分布，生于路旁、杂草丛、山坡、林下、荒山及草地，海拔1000～1600m。

（406）钩腺大戟 *Euphorbia sieboldiana* C. Morren & Decne.

别（土）名：土大戟、锥腺大戟、黄土大戟、长角大戟、马蹄大戟

保护区各区均有零星分布，生于田间、林缘、灌丛、林下、山坡、草地等处，海拔1100～1500m。

（407）泽漆*Euphorbia helioscopia* L.

别（土）名：五风草、五灯草、猫儿眼草、眼疼花、鹅脚板

保护区各区均有分布，唯保护区各区及林缘区以外较常见，生于山沟、路旁、荒野和山坡，海拔1000～1400m。

167）地构叶属*Speranskia* Baill.

（408）地构叶*Speranskia tuberculata*（Bge.）Baill.

别（土）名：珍珠透骨草、瘤果地构叶

保护区各区均有分布，生于山坡草丛或灌丛中，海拔1000～1600m。

168）蓖麻属*Ricinus* L.

（409）蓖麻*Ricinus communis* L.

保护区各区均有零星栽培，作生物防治、油料作物或观赏用。

169）铁苋菜属*Acalypha* L.

（410）铁苋菜*Acalypha australis* L.

别（土）名：蛤蜊花、海蚌含珠、蚌壳草

保护区各区，各种生境均有分布，海拔1000～1700m。

豆目Fabales

51. 豆科Fabaceae Lindl.

170）紫荆属*Cercis* L.

（411）紫荆*Cercis chinensis* Bge.

别（土）名：老茎生花、裸枝树、满条红、白花紫荆、短毛紫荆

保护区各区均有栽培，供园林绿化及观赏。

171）皂荚属*Gleditsia* L.

（412）皂荚*Gleditsia sinensis* Lam.

别（土）名：刀皂、牙皂、猪牙皂、皂角、皂角树（庆阳）

保护区各区均有栽培。

172）合欢属*Albizia* Durazz.

（413）合欢*Albizia julibrissin* Durazz.

别（土）名：马缨花、鸟绒树、拂绒　拂缨、绒花树（庆阳）

保护区各县区均有栽培，供园林绿化及观赏。

173）野决明属*Thermopsis* R. Br.

（414）披针叶野决明*Thermopsis lanceolata* R. Br.

别（土）名：牧马豆、披针叶黄华、东方野决明、野苦豆子（庆阳）

保护区各区均有分布，生于山坡草地、林缘路边及灌丛中，海拔1000～1600m。

（415）霍州油菜*Thermopsis chinensis* Benth. ex S. Moore

别（土）名：小叶野决明

保护区仅见于正宁县刘家店管理站国道边，疑为无意引进种。

174）苦参属*Sophora* L.

（416）苦参*Sophora flavescens* Alt.

别（土）名：野槐、白茎地骨、地槐、牛参、好汉拔

保护区各区均有分布，生于林缘及灌丛中，海拔1000～1700m。

（417）苦豆子*Sophora alopecuroides* L.

保护区各区均有分布，多生于草原区路边及山坡草地，海拔1200～1700m。

（418）白刺花*Sophora davidii* Kom. ex Pavol.

别（土）名：苦刺花、马蹄针、狼牙槐、铁马胡烧、狼牙刺（庆阳）

保护区各区广泛分布，生于林缘路边及灌丛中，海拔1000～1600m。

（419）槐*Sophora japonica* L.

别（土）名：豆槐、槐花树、守宫槐、早开槐、国槐（庆阳）、槐树（庆阳）

保护区各区均普遍栽培。

（420）金枝国槐*Sophora japonica* L.‘Golden Stem’

保护区各区庭园及生态旅游区有栽培，供观赏。

（421）龙爪槐*Sophora japonica* L.‘Pendula’

保护区各区庭园及生态旅游区有栽培，供观赏。

175）紫穗槐属*Amorpha* L.

（422）紫穗槐*Amorpha fruticosa* L.

别（土）名：槐树、紫槐、棉槐、棉条、椒条

正宁县中湾林区有少量栽培，保护区内公路两侧多栽培。

176）落花生属*Arachis* L.

（423）落花生*Arachis hypogaea* L.

别（土）名：长生果、番豆、地豆、长果、花生（庆阳）

保护区各区均有零星种植。

177）百脉根属*Lotus* L.

（424）细叶百脉根*Lotus tenuis* Waldst. & Kit. ex Willd.

别（土）名：五叶草、牛角花

仅见于合水县连家砭林区苗村，生于海拔1300m的谷底潮湿地。

178）小冠花属*Coronilla* L.

（425）绣球小冠花*Coronilla varia* L.

保护区部分公路两侧及公园和绿地有栽培。

179）刺槐属*Robinia* L.

（426）刺槐*Robinia pseudoacacia* L.

别（土）名：花、槐花、伞形洋槐、塔形洋槐、洋槐（庆阳）

保护区有栽培纯林，其他各地亦广泛栽培，用于固沙保土，可作为行道树树

种，亦是良好的蜜源植物。

（427）香花槐*Robinia pseudoacacia* L.‘Idaho’

保护区各区庭园、街道、花坛等处多有种植。

（428）毛洋槐*Robinia hispida* L.

别（土）名：红花刺槐、毛刺槐

保护区各区有零星栽培。

180）甘草属*Glycyrrhiza* L.

（429）甘草*Glycyrrhiza uralensis* Fisch.

别（土）名：甜根子、甜草、国老、乌拉尔甘草、甜草苗

保护区各区均有分布，生于山坡草地、灌丛、林缘路边及林下，海拔1000～1600m，为我国Ⅱ级保护野生植物。

181）紫藤属*Wisteria* Nutt.

（430）紫藤*Wisteria sinensis*（Sims）Sweet

别（土）名：紫藤萝、白花紫藤

保护区各区均有零星栽培，作园林绿化及观赏用。

182）车轴草属*Trifolium* L.

（431）白车轴草*Trifolium repens* L.

别（土）名：荷兰翘摇、白三叶（庆阳）、三叶草（庆阳）

保护区各区作牧草和草坪草广泛种植，并在湿润草地、河岸、路边呈半自生状态。

（432）红车轴草 *Trifolium pratense* L.

别（土）名：红三叶（庆阳）、三叶草（庆阳）

保护区各区均有种植，偶逸生于林缘、路边、草地等湿润处。

（433）杂种车轴草*Trifolium hybridum* L.

别（土）名：杂车轴草

保护区各区均有少量种植。

（434）绛车轴草*Trifolium incarnatum* L.

别（土）名：地中海三叶草、绛三叶

保护区各区均有少量种植。

183）苜蓿属*Medicago* L.

（435）紫苜蓿*Medicago sativa* L.

别（土）名：苜蓿（庆阳）

全国各地都有栽培或呈半野生状态，生于田边、路旁、旷野、草原、河岸及沟谷等地。

（436）青海苜蓿*Medicago archiducis-nicolai* Širj.

保护区各区均有零星分布，生于干旱山坡草地，海拔1300～1600m。

（437）花苜蓿*Medicago ruthenica*（L.）Trautv.

别（土）名：扁蓿豆

保护区各区均有分布，生于林缘、灌丛及山坡草地，海拔1000～1600m。

（438）天蓝苜蓿*Medicago lupulina* L.

别（土）名：天蓝

保护区各县区均有分布，生于河岸、路边、田野及林缘，海拔1000～1600m。

（439）野苜蓿*Medicago falcata* L.

别（土）名：黄花苜蓿

仅见于连家砭林区，生于砂质偏旱耕地、山坡草地上，海拔1200～1300m。

184）草木犀属*Melilotus*（L.）Mill.

（440）白花草木樨*Melilotus albus* Desr.

别（土）名：白花草木犀、白香草木犀、马苜蓿（庆阳）

保护区各区均有分布，生于田边、路旁荒地及湿润的砂地，海拔1000～1700m。

（441）草木犀*Melilotus officinalis*（L.）Pall.

别（土）名：黄香草木犀、辟汗草、黄花草木樨、黄香草木樨、马苜蓿（庆阳）

保护区各区均有分布，生于山坡、河岸、路旁、砂质草地及林缘，海拔1000～1700m。

185）野豌豆属*Vicia* L.

（442）大花野豌豆*Vicia bungei* Ohwi

别（土）名：野豌豆、毛苕子、三齿草藤、三齿野豌豆、三齿萼野豌豆

保护区各县区均有分布，生于山坡、谷地、草丛、田边及路旁，海拔1000～1600m。

（443）四花野豌豆*Vicia tetrantha* H. W. Kung

别（土）名：多叶野豌豆

保护区各区有零星分布，生于林缘路边，海拔1000～1300m。

（444）广布野豌豆*Vicia cracca* L.

别（土）名：鬼豆角、落豆秧、草藤、灰野豌豆

保护区各区均有分布，生于林缘、山坡、河滩草地及灌丛，海拔1000～1700m。

（445）长柔毛野豌豆*Vicia villosa* Roth

别（土）名：毛叶苕子、柔毛苕子、毛苕子（庆阳）

保护区各区均有少量栽培。

（446）大叶野豌豆*Vicia pseudo-orobus* Fisch. & C. A. Mey.

别（土）名：大叶草藤、假香野豌豆

仅见于正宁县刘家店林区，生于山地、灌丛或林下，海拔1400m。

（447）山野豌豆*Vicia amoena* Fisch. ex DC.

别（土）名：豆豌豌、落豆秧、白花山野豌豆、狭叶山野豌豆、绢毛山野豌豆

保护区各区均有分布，生于山坡草地、灌丛或杂木林中，海拔1000～1700m。

（448）东方野豌豆*Vicia japonica* A. Gray

别（土）名：日本野豌豆

保护区各区均有分布，生于坡地林下及灌丛，海拔1100～1600m。

（449）歪头菜*Vicia unijuga* A. Br.

别（土）名：偏头草、豆苗菜、三叶、两叶豆苗、草豆

保护区各区均有分布，生于山坡草地、林缘及灌丛，海拔1000～1700m。

（450）蚕豆*Vicia faba* L.

别（土）名：佛豆、竖豆、胡豆、南豆

保护区各县区均有栽培。

186）豌豆属*Pisum* L.

（451）豌豆*Pisum sativum* L.

别（土）名：荷兰豆、雪豆、麦豆、毕豆、耳朵豆

保护区各区均有栽培。

187）山黧豆属*Lathyrus* L.

（452）大山黧豆*Lathyrus davidii* Hance

别（土）名：山黧豆、野豌豆、豌豆花、大豌豆、大豆花

仅见于正宁县刘家店林区，生于沟底林缘灌丛中，海拔1300m。

（453）牧地山黧豆*Lathyrus pratensis* L.

别（土）名：牧地香豌豆

保护区各区有产，生于山坡草地、疏林下或灌丛中，海拔1200～1700m。

（454）矮山黧豆*Lathyrus humilis*（Ser.）Spreng.

俗名：矮香豌豆

仅见于正宁县刘家店林区西牛庄，生于林下及灌丛中，海拔1300m。

（455）山黧豆*Lathyrus quinquenervius*（Miq.）Litv.

别（土）名：五脉香豌豆、五脉山黧豆

保护区各区均有分布，生于山坡、林缘路边、灌丛及草地上，海拔1000～1700m。

（456）家山黧豆*Lathyrus sativus* L.

别（土）名：三角豆（环县、镇原）

华池县林镇有栽培，作猪、牛的饲料。

188）兵豆属*Lens* Mill.

（457）兵豆*Lens culinaris* Medic.

别（土）名：小金扁豆、滨豆、鸡碗豆、小扁豆、扁豆

保护区各区均有零星栽培。

189）米口袋属*Gueldenstaedtia* Fisch.

（458）米口袋*Gueldenstaedtia verna*（Georgi）Boriss.

保护区各区均有分布，生境多样，多生于山坡、路旁、田边等处，海拔1000～1600m。

190）岩黄耆属*Hedysarum* L.

（459）短翼岩黄耆*Hedysarum brachypterum* Bge.

别（土）名：毛蹄花（庆阳）

华池县豹子川有产，生于砾质山坡草地，海拔1300～1400m。

（460）华北岩黄耆*Hedysarum gmelinii* Ledeb.

华池县豹子川有产，生于山坡草地，海拔1300m。

191）驴食豆属*Onobrychis* Mill.

（461）驴食草*Onobrychis viciifolia* Scop.

别（土）名：红羊草、红豆草

保护区各区均有栽培，作牧草或园林绿化，也可供观赏，并有少量逸为野生。

192）羊柴属*Corethrodendron* Fisch. & Basiner

（462）细枝羊柴 *Corethrodendron scoparium*（Fisch. & C. A. Mey.）Fisch. & Basiner

别（土）名：花棒、细枝岩黄耆、细枝山竹子

仅见于豹子川靠近平定川山顶，生于砂质草地，海拔1450m。

（463）红花羊柴*Corethrodendron multijugum*（Maximowicz）B. H. Choi & H. Ohashi

别（土）名：红花岩黄耆、红花山竹子

仅见于豹子川靠近平定川山顶，生于砂质草地，海拔1450m。

193）锦鸡儿属*Caragana* Fabr.

（464）白毛锦鸡儿*Caragana licentiana* Hand.-Mazz.

仅见于豹子川双塔沟，生于砂质草地，海拔1470m。

（465）毛掌叶锦鸡儿*Caragana leveillei* Kom.

别（土）名：母猪鬃

仅见于豹子川双塔沟，生于砂质草地，海拔1500m。

（466）甘蒙锦鸡儿*Caragana opulens* Kom.

各县区均有分布，生于干旱山坡、灌丛及林缘，海拔1200～1700m。

（467）甘肃锦鸡儿*Caragana kansuensis* Pojark.

别（土）名：母猪刺

仅见于华池县豹子川双塔沟，生于干旱山坡草地，海拔1400m。

（468）红花锦鸡儿*Caragana rosea* Turcz. ex Maxim.

别（土）名：黄枝条、金雀儿

各县区均有分布，生于山坡草地及林缘灌丛，海拔1100～1600m。

（469）狭叶锦鸡儿 *Caragana stenophylla* Pojark.

别（土）名：母猪刺、皮溜刺

仅见于华池县豹子川双塔沟，生于干旱山坡草地，海拔1500m。

（470）昆仑锦鸡儿*Caragana polourensis* Franch.

仅见于华池县豹子川双塔沟，生于干旱山坡草地，海拔1550m。

（471）矮脚锦鸡儿*Caragana brachypoda* Pojark.

保护区仅见于华池县豹子川双塔沟，生于干旱山坡草地，海拔1400m。

（472）荒漠锦鸡儿*Caragana roborovskyi* Kom.

别（土）名：猫耳刺、洛氏锦鸡儿

仅见于华池县东华池豹子川沟口，生于干旱山坡草地，海拔1480m。

（473）秦晋锦鸡儿*Caragana purdomii* Rehd.

别（土）名：马柠条、普氏锦鸡儿

各县区均有零星分布，生于山坡草地及林缘灌丛，海拔1300～1700m。

（474）树锦鸡儿*Caragana arborescens* Lam.

别（土）名：蒙古锦鸡儿

仅见于华池县林镇管理站北山，生于疏林及林缘，海拔1350m。

（475）柠条锦鸡儿*Caragana korshinskii* Kom.

别（土）名：毛条、白柠条、柠条、金香雀、短荚柠条

保护区各县区均有栽培。

（476）中间锦鸡儿*Caragana liouana* Zhao Y. Chang & Yakovlev

仅见于华池县豹子川，生于干旱山坡草地，海拔1500m。

194）棘豆属*Oxytropis* DC.

（477）地角儿苗*Oxytropis bicolor* Bge.

别（土）名：地丁、猫爪花、鸡咀咀、二色棘豆、淡黄花鸡嘴嘴

保护区各区均有分布，生于山坡草地、路旁及灌丛中，海拔1000～1600m。

（478）黄毛棘豆*Oxytropis ochrantha* Turcz.

别（土）名：黄穗棘豆、黄土毛棘豆、异色黄穗棘豆

保护区各区均有分布，生于山坡草地或林下，海拔1100～1600m。

（479）硬毛棘豆*Oxytropis fetissovii* Bge.

别（土）名：毛棘豆、猫尾巴花、山毛豆

保护区各区均有分布，生于山坡路旁、山坡草地、灌丛和疏林下，海拔1000～1700m。

（480）鳞萼棘豆*Oxytropis squammulosa* Candolle

仅见于华池县豹子川，生于干旱山坡草地，海拔1550m。

（481）砂珍棘豆*Oxytropis racemosa* Turcz.

别（土）名：泡泡草、泡泡豆、鸭嘴豆、砂棘豆、白花砂珍棘豆

仅见于华池县豹子川，生于干旱山坡草地，海拔1400m。

（482）黄花棘豆*Oxytropis ochrocephala* Bge.

别（土）名：马绊肠、团巴草

仅见于华池县豹子川，生于干旱山坡草地，海拔1400m。

（483）小花棘豆*Oxytropis glabra*（Lam.）DC.

别（土）名：苦马豆、绊肠草、醉马草、马绊肠、细叶棘豆

仅见于合水县太白镇，生于河边灌丛，海拔1200～1300m。

（484）陇东棘豆*Oxytropis ganningensis* C. W. Chang

保护区各区均有分布，生于山坡草地上，海拔1400～1700m。

（485）猫头刺*Oxytropis aciphylla* Ledeb.

别（土）名：老虎爪子、鬼见愁、刺叶柄棘豆、胀萼猫头刺

仅见于华池县豹子川，生于干旱砂质山坡草地，海拔1500m。

195）黄芪属*Astragalus* L.

（486）糙叶黄耆*Astragalus scaberrimus* Bge.

别（土）名：春黄耆、粗糙紫云英、糙叶黄芪、春黄芪

保护区各区均有分布，生于林缘路边、山坡草地、山坡石砾质草地等处，海拔1000～1600m。

（487）盐生黄耆*Astragalus lang-ranii* Podlech

仅见于林镇林区，生于海拔1200m的河边冲积扇草地上。

（488）灰叶黄耆*Astragalus discolor* Bge. ex Maxim.

仅见于宁县罗山府管理站二连沟，生于山坡草地，海拔1300m。

（489）草木犀状黄耆*Astragalus melilotoides* Pall.

保护区各区广泛分布，生于向阳山坡、路旁草地或灌丛，海拔1000～1600m。

（490）细叶黄耆*Astragalus tenuis* Turcz.

仅见于华池县豹子川，生于向阳山坡、路旁草地或灌丛，海拔1400m。

（491）蒙古黄耆*Astragalus mongholicus* Bge.

别（土）名：膜荚黄耆、黄芪、木黄芪、紫花黄耆、黄耆

保护区各区均有零星栽培，为甘肃十大陇药之一。

（492）单叶黄耆*Astragalus efoliolatus* Hand.-Mazz.

仅见于豹子川近陕西地界，生于砂质土壤上，海拔1400m。

（493）达乌里黄耆*Astragalus dahuricus*（Pall.）DC.

别（土）名：兴安黄耆

保护区各区均有零星分布，生于山坡和河滩草地，海拔1000～1600m。

（494）细弱黄耆*Astragalus miniatus* Bge.

别（土）名：红茎黄耆

仅见于豹子川近陕西地界，生于向阳山坡草地，海拔1400m。

（495）悬垂黄耆*Astragalus dependens* Bge.

仅见于豹子川，生于向阳山坡草地，海拔1300～1400m。

（496）莲山黄耆*Astragalus leansanicus* Ulbr.

别（土）名：历安山黄耆

保护区各区均有零星分布，生于河滩地及田埂上，海拔1000～1600m。

（497）胀萼黄耆*Astragalus ellipsoideus* Ledeb.

别（土）名：外伊犁黄耆

仅见于正宁县刘家店林区，生于砂质山坡草地，海拔1400m。

（498）地八角*Astragalus bhotanensis* Baker

别（土）名：土牛膝、不丹黄芪

保护区各区均有零星分布，生于河漫滩、田边及灌丛下，海拔1000～1600m。

（499）鸡峰山黄耆*Astragalus kifonsanicus* Ulbr.

别（土）名：鸡峰黄芪

保护区各区广布，生于山坡草地、灌丛和林缘路边，海拔1000～1700m。

（500）斜茎黄耆*Astragalus laxmannii* Jacq.

别（土）名：直立黄芪、地丁、马拌肠、漠北黄耆、沙打旺（庆阳）

保护区各区均有栽培，并逸为野生。

（501）狭荚黄耆*Astragalus stenoceras* C. A. Mey.

仅见于林镇林区，生于砂质山坡草地，海拔1300m。

196）蔓黄芪属*Phyllolobium* Fisch.

（502）蔓黄芪*Phyllolobium chinense* Fisch. ex DC.

别（土）名：沙苑子、蔓黄耆、沙苑蒺藜、背扁黄芪、背扁膨果豆

保护区各区均有分布，生于山坡草地、林缘路边及灌丛中，海拔1000～1600m。

197）苦马豆属*Sphaerophysa* DC.

（503）苦马豆*Sphaerophysa salsula*（Pall.）DC.

别（土）名：羊吹泡、红苦豆、爆竹花、羊尿泡、泡泡豆

保护区各区均有零星分布，生于山坡、草原、荒地、沙滩及沟渠旁，海拔1000～1400m。

198）木蓝属*Indigofera* L.

（504）河北木蓝*Indigofera bungeana* Walp.

别（土）名：铁扫帚、野蓝枝子、本氏木蓝、马棘、陕甘木蓝

保护区各区均有分布，生于山坡、草地或林缘灌丛，海拔1000～1700m。

（505）多花木蓝*Indigofera amblyantha* Craib

保护区各区均有分布，生于山坡草地、沟边、路旁灌丛及林缘，海拔1200～1600m。

（506）花木蓝*Indigofera kirilowii* Maxim. ex Palib.

别（土）名：吉氏木蓝

保护区合水县连家砭和太白林区有零星分布，生于路旁、山坡灌丛及疏林内，海拔1100～1300m。

199）笐子梢属*Campylotropis* Bge.

（507）笐子梢*Campylotropis macrocarpa*（Bge.）Rehd.

别（土）名：[艹/杭] 子梢、杭子梢、多花杭子梢

保护区各区均有分布，生于山坡、灌丛、林缘、山谷沟边及林中，海拔1000～1700m。

（508）太白山笐子梢*Campylotropis macrocarpa*（Bge.）Rehd. var. *hupehensis*（Pamp.）Iokawa & H. Ohashi

别（土）名：太白杭子梢、太白[艹/杭] 子梢

保护区各区均有分布，生于山坡、灌丛、林缘、山谷沟边及林中，海拔1100～1700m。

200）鸡眼草属*Kummerowia* Schindl.

（509）长萼鸡眼草*Kummerowia stipulacea*（Maxim.）Makino

别（土）名：圆叶鸡眼草、野苜蓿草、掐不齐、短萼鸡眼草

保护区各区均有分布，生于路旁、草地、山坡等处，海拔1000～1700m。

201）胡枝子属*Lespedeza* Michx.

（510）短梗胡枝子 *Lespedeza cyrtobotrya* Miq.

保护区仅见于正宁县中湾林区，生于灌丛或杂木林下，海拔1500m。

（511）日本胡枝子*Lespedeza thunbergii*（DC.）Nakai

别（土）名：美丽胡枝子

保护区各区均有分布，生于山坡、林缘、路旁、灌丛及杂木林间，海拔1000～1700m。

（512）胡枝子*Lespedeza bicolor* Turcz.

别（土）名：随军茶、萩、货条（保护区）

保护区各区均有分布，生于山坡、林缘、路旁、灌丛及杂木林间，海拔1000～1700m。

（513）兴安胡枝子*Lespedeza davurica*（Laxm.）Schindler

别（土）名：毛果胡枝子、达呼尔胡枝子、达呼里胡枝子、达乌里胡枝子

保护区各区广泛分布，生于干山坡、草地、路旁及沙质地上，海拔1000～1700m。

（514）牛枝子*Lespedeza potaninii* Vass.

别（土）名：牛筋子

保护区各区广泛分布，生于干山坡、草地、路旁及沙质地上，海拔1000～

1600m。

（515）绒毛胡枝子*Lespedeza tomentosa*（Thunb.）Sieb.

保护区仅见于华池县和合水县林区，生于山坡草地及灌丛中，海拔1300～1700m。

（516）多花胡枝子*Lespedeza floribunda* Bge.

别（土）名：四川胡枝子

保护区各区广泛分布，生于干山坡、草地、路旁及沙质地上，海拔1000～1600m。

（517）尖叶铁扫帚*Lespedeza juncea*（L. f.）Pers.

别（土）名：尖叶胡枝子

保护区各区均有分布，生于山坡草地及灌丛中，海拔1000～1700m。

（518）长叶胡枝子*Lespedeza caraganae* Bge.

别（土）名：长叶铁扫帚

保护区各区均有分布，生于山坡草地及灌丛中，海拔1000～1700m。

（519）截叶铁扫帚*Lespedeza cuneata*（Dum.-Cours.）G. Don

别（土）名：夜关门

保护区各区均有分布，生于山坡草地及灌丛中，海拔1200～1600m。

（520）阴山胡枝子*Lespedeza inschanica*（Maxim.）Schindl.

别（土）名：白指甲花

保护区各区均有分布，生于山坡草地及灌丛中，海拔1200～1600m。

202）豇豆属*Vigna* Savi

（521）赤小豆*Vigna umbellata*（Thunb.）Ohwi & Ohashi

别（土）名：饭豆、米豆、小红豆、红小豆

保护区各区均有栽培。

（522）绿豆*Vigna radiata*（L.）R. Wilczek

保护区各区均有少量栽培。

203）菜豆属*Phaseolus* L.

（523）菜豆*Phaseolus vulgaris* L.

别（土）名：芸豆、四季豆、云扁豆、地豆、豆角

保护区各区广泛栽培。

204）葛属*Pueraria* DC.

（524）葛*Pueraria montana*（Lour.）Merr.

别（土）名：葛藤、野葛

仅见于保护区正宁县刘家店林区，生于山地疏或密林中，海拔1400m。

205）两型豆属*Amphicarpaea* Elliott ex Nutt.

（525）两型豆*Amphicarpaea edgeworthii* Benth.

别（土）名：野毛扁豆、山巴豆、三籽两型豆、阴阳豆

保护区各区均有分布，常生于山坡路旁及旷野草地上，海拔1000～1500m。

206）大豆属*Glycine* Willd.

（526）大豆*Glycine max*（L.）Merr.

别（土）名：毛豆、黄豆、菽

保护区各区均有种植。

（527）野大豆*Glycine soja* Sieb. & Zucc.

别（土）名：乌豆、野黄豆、白花宽叶蔓豆、白花野大豆

保护区各区均有分布，生于田边、园边、沟旁、河岸、灌丛，海拔1000～1700m，为我国Ⅱ级保护野生植物。

52. 远志科Polygalaceae Hoffmanns. & Link

207）远志属*Polygala* L.

（528）远志*Polygala tenuifolia* Willd.

别（土）名：神砂草、小草根、线儿茶、细草、小草

保护区各区广布，生于草原、山坡草地、灌丛中以及杂木林下，海拔1000～1600m。

（529）西伯利亚远志*Polygala sibirica* L.

别（土）名：万年青、地丁、女儿红、瓜子金、卵叶远志

保护区各区均有产，生于山地灌丛、林缘或草地，海拔1000～1700m。

（530）瓜子金*Polygala japonica* Houtt.

别（土）名：卵叶远志、苦草、散血丹、神砂草、金锁匙

保护区各区均有产，生于山地灌丛、林缘、山坡草地或田埂上，海拔1100～1600m。

蔷薇目Rosales

53. 蔷薇科Rosaceae Juss.

208）悬钩子属*Rubus* L.

（531）茅莓*Rubus parvifolius* L.

别（土）名：婆婆头、蛇泡勒、茅莓悬钩子、红梅消、莓子（庆阳）

保护区各区均有分布，生于山坡杂木林下、向阳山谷、路旁或荒野，海拔1000～1700m。

（532）腺花茅莓*Rubus parvifolius* L. var. *adenochlamys*（Focke）Migo

别（土）名：倒莓子、托盘、莓子（庆阳）

保护区各区均有分布，生于向阳山坡草地、灌丛或林下，海拔1000～1700m。

（533）腺毛喜阴悬钩子*Rubus mesogaeus* Focke var. *oxycomus* Focke

别（土）名：莓子（庆阳）

保护区各区均有分布，生于山坡、山谷林下潮湿处或灌丛，海拔1400～1500m。

（534）秀丽莓*Rubus amabilis* Focke

别（土）名：美丽悬钩子

仅见于合水县太白镇，生于沟边灌丛中，海拔1300m。

209）路边青属*Geum* L.

（535）路边青*Geum aleppicum* Jacq.

别（土）名：兰布政、水杨梅、草本水杨梅

保护区各区均有分布，生于山坡草地、沟边、地边、河滩、林下及林缘，海拔1000～1500m。

210）地榆属*Sanguisorba* L.

（536）地榆*Sanguisorba officinalis* L.

别（土）名：一串红、山枣子、玉札、黄爪香、豚榆系

保护区各区均有分布，生于山坡草地、灌丛或疏林下，海拔1000～1700m。

211）龙芽草属*Agrimonia* L.

（537）龙芽草*Agrimonia pilosa* Ldb.

别（土）名：路边黄、仙鹤草、石打穿、老鹳嘴、瓜香草

保护区各区广布，常生于溪边、路旁、草地、灌丛、林缘及疏林下，海拔1000～1700m。

212）蔷薇属*Rosa* L.

（538）黄刺玫*Rosa xanthina* Lindl.

别（土）名：黄刺莓、黄刺梅

保护区各区庭园偶有栽培，供观赏。

（539）单瓣黄刺玫*Rosa xanthina* Lindl. var. *normalis* Rehd. & E. H. Wilson

别（土）名：大马茹子（子午岭）

保护区各区均有分布，唯子午岭林区和林缘区较多，少数区域成为温性灌丛

建群种，海拔1000～1700m。

（540）黄蔷薇*Rosa hugonis* Hemsl.

别（土）名：红眼刺、大马茄子（子午岭）

保护区各县区均有分布，生于山坡向阳处、林缘灌丛中，海拔1300～1500m。

（541）樱草蔷薇*Rosa primula* Bouleng.

别（土）名：大马茄子（子午岭）

保护区各区均有分布，多生于山坡、林下、路旁或灌丛中，海拔1100～1700m。

（542）粉团蔷薇*Rosa multiflora* Thunb. var. *cathayensis* Rehd. & E. H. Wilson

别（土）名：红刺玫

保护区各县区均有栽培，供观赏。

（543）七姊妹*Rosa multiflora* Thunb. var. *carnea* Thory

别（土）名：十姊妹、七姐妹

保护区各县区均有栽培，供观赏。

（544）陕西蔷薇 *Rosa giraldii* Crép.

保护区南北林区均有零星分布，多生于山坡或灌丛中，海拔1400～1700m。

（545）钝叶蔷薇 *Rosa sertata* Rolfa

保护区南北林区均有零星分布，多生于山坡、路旁、沟边或疏林中，海拔1400～1700m。

（546）美蔷薇*Rosa bella* Rehd. & E. H. Wilson

别（土）名：油瓶子

保护区南北林区均零星分布，多生于灌丛中，海拔1300～1500m。

（547）山刺玫*Rosa davurica* Pall.

别（土）名：刺玫果、刺玫蔷薇、墙花刺、黄刺玫

保护区南北林区及林缘区均有分布，多生于山坡阳处或杂木林边，海拔1200～1500m。

（548）月季花*Rosa chinensis* Jacq.

别（土）名：月月花、月月红、玫瑰、月季（庆阳）

保护区各区广泛栽培。

（549）玫瑰*Rosa rugosa* Thunb.

别（土）名：滨茄子、滨梨、海棠花、刺玫

保护区各区均有栽培，野生居群为我国Ⅱ级野生保护植物。

（550）缫丝花*Rosa roxburghii* Tratt.

别（土）名：文光果、刺梨、送春归、三降果

仅见于连家砭村花溪谷，混杂于玫瑰花圃中，可供观赏。

213）蛇莓属*Duchesnea* J.E.Smith.

（551）蛇莓*Duchesnea indica*（Andr.）Focke

别（土）名：三爪风、龙吐珠、蛇泡草、东方草莓

保护区各区均有分布，生于山坡、河岸、草地、潮湿的地方，海拔1000～1700m。

（552）皱果蛇莓*Duchesnea chrysantha*（Zoll. & Moritzi）Miq.

别（土）名：台湾蛇莓

保护区各区均有分布，生于山坡、河岸、草地、潮湿地，海拔1000～1600m。

214）委陵菜属*Potentilla* L.

（553）朝天委陵菜*Potentilla supina* L.

别（土）名：鸡毛菜、铺地委陵菜、仰卧委陵菜、伏萎陵菜

保护区各区均有分布，生于田边、荒地、河岸沙地、山坡湿地，海拔1000～1700m。

（554）多茎委陵菜*Potentilla multicaulis* Bge.

别（土）名：猫爪子

保护区各区均有分布，生于耕地边、沟谷阴处、向阳山坡草地及疏林下，海拔1000～1600m。

（555）翻白草*Potentilla discolor* Bge.

别（土）名：鸡爪参、叶下白、翻白萎陵菜、天藕、鸡腿根

保护区各区均有零星分布，生于荒地、山谷、沟边、山坡草地及疏林下，海拔1000～1600m。

（556）二裂委陵菜*Potentilla bifurca* L. var. *bifurca*

保护区各区均有分布，生于道边、山坡草地、灌丛及疏林下，海拔1000～1600m。

（557）矮生二裂委陵菜 *Potentilla bifurca* var. *humilior* Rupr. & Osten-Sacken

保护区各区均有分布，生于干旱山坡草地及河滩沙地，海拔1000～1600m。

（558）长叶二裂委陵菜*Potentilla bifurca* var. *major* Ldb.

别（土）名：高二裂委陵菜、小叉叶委陵菜

保护区各区均有分布，生于耕地道旁、河滩沙地、山坡草地等处，海拔1000～

1600m。

（559）薄叶委陵菜*Potentilla ancistrifolia* Bge. var. *dickinsii*（Franch. et Sav.）Koldz.

仅见于正宁县刘家店近马栏林区，生于岩石缝中，海拔1400m。

（560）大萼委陵菜 *Potentilla conferta* Bge.

别（土）名：大头委陵菜、白毛委陵菜

保护区各区均有分布，生于耕地边、山坡草地及灌丛中，海拔1100～1600m。

（561）菊叶委陵菜*Potentilla tanacetifolia* D. F. K. Schltdl.

别（土）名：蒿叶委陵菜、叉菊萎陵菜、砂地萎陵菜

保护区各区均有分布，生于山坡草地、低洼地、砂地、林缘、灌丛及疏林下，海拔1000～1700m。

（562）腺毛委陵菜*Potentilla longifolia* D. F. K. Schltdl.

别（土）名：粘萎陵菜

保护区各区均有分布，生于山坡草地、林缘灌丛及疏林下，海拔1200～1700m。

（563）匍匐委陵菜*Potentilla reptans* L.

保护区各区均有分布，生于道路及田边潮湿处，海拔1000～1600m。

（564）绢毛匍匐委陵菜*Potentilla reptans* L. var. *sericophylla* Franch.

保护区各区均有零星分布，生于山坡草地、渠旁、溪边灌丛中及林缘，海拔1000～1600m。

（565）匍枝委陵菜*Potentilla flagellaris* D. F. K. Schltdl.

别（土）名：蔓萎陵菜、鸡儿头苗

保护区各区均有分布，生于沟底阴湿草地、溪边及疏林下，海拔1000～1600m。

（566）蕨麻*Potentilla anserina* L.

别（土）名：鹅绒委陵菜、蕨麻委陵菜、延寿草、人参果、灰叶蕨麻

保护区南北均见，生于河岸、路边及山坡湿草地，海拔1000～1500m。

（567）委陵菜*Potentilla chinensis* Ser.

别（土）名：天青地白、五虎噙血、扑地虎、生血丹、一白草

保护区各区均有分布，生于山坡草地、沟谷、林缘、灌丛或疏林下，海拔1000～1600m。

（568）西山委陵菜*Potentilla sischanensis* Bge. ex Lehm.

保护区广泛分布，生于干旱山坡及灌丛中，海拔1000～1600m。

（569）齿裂西山委陵菜*Potentilla sischanensis* Bge. ex Lehm. var. *peterae*（Hand. -Mazz.）Yu et Li

保护区各区均有零星分布，生于荒地、沟谷、山坡草地，海拔1000～1600m。

（570）星毛委陵菜*Potentilla acaulis* L.

别（土）名：无茎委陵菜

保护区各区偶见，生于干旱山坡草地，海拔1000～1600m。

（571）莓叶委陵菜*Potentilla fragarioides* L.

别（土）名：毛猴子、雉子筵

保护区各区均有分布，南段较多，生地边、沟边、草地、灌丛及疏林下，海拔1000～1500m。

215）山莓草属*Sibbaldia* L.

（572）伏毛山莓草*Sibbaldia adpressa* Bge.

仅见于华池县豹子川沟口，生于干旱山坡草地，海拔1460m。

216）草莓属*Fragaria* L.

（573）草莓*Fragaria* × *ananassa* Duch.

保护区各区均有栽培。

（574）东方草莓*Fragaria orientalis* Lozinsk.

别（土）名：红颜草莓

保护区南北林区及林缘区均有分布，生于山坡草地、沟谷阴湿处或林下，海拔1000～1600m。

（575）野草莓*Fragaria vesca* L.

别（土）名：欧洲草莓、瓢子

保护区南北林区及林缘区均有分布，生于山坡、草地、林下，海拔1000～1600m。

217）绣线梅属*Neillia* D. Don

（576）中华绣线梅*Neillia sinensis* Oliv.

别（土）名：华南梨

仅见于合水县连家砭村花溪谷玫瑰花圃边缘，疑为无意引进种。

218）棣棠花属*Kerria* DC.

（577）棣棠花*Kerria japonica*（L.）DC.

别（土）名：土黄条、鸡蛋黄花、棣棠、山吹

保护区庭园偶有栽培，混于重瓣棣棠花丛中。

（578）重瓣棣棠花*Kerria japonica*（L.）DC. f. *pleniflora*（Witte）Rehd.

保护区庭园有栽培，供观赏。

219）扁核木属*Prinsepia* Royle

（579）蕤核*Prinsepia uniflora* Batal.

别（土）名：山桃、单花扁核木、扁核木、蕤李子、马茹刺（庆阳）

保护区各区广泛分布，生于山坡阳处、林缘及灌丛，海拔1000～1700m。

（580）齿叶扁核木*Prinsepia uniflora* Batal. var. *serrata* Rehd.

别（土）名：马茹刺（庆阳）

保护区各区广泛分布，生于山坡阳处、林缘及灌丛，海拔1100～1700m。

220）绣线菊属*Spiraea* L.

（581）土庄绣线菊*Spiraea pubescens* Turcz.

别（土）名：柔毛绣线菊、蚂蚱腿、石蒡子、土庄花、虎儿杆（子午岭）

保护区各区均有分布，生于林缘、灌丛及杂木林内，海拔1100～1700m。

（582）三裂绣线菊*Spiraea trilobata* L.

别（土）名：三裂叶绣线菊、团叶绣球、三桠绣球、硼子、石棒子

保护区各区均有分布，生于向阳坡地或灌丛中，海拔1200～1700m。

（583）粉花绣线菊（原变种）*Spiraea japonica* L. f. var. *japonica*

保护区庭园有栽培，供观赏。

（584）绣球绣线菊*Spiraea blumei* G. Don

别（土）名：碎米桠、珍珠梅、绣球、补氏绣线菊、珍珠绣球

保护区南北林区及林缘区均有分布，生于向阳山坡、杂木林内或路旁，海拔1300～1500m。

（585）蒙古绣线菊 *Spiraea mongolica* Maxim.

保护区南北林区及林缘区均有分布，生于山坡灌丛或杂木林中，海拔1400～1700m。

（586）金丝桃叶绣线菊*Spiraea hypericifolia* L.

保护区南北林区及林缘区均有分布，生于干旱地区向阳坡地或灌丛中，海拔1200～1400m。

（587）疏毛绣线菊（原变种）*Spiraea hirsuta*（Hemsl.）Schneid. var. *hirsuta*

合水县太白管理站有分布，生于山坡灌丛及疏林下，海拔1000～1300m。

（588）圆叶疏毛绣线菊*Spiraea hirsuta*（Hemsl.）Schneid. var. *rotundifolia*（Hemal.）Rehd.

合水县太白管理站有分布，生于山坡灌丛及疏林下，海拔1000～1300m。

221）珍珠梅属*Sorbaria*（Ser.）A. Braun

（589）珍珠梅*Sorbaria sorbifolia*（L.）A. Br.

别（土）名：东北珍珠梅、华楸珍珠梅、八本条、高楷子、山高度梁条子

保护区庭园或高速公路边有零星栽培。

（590）华北珍珠梅*Sorbaria kirilowii*（Regel）Maxim.

别（土）名：珍珠梅、吉氏珍珠梅

保护区庭园或高速公路边有栽培。

222）稠李属*Padus* Mill.

（591）稠李*Padus avium* Mill.

别（土）名：臭李子、臭耳子

仅见于合水县牛车坡村有栽培。

223）杏属*Armeniaca* Mill.

（592）杏*Armeniaca vulgaris* Lam.

别（土）名：杏花、杏树（庆阳）

保护区各县区有栽培，“曹杏”和“接杏”均属本种。

（593）野杏*Armeniaca vulgaris* var. *ansu* Maxim.

别（土）名：山杏（庆阳）

保护区各区普遍栽培，为退耕还林主要经济树种之一。

（594）山杏*Armeniaca sibirica*（L.）Lam.

别（土）名：西伯利亚杏

保护区各区均有分布，生于干燥向阳山坡、林缘及杂木林中，海拔1000～1700m。

224）李属*Prunus* L.

（595）李*Prunus salicina* L.

别（土）名：玉皇李、嘉应子、嘉庆子、山李子、水李子（子午岭）

保护区各区普遍栽培。

（596）紫叶李*Prunus cerasifera* Ehrhart f. *atropurpurea*（Jacq.）Rehd.

保护区庭园及生态旅游区普遍栽培，作园林绿化及观赏用。

225）樱属*Cerasus* Mill.

（597）樱桃*Cerasus pseudocerasus*（Lindl.）G. Don

别（土）名：樱珠、牛桃、唐实樱、乌皮樱桃、崖樱桃

保护区太白镇309国道边农户偶有栽培。

（598）毛樱桃*Cerasus tomentosa*（Thunb.）Wall.

别（土）名：梅桃、山樱桃、野樱桃、山樱桃梅、樱桃（子午岭）

保护区各区均有分布，生于山坡林中、林缘、灌丛中或草地上，海拔1000～1700m。

（599）多毛樱桃*Cerasus polytricha* Koehne

别（土）名：多毛野樱桃

保护区各区均有分布，生于山坡林下或林缘，海拔1400～1700m。

（600）微毛樱桃*Cerasus clarofolia* C. K. Schneid.

别（土）名：西南樱桃、微毛野樱桃、蝉桃（子午岭）

保护区各区均有分布，生于山坡林下或灌丛中，海拔1400～1700m。

（601）毛叶欧李*Cerasus dictyoneura* Diels

别（土）名：脉欧李、显脉欧李、欧李子（子午岭）

保护区各区均有分布，生于山坡阳处灌丛中或荒草地上，海拔1200～1600m。

（602）山樱花*Cerasus serrulata* Lindl.

别（土）名：樱花、野生福岛樱

保护区偶有栽培，混于日本晚樱中。

（603）日本晚樱*Cerasus serrulata*（Lindl.）G. Don ex London var. *lannesiana*（Carri.）Makino

别（土）名：矮樱

保护区庭园有栽培。

226）桃属*Amygdalus* L.

（604）桃*Amygdalus persica* L.

别（土）名：桃子、黏核桃、离核桃、油桃、盘桃

保护区有栽培。

（605）山桃（原变种）*Amygdalus davidiana*（Carr.）C. de Vos var. *davidiana*

别（土）名：苦桃、野桃、山毛桃、桃花

保护区各区均有分布，生于山坡、山谷沟底或荒野疏林及灌丛中，海拔1000～1700m。

（606）陕甘山桃*Amygdalus davidiana*（Carr.）C. de Vos var. *potaninii*（Batal.）Yü et Lu

保护区各区均有分布，生于山坡灌丛或疏林下，海拔1200～1700m。

（607）甘肃桃*Amygdalus kansuensis*（Rehd.）Skeels

别（土）名：酸桃、水桃（子午岭）

保护区各区南北均有分布，多生于向阳山坡灌丛或草地，海拔1300～1600m，为国家Ⅱ级野生保护植物。

（608）榆叶梅*Amygdalus triloba*（Lindl.）Ricker

别（土）名：小桃红

保护区庭园有栽植。

227）栒子属*Cotoneaster* Medik.

（609）水栒子*Cotoneaster multiflorus* Bge.

别（土）名：香李、灰栒子、多花灰栒子、多花栒子、栒子木（子午岭）

保护区各区均有分布，普遍生于沟谷、山坡杂木林中，海拔1000～1700m。

（610）毛叶水栒子*Cotoneaster submultiflorus* Popov

保护区各区均有分布，多生于林缘灌丛中，海拔1000～1600m。

（611）钝叶栒子*Cotoneaster hebephyllus* Diels

别（土）名：云南栒子

仅见于保护区华池县林区，生于干旱山坡草地、沟谷砂砾或石缝中，海拔1400～1600m。

（612）灰栒子*Cotoneaster acutifolius* Turcz.

别（土）名：北京栒子、河北栒子

保护区南北林区及林缘区均有分布，生于林下及林缘，海拔1200～1700m。

（613）西北栒子*Cotoneaster zabelii* Schneid.

别（土）名：土兰条、杂氏灰栒子、札氏栒子

保护区南北林区及林缘区均有分布，生于山坡阴处、沟谷边、灌丛及林下，海拔1000～1700m。

（614）细弱栒子*Cotoneaster gracilis* Rehd. & E. H. Wilson

别（土）名：细弱灰栒子

保护区各区均有分布，生于疏林下或灌丛中，海拔1400～1600m。

（615）平枝栒子*Cotoneaster horizontalis* Dcne.

别（土）名：矮红子、平枝灰栒子、山头姑娘、岩楞子、栒刺木

仅见于太白镇北山有栽培，供观赏。

（616）川康栒子*Cotoneaster ambiguus* Rehd. & E. H. Wilson

别（土）名：四川栒子

保护区仅见于正宁县刘家店林区，生于山地、半阳坡及疏林中，海拔1400～1600m。

228）石楠属*Photinia* Lindl.

（617）石楠*Photinia serratifolia*（Desfontaines）Kalkman

别（土）名：山官木、将军梨、石眼树、千年红、凿木

保护区庭园有栽培，供观赏。

229）山楂属*Crataegus* L.

（618）山楂*Crataegus pinnatifida* Bge.

别（土）名：山里红、红果、棠棣、绿梨、酸楂

保护区各地均有零星栽培。

（619）山里红*Crataegus pinnatifida* Bge. var. *major* N. H. Br.

别（土）名：酸楂、大山楂、棠棣、红果、大果山楂

保护区各地均有零星栽培。

（620）无毛山楂*Crataegus pinnatifida* Bge. var. *psilosa* Schneid.

别（土）名：长毛山楂、莫糊梨（子午岭）

保护区南北林区均有零星栽培，生于杂木林中。

（621）湖北山楂*Crataegus hupehensis* Sarg.

别（土）名：大山枣、酸枣、猴楂子、莫糊梨（子午岭）

保护区南北林区均有分布，生于杂木林中，海拔1100～1700m。

（622）橘红山楂*Crataegus aurantia* Pojark.

保护区南北林区均有分布，生于山坡杂木林中，海拔1100～1700m。

（623）甘肃山楂*Crataegus kansuensis* E. H. Wilson

别（土）名：面旦子

保护区南北林区均有分布，生于杂木林中、山坡阴处及山沟旁，海拔1200～1700m。

（624）野山楂*Crataegus cuneata* Sieb. et Zucc.

别（土）名：山梨、毛枣子、红果子、小叶山楂、南山楂

保护区南北林区均有分布，生于山地杂木林中，海拔1200～1600m。

230）花楸属*Sorbus* L.

（625）水榆花楸*Sorbus alnifolia*（Sieb. et Zucc.）K. Koch

别（土）名：粘枣子、千筋树、黄山榆、水榆、苗榆

保护区仅见于太白林区，生于山坡、山沟杂木林中，海拔1100m。

（626）陕甘花楸*Sorbus koehneana* Schneid.

别（土）名：昆氏花楸

保护区仅见于太白和连家砭林区均有分布，生于杂木林内，海拔1100～1400m。

231）苹果属*Malus* Mill.

（627）苹果*Malus pumila* Mill.

别（土）名：西洋苹果、柰、嘎啦、黄元帅

保护区有栽培，品种较多。

（628）楸子*Malus prunifolia*（Willd.）Borkh.

别（土）名：海棠果、海红（庆阳）

保护区有少量栽培。

（629）花红*Malus asiatica* Nakai

别（土）名：沙果、文林朗果、林檎、红果或果子（庆阳）

保护区有少量栽培。

（630）河南海棠*Malus honanensis* Rehd.

别（土）名：山里锦、冬绿茶、牧孤梨、大叶毛楂

保护区各区南北均有零星分布，生于杂木林中，海拔1000～1700m。

（631）湖北海棠*Malus hupehensis*（Pamp.）Rehd.

别（土）名：小石枣、茶海棠、花红茶、野花红、野海棠

保护区南北林区均有零星分布，生于山坡或山谷丛林中，海拔1000～1600m。

（632）陇东海棠*Malus kansuensis*（Batal.）Schneid.

别（土）名：甘肃海棠、大石枣

保护区南北林区均有零星分布，生于杂木林或灌丛中，海拔1100～1700m。

（633）花叶海棠*Malus transitoria*（Batal.）Schneid.

别（土）名：细弱海棠、涩枣子、小白石枣、花叶杜梨、马杜梨（子午岭）

保护区各区均有分布，北段更普遍，生于山坡丛林中、灌丛及山坡草地，海拔1000～1700m。

（634）长圆果花叶海棠*Malus transitoria*（Batal.）Schneid. var. *centralasiatica*（Vass.）Yü

保护区南北林区及林缘区均有分布，北段较多，生于杂木林中或林缘及灌丛，海拔1300～1700m。

（635）三叶海棠*Malus sieboldii*（Regel）Rehd.

别（土）名：山楂子、野黄子、山茶果

保护区南北林区及林缘区均有分布，生于山坡杂木林或灌丛中，海拔1300～1600m。

（636）山荆子*Malus baccata*（L.）Borkh.

别（土）名：山定子、林荆子、山丁子、水楸子（子午岭）

保护区各区均有分布，多生于山坡杂木林中及山谷阴处灌丛中，海拔1100～1700m。

（637）山荆子垂枝变种*Malus baccata*（L.）Borkh. var. *gracilis*（Rehder）T. C. Ku

别（土）名：垂枝山荆子、水楸子（子午岭）

保护区南北林区均有分布，生于山坡杂木林中及山谷阴处灌丛中，海拔1000～1600m。

（638）毛山荆子*Malus mandshurica*（Maxim.）Kom.

别（土）名：棠梨木、辽山荆子、水楸子（子午岭）

保护区南北林区及林缘区均有分布，生于山坡杂木林中，海拔1100～1600m。

（639）西府海棠*Malus × micromalus* Makino

别（土）名：子母海棠、小果海棠、海红

保护区有栽培，供观赏或苹果的授粉树。

232）木瓜海棠属*Chaenomeles* Lindl.

（640）皱皮木瓜*Chaenomeles speciosa*（Sweet）Nakai

别（土）名：铁脚梨、贴梗木瓜、贴梗海棠、楙、木瓜

保护区均有分布栽培，供观赏。

（641）毛叶木瓜*Chaenomeles cathayensis*（Hemsl.）Schneid.

别（土）名：木瓜海棠、木瓜、光皮木瓜、木梨、贴梗海棠

保护区偶有栽培，供观赏。

233）梨属*Pyrus* L.

（642）新疆梨*Pyrus sinkiangensis* T. T. Yu

别（土）名：库尔勒香梨

保护区有栽培。

（643）西洋梨*Pyrus communis* L.

别（土）名：香蕉梨、洋梨

保护区有栽培。

（644）木梨*Pyrus xerophila* T. T. Yu

别（土）名：棠梨、野梨、酸梨

仅见于合水县太白管理站瓦川，生于山坡、灌丛中，华池县豹子川管理站苗圃地埂有栽植。

（645）杏叶梨*Pyrus armeniacifolia* T. T. Yu

别（土）名：野梨

仅见于正宁县刘家店林区，生于杂木林中，海拔1400m。

（646）白梨*Pyrus bretschneideri* Rehd.

别（土）名：罐梨、白挂梨、黄梨

保护区有栽培。

（647）沙梨*Pyrus pyrifolia*（Burm. F.）Nakai

别（土）名：麻安梨、黄金梨

保护区有栽培。

（648）杜梨*Pyrus betulifolia* Bge.

别（土）名：灰梨、海棠梨、棠梨、土梨、杜（tu）梨（庆阳）

保护区各区均有分布，生于山坡灌丛及杂木林中，海拔1000～1700m。

54. 胡颓子科Elaeagnaceae Juss.

234）沙棘属*Hippophae* L.

（649）中国沙棘*Hippophae rhamnoides* L. subsp. *sinensis* Rousi

别（土）名：黄酸刺、醋柳、酸刺柳、酸刺（庆阳）、沙棘（庆阳）

保护区广泛栽培。

235）胡颓子属*Elaeagnus* L.

（650）牛奶子*Elaeagnus umbellata* Thunb.

别（土）名：甜枣、剪子果、秋胡颓子、倒卵叶胡颓子、剪子木（子午岭）

保护区各区均有分布，生于向阳的林缘、灌丛中、荒坡上或沟边，海拔1000～1700m。

（651）沙枣*Elaeagnus angustifolia* L.

别（土）名：银柳、桂香柳、刺柳、香柳、七里香

保护区有零星栽培。

55. 鼠李科Rhamnaceae Juss.

236）枣属*Ziziphus* Mill.

（652）枣*Ziziphus jujuba* Mill.

别（土）名：枣子树、大枣、枣子、枣树

保护区有栽培。

（653）酸枣*Ziziphus jujuba* Mill. var. *spinosa*（Bge.）Hu ex H. F. Chow.

别（土）名：山枣树、硬枣、角针、酸枣树、棘

保护区广泛分布，常生于向阳的干燥山坡草地、灌丛、田埂等处，海拔1000～1700m。

237）雀梅藤属*Sageretia* Brongn.

（654）少脉雀梅藤*Sageretia paucicostata* Maxim.

别（土）名：对结子、对结刺、对节木

保护区各县区均有零星分布，生于山坡或山谷灌丛及疏林中，海拔1000～1600m。

238）鼠李属*Rhamnus* L.

（655）鼠李*Rhamnus davurica* Pall.

别（土）名：牛李子、女儿茶、老鹳眼、大绿、臭李子

保护区南北林区及林缘区均有分布，生于山坡林下，灌丛或林缘和沟边阴湿处，海拔1000～1500m。

（656）冻绿*Rhamnus utilis* Decne.

别（土）名：鼠李、大脑头、冻绿柴、冻绿树、油葫芦子、红冻

保护区各区均有分布，常生于山地、丘陵、山坡草丛、灌丛或疏林下，海拔1200～1700m。

（657）毛冻绿*Rhamnus utilis* Decne. var. *hypochrysa*（Schneid.）Rehd.

保护区各区均有分布，常生于山地、丘陵、山坡草丛、灌丛或疏林下，海拔1000～1700m。

（658）甘青鼠李*Rhamnus tangutica* J. J. Vassil.

别（土）名：冻绿、粗叶鼠李

保护区各区均有分布，生于山谷灌丛或林下，海拔1200～1700m。

（659）小叶鼠李*Rhamnus parvifolia* Bge.

别（土）名：刺、叫驴子、麻绿、琉璃枝、驴子刺

保护区南北林区及林缘区均有分布，生于向阳山坡、草地或灌丛中，海拔1200～1700m。

（660）圆叶鼠李*Rhamnus globosa* Bge.

别（土）名：黑旦子、冻绿树、冻绿、山绿柴、迈氏鼠李

保护区南北林区及林缘区均有分布，生于山坡、林下或灌丛中，海拔1100～1700m。

（661）黑桦树*Rhamnus maximovicziana* J. J. Vassil.

保护区北段均有分布，南段仅有零星分布，生于山坡灌丛中，海拔1300～1600m。

（662）柳叶鼠李*Rhamnus erythroxylum* Pallas

别（土）名：红木鼠李、黑疙瘩、黑格铃

保护区各地均有分布，生于干旱荒坡或山坡灌丛中，海拔1200～1700m。

（663）锐齿鼠李*Rhamnus arguta* Maxim.

别（土）名：老乌眼、火李、照家茶、牛李子

保护区合水太白林区有零星分布，生于山坡灌丛中或林下，海拔1000～1300m。

239）勾儿茶属*Berchemia* Neck. ex DC.

（664）勾儿茶*Berchemia sinica* Schneid.

别（土）名：牛鼻圈、牛鼻足秧

保护区正宁县刘家店林区有分布，生于山坡、沟谷灌丛或杂木林中，海拔1400～1500m。

56. 榆科Ulmaceae Mirb.

240）刺榆属*Hemiptelea* Planch.

（665）刺榆*Hemiptelea davidii*（Hance）Planch.

仅见于宁县桂花塬林区，生于向阳山坡杂木林中，海拔1500m。

241）榆属*Ulmus* L.

（666）榆树*Ulmus pumila* L.

别（土）名：白榆、家榆、榆、琅琊榆

保护区各地均有分布，生于庭园、路边或撂荒地，海拔1000～1600m。

（667）龙爪榆*Ulmus pumila* L. ‘Pendula’ Kirchner

保护区庭园有栽培。

（668）旱榆*Ulmus glaucescens* Franch.

保护区各地均有分布，生于庭园、路边或撂荒地，海拔1000～1600m。

（669）春榆*Ulmus davidiana* Planch. var. *japonica*（Rehd.）Nakai

别（土）名：山榆（子午岭）

保护区各区均有分布，生于杂木林中，海拔1100～1700m。

（670）大果榆*Ulmus macrocarpa* Hance

别（土）名：黄榆、毛榆、芜荑、山榆（子午岭）

保护区北段林区及林缘区均有分布，北段较多，生于林缘及灌丛区，海拔

1300～1700m。

57. 大麻科Cannabaceae Martinov

242）朴属*Celtis* L.

（671）黑弹树*Celtis bungeana* Bl.

别（土）名：小叶朴、黑弹朴

保护区南北林区及林缘区均有分布，生于灌丛、林缘及杂木林中，海拔1200～1700m。

243）大麻属*Cannabis* L.

（672）大麻*Cannabis sativa* L.

别（土）名：火麻、线麻、山丝苗、汉麻、麻子（庆阳）

保护区各地均有栽培，亦有少数逸为野生。

244）葎草属*Humulus* L.

（673）葎草*Humulus scandens*（Lour.）Merr.

别（土）名：拉拉藤、勒草、拉拉秧、割人藤、拉狗蛋

保护区各区均有分布，常生于沟边、荒地、废墟及林缘路边，海拔1000～1700m。

（674）啤酒花*Humulus lupulus* L.

别（土）名：蛇麻草、酒花

保护区各县区均有分布，常生于沟边、荒地、灌丛及林缘路边，海拔1000～1700m。

58. 桑科Moraceae Gaudich.

245）桑属*Morus* L.

（675）桑*Morus alba* L.

别（土）名：家桑、蚕桑、桑树（子午岭）

保护区有栽培。

（676）鸡桑*Morus australis* Poir.

别（土）名：山桑、壓桑、小叶桑、裂叶鸡桑、鸡爪叶桑、戟叶桑、细裂叶鸡桑、花叶鸡桑、狭叶鸡桑

保护区有零星栽培。

246）构属*Broussonetia* L’Hér. ex Vent.

（677）构树*Broussonetia papyrifera*（L.）L’Hér. ex Vent.

别（土）名：毛桃、谷树、谷桑、楮、楮桃

保护区有栽培。

59. 荨麻科Urticaceae Juss.

247）墙草属*Parietaria* L.

（678）墙草*Parietaria micrantha* Ledeb.

保护区各地均有零星分布，生于山坡阴湿草地、屋宅墙上或岩石下阴湿处，海拔1000～1500m。

248）苎麻属*Boehmeria* Jacq.

（679）赤麻*Boehmeria silvestrii*（Pamp.）W. T. Wang

保护区各地均有分布，生于沟底阴湿处，海拔1000～1400m。

249）冷水花属*Pilea* Lindl.

（680）透茎冷水花*Pilea pumila*（L.）A. Gray

保护区各区均有分布，生于山坡林下或沟谷阴湿处，海拔1000～1400m。

250）艾麻属*Laportea* Gaudich.

（681）珠芽艾麻*Laportea bulbifera*（Sieb. et Zucc.）Wedd.

别（土）名：棱果艾麻、皱果艾麻、心叶艾麻、螫麻

保护区各地均有分布，生于山坡林下或林缘路边半阴坡湿润处，海拔1000～1400m。

251）荨麻属*Urtica* L.

（682）麻叶荨麻*Urtica cannabina* L.

别（土）名：蝎子草

保护区各地均有分布，生于人居周边、山坡草地、林缘及灌丛中，海拔1100～1700m。

（683）宽叶荨麻*Urtica laetevirens* Maxim.

别（土）名：齿叶荨麻

保护区各地均有分布，生于沟谷及河谷林下阴湿处、溪旁等处，海拔1000～1300m。

壳斗目Fagales

60. 壳斗科Fagaceae Dumort.

252）栎属*Quercus* L.

（684）麻栎*Quercus acutissima* Carr.

别（土）名：扁果麻栎、北方麻栎

保护区正宁县西坡林区有产，生于山地阳坡混交林中，海拔1500～1600m。

（685）栓皮栎 *Quercus variabilis* Blume

别（土）名：塔形栓皮栎

保护区正宁县西坡林区有产，生于山地阳坡混交林中，海拔1500m。

（686）蒙古栎*Quercus mongolica* Fisch. ex Ledeb.

别（土）名：柞树、辽东栎、大果蒙古栎、粗齿蒙古栎、杠树（子午岭）

保护区南北林区均有分布，常在阳坡、半阳坡形成小片纯林或与桦树等组成混交林，海拔1000～1700m。

（687）槲栎 *Quercus aliena* Blume

别（土）名：青冈树

保护区合水县太白林区有零星分布，生于向阳山坡，海拔1000～1400m。

（688）槲树*Quercus dentata* Thunb.

保护区合水县太白林区有零星分布，生于向阳山坡，海拔1000～1400m。

253）栗属*Castanea* Mill.

（689）栗*Castanea mollissima* Blume

别（土）名：板栗、栗子、毛栗、油栗

保护区正宁县西坡林区有栽培。

61. 胡桃科Juglandaceae DC. ex Perleb

254）胡桃属*Juglans* L.

（690）胡桃*Juglans regia* L.

别（土）名：核桃（庆阳）

保护区各区均大量栽培。

（691）胡桃楸*Juglans mandshurica* Maxim.

别（土）名：核桃楸、野核桃、华东野核桃、山核桃（庆阳）

保护区各区均有分布，生于沟谷阔叶林中，海拔1000～1600m。

62. 桦木科Betulaceae Gray

255）桦木属*Betula* L.

（692）白桦*Betula platyphylla* Suk.

别（土）名：桦树（子午岭）

保护区各区均有分布，为保护区阔叶落叶林及针叶阔叶混交林中的常见树种，有时成纯林，海拔1000～1700m。

256）榛属*Corylus* L.

（693）榛*Corylus heterophylla* Fisch. ex Trautv.

别（土）名：平榛

保护区各区均有分布，生于沟谷阴坡灌丛中，海拔1000～1500m。

257）虎榛子属*Ostryopsis* Decne.

（694）虎榛子*Ostryopsis davidiana* Decaisne

别（土）名：土心条（子午岭）

保护区各县区均有分布，常见于林缘、灌丛或杂木林及油松林下，海拔1000～1700m。

258）鹅耳枥属*Carpinus* L.

（695）鹅耳枥*Carpinus turczaninowii* Hance

别（土）名：铁匠木（子午岭）

保护区南北林区均有分布，生于沟谷杂木林中，海拔1000～1600m。

（696）小叶鹅耳枥*Carpinus stipulata* H. Winkler

别（土）名：单齿鹅耳枥

保护区南北林区均有产，常生于山坡杂木林中，海拔1300～1600m。

（697）陕西鹅耳枥*Carpinus shensiensis* Hu

保护区南北林区均有分布，生于山坡杂木林中，海拔1100～1700m。

葫芦目Cucurbitales

63. 葫芦科Cucurbitaceae Juss.

259）假贝母属*Bolbostemma* Franquet

（698）假贝母*Bolbostemma paniculatum*（Maxim.）Franquet

保护区合水段有栽培。

260）赤爬属*Thladiantha* Bge.

（699）赤爬*Thladiantha dubia* Bge.

保护区各县区均有分布，常生于山坡、河谷及林缘湿处，海拔1000～1600m。

261）苦瓜属*Momordica* L.

（700）苦瓜*Momordica charantia* L.

别（土）名：癞葡萄、凉瓜、癞瓜、锦荔枝

保护区有栽培，供菜用。

262）丝瓜属*Luffa* Mill.

（701）丝瓜*Luffa aegyptiaca* Mill.

保护区有栽培，供菜用。

263）栝楼属*Trichosanthes* L.

（702）栝楼*Trichosanthes kirilowii* Maxim.

别（土）名：药瓜、瓜楼、瓜蒌

保护区有零星栽培，供药用，偶有逸为野生。

264）南瓜属*Cucurbita* L.

（703）南瓜*Cucurbita moschata*（Duch. ex Lam.）Duch. ex Poiret

别（土）名：北瓜、番南瓜、饭瓜、番瓜、倭瓜

保护区各区均有栽培，菜用。

（704）西葫芦*Cucurbita pepo* L.

保护区各区均有栽培，果实作蔬菜或产籽为庆阳特产“白瓜子”。

265）葫芦属*Lagenaria* Ser.

（705）葫芦*Lagenaria siceraria*（Molina）Standl.

别（土）名：瓠、瓠瓜、大葫芦、小葫芦

保护区各区均有零星栽培，菜用。

266）西瓜属*Citrullus* Schrad.

（706）西瓜*Citrullus lanatus*（Thunb.）Matsum. & Nakai

别（土）名：寒瓜

保护区有种植，供菜用。

267）黄瓜属*Cucumis* L.

（707）黄瓜*Cucumis sativus* L.

别（土）名：青瓜、胡瓜、旱黄瓜

保护区有种植，供菜用。

（708）甜瓜*Cucumis melo* L.

别（土）名：华莱土瓜、白兰瓜、哈密瓜、香瓜、马包、小马泡

保护区各区均有栽培，世界温带至热带地区广泛栽培。

牻牛儿苗目Geraniales

64. 牻牛儿苗科Geraniaceae Juss.

268）牻牛儿苗属*Erodium* L’Hér. ex Aiton

（709）牻牛儿苗*Erodium stephanianum* Willd.

别（土）名：太阳花、野豆角（庆阳）

保护区各区广泛分布，生于干山坡、农田边、沙质河滩地和草地等，海拔1000～1600m。

（710）芹叶牻牛儿苗*Erodium cicutarium*（L.）L’Herit. ex Ait.

保护区仅见于华池县林镇，东华池林区有零星分布，生于海拔1400～1500m的山地草地。

269）老鹳草属*Geranium* L.

（711）鼠掌老鹳草*Geranium sibiricum* L.

保护区各区均有分布，生于林缘、灌丛、河谷草甸及田间，海拔1000～1600m。

（712）尼泊尔老鹳草*Geranium nepalense* Sweet

别（土）名：五叶草、少花老鹳草

保护区各区均有分布，生于林缘、灌丛、荒山草坡或为田间杂草，海拔1000～1200m。

（713）粗根老鹳草*Geranium dahuricum* DC.

别（土）名：长白老鹳草

合水县太白和连家砭林区有分布，生于山坡草丛、荒地、林缘，海拔1000～1200m。

桃金娘目Myrtales

65. 柳叶菜科Onagraceae Juss.

270）露珠草属*Circaea* L.

（714）露珠草*Circaea cordata* Royle

别（土）名：心叶露珠草、牛泷草

保护区各地均有零星分布，生于林下及林缘荫蔽处，海拔1000～1400m。

（715）高原露珠草*Circaea alpina* subsp. *imaicola*（Asch. & Magnus）Kitam.

保护区各地均有零星分布，生于沟底湿处，海拔1000～1400m。

271）月见草属*Oenothera* L.

（716）月见草*Oenothera biennis* L.

别（土）名：夜来香、山芝麻

保护区有栽培，并已逸为野生。

272）柳兰属*Chamerion*（Raf.）Raf. ex Holub

（717）柳兰*Chamerion angustifolium*（L.）Holub

别（土）名：糯芋、火烧兰、铁筷子

保护区各区均有分布，生于较湿润草坡及灌丛、河滩，海拔1000～1400m。

273）柳叶菜属*Epilobium* L.

（718）柳叶菜*Epilobium hirsutum* L.

别（土）名：鸡脚参、水朝阳花

保护区各区均有分布，生于河谷、溪流边、湿灌丛及荒坡，海拔1000～1400m。

（719）毛脉柳叶菜*Epilobium amurense* Hausskn.

别（土）名：黑龙江柳叶菜

保护区各区均有分布，生于溪沟边、沼泽地、林缘湿润处，海拔1000～1500m。

（720）中华柳叶菜*Epilobium sinense* Lévl.

保护区各区均有分布，生于河谷、溪沟及塘边湿地，海拔1000～1400m。

（721）沼生柳叶菜*Epilobium palustre* L.

别（土）名：独木牛、沼泽柳叶菜、水湿柳叶菜

保护区各区均有分布，生于河谷、溪沟及塘边湿地，海拔1000～1300m。

66. 千屈菜科Lythraceae J. St.-Hil.

274）石榴属*Punica* L.

（722）石榴*Punica granatum* L.

别（土）名：若榴、丹若、山力叶、安石榴、花石榴

保护区有栽培，供观赏。

275）千屈菜属*Lythrum* L.

（723）千屈菜*Lythrum salicaria* L.

别（土）名：水柳、中型千屈菜、光千屈菜

保护区各区均有分布，生于河岸、溪沟边和潮湿草地，海拔1000～1400m。

276）水苋菜属*Ammannia* L.

（724）耳基水苋菜*Ammannia auriculata* Willd.

保护区仅见于合水县太白镇，生于湿地和水稻田中，海拔1100m。

277）紫薇属*Lagerstroemia* L.

（725）紫薇*Lagerstroemia indica* L.

别（土）名：千日红、无皮树、百日红、西洋水杨梅、蚊子花、紫兰花、紫金花、痒痒树、痒痒花

保护区有栽培，供观赏。

缨子木目Crossosomatales

67. 省沽油科Staphyleaceae Martinov

278）省沽油属*Staphylea* L.

（726）膀胱果*Staphylea holocarpa* Hemsl.

别（土）名：大果省沽油

保护区仅见于正宁县刘家店林区，生于杂木林中，海拔1400m。

无患子目Sapindales

68. 白刺科Nitrariaceae Lindl.

279）骆驼蓬属*Peganum* L.

（727）骆驼蒿*Peganum nigellastrum* Bge.

仅见于华池县林镇林区，生于向阳砂质山坡草地，海拔1400m。

（728）骆驼蓬 *Peganum harmala* L.

别（土）名：臭古朵、臭骨朵

保护区各地均有零星分布，生于干旱山坡草地、林缘及田边，海拔1000～1600m。

（729）多裂骆驼蓬*Peganum multisectum*（Maxiam.）Bobr.

别（土）名：匐根骆驼蓬、骆驼蓬（庆阳）

保护区各地均有分布，生于干旱山坡草地、林缘及田边，海拔1000～1600m。

280）白刺属*Nitraria* L.

（730）小果白刺*Nitraria sibirica* Pall.

别（土）名：卡密、酸胖、西伯利亚白刺、白刺（庆阳）

仅见于林镇林区，生于盐渍化河滩，海拔1300m。

69. 漆树科Anacardiaceae R. Br.

281）盐麸木属*Rhus* Tourn. ex L.

（731）盐麸木*Rhus chinensis* Mill.

别（土）名：木五倍子、山梧桐、五倍子、五倍柴、五倍子树

仅见于合水县太白林区，生于山坡、沟谷疏林中，海拔1200m。

（732）青麸杨*Rhus potaninii* Maxim.

别（土）名：倍子树、五倍子（子午岭）

保护区各区均有分布，生于山坡疏林或灌丛中，海拔1200～1700m。

（733）火炬树*Rhus typhina* L.

别（土）名：鹿角漆、火炬漆、加拿大盐肤木

保护区有栽培。

282）漆树属*Toxicodendron*（Tourn.）Mill.

（734）漆*Toxicodendron vernicifluum*（Stokes）F. A. Barkl.

别（土）名：山漆、小木漆、大木漆、干漆、漆树（庆阳）

保护区各区均有分布，生于向阳山坡林内，海拔1400～1700m。

283）黄连木属*Pistacia* L.

（735）黄连木*Pistacia chinensis* Bge.

别（土）名：楷木、凉茶树、黄连树、黄儿茶、药子树

仅见于合水县太白林区，生于山坡杂木林中，海拔1200m。

284）黄栌属*Cotinus*（Tourn.）Mill.

（736）毛黄栌*Cotinus coggygria* Scop. var. *pubescens* Engler

仅见于正宁县中湾和刘家店林区，生于山坡林中或灌丛中，海拔1500～1650m。

70. 无患子科Sapindaceae Juss.

285）文冠果属*Xanthoceras* Bge.

（737）文冠果*Xanthoceras sorbifolium* Bge.

别（土）名：木瓜（庆阳）

保护区各区广泛分布，生于林缘、灌丛及沟边等处，海拔1000～1700m，各地亦有栽培；本地称其木材为“降龙木”，打磨成珠子可作手链用。

286）栾属*Koelreuteria* Laxm.

（738）栾树*Koelreuteria paniculata* Laxm.

别（土）名：摇钱树、灯笼果、栾华、灯笼树（子午岭）、圆瓜木（子午岭）

保护区各区均有分布，生于山地杂木林中，海拔1100～1500m，各地亦有栽培，作观赏。

287）七叶树属*Aesculus* L.

（739）七叶树*Aesculus chinensis* Bge.

别（土）名：日本七叶树、浙江七叶树

保护区有栽培，作园林绿化用。

288）槭属*Acer* L.

（740）疏毛槭*Acer pilosum* Maxim.

别（土）名：陇秦槭、秦陇槭

正宁县刘家店管理站国道边有零星栽培。

（741）青榨槭 *Acer davidii* Franch.

别（土）名：青榨枫、大卫槭、青虾蟆、青蛙腿、青皮木（子午岭）

保护区各区均有零星分布，生于疏林中，海拔1400～1700m。

（742）葛罗槭*Acer davidii* Franch. subsp. *grosseri*（Pax）P. C. de Jong

别（土）名：葛萝枫、来苏槭、长裂葛萝槭、青皮木（子午岭）

保护区各区均有分布，生于疏林中，海拔1400～1700m。

（743）茶条槭*Acer tataricum* subsp. *ginnala*（Maximowicz）Wesmael

别（土）名：华北茶条槭、茶条、茶条枫、水桐蒿（子午岭）、见风干（子午岭）

保护区各区均有分布，生于林下、林缘及灌丛中，海拔1200～1700m。

（744）复叶槭*Acer negundo* L.

别（土）名：糖槭、白蜡槭、美国槭、复叶枫、羽叶槭

保护区有栽培。

（745）长尾槭*Acer caudatum* Wall.

别（土）名：川康长尾槭、陕甘长尾槭、光叶长尾槭、川滇长尾槭、多齿长尾槭

保护区有零星分布，生于疏林中，海拔1400～1600m。

（746）鸡爪槭*Acer palmatum* Thunb.

别（土）名：七角枫

保护区有栽培。

（747）细裂槭*Acer pilosum* Maxim. var. *stenolobum*（Rehder）W. P. Fang

别（土）名：细裂枫、大叶细裂槭、旱桐蒿（子午岭）

保护区各区广泛分布，北段部分地区成为建群种，生于林下、林缘及灌丛，海拔1200～1700m。

（748）元宝槭*Acer truncatum* Bge.

别（土）名：五脚树、平基槭、元宝树、元宝枫、五角枫

保护区有栽培。

（749）青皮槭*Acer cappadocicum* Gled.

别（土）名：五裂黄毛槭、丹巴黄毛槭、小叶青皮槭、短翅青皮槭

保护区正宁县刘家店林区有零星分布，生于疏林中，海拔1300～1500m。

71. 楝科Meliaceae Juss.

289）香椿属*Toona*（Endl.）M. Roem.

（750）香椿*Toona sinensis*（A. Juss.）Roem.

别（土）名：毛椿、椿、湖北香椿、陕西香椿

保护区有栽培，并逸为野生。

72. 苦木科Simaroubaceae DC.

290）苦木属*Picrasma* Blume

（751）苦树*Picrasma quassioides*（D. Don）Benn.

别（土）名：熊胆树、黄楝树、苦皮树、苦楝树、苦木

合水县太白林区有零星分布，生于山地杂木林中，海拔1000～1200m。

291）臭椿属*Ailanthus* Desf.

（752）臭椿*Ailanthus altissima*（Mill.）Swingle

别（土）名：樗、皮黑樗、黑皮樗、黑皮互叶臭椿、南方椿树、黑皮椿树、灰黑皮椿树、灰黑皮樗、椿树（庆阳）

保护区有栽培，并逸为野生。

73. 芸香科Rutaceae Juss.

292）吴茱萸属*Tetradium* Sweet

（753）臭檀吴萸*Tetradium daniellii*（Benn.）Hemsl.

别（土）名：臭檀

保护区合水县太白、宁县桂花塬和正宁县刘家店林区有产，生于杂木林中，海拔1100～1600m。

293）花椒属*Zanthoxylum* L.

（754）毛叶花椒*Zanthoxylum bungeanum* Maxim. var. *pubescens* Huang

别（土）名：椒树（庆阳）

保护区各区广泛栽培，果实作调味品用。

（755）浪叶花椒*Zanthoxylum undulatifolium* Hemsl.

仅见于正宁县刘家店林区，生于海拔1300m的疏林下。

锦葵目Malvales

74. 锦葵科Malvaceae Juss.

294）扁担杆属 *Grewia* L.

（756）扁担杆*Grewia biloba* G. Don

别（土）名：扁担木、孩儿拳头

仅见于合水县太白林区，生于沟渠边、山坡灌丛或杂木林中，海拔1200m。

（757）小花扁担杆*Grewia biloba* G. Don var. *parviflora*（Bge.）Hand.-Mazz.

仅见于合水县太白林区，生于沟渠边、山坡灌丛或杂木林中，海拔1200m。

295）椴属*Tilia* L.

（758）毛糯米椴*Tilia henryana* Szyszyl.

仅见于合水县太白林区，生于沟谷、山坡底杂木林中，海拔1300m。

（759）少脉椴*Tilia paucicostata* Maxim.

别（土）名：椴树（子午岭）

保护区各县区均有分布，生于沟谷、山坡杂木林中，海拔1100～1700m。

（760）红皮椴*Tilia paucicostata* Maxim. var. *dictyoneura*（V. Engl. ex C. K. Schneid.）H. T. Chang & E. W. Miao

别（土）名：椴树（子午岭）

保护区各县区均有分布，生于沟谷、山坡杂木林中，海拔1300～1500m。

296）木槿属*Hibiscus* L.

（761）木槿*Hibiscus syriacus* L.

别（土）名：喇叭花、白花木槿、鸡肉花、白饭花、大红花

保护区有栽培。

（762）野西瓜苗*Hibiscus trionum* L.

别（土）名：火炮草、黑芝麻、小秋葵、灯笼花、香铃草

保护区广泛分布，为常见的田间杂草，多生于田间或河滩，海拔1000～1600m。

（763）美丽芙蓉*Hibiscus indicus*（Burm. f.）Hochr.

别（土）名：芙蓉木槿、大桗山芙蓉、野棉花、野芙蓉、野槿麻

保护区有零星栽培。

（764）朱槿*Hibiscus rosa-sinensis* L.

别（土）名：状元红、桑槿、大红花、花叶朱槿、扶桑

大凤川南梁干部学院绿化区有栽培。

（765）重瓣朱槿*Hibiscus rosa-sinensis* L. var. *rubro-plenus* Sweet

别（土）名：酸醋花、月月开、朱槿牡丹

大凤川南梁干部学院绿化区有栽培。

297）苘麻属*Abutilon* Mill.

（766）苘麻*Abutilon theophrasti* Medikus

别（土）名：车轮草、磨盘草、桐麻、塘麻、椿麻

保护区有栽培，常逸为野生。

298）蜀葵属*Alcea* L.

（767）蜀葵*Alcea rosea* L.

别（土）名：棋盘花、麻杆花、一丈红、淑气、熟芨花、小出气

保护区广泛种植，供园林观赏用。

299）锦葵属*Malva* L.

（768）锦葵*Malva cathayensis* M. G. Gilbert, Y. Tang & Dorr

别（土）名：棋盘花、小钱花、钱葵、荆葵

保护区有栽培，亦逸为野生。

（769）野葵*Malva verticillata* L.

别（土）名：冬苋菜、棋盘叶、巴巴叶或把把叶、芪菜、蓍葵叶、土黄芪、棋盘菜、旅葵、菟葵、北锦葵

保护区各地均有分布，生境多样，海拔1000～1700m。

（770）中华野葵*Malva verticillata* L. var. *rafiqii* Abedin

保护区各地均有分布，生境多样，海拔1000～1700m。

（771）冬葵*Malva verticillata* L. var. *crispa* L.

别（土）名：皱叶锦葵、蕲菜、冬葵菜、冬寒菜、冬苋菜

保护区各地均有分布，生境多样，海拔1000～1600m。

（772）圆叶锦葵*Malva pusilla* Sm.

别（土）名：烧饼花、托盘果、金爬齿、野锦葵

保护区各地均有分布，生于荒野、草坡，海拔1000～1700m。

75. 瑞香科Thymelaeaceae Juss.

300）荛花属*Wikstroemia* Endl.

（773）河朔荛花*Wikstroemia chamaedaphne* Meisn.

别（土）名：老虎麻、羊燕花、拐拐花、羊厌厌、矮雁皮

保护区各地均有零星分布，生于山坡草地及灌丛中，海拔1300～1700m。

（774）鄂北荛花*Wikstroemia pampaninii* Rehd.

保护区各地均有零星分布，生于山坡草地及灌丛中，海拔1100～1700m。

（775）亚环鳞荛花*Wikstroemia subcyclolepidota* L. P. Liu & Y. S. Lian

产正宁县刘家店林区，生于山坡灌丛中，海拔1600m，为保护区特有种。

301）狼毒属*Stellera* L.

（776）狼毒*Stellera chamaejasme* L.

别（土）名：馒头花、燕子花、断肠草、火柴头花、瑞香狼毒

保护区各地均有零星分布，生于干燥而向阳草坡或灌丛中，海拔1000～1600m。

302）草瑞香属*Diarthron* Turcz.

（777）草瑞香*Diarthron linifolium* Turcz.

保护区各区均有分布，生于干旱山坡草地，海拔1000～1600m。

十字花目Brassicales

76. 旱金莲科Tropaeolaceae Juss. ex DC.

303）旱金莲属*Tropaeolum* L.

（778）旱金莲*Tropaeolum majus* L.

别（土）名：旱莲花、荷叶七

保护区有栽培，供观赏，偶逸为野生。

77. 十字花科Brassicaceae Burnett

304）独行菜属*Lepidium* L.

（779）宽叶独行菜*Lepidium latifolium* L.

别（土）名：光果宽叶独行菜

保护区太白林区有零星分布，生于村旁、田边、山坡及盐化草甸，海拔1000～1200m。

（780）独行菜*Lepidium apetalum* Willd.

别（土）名：腺茎独行菜、辣辣菜、辣辣（庆阳）、麦辣辣（庆阳）

保护区各区均有分布，生于山坡、山沟、路旁及村庄附近，海拔1000～1700m。

（781）密花独行菜*Lepidium densiflorum* Schrad.

别（土）名：辣辣（庆阳）

保护区各区均有零星分布，生山坡、山沟、路旁及村庄附近，海拔1000～1700m。

305）播娘蒿属*Descurainia* Webb & Berthel.

（782）播娘蒿*Descurainia sophia*（L.）Webb ex Prantl

别（土）名：腺毛播娘蒿

保护区各区广泛分布，生于山坡草地及田野，海拔1000～1600m。

306）蔊菜属*Rorippa* Scop.

（783）沼生蔊菜*Rorippa palustris*（L.）Besser

保护区各区均有分布，生于潮湿环境或近水处、溪岸、路旁及田边，海拔1000～1500m。

（784）蔊菜*Rorippa indica*（L.）Hiern

别（土）名：印度蔊菜

保护区各区均有分布，生于路旁、田边、园圃、河边及山坡路旁等较潮湿处，海拔1000～1500m。

（785）无瓣蔊菜*Rorippa dubia*（Pers.）Hara

保护区各区均有分布，生于路旁、田边、园圃、河边及山坡路旁等较潮湿处，海拔1000～1200m。

307）碎米荠属*Cardamine* L.

（786）碎米荠*Cardamine hirsuta* L.

别（土）名：宝岛碎米荠

保护区各区偶有分布，多生于路旁、荒地及河岸沙地，海拔1000～1500m。

（787）弯曲碎米荠*Cardamine flexuosa* With.

别（土）名：高山碎米荠、卵叶弯曲碎米荠、柔弯曲碎米荠、峨眉碎米荠

保护区各区均有零星分布，生于田边、路旁及草地，海拔1000～1400m。

308）糖芥属*Erysimum* L.

（788）小花糖芥*Erysimum cheiranthoides* L.

保护区各区均有分布，多生于山谷、路旁及村旁荒地，海拔1000～1600m。

（789）波齿糖芥*Erysimum macilentum* Bge.

别（土）名：云南糖芥、波齿叶糖芥

保护区各区均有零星分布，生于山坡草地及路旁，海拔1000～1700m。

309）荠属*Capsella* Medik.

（790）荠*Capsella bursa-pastoris*（L.）Medic.

别（土）名：地米菜、芥、荠菜、荠荠菜（庆阳）、铲锅草（庆阳）

保护区各区广泛分布，生山坡草地、田边及路旁，海拔1000～1600m。

310）亚麻荠属*Camelina* Crantz

（791）小果亚麻荠*Camelina microcarpa* Andrz.

别（土）名：野亚麻荠

保护区各区均有分布，生于农田及农田区草地，海拔1000～1700m。

（792）亚麻荠*Camelina sativa*（L.）Crantz

华池县林镇有少量种植。

311）花旗杆属*Dontostemon* Andrz. ex Ledeb.

（793）小花花旗杆*Dontostemon micranthus* C. A. Mey.

仅见于合水县蒿咀铺和连家砭林区，生于向阳山坡草地，海拔1200～1400m。

312）离子芥属*Chorispora* R. Br. ex DC.

（794）离子芥*Chorispora tenella*（Pall.）DC.

保护区各区广泛分布，生于干燥荒地、荒滩、山坡草丛、路旁沟边及农田中，是常见的田间杂草，海拔1000～1700m。

313）念珠芥属*Neotorularia* Hedge & J. Léonard

（795）甘新念珠芥*Neotorularia korolkowii*（Regel & Schmalhausen）Hedge & J. Léonard

别（土）名：莲座念珠芥

仅见于合水连家砭和太白、华池县林镇和豹子川林区有零星分布，多生于砂质山坡草地，海拔1100～1600m。

（796）蚓果芥*Neotorularia humilis*（C. A. Meyer）Hedge & J. Léonard

别（土）名：长角肉叶荠、无毛蚓果芥、喜湿蚓果芥、窄叶蚓果芥、大花蚓果芥

保护区各区广泛分布，生于山坡草地、河滩、灌丛或林下，海拔1000～1600m。

314）涩芥属*Malcolmia* R. Br.

（797）涩芥*Malcolmia africana*（L.）R. Br.

别（土）名：硬果涩芥、涩荠、硬果涩荠

保护区各区广泛分布，生于路边荒地或田间，常同离子芥*Chorispora tenella*混生，海拔1200～1700m。

315）香雪球属*Lobularia* Desv.

（798）香雪球*Lobularia maritima*（L.）Desv.

保护区庭园有栽培，供观赏。

316）南芥属*Arabis* L.

（799）垂果南芥*Arabis pendula* L.

别（土）名：毛果南芥、疏毛垂果南芥、粉绿垂果南芥

保护区各区均有分布，生于山坡、路旁、河边草地及灌丛中，海拔1000～1600m。

317）葶苈属*Draba* L.

（800）葶苈*Draba nemorosa* L.

别（土）名：光果葶苈

保护区各区均有分布，生于田边路旁、山坡草地及河谷湿地，海拔1000～1700m。

318）菥蓂属*Thlaspi* L.

（801）菥蓂*Thlaspi arvense* L.

别（土）名：遏蓝菜、败酱、布朗鼓、铲铲草、臭虫草

保护区各区均有零星分布，生于平地路旁、沟边或村落附近，海拔1000～1600m。

319）菘蓝属*Isatis* L.

（802）欧洲菘蓝*Isatis tinctoria* L.

别（土）名：板蓝根、大青叶、菘蓝

保护区各区均有栽培，偶逸为野生。

320）大蒜芥属*Sisymbrium* L.

（803）垂果大蒜芥*Sisymbrium heteromallum* C. A. Mey.

别（土）名：短瓣大蒜芥

保护区各区广泛分布，生于林下、阴坡、河边，海拔1000～1500m。

（804）全叶大蒜芥*Sisymbrium luteum*（Maxim.）O. E. Schulz

保护区各区均有零星分布，生于灌丛、山坡草地，海拔1000～1600m。

321）诸葛菜属*Orychophragmus* Bge.

（805）诸葛菜*Orychophragmus violaceus*（L.）O. E. Schulz

别（土）名：二月兰、紫金菜、菜子花、缺刻叶诸葛菜、湖北诸葛菜

保护区各区均有栽培，并逸为野生。

322）芝麻菜属*Eruca* Mill.

（806）芝麻菜*Eruca vesicaria*（L.）Cav. subsp. *sativa*（Mill.）Thell.

别（土）名：臭芸芥、芸芥、绵果芝麻菜

保护区有种植，偶逸为野生。

323）芸薹属*Brassica* L.

（807）青菜*Brassica rapa* L. var. *chinensis*（L.）Kitam.

别（土）名：小白菜、塌菜、塌棵菜、小油菜、菜薹

保护区有栽培，供菜用。

（808）白菜*Brassica rapa* var. *glabra* Regel

别（土）名：小白菜、大白菜

保护区有大量栽培，供菜用。

（809）甘蓝*Brassica oleracea* L.

别（土）名：圆白菜、包菜、包心菜、莲花菜、包包菜（庆阳）

保护区有栽培，供菜用。

（810）欧洲油菜*Brassica napus* L.

别（土）名：菜籽（庆阳）

保护区有栽培，供菜用。

324）萝卜属*Raphanus* L.

（811）萝卜*Raphanus sativus* L.

别（土）名：白萝卜、莱菔、莱菔子、水萝卜、蓝花子

保护区有栽培，供菜用。

檀香目Santalales

78. 桑寄生科Loranthaceae Juss.

325）桑寄生属*Loranthus* Jacq.

（812）北桑寄生*Loranthus tanakae* Franch. et Sav.

别（土）名：宜枝、枝子、杏寄生、树瘿（子午岭）

保护区各区均有分布，寄生于栎属、榆属、李属、桦属、沙棘等植物上，海拔1000～1700m。

79. 檀香科Santalaceae R. Br.

326）百蕊草属*Thesium* L.

（813）百蕊草*Thesium chinense* Turcz.

别（土）名：麦黄草（庆阳）

保护区各区均有分布，生于荫蔽湿润或潮湿的小溪边、田野、山坡草地等处，海拔1000～1700m。

（814）急折百蕊草*Thesium refractum* C. A. Mey.

别（土）名：麦黄草（庆阳）

保护区各区均有分布，生于林缘灌丛及山坡草地，海拔1000～1700m。

327）槲寄生属*Viscum* L.

（815）槲寄生*Viscum coloratum*（Kom.）Nakai

别（土）名：冬青、寄生子、台湾槲寄生、北寄生、树瘿（子午岭）

保护区各区均有分布，寄生于桑、榆、杨、柳、桦、栎、梨、李、苹果等植物上，唯寄生于桑上的质量最好，本地称“桑瘿”，海拔1000～1600m。

石竹目Caryophyllales

80. 苋科Amaranthaceae Juss.

328）苋属*Amaranthus* L.

（816）反枝苋*Amaranthus retroflexus* L.

别（土）名：西风谷、苋菜

保护区各区均有分布，生于田园内及人居设施周边草地上，海拔1000～1600m。

（817）腋花苋*Amaranthus roxburghianus* Kung

别（土）名：罗氏苋

合水县太白林区有产，生于旷地或田地旁，海拔1000～1200m。

（818）千穗谷*Amaranthus hypochondriacus* L.

保护区有零星栽培，供观赏或饲用。

（819）尾穗苋*Amaranthus caudatus* L.

别（土）名：老枪谷、籽粒苋

保护区有栽培，供观赏或饲用。

（820）凹头苋*Amaranthus blitum* L.

别（土）名：野苋

保护区各区均有零星分布，生于绿化带，疑为无意引进种。

329）青葙属*Celosia* L.

（821）鸡冠花*Celosia cristata* L.

保护区有栽培，供观赏。

330）千日红属*Gomphrena* L.

（822）千日红*Gomphrena globosa* L.

别（土）名：火球花、百日红

保护区有栽培，供观赏。

331）菠菜属*Spinacia* L.

（823）菠菜*Spinacia oleracea* L.

别（土）名：角菜、菠蓤菜、菠蓤

保护区有栽培，菜用。

332）虫实属*Corispermum* L.

（824）绳虫实*Corispermum declinatum* Steph. ex Stev.

保护区各区均有分布，生于沙质荒地、田边、路旁和河滩中，海拔1300～1700m。

（825）毛果绳虫实*Corispermum declinatum* Steph. ex Stev. var. *tylocarpum*（Hance）Tsien et C. G. Ma

保护区各区均有分布，生于沙质荒地、田边、路旁和河滩中，海拔1200～1700m。

333）轴藜属*Axyris* L.

（826）轴藜*Axyris amaranthoides* L.

保护区各区均有零星分布，生于荒地、田间或路旁，海拔1100～1700m。

334）驼绒藜属*Krascheninnikovia* Gueldenst.

（827）华北驼绒藜*Krascheninnikovia arborescens*（Losina-Losinskaja）Czerepanov

仅见于华池县豹子川林区，生于干旱山坡灌丛或草地，海拔1400m。

335）藜属*Chenopodium* L.

（828）灰绿藜*Chenopodium glaucum* L.

保护区各区均有分布，生于农田、水边等有轻度盐碱的土壤上，海拔1000～1600m。

（829）尖头叶藜*Chenopodium acuminatum* Willd.

别（土）名：绿珠藜

保护区各区均有分布，生于荒地、河岸、田边等处，海拔1000～1700m。

（830）藜*Chenopodium album* L.

别（土）名：灰条菜、灰藋

保护区各区广泛分布，生于路旁、荒地及田间，海拔1000～1600m。

（831）小白藜*Chenopodium iljinii* Golosk.

保护区各区均有零星分布，多生于人居周围之河谷阶地，海拔1000～1700m。

（832）杂配藜*Chenopodium hybridum* L.

别（土）名：血见愁、大叶藜

保护区各区均有分布，生于林缘、山坡灌丛、沟沿等处，海拔1000～1700m。

（833）小藜*Chenopodium ficifolium* Sm.

别（土）名：灰菜

保护区各区均有分布，为常见危害较大的田间杂草，有时也生于荒地、道旁、垃圾堆等处，海拔1000～1700m。

336）腺毛藜属*Dysphania* R. Br.

（834）菊叶香藜*Dysphania schraderiana*（Roemer & Schultes）Mosyakin & Clemants

别（土）名：菊叶刺藜、总状花藜

保护区各区均有分布，生于林缘草地、沟岸、河沿及田间，海拔1000～1600m。

（835）刺藜*Dysphania aristata*（L.）Mosyakin & Clemants

别（土）名：针尖藜、刺穗藜

仅见于华池县林镇和豹子川林区，多生于田间或地埂上，海拔1300～1700m。

337）滨藜属*Atriplex* L.

（836）中亚滨藜*Atriplex centralasiatica* Iljin

仅见于华池县林镇管理站前，生于河滩，海拔1200m。

338）碱蓬属*Suaeda* Forssk. ex J. F. Gmel.

（837）碱蓬*Suaeda glauca*（Bge.）Bge.

仅见于华池县豹子川二里台，生于河滩，海拔1300m。

（838）盐地碱蓬*Suaeda salsa*（L.）Pall.

别（土）名：黄须菜、翅碱蓬

仅见于华池县豹子川张家岔，生于河渠盐碱土地，海拔1300m。

（839）盘果碱蓬*Suaeda heterophylla*（Kar. et Kir.）Bge.

仅见于华池县豹子川张家岔，生于河滩盐碱土地，海拔1300m。

339）地肤属*Kochia* Roth

（840）地肤*Kochia scoparia*（L.）Schrad.

别（土）名：观音菜、孔雀松、扫帚苗（庆阳）、扫帚菜（庆阳）

保护区各区均有分布，生于田边、路旁、荒地等处。全国各地均有分布。

（841）木地肤*Kochia prostrata*（L.）Schrad.

仅见于华池县东华池，生于河边土地，海拔1200m。

340）碱猪毛菜属*Salsola* L.

（842）刺沙蓬*Salsola tragus* L.

别（土）名：刺蓬、细叶猪毛菜

保护区仅见于华池县豹子川林区，生于山坡草地，海拔1350m。

（843）猪毛菜*Salsola collina* Pall.

保护区各区均有分布，生于田间及路边，海拔1000～1600m。

341）盐生草属*Halogeton* C. A. Mey.

（844）白茎盐生草*Halogeton arachnoideus* Moq.

别（土）名：灰蓬

保护区仅见于华池县豹子川沟口，生于河滩，海拔1200m。

81. 石竹科Caryophyllaceae Juss.

342）牛漆姑属*Spergularia*（Pers.）J. & C. Presl

（845）二蕊拟漆姑*Spergularia diandra*（Gussone）Heldr.

保护区仅见于太白镇，生于盐碱性较大河滩地，海拔1100m。

343）无心菜属*Arenaria* L.

（846）无心菜*Arenaria serpyllifolia* L.

别（土）名：卵叶蚤缀、鹅不食草、蚤缀、小无心菜

保护区各区均有分布，生于荒地、田野、园圃、山坡草地，海拔1000～1700m。

344）繁缕属*Stellaria* L.

（847）繁缕*Stellaria media*（L.）Villars

别（土）名：鸡儿肠、鹅耳伸筋、鹅肠菜

保护区各区均有分布，为常见田间杂草，海拔1000～1600m。

（848）长叶繁缕*Stellaria longifolia* Mudhl. ex Willd.

别（土）名：睫伞繁缕、铺散繁缕、伞繁缕、睫毛长叶繁缕

保护区各区均有分布，生于林缘或林下湿润处，海拔1000～1600m。

（849）柳叶繁缕*Stellaria salicifolia* Y. W. Tsui ex P. Ke

保护区各区均有分布，生于疏林下较湿润的地方，海拔1200～1700m。

（850）叉歧繁缕*Stellaria dichotoma* L.

别（土）名：叉繁缕、双歧繁缕、歧枝繁缕

仅见于合水县大山门林区，生于向阳山坡草地，海拔1350m。

345）鹅肠菜属*Myosoton* Moench

（851）鹅肠菜*Myosoton aquaticum*（L.）Moench

别（土）名：鹅儿肠、大鹅儿肠、石灰菜、鹅肠草、牛繁缕

保护区各区广泛分布，生于河流两旁冲积沙地的低湿处、灌丛、林缘、水沟旁，海拔1000～1600m。

346）石头花属*Gypsophila* L.

（852）细叶石头花*Gypsophila licentiana* Hand.-Mazz.

别（土）名：尖叶丝石竹

仅见于华池县豹子川林区，生于砂砾质山坡草地，海拔1300m。

（853）紫萼石头花*Gypsophila patrinii* Ser.

别（土）名：沙地丝石竹、巴氏霞草

仅见于合水县太白林区，生于向阳山坡草地，海拔1200m。

347）石竹属*Dianthus* L.

（854）石竹*Dianthus chinensis* L.

别（土）名：北石竹、山竹子、三脉石竹、钻叶石竹、兴安石竹

保护区各区均有分布，其他地区偶见，生于山坡草地及灌丛，海拔1000～1700m。

（855）瞿麦*Dianthus superbus* L

保护区各区均有零星栽培，供观赏。

（856）香石竹*Dianthus caryophyllus* L.

别（土）名：大花石竹、麝香石竹、康乃馨、狮头石竹

保护区有栽培。

（857）须苞石竹*Dianthus barbatus* L.

别（土）名：五彩石竹、十样锦、美国石竹

保护区有栽培，供观赏。

348）麦蓝菜属*Vaccaria* Wolf

（858）麦蓝菜*Vaccaria hispanica* Mill. Rauschert

别（土）名：麦蓝子、王不留行

保护区各区均有零星分布，多生于田中，为麦田常见杂草，海拔1200～1600m；亦有少量栽培，供药用和观赏。

349）蝇子草属*Silene* L.

（859）狗筋蔓*Silene baccifera*（L.）Roth

别（土）名：抽筋草、白牛膝、铁栏杆、水筋骨、鸡肠子草

保护区各地偶有分布，生于林缘、灌丛或草地，海拔1300～1700m。

（860）鹤草*Silene fortunei* Vis.

别（土）名：野蚊子草、蚊子草、蝇子草

保护区各地均有零星分布，生于林缘路边及灌丛中，海拔1300～1600m。

（861）麦瓶草*Silene conoidea* L.

别（土）名：米瓦罐、净瓶、面条棵

保护区各地均有零星分布，常生于麦田中或荒地草坡，海拔1100～1600m。

（862）女娄菜*Silene aprica* Turcx. ex Fisch. et Mey.

别（土）名：桃色女娄菜、王不留行、山蚂蚱菜、长冠女娄菜

保护区各区均有分布，生于路旁、田间及地埂上，海拔1000～1700m。

（863）石缝蝇子草*Silene foliosa* Maxim.

别（土）名：叶麦瓶草、小花石缝蝇子草

仅见于华池县豹子川，生于山坡砾石缝中，海拔1300m。

82. 马齿苋科Portulacaceae Juss.

350）马齿苋属*Portulaca* L.

（864）马齿苋*Portulaca oleracea* L.

别（土）名：胖娃娃菜、长命菜、五行草、马耳菜、胖娃娃（庆阳）

保护区各区均有分布，生于菜园、农田、路旁，为田间常见杂草，海拔1000～1700m。

（865）大花马齿苋*Portulaca grandiflora* Hook.

别（土）名：太阳花、午时花、洋马齿苋、龙须牡丹、金丝杜鹃、松叶牡丹、半支莲、死不了

保护区有栽培。

83. 仙人掌科Cactaceae Juss.

351）仙人掌属*Opuntia* Mill.

（866）仙人掌*Opuntia dillenii*（Ker Gawl.）Haw.

保护区有栽培。

84. 番杏科Aizoaceae Martinov

352）日中花属*Mesembryanthemum* L.

（867）心叶日中花*Mesembryanthemum cordifolium* L. F.

别（土）名：巴西吊兰、露花、花蔓草、露草、心叶冰花、牡丹吊兰、穿心莲、田七菜、口红吊兰、田七苗（庆阳）

保护区有栽培。

85. 商陆科Phytolaccaceae R. Br.

353）商陆属*Phytolacca* L.

（868）商陆*Phytolacca acinosa* Roxb.

别（土）名：猪母耳、金七娘、倒水莲、见肿消、山萝卜

保护区各区均有零星分布，生于沟谷、山坡林下、林缘路旁及田边，海拔1000～1600m。

86. 紫茉莉科Nyctaginaceae Juss.

354）叶子花属*Bougainvillea* Comm. ex Juss.

（869）叶子花*Bougainvillea spectabilis* Willd.

别（土）名：三角花、九重葛、毛宝巾、三角梅（庆阳）

保护区有盆栽或大棚地栽。

355）紫茉莉属*Mirabilis* L.

（870）紫茉莉*Mirabilis jalapa* L.

别（土）名：晚饭花、晚晚花、野丁香、苦丁香、丁香叶、状元花、夜饭花、粉豆花、胭脂花、烧汤花、夜娇花、潮来花、粉豆、白花紫茉莉、地雷花、白开夜合

保护区有栽培，供观赏，偶逸为野生。

87. 柽柳科Tamaricaceae Link

356）水柏枝属*Myricaria* Desv.

（871）宽苞水柏枝*Myricaria bracteata* Royle

别（土）名：河柏、水柽柳、臭红柳

保护区正宁县刘家店林区有产，生于河谷砂砾质河滩、山坡草地和疏林下，海拔1300m。

357）柽柳属*Tamarix* L.

（872）柽柳*Tamarix chinensis* Lour.

别（土）名：西河柳、三春柳、香松、红柳（庆阳）

保护区各区均有栽培，并逸为野生，海拔1000～1600m。

88. 白花丹科Plumbaginaceae Juss.

358）补血草属*Limonium* Mill.

（873）二色补血草*Limonium bicolor*（Bge.）Kuntze

别（土）名：苍蝇架、花茎柴、荚膜叶、荚蘑根、情人草

保护区各区均有分布，生于山坡草地、林缘路边，海拔1000～1600m。

89. 蓼科Polygonaceae Juss.

359）翼蓼属*Pteroxygonum* Dammer & Diels

（874）翼蓼*Pteroxygonum giraldii* Damm. & Diels

合水县太白和连家砭林区有零星分布，生于河岸灌丛或山坡林下，海拔1100～1300m。

360）萹蓄属*Polygonum* L.

（875）习见蓼*Polygonum plebeium* R. Br.

别（土）名：小扁蓄、腋花蓼、铁马齿苋、铁马鞭

保护区各区均有分布，生于田边、路旁、水边湿地，海拔1100～1700m。

（876）萹蓄*Polygonum aviculare* L.

别（土）名：竹叶草、大蚂蚁草、扁竹

保护区各区均有分布，生于田边、路边、沟边湿地等处，海拔1000～1600m。

（877）尖果蓼*Polygonum rigidum* Skv.

保护区各县区均有分布，生于田边路旁、山谷湿地，海拔1100～1700m。

（878）红蓼*Polygonum orientale* L.

别（土）名：荭草、阔叶蓼、大红蓼、水红花子、荭蓼

保护区各区均有零星栽培，并逸为野生。

（879）水蓼*Polygonum hydropiper* L.

别（土）名：辣柳菜、辣蓼

保护区各区均有分布，生于河滩、水沟边、山谷湿地，海拔1000～1400m。

（880）酸模叶蓼*Polygonum lapathifolium* L.

别（土）名：大马蓼

保护区各区均有分布，生于田边、路旁、水边、荒地或沟边湿处，海拔1000～1700m。

（881）绵毛酸模叶蓼*Polygonum lapathifolium* L. var. *salicifolium* Sibth.

别（土）名：酸溜溜

保护区各区均有分布，生于田边、路旁、水边、荒地或沟边湿处，海拔1000～1500m。

（882）春蓼*Polygonum persicaria* L.

别（土）名：桃叶蓼

保护区各县区均有分布，生于沟底湿地，海拔1000～1400m。

（883）西伯利亚蓼*Polygonum sibiricum* Laxm.

保护区各地均有分布，生于路边、湖边、河滩、山谷湿地、沙质盐碱地，海拔1200～1600m。

（884）尼泊尔蓼*Polygonum nepalense* Meisn.

保护区各地均有分布，生于林下草地、山谷路旁，海拔1300～1600m。

（885）小头蓼*Polygonum microcephalum* D. Don

保护区各地均有分布，生于山坡林下、山谷草丛，海拔1100～1500m。

（886）两栖蓼*Polygonum amphibium* L.

保护区各地均有零星分布，生于池塘边缘的浅水中、沟边及田边湿地，海拔1100～1300m。

（887）支柱蓼*Polygonum suffultum* Maxim.

别（土）名：红三七、支柱拳参

仅见于合水县太白林区，生于林下湿地及沟边，海拔1100m。

361）荞麦属*Fagopyrum* Mill.

（888）苦荞麦*Fagopyrum tataricum*（L.）Gaertn.

别（土）名：苦荞

保护区华池段有栽培。

（889）荞麦*Fagopyrum esculentum* Moench

别（土）名：甜荞

保护区华池段有栽培。

362）酸模属*Rumex* L.

（890）巴天酸模*Rumex patientia* L.

别（土）名：羊蹄、土大黄（庆阳）

保护区各区均有分布，生于林缘路边、草地及田间，海拔1000～1700m。

（891）皱叶酸模*Rumex crispus* L.

别（土）名：土大黄（庆阳）

保护区各区均有分布，生于河滩、沟边湿地，海拔1000～1400m。

（892）齿果酸模*Rumex dentatus* L.

别（土）名：土大黄（庆阳）

保护区各区均有分布，生于沟边湿地、山坡路旁，海拔1000～1400m。

（893）尼泊尔酸模*Rumex nepalensis* Spreng.

别（土）名：土大黄（庆阳）

保护区各区均有分布，生于山坡路旁、山谷草地，海拔1100～1400m。

363）大黄属*Rheum* L.

（894）河套大黄*Rheum hotaoense* C. Y. Cheng & T. C. Kao

保护区正宁县、宁县有栽培，亦逸为野生。

（895）波叶大黄*Rheum rhabarbarum* L.

别（土）名：华北大黄、长叶波叶大黄

保护区有栽培。

（896）掌叶大黄*Rheum palmatum* L.

别（土）名：葵叶大黄、大黄

保护区有栽培。

364）何首乌属*Fallopia* Adans.

（897）齿翅首乌*Fallopia dentatoalata*（F. Schmidt）Holub

保护区各区均有分布，生于山坡草丛、山谷湿地及田间，海拔1000～1700m。

（898）蔓首乌*Fallopia convolvulus*（L.）A. Love

别（土）名：卷茎蓼、卷旋蓼

保护区各区均有分布，生于山坡草地、山谷灌丛、沟边湿地及田间，海拔1000～1700m。

（899）木藤蓼*Fallopia aubertii*（L. Henry）Holub

别（土）名：康藏何首乌、山荞麦、奥氏蓼

保护区有栽培，供立体绿化用。

365）虎杖属*Reynoutria* Houtt.

（900）虎杖*Reynoutria japonica* Houtt.

别（土）名：斑庄根、大接骨、酸桶芦、酸筒杆

保护区有零星栽培。

山茱萸目Cornales

90. 山茱萸科Cornaceae Bercht. & J. Presl

366）八角枫属*Alangium* Lam.

（901）稀花八角枫*Alangium chinense*（Lour.）Harms subsp. *pauciflorum* W. P. Fang

别（土）名：少花八角枫

仅见于正宁县刘家店林区，生于山坡丛林中，海拔1300m。

367）山茱萸属*Cornus* L.

（902）山茱萸*Cornus officinalis* Sieb. & Zucc.

别（土）名：枣皮

保护区有栽植，作药用。

（903）红瑞木*Cornus alba* L.

别（土）名：凉子木、红瑞山茱萸

保护区有栽植，作园林绿化用。

（904）沙梾*Cornus bretschneideri* L. Henry

保护区各区均有分布，生于杂木林内或灌丛中，海拔1200～1600m。

（905）红椋子*Cornus hemsleyi* C. K. Schneider & Wangerin

别（土）名：凉生梾木、多花梾木、长花柱红椋子、细梗红椋子

保护区各区均有零星分布，生于杂木林内或灌丛中，海拔1200～1600m。

（906）梾木*Cornus macrophylla* Wall.

别（土）名：高山梾木

合水县太白林区有零星分布，生于山谷森林中，海拔1100～1200m。

（907）毛梾*Cornus walteri* Wangerin

别（土）名：车梁木、椋子木（子午岭）

保护区各区均有零星分布，生于杂木林或密林下，海拔1100～1700m。

91. 绣球科Hydrangeaceae Dumort.

368）山梅花属*Philadelphus* L.

（908）山梅花*Philadelphus incanus* Koehne

合水县太白林区有零星分布，生于林缘灌丛中，海拔1200m。

（909）太平花*Philadelphus pekinensis* Rupr.

别（土）名：京山梅花

保护区各区均有零星分布，生于山坡杂木林或灌丛中，海拔1200～1600m。

（910）甘肃山梅花*Philadelphus kansuensis*（Rehder）S. Y. Hu

据江苏省中国科学院植物研究所标本馆标本资料显示（NAS00337963），西峰区有产，生于海拔1390m田地中。产于甘肃。

369）溲疏属*Deutzia* Thunb.

（911）小花溲疏 *Deutzia parviflora* Bge.

合水县太白林区有产，生于山谷林缘，海拔1150m。

（912）大花溲疏*Deutzia grandiflora* Bge.

合水县太白林区有产，生于山坡或山谷灌丛中，海拔1200m。

（913）异色溲疏*Deutzia discolor* Hemsl.

据中国数字植物标本馆标本资料显示，保护区宁县林区有产，生于山坡或溪边灌丛中。

370）绣球属*Hydrangea* L.

（914）东陵绣球*Hydrangea bretschneideri* Dippel

保护区各区均有零星分布，生于山谷溪边或山坡杂木林中，海拔1100～1500m。

（915）挂苦绣球*Hydrangea xanthoneura* Diels

别（土）名：黄脉八仙花、四川挂苦绣球

合水县太白和连家砭林区有零星分布，生于河谷崖边、山坡林下或灌丛中，海拔1200～1300m。

杜鹃花目Ericales

92. 报春花科Primulaceae Batsch ex Borkh.

371）点地梅属*Androsace* L.

（916）大苞点地梅*Androsace maxima* L.

保护区各区均有分布，散生于山谷草地，海拔1300～1700m。

（917）点地梅*Androsace umbellata*（Lour.）Merr.

保护区各区均有分布，生于沟底草地、林缘和疏林下，海拔1000～1600m。

（918）直立点地梅*Androsace erecta* Maxim.

保护区各区均有分布，生于山坡草地及灌丛，海拔1200～1600m。

372）报春花属*Primula* L.

（919）胭脂花*Primula maximowiczii* Regel

仅见于合水县太白林区瓦川，生于林缘湿润处，海拔1200m。

（920）散布报春*Primula conspersa* Balf. f. & Purdom

保护区各区均有零星分布，生于湿草地和林缘，海拔1000～1300m。

373）珍珠菜属*Lysimachia* L.

（921）狼尾花*Lysimachia barystachys* Bge.

别（土）名：珍珠菜、虎尾草

保护区各区均有分布，生于林缘里边、灌丛中或山坡草地，海拔1000～1700m。

（922）矮桃*Lysimachia clethroides* Duby

别（土）名：珍珠草、狼尾珍珠菜、狼尾草、狼尾巴花、珍珠菜

保护区各区均有分布，生于山坡林缘和灌丛中，海拔1000～1300m。

374）海乳草属*Glaux* L.

（923）海乳草*Glaux maritima* L.

据中国数字植物标本馆标本资料显示，现华池县东华池有产。

93. 柿科Ebenaceae Gürke

375）柿属*Diospyros* L.

（924）柿*Diospyros kaki* Thunb.

别（土）名：柿子（庆阳）

保护区有栽培。

（925）君迁子*Diospyros lotus* L.

别（土）名：牛奶柿、黑枣、软枣（庆阳）

保护区各区均有栽培。

94. 凤仙花科Balsaminaceae A. Rich.

376）凤仙花属*Impatiens* L.

（926）水金凤 *Impatiens noli-tangere* L.

保护区各区均有分布，生于沟底林下阴湿处，海拔1000～1200m。

（927）凤仙花*Impatiens balsamina* L.

别（土）名：指甲花（庆阳）

保护区有栽培，为习见的观赏花卉。

95. 花荵科Polemoniaceae Juss.

377）花荵属*Polemonium* L.

（928）中华花荵*Polemonium chinense*（Brand）Brand

别（土）名：小花荵

合水县太白林区有零星分布，生于河边、沟边潮湿草地、或路旁杂草间，海拔1100m。

378）福禄考属*Phlox* L.

（929）天蓝绣球*Phlox paniculata* L.

别（土）名：宿根福禄考

保护区生态旅游景点及路边多有栽培，供观赏。

（930）针叶天蓝绣球*Phlox subulata* L.

别（土）名：丛生福禄考、芝樱（庆阳）

保护区生态旅游景点及路边多有栽培，供观赏。

96. 杜鹃花科Ericaceae Juss.

379）喜冬草属*Chimaphila* Pursh

（931）喜冬草*Chimaphila japonica* Miq.

保护区各区均有分布，生于针阔混交林下，海拔1300～1700m。

380）水晶兰属*Monotropa* L.

（932）松下兰*Monotropa hypopitys* L.

保护区仅见于正宁县中湾、合水县连家砭林区，腐生于针阔混交林下，海拔1400～1700m。

丝缨花目Garryales

97. 杜仲科Eucommiaceae Engl.

381）杜仲属*Eucommia* Oliv.

（933）杜仲*Eucommia ulmoides* Oliver

保护区有栽培，作药用或园林绿化用。

紫草目Boraginales

98. 紫草科Boraginaceae Juss.

382）紫草属*Lithospermum* L.

（934）紫草*Lithospermum erythrorhizon* Sieb. et Zucc.

合水县连家砭林区有零星分布，生于山坡草地，海拔1300m。

（935）田紫草*Lithospermum arvense* L.

别（土）名：麦家公

保护区各地均有分布，生于林缘路边或田边，海拔1000～1700m。

383）紫筒草属*Stenosolenium* Turcz.

（936）紫筒草*Stenosolenium saxatile*（Pall.）Turcz.

保护区各地均有零星分布，生于草地、路旁、田边等处，海拔1400～1600m。

384）聚合草属*Symphytum* L.

（937）聚合草*Symphytum officinale* L.

别（土）名：爱国草、友谊草

合水大山门林区多有逸生。

385）牛舌草属*Anchusa* L.

（938）狼紫草*Anchusa ovata* Lehmann

保护区各地均有分布，生于山坡、河滩、田边等处，海拔1200～1700m。

386）鹤虱属*Lappula* Moench

（939）费尔干鹤虱*Lappula ferganensis*（Popov）Kamelin & G. L. Chu

别（土）名：宽翅鹤虱

保护区各地均有零星分布，生于山坡草地、林缘路边及田边等处，海拔1300～1500m。

（940）鹤虱*Lappula myosotis* Moench

保护区各地均有分布，生于山坡草地、林缘路边及田边等处，海拔1100～1700m。

387）附地菜属*Trigonotis* Steven

（941）附地菜*Trigonotis peduncularis*（Trevis.）Benth. ex Baker & S. Moore

别（土）名：地胡椒、黄瓜香、野地椒（庆阳）

保护区各地广泛分布，生草地、林缘、田间及荒地，海拔1000～1700m。

（942）钝萼附地菜*Trigonotis peduncularis*（Trevis.）Benth. ex Baker & S. Moore var. *amblyosepala*（Nakai & Kitaga.）W. T. Wang

别（土）名：野地椒（庆阳）

保护区各地广泛分布，生草地、林缘、田间及荒地，海拔1000～1600m。

（943）大花附地菜*Trigonotis peduncularis*（Trevis.）Benth. ex Baker & S. Moore var. *macrantha* W.T.Wang

别（土）名：野地椒（庆阳）

保护区各地广泛分布，生于草地、林缘、田间及荒地，海拔1000～1700m。

388）斑种草属*Bothriospermum* Bge.

（944）斑种草*Bothriospermum chinense* Bge.

保护区各区均有分布，生于荒野路边及山坡草地，海拔1000～1700m。

（945）狭苞斑种草*Bothriospermum kusnezowii* Bge.

保护区各区均有分布，生于山坡道旁、干旱农田及山谷林缘，海拔1000～1700m。

（946）多苞斑种草*Bothriospermum secundum* Maxim.

据中国数字植物标本馆标本资料显示，合水县太白镇连家砭村和关上西沟有产，生于山坡阴处灌木林中。

389）琉璃草属*Cynoglossum* L.

（947）大果琉璃草*Cynoglossum divaricatum* Stephan ex Lehm.

保护区各区均有零星分布，生于山坡、草地、路边或林缘灌丛，海拔1300～1700m。

390）盾果草属*Thyrocarpus* Hance

（948）弯齿盾果草*Thyrocarpus glochidiatus* Maxim.

保护区各区均有分布，生于山坡草地、田埂、路旁等处，海拔1200～1700m。

茄目Solanales

99. 茄科Solanaceae Juss.

391）矮牵牛属*Petunia* Juss.

（949）碧冬茄*Petunia* × *hybrida*（J. D. Hooker）Vilmorin

别（土）名：毽子花、灵芝牡丹、撞羽朝颜、矮牵牛（庆阳）

保护区有栽培，供观赏。

392）枸杞属*Lycium* L.

（950）枸杞*Lycium chinense* Mill.

别（土）名：狗奶子、狗牙根、狗牙子、枸杞菜

保护区各区均有分布，常生于山坡、荒地、盐碱地、路旁及村边宅旁，海拔1000～1600m。

（951）宁夏枸杞*Lycium barbarum* L.

别（土）名：山枸杞、津枸杞、中宁枸杞

华池县林镇有少量种植。

393）天仙子属*Hyoscyamus* L.

（952）天仙子*Hyoscyamus niger* L.

别（土）名：米罐子、牙痛草、牙痛子、莨菪、骆驼籽、小天仙子

保护区各区均有分布，生于山坡、路旁、住宅区及河岸沙地，海拔1000～1700m。

394）烟草属*Nicotiana* L.

（953）烟草*Nicotiana tabacum* L.

别（土）名：烟叶、烤烟（庆阳）、旱烟（庆阳）

保护区有栽培。

（954）黄花烟草*Nicotiana rustica* L.

别（土）名：山菸、小花烟

保护区有栽培。

395）假酸浆属*Nicandra* Adans.

（955）假酸浆*Nicandra physalodes*（L.）Gaertner

别（土）名：鞭打绣球、冰粉、大千生

合水县太白镇有逸生，生于田边、荒地或住宅区。

396）曼陀罗属*Datura* L.

（956）曼陀罗*Datura stramonium* L.

别（土）名：洋金花、万桃花、狗核桃、枫茄花、老鼠他舅（庆阳）

保护区各区均有分布，常生于住宅旁、路边或草地上，海拔1000～1700m。

397）番茄属*Lycopersicon* Mill.

（957）番茄*Lycopersicon esculentum* Mill.

别（土）名：小番茄、小西红柿、狼茄、圣女果（庆阳）、西红柿（庆阳）

保护区有栽培。

398）茄属*Solanum* L.

（958）茄*Solanum melongena* L.

别（土）名：白茄、紫茄、大圆茄、长弯茄、茄子（庆阳）

保护区有栽培。

（959）龙葵*Solanum nigrum* L.

别（土）名：野茄秧、山辣椒、灯龙草、野辣虎、黑狗眼

保护区各区均有分布，生于田边、荒地及村庄附近，海拔1000～1600m。

（960）红果龙葵*Solanum villosum* Mill.

别（土）名：红葵、矮株龙葵

华池县林镇有零星分布，生于路旁，海拔1300m。

（961）青杞*Solanum septemlobum* Bge.

别（土）名：野茄子、野狗杞、蜀羊泉、白英、单叶青杞

保护区各区均有分布，多生于山坡向阳处草地及灌丛，海拔1100～1600m。

（962）阳芋*Solanum tuberosum* L.

别（土）名：地蛋、山药蛋、土豆（庆阳）、洋芋（庆阳）、马铃薯（庆阳）

保护区有栽培。

399）辣椒属*Capsicum* L.

（963）辣椒*Capsicum annuum* L.

别（土）名：菜椒、小米辣、辣子（庆阳）、菜辣子（庆阳）、小米椒（庆阳）

保护区有栽培。

400）酸浆属*Physalis* L.

（964）酸浆*Physalis alkekengi* L.

别（土）名：泡泡草、灯笼草、挂金灯、红姑娘、金灯果

保护区各区均有分布，常生于空旷地或山坡，海拔1000～1500m。

100.旋花科Convolvulaceae Juss.

401）菟丝子属*Cuscuta* L.

（965）菟丝子*Cuscuta chinensis* Lam.

别（土）名：无根藤、黄丝藤、金丝藤、无根草

保护区各区均有分布，生于田边、山坡阳处、路边灌丛，常寄生于豆科、菊科、蒺藜科等多种植物上，海拔1000～1700m。

（966）金灯藤*Cuscuta japonica* Choisy

别（土）名：黄丝藤、大粒菟丝子、红无根藤、金丝藤、菟丝子

保护区各区均有分布，寄生于草本或灌木上，海拔1000～1700m。

402）旋花属*Convolvulus* L.

（967）田旋花*Convolvulus arvensis* L.

别（土）名：面根藤、白花藤、扶秧苗、扶田秧、狗狗秧

保护区各区均有分布，为农田常见杂草，生于耕地及荒坡草地上，海拔1000～1600m。

（968）银灰旋花*Convolvulus ammannii* Desr.

华池县林区有产，生于旱山坡草地或路旁，海拔1300～1600m。

403）打碗花属*Calystegia* R.Br.

（969）打碗花*Calystegia hederacea* Wall.

别（土）名：老母猪草、小旋花、面根藤、兔耳草、盘肠参、篱打碗花

保护区各区均有分布，为农田常见杂草，生于农田、荒地、路旁，海拔1000～1600m。

（970）藤长苗*Calystegia pellita*（Ledeb.）G. Don

别（土）名：兔耳苗、狗藤花、毛胡弯、戟叶藤长苗

保护区各区均有分布，生于路边、田边杂草中或山坡草丛，海拔1000～1700m。

404）鱼黄草属*Merremia* Dennst. ex Endl.

（971）北鱼黄草*Merremia sibirica*（L.）Hall. F.

别（土）名：钻之灵、西伯利亚鱼黄草、北茉栾藤

保护区仅见于宁县罗山府林区，生于路边灌丛，海拔1300m。

405）虎掌藤属*Ipomoea* L.

（972）圆叶牵牛*Ipomoea purpurea* Lam.

别（土）名：紫花牵牛、打碗花、牵牛花、心叶牵牛、重瓣圆叶牵牛

保护区有栽培，供观赏；偶逸为野生。

（973）牵牛*Ipomoea nil*（L.）Lam.

保护区有栽培，供观赏；偶逸为野生。

（974）番薯*Ipomoea batatas*（L.）Lamarck

别（土）名：红薯、红苕、甜薯、山药、地瓜、甘薯

保护区有栽培。

龙胆目Gentianales

101.茜草科Rubiaceae Juss.

406）茜草属*Rubia* L.

（975）茜草*Rubia cordifolia* L.

保护区各区均有分布，常生于疏林、林缘、灌丛或草地上，海拔1000～1600m。

（976）卵叶茜草*Rubia ovatifolia* Z. Y. Zhang

别（土）名：茜草红蛇儿、小红藤

保护区各区均有分布，其他地区偶见，生于山地疏林或灌丛中，海拔1100～600m。

407）拉拉藤属*Galium* L.

（977）蓬子菜*Galium verum* L.

别（土）名：蓬子草、重台草、黄米花、鸡肠草、疗毒蒿

保护区各区均有分布，生于山坡草地、灌丛或林下，海拔1200～1700m。

（978）毛蓬子菜*Galium verum* L. var. *tomentosum*（Nakai）Nakai

保护区各区均有分布，生于山坡草地、灌丛或林下，海拔1300～1600m。

（979）狭叶四叶葎*Galium bungei* Steud. var. *angustifolium*（Loesen.）Cuf.

保护区各区均有分布，生于山地、溪旁的林下、灌丛或草地，海拔1100～1400m。

（980）猪殃殃*Galium spurium* L.

别（土）名：八仙草、爬拉殃、光果拉拉藤、拉拉藤

保护区各区有产，生于沟谷及林缘草地，海拔1000～1500m。

（981）东北猪殃殃*Galium dahuricum* Turc. ex Ledeb. var. *lasiocarpum*（Makino）Nakai

别（土）名：山猪殃殃

保护区各区均有分布，生于山地的林下、灌丛或草地，海拔1000～1500m。

（982）林猪殃殃*Galium paradoxum* Maxim.

别（土）名：异常拉拉藤、奇特猪殃殃

合水县连家砭和太白林区有分布，生于山谷阴湿地、水边草地，海拔1000～1300m。

102.龙胆科Gentianaceae Juss.

408）龙胆属*Gentiana*（Tourn.）L.

（983）达乌里秦艽*Gentiana dahurica* Fisch.

保护区各区均有分布，生于田边、路旁、向阳山坡及干旱草地，海拔1100～1600m。

（984）秦艽*Gentiana macrophylla* Pall.

别（土）名：左拧根

保护区各区均有零星分布，生于水沟边、山坡草地、林下及林缘，海拔1000～1600m。

（985）鳞叶龙胆*Gentiana squarrosa* Ledeb.

别（土）名：石龙胆、鳞片龙胆、岩龙胆、小龙胆

保护区各区均有分布，生于山坡草地及灌丛中，海拔1000～1700m。

（986）灰绿龙胆*Gentiana yokusai* Burk.

别（土）名：日本灰绿龙胆

保护区南北林区均有零星分布，生于空旷草地、荒地、路旁、山坡阳处、林下及灌丛中，海拔1000～1600m。

（987）笔龙胆*Gentiana zollingeri* Fawc.

别（土）名：绍氏龙胆

合水县太白镇有零星分布，生于林缘灌丛及林下，海拔1000～1200m。

409）翼萼蔓属*Pterygocalyx* Maxim.

（988）翼萼蔓*Pterygocalyx volubilis* Maxim.

保护区各区均有分布，多生于林下灌丛中，海拔1200～1600m。

410）扁蕾属*Gentianopsis* Ma

（989）扁蕾*Gentianopsis barbata*（Froel.）Ma

保护区各区均有零星分布，生于水沟边、山坡草地、林下、灌丛中，海拔

1000～1600m。

（990）湿生扁蕾*Gentianopsis paludosa*（Hook. f.）Ma

保护区各区均有零星分布，生于河滩、山坡草地或林下，海拔1200～1500m。

411）獐牙菜属*Swertia* L.

（991）獐牙菜*Swertia bimaculata*（Siebold & Zucc.）Hook. f. & Thomson ex C. B. Clarke

别（土）名：双斑西伯菜、双斑享乐菜

保护区各区均有零星分布，生于山坡草地、林下或灌丛中，海拔1000～1600m。

（992）北方獐牙菜*Swertia diluta*（Turcz.）Benth. & Hook. f.

别（土）名：北方享乐菜、北方西伯菜

各县区广泛分布，生于山坡草地、林缘灌丛，海拔1200～1600m。

（993）歧伞獐牙菜*Swertia dichotoma* L.

别（土）名：歧伞享乐菜、歧伞西伯菜

保护区各区较常见，生于河边、山坡草地、林缘灌丛及林下，海拔1100～1700m。

（994）四数獐牙菜*Swertia tetraptera* Maxim.

据中国数字植物标本馆标本资料显示，保护区宁县林区有产，生于潮湿山坡、河滩、灌丛中、疏林下。

412）花锚属*Halenia* Borkh.

（995）花锚*Halenia corniculata*（L.）Cornaz

保护区各区均有分布，生于沟谷湿草地、林下及林缘，海拔1000～1500m。

（996）椭圆叶花锚*Halenia elliptica* D. Don

保护区各区均有分布，生于山谷水沟边及沟谷底林缘湿草地，海拔1000～1600m。

103.夹竹桃科Apocynaceae Juss.

413）长春花属*Catharanthus* G. Don

（997）长春花*Catharanthus roseus*（L.）G. Don

保护区有栽植，供观赏。

414）夹竹桃属*Nerium* L.

（998）夹竹桃*Nerium oleander* L.

别（土）名：红花夹竹桃、欧洲夹竹桃

保护区有栽培，供观赏。

415）罗布麻属*Apocynum* L.

（999）罗布麻*Apocynum venetum* L.

别（土）名：茶叶花、野麻、红麻、羊肚拉角、披针叶茶叶花

仅见于宁县桂花塬林区，生于河岸山坡草丛。

416）杠柳属*Periploca* L.

（1000）杠柳*Periploca sepium* Bge.

别（土）名：北五加皮、香加皮、羊角蔓（wan）（子午岭）、羊细条（子午岭）

保护区各区广泛分布，生于林缘灌丛、山坡草地、沟坡、地埂等处，海拔1000～1700m。

417）鹅绒藤属*Cynanchum* L.

（1001）紫花杯冠藤*Cynanchum purpureum*（Pall.）K. Schum.

别（土）名：紫花白前

华池县林镇、豹子川和东华池有产，生于向阳山坡草地，海拔1300～1500m。

（1002）鹅绒藤*Cynanchum chinense* R. Br.

别（土）名：祖子花

保护区各区广泛分布，生于山坡向阳灌丛中或路旁、河畔、田埂边，海拔1000～1600m。

（1003）地梢瓜*Cynanchum thesioides*（Freyn）K. Schum.

别（土）名：瓜蒌

保护区各区均有分布，生于山坡草地、干旱山谷、荒地、田边等处，海拔1100～1700m。

（1004）雀瓢*Cynanchum thesioides*（Freyn）K. Schum. var. *australe*（Maxim.）Tsiang & P.T.Li

别（土）名：南地梢瓜

保护区各区均有分布，生于路旁或灌丛，海拔1200～1500m。

（1005）牛皮消*Cynanchum auriculatum* Royle ex Wight

别（土）名：西藏牛皮消、飞来鹤、耳叶牛皮消、隔山消、牛皮冻、何首乌、瓢瓢藤、老牛瓢、七股莲

仅见于合水县太白林区，生于路旁灌丛中，海拔1100m。

（1006）白首乌*Cynanchum bungei* Decne.

别（土）名：地葫芦、山葫芦、野山药、何首乌（子午岭）

保护区各区均有分布，生于路边的灌丛中或岩石隙缝中，海拔1000～1700m。

（1007）竹灵消*Cynanchum inamoenum*（Maxim.）Loes.

别（土）名：白龙须、老君须、婆婆针线包、牛角风、九造台

保护区各区有零星分布，生于山地疏林、灌丛或山顶及山坡草地上，海拔1100～1700m。

（1008）华北白前*Cynanchum mongolicum*（Maxim.）Hemsley

别（土）名：老鸹头、老瓜头

保护区仅见于华池县豹子川，生于干旱向阳山坡草地，海拔1450m。

（1009）徐长卿*Cynanchum paniculatum* Kitag.

别（土）名：铜锣草、一枝箭、白细辛、对节莲、对月莲

仅见于宁县桂花塬林区，生于向阳山坡及草丛中，海拔1400m。

418）萝藦属*Metaplexis* R. Br.

（1010）萝藦*Metaplexis japonica*（Thunb.）Makino

别（土）名：老鸹瓢、栝楼

保护区各区均有零星分布，生于林边荒地、河边、路旁灌丛中，海拔1000～1700m。

（1011）华萝藦*Metaplexis hemsleyana* Oliv.

别（土）名：萝藦藤、奶浆藤、奶浆草、倒插花

保护区仅见于合水县太白镇，生于沟谷底湿润灌丛中，海拔1000～1300m。

唇形目Lamiales

104.木犀科Oleaceae Hoffmanns. & Link

419）素馨属*Jasminum* L.

（1012）探春花*Jasminum floridum* Bge.

别（土）名：迎夏、黄素馨、甘肃矮探春

保护区各区均有分布，生于灌丛或林缘，海拔1100～1700m。

（1013）迎春花*Jasminum nudiflorum* Lindl.

别（土）名：重瓣迎春

保护区各区均有栽培，供观赏，合水曹家寺沟有育苗。

420）连翘属*Forsythia* Vahl

（1014）连翘*Forsythia suspensa*（Thunb.）Vahl

别（土）名：毛连翘

保护区各区均有零星分布，生于山坡灌丛或林下，海拔1100～1700m；保护

区亦广泛栽培，作观赏用。

421）丁香属*Syringa* L.

（1015）暴马丁香*Syringa reticulata*（Blume）H. Hara subsp. *amurensis*（Ruprecht）P. S. Green & M. C. Chang

别（土）名：暴马子、白丁香、荷花丁香

保护区有栽培，供观赏。

（1016）北京丁香*Syringa reticulata*（Blume）H. Hara subsp. *pekinensis*（Ruprecht）P. S. Green & M. C. Chang

别（土）名：黑桦（子午岭）

保护区各区均有分布，生于山坡灌丛或林下，海拔1300～1600m。

（1017）紫丁香*Syringa oblata* Lindl.

别（土）名：白丁香、毛紫丁香、龙柏木（子午岭）

各县区广布，生山坡丛林、林缘灌丛及山坡草地，海拔1000～1700m；各县区亦广泛栽培，供观赏；保护区栽培之“白丁香”亦属本种。

（1018）小叶巧玲花*Syringa pubescens* Turcz. subsp. *microphylla*（Diels）M. C. Chang & X. L. Chen

别（土）名：四季丁香、小叶丁香

保护区仅见于正宁县刘家店林区，生于山坡灌丛或疏林下，海拔1300～1600m。

422）女贞属*Ligustrum* L.

（1019）金叶女贞*Ligustrum* × *vicaryi* Hort.

别（土）名：金森女贞

保护区有栽培，供园林绿化作绿篱用。

（1020）小蜡*Ligustrum sinense* Lour.

别（土）名：山指甲、花叶女贞

保护区有栽培，供园林绿化作绿篱用。

423）梣属*Fraxinus* L.

（1021）象蜡树*Fraxinus platypoda* Oliver

别（土）名：钝翅象蜡树

正宁中湾林区有栽培。

（1022）美国白梣*Fraxinus americana* L.

别（土）名：美国白蜡、美国白蜡树

保护区各区均有引种栽培，合水连家砭、太白，正宁县刘家店、中湾林区常见。

（1023）洋白蜡*Fraxinus pennsylvanica* Marsh. var. *lanceolata*（Borkh.）Sarg.

保护区仅见华池县林镇林区。

（1024）白蜡树*Fraxinus chinensis* Roxb.

别（土）名：白蜡杆、云南梣、尖叶梣、川梣、绒毛梣、登椿木（子午岭）

保护区各区广为栽培。

（1025）花曲柳*Fraxinus chinensis* subsp. *rhynchophylla*（Hance）E. Murray

别（土）名：大叶白蜡

合水县蒿咀铺和正宁县刘家店西牛庄林区有栽培。

424）流苏树属*Chionanthus* L.

（1026）流苏树*Chionanthus retusus* Lindl. et Paxt.

别（土）名：糯米花、如密花、四月雪、油公子、白花菜

保护区各区均有零星分布，生于林缘灌丛及疏林下，海拔1300～1600m。

105.苦苣苔科Gesneriaceae Rich. & Juss.

425）旋蒴苣苔属*Boea* Comm. ex Lam.

（1027）旋蒴苣苔*Boea hygrometrica*（Bge.）R. Br.

别（土）名：石花子、八宝茶、牛耳草、猫耳朵、散瘀草

保护区仅见于合水县太白林区，生于沟底路旁岩下岩石上，海拔1100～1200m。

106.车前科Plantaginaceae Juss.

426）柳穿鱼属*Linaria* Mill.

（1028）柳穿鱼*Linaria vulgaris* Mill. subsp. *chinensis*（Bge. ex Debeaux）D. Y. Hong

保护区各区均有零星分布，生于山坡、路边、田边草地中，海拔1000～1700m。

427）车前属*Plantago* L.

（1029）车前*Plantago asiatica* L.

别（土）名：蛤蟆草、饭匙草、车轱辘菜、蛤蟆叶、猪耳朵

保护区各区均有分布，生于草地、沟边、河岸湿地、田边、路旁或村边空旷处，海拔1000～1500m。

（1030）大车前*Plantago major* L.

别（土）名：钱贯草、大猪耳朵草

保护区各区均有分布，生于草地、草甸、河滩、沟边、沼泽地、山坡路旁、田边或荒地，海拔1000～1600m。

（1031）平车前*Plantago depressa* Willd.

别（土）名：车前草、车串串、小车前

保护区各区广泛分布，生于草地、河滩、沟边、草甸、田间及路旁，海拔1000～1600m。

（1032）小车前*Plantago minuta* Pall.

别（土）名：条叶车前、细叶车前

保护区仅见于华池县豹子川，生于砂质山坡草地，海拔1400m。

（1033）长叶车前*Plantago lanceolata* L.

别（土）名：窄叶车前、欧车前、披针叶车前

合水连家砭村花溪谷偶有生长，疑属无意引进。

428）草灵仙属*Veronicastrum* Heist. ex Fabr.

（1034）细穗腹水草*Veronicastrum stenostachyum*（Hemsl.）T. Yamaz.

别（土）名：腹水草

合水县太白林区有产，生于沟谷灌丛中、林下及阴湿处，海拔1100m。

429）婆婆纳属*Veronica* L.

（1035）婆婆纳*Veronica polita* Fries

保护区各区均有分布，生于荒地，海拔1000～1500m。

（1036）阿拉伯婆婆纳*Veronica persica* Poir.

别（土）名：波斯婆婆纳、肾子草

保护区各区均有分布，生于路边及荒野，海拔1000～1700m。

（1037）直立婆婆纳*Veronica arvensis* L.

合水连家砭村花溪谷偶有生长，疑属无意引进。

（1038）北水苦荬*Veronica anagallis-aquatica* L.

别（土）名：仙桃草

保护区各区均有分布，生于水边及沼地，海拔1000～1400m。

（1039）水苦荬*Veronica undulata* Wall.

别（土）名：水菠菜、水莴苣、芒种草

保护区各区均有分布，生于水边及沼地，海拔1000～1500m。

430）兔尾苗属*Pseudolysimachion*（W. D. J. Koch）Opiz

（1040）细叶穗花*Pseudolysimachion linariifolium*（Pall. ex Link）Holub

别（土）名：细叶婆婆纳

保护区各区均有零星分布，生于草地、灌丛及疏林下，海拔1100～1700m。

107.玄参科Scrophulariaceae Juss.

431）醉鱼草属*Buddleja* L.

（1041）互叶醉鱼草*Buddleja alternifolia* Maxim.

别（土）名：白芨、白积梢、小叶醉鱼草、白芨梢（子午岭）、花棒（子午岭）

保护区各区广泛分布，生于干旱山地或河滩灌丛中，海拔1100～1700m。

（1042）大叶醉鱼草*Buddleja davidii* Fr.

别（土）名：大卫醉鱼草、绛花醉鱼草、兴山醉鱼草、白背叶醉鱼草、白壶子

仅见于合水连家砭村花溪谷，疑属无意引种。

432）玄参属*Scrophularia* L.

（1043）北玄参*Scrophularia buergeriana* Miq. var. *tsinglingensis* Tsoong

保护区仅见于合水县太白林区，生于湿草地，海拔1100m。

108.紫葳科Bignoniaceae Juss.

433）角蒿属*Incarvillea* Juss.

（1044）角蒿*Incarvillea sinensis* Lam.

别（土）名：羊角草、羊角透骨草、羊角蒿、大一枝蒿

各县区广泛分布，生于山坡、田野，海拔1000～1700m。

（1045）黄花角蒿*Incarvillea sinensis* Lam. var. *przewalskii*（Batalin）C.Y.Wu & W.C.Yi

各县区广泛分布，生于山坡及田野，海拔1100～1700m。

434）凌霄属*Campsis* Lour.

（1046）厚萼凌霄*Campsis radicans*（L.）Seem.

别（土）名：北美凌霄、美洲凌霄、厚萼凌霄、杜凌霄、美国凌霄

保护区有栽培，供观赏。

435）梓属*Catalpa* Scop.

（1047）梓*Catalpa ovata* G. Don

别（土）名：梓树、黄花楸、臭梧桐、楸、火楸、黄金

保护区有栽培。

（1048）灰楸*Catalpa fargesii* Bur.

别（土）名：楸木、紫楸、川楸、滇楸、楸树（庆阳）

保护区有栽培，为庆阳市“市树”。

（1049）楸*Catalpa bungei* C. A. Mey

别（土）名：金丝楸

保护区有栽培。

109.马鞭草科Verbenaceae J. St.-Hil.

436）假马鞭属*Stachytarpheta* Vahl

（1050）假马鞭*Stachytarpheta jamaicensis*（L.）Vahl

别（土）名：大种马鞭草、玉龙鞭、倒团蛇、假败酱、铁马鞭

合水连家砭村花溪谷偶有生长，疑属无意引进种。

437）马鞭草属*Verbena* L.

（1051）柳叶马鞭草*Verbena bonariensis* L.

合水连家砭村花溪谷有大面积栽培，供观赏。

110.唇形科Lamiaceae Martinov

438）香茶菜属*Isodon*（Benth.）Kudo

（1052）毛叶香茶菜*Isodon japonicus*（N. Burman）H. Hara

别（土）名：猛一撒、山苏子、四棱杆、蓝萼香茶菜

保护区各区均有分布，生于灌丛中，海拔1000～1600m。

439）香薷属*Elsholtzia* Willd.

（1053）香薷*Elsholtzia ciliata*（Thunb.）Hyland.

别（土）名：野芭子、香茹草、鱼香草、野紫苏、山苏子

保护区各县区均有分布，生于路旁、山坡、荒地、林下及沟谷湿地，海拔1000～1700m。

（1054）密花香薷*Elsholtzia densa* Benth.

别（土）名：臭香茹、咳嗽草、细穗密花香薷、矮株密花香薷

保护区各区均有分布，生于林缘、灌丛、疏林下、山坡草地及田间，海拔1000～1700m。

440）紫苏属*Perilla* L.

（1055）紫苏*Perilla frutescens*（L.）Britt. var. *frutescens*

别（土）名：桂荏、白苏、荏子、白紫苏、荏（庆阳）

保护区各区多以油料作物栽培。

441）鼠尾草属*Salvia* L.

（1056）丹参*Salvia miltiorrhiza* Bge.

别（土）名：大叶活血丹、血参、赤丹参、山参、蛤蟆皮

保护区有栽培。

（1057）荔枝草*Salvia plebeia* R. Br.

别（土）名：土荆芥、野芝麻、凤眼草、过冬青、雪里青

宁县罗山府林区有产，生于田边潮湿处，疑为非人为引进种。

（1058）黄鼠狼花*Salvia tricuspis* Franch.

别（土）名：三角鼠尾

合水县太白林区有产，生于河岸、沟边草地，海拔1100m。

（1059）南欧丹参*Salvia sclarea* L.

别（土）名：香紫苏（庆阳）

保护区有栽培，亦逸为野生。

（1060）蓝花鼠尾草*Salvia farinacea* Benth.

别（土）名：粉萼鼠尾草

保护区有栽培。

（1061）一串红*Salvia splendens* Ker-Gawler

别（土）名：爆仗红、炮仔花、墙下红、西洋红、象牙红

保护区有栽培。

（1062）荫生鼠尾草*Salvia umbratica* Hance

别（土）名：山椒子、山苏子

保护区各县区均有分布，生于山坡、谷地或路旁，海拔1100～1500m。

442）地笋属*Lycopus* L.

（1063）地笋*Lycopus lucidus* Turcz.

别（土）名：地参、地瓜儿苗、蚕蛹子、地藕、泽兰

保护区各区有零星分布，生于沼泽地、水边、沟边等潮湿处，海拔1100～1300m。

443）荆芥属*Nepeta* L.

（1064）裂叶荆芥*Nepeta tenuifolia*（Benth.）Briq.

别（土）名：假苏、四棱杆蒿、小茴香、荆芥

保护区各区偶有栽培，并逸为野生。

444）青兰属*Dracocephalum* L.

（1065）香青兰*Dracocephalum moldavica* L.

别（土）名：青兰、野青兰、山薄荷、摩眼子

保护区各县区均有分布，生于干燥山地、灌丛、林缘路边，海拔1000～1700m。

（1066）白花枝子花*Dracocephalum heterophyllum* Benth.

别（土）名：异叶青兰、祖帕尔、马尔赞居西、白花夏枯草

保护区各县区均有零星分布，生于山坡草地、干旱山坡灌丛及盐碱性较大河滩，海拔1200～1600m。

445）藿香属*Agastache* J. Clayton ex Gronov.

（1067）藿香*Agastache rugosa*（Fisch. & C. A. Mey.）Kuntze

别（土）名：白薄荷、山薄荷、家茴香、山灰香、五香菜

保护区有栽培，并逸为野生。

446）活血丹属*Glechoma* L.

（1068）活血丹*Glechoma longituba*（Nakai）Kupr.

别（土）名：透骨草、钻地风、土荆芥、窜地香、金钱草、连钱草

保护区各区均有分布，生于林缘、疏林下、草地中、溪边等阴湿处，海拔1000～1400m。

447）百里香属*Thymus* L.

（1069）百里香*Thymus mongolicus* Ronn.

别（土）名：地角花、地椒叶、千里香、地椒（子午岭）

保护区各区均有分布，生于阳坡、石山地、河岸或沙滩杂草丛中，海拔1100～1980m。

（1070）地椒*Thymus quinquecostatus* Cêlak.

保护区仅见于子午岭南段正宁县刘家店林区，生于向阳山坡，海拔1400～1600m。

448）薄荷属*Mentha* L.

（1071）薄荷*Mentha canadensis* L.

别（土）名：香薷草、鱼香草、土薄荷、见肿消、夜息香

保护区各区均有分布，生于水旁潮湿地，海拔1000～1500m。

（1072）兴安薄荷*Mentha dahurica* Fisch. ex Benth.

保护区仅见于合水县太白镇林区，生于沟底湿草地，海拔1000～1200m。

449）风轮菜属*Clinopodium* L.

（1073）麻叶风轮菜*Clinopodium urticifolium*（Hance）C. Y. Wu & S. J. Hsuan ex H. W. Li

别（土）名：风车草、紫苏

保护区各区均有分布，生于山坡、草地、路旁或林下，海拔1000～1700m。

（1074）细风轮菜*Clinopodium gracile*（Benth.）Matsum.

别（土）名：瘦风轮、小叶仙人草、苦草、野仙人草、野薄荷、玉如意、箭头草、剪刀草、假仙菜、花花王根草、臭草、假韩酸草、野凉粉草、细密草、断血流、山薄荷

保护区均有分布，生于路旁、沟边、空旷草地、林缘或灌丛中，海拔1200～1600m。

450）牡荆属*Vitex* L.

（1075）荆条*Vitex negundo* L. var. *heterophylla*（Franch.）Rehd.

别（土）名：荆棵、黄荆条

保护区各区均有分布，生于山坡路旁及林缘灌丛，海拔1000～1700m。

451）香科科属*Teucrium* L.

（1076）黑龙江香科科*Teucrium ussuriense* Komarov

保护区仅见于太白镇瓦川沟口，生于河边砂砾土壤中，海拔1100m；为保护区新记录种，疑为引进绿化树种时无意引进种。

（1077）血见愁*Teucrium viscidum* Blume

别（土）名：野苏麻、假紫苏、野薄荷、山藿香、杀虫草

保护区仅见于正宁县刘家店林区，生于山地林下湿处，海拔1100～1300m。

452）大青属*Clerodendrum* L.

（1078）海州常山*Clerodendrum trichotomum* Thunb.

别（土）名：香楸、后庭花、追骨风、泡火桐、臭梧桐

保护区仅见于正宁县刘家店林区，生于沟底灌丛中，海拔1300m。

453）水棘针属*Amethystea* L.

（1079）水棘针*Amethystea caerulea* L.

别（土）名：细叶山紫苏、土荆芥

各县区均有分布，生于田边旷野、河岸沙地、开阔路边及溪旁，海拔1000～1700m。

454）莸属*Caryopteris* Bge.

（1080）单花莸*Caryopteris nepetifolia*（Benth.）P. D. Cantino

别（土）名：莸

保护区仅见于正宁县刘家店林区，生于阴湿路旁水沟边，海拔1300m。

（1081）莸*Caryopteris divaricata* Maxim.

别（土）名：叉枝莸、雁金草

仅见于合水县太白林区，生于阴湿山坡和水沟边，海拔1100～1300m。

（1082）三花莸*Caryopteris terniflora* Maxim.

别（土）名：风寒草、金线风、六月寒、野荆芥、短梗三花莸

保护区各区均有分布，生于林缘路边及水沟河边，海拔1000～1300m。

（1083）蒙古莸*Caryopteris mongholica* Bge.

别（土）名：兰花茶、山狼毒、白沙蒿

保护区仅见于正宁县刘家店林区，生于较干旱的石质山坡，海拔1300m。

（1084）光果莸*Caryopteris tangutica* Maxim.

保护区中段正宁县、宁县、合水县林区均有零星分布，生于干燥山坡灌丛，海拔1200～1700m。

（1085）兰香草*Caryopteris incana*（Thunb. ex Hout.）Miq. var. *incana*

别（土）名：婆绒花、山薄荷、莸、马蒿、卵叶莸、段菊

保护区仅见于正宁县刘家店林区，生于较干旱的石质山坡，海拔1300m。

（1086）金叶莸*Caryopteris* × *clandonensis* ‘Worcester Gold’

保护区有栽培，供观赏。

455）筋骨草属*Ajuga* L.

（1087）筋骨草*Ajuga ciliata* Bge.

别（土）名：四枝春

保护区各区均有分布，生于山谷溪旁、阴湿草地、林下湿润处及路旁草丛中，海拔1000～1700m。

（1088）白苞筋骨草*Ajuga lupulina* Maxim.

别（土）名：甜格缩缩草

保护区仅见于正宁县中湾林区，生于林缘灌丛中，海拔1500～1700m。

456）黄芩属*Scutellaria* L.

（1089）黄芩*Scutellaria baicalensis* Georgi

别（土）名：香水水草、黄筋子

保护区各区均有栽培，保护区各区有野生分布，生于向阳山坡草地，海拔1200～1700m。

（1090）甘肃黄芩*Scutellaria rehderiana* Diels

保护区各区和林缘区有零星分布，生于山地向阳草坡，海拔1000～1700m。

（1091）多毛并头黄芩*Scutellaria scordifolia* Fisch. ex Schrank var. *villosissima* C.Y.Wu & W.T.Wang

各县区均有分布，生于山坡草地、灌丛及疏林下，海拔1100～1700m。

（1092）莸状黄芩*Scutellaria caryopteroides* Hand.-Mazz.

保护区仅见于正宁县刘家店林区，生于谷地河岸或向阳坡地上，海拔1200～1400m。

457）水苏属*Stachys* L.

（1093）甘露子*Stachys sieboldii* Miq.

别（土）名：螺蛳菜、宝塔菜、地蚕、地牯牛、地溜溜（庆阳）

保护区有栽培。

458）兔唇花属*Lagochilus* Bge.

（1094）冬青叶兔唇花*Lagochilus ilicifolius* Bge. ex Benth

保护区仅见于华池县豹子川，生于砂质山坡草地上，海拔1400m。

459）益母草属*Leonurus* L.

（1095）益母草*Leonurus japonicus* Houtt.

别（土）名：艾草、红花益母草、童子益母草、益母花、九重楼

保护区各区均有分布，生于多种生境，尤以阳处为多，海拔1000～1700m。

460）夏至草属*Lagopsis*（Bge. ex Benth.）Bge.

（1096）夏至草*Lagopsis supina*（Steph.）Ikonn.-Gal.

别（土）名：白花益母、白花夏杜、夏枯草、灯笼棵

保护区各区均有分布，为保护区常见杂草，生于路旁、田野及旷地上，海拔1000～1600m。

461）橙花糙苏属*Phlomis* L.

（1097）糙苏*Phlomis umbrosa* Turcz.

别（土）名：小兰花烟、山芝麻、白莶、常山、续断

保护区各区均有产，生于疏林下或草坡上，海拔1200～1600m。

（1098）串铃草*Phlomis mongolica* Turcz.

别（土）名：野洋芋、毛尖茶

保护区各区均有分布，生于山坡草地上，海拔1300～1600m。

462）野芝麻属*Lamium* L.

（1099）宝盖草*Lamium amplexicaule* L.

别（土）名：莲台夏枯草、接骨草、珍珠莲

保护区各区均有产，生于路旁、林缘、沼泽草地，海拔1100～1300m。

（1100）野芝麻*Lamium barbatum* Sieb. & Zucc.

别（土）名：山苏子、野藿香、地蚤、坚硬野芝麻、硬毛野芝麻

保护区仅见于正宁县刘家店林区，生于林缘路边，海拔1400m。

111.通泉草科Mazaceae Reveal

463）通泉草属*Mazus* Lour.

（1101）通泉草*Mazus pumilus*（Burm. f.）Steenis

保护区各区均有分布，生于湿润草坡、沟边、路旁、林缘及公园草地，海拔1000～1600m。

112.透骨草科Phrymaceae Schauer

464）透骨草属*Phryma* L.

（1102）透骨草*Phryma leptostachya* L. subsp. *asiatica*（Hara）Kitam.

保护区各区均有分布，生于阴湿山谷或林下，海拔1100～1300m。

465）狗面花属*Mimulus* L.

（1103）沟酸浆*Mimulus tenellus* Bge.

保护区各区均有分布，生于水边、林下湿地，海拔1100～1400m。

113.泡桐科Paulowniaceae Nakai

466）泡桐属*Paulownia* Siebold & Zucc.

（1104）毛泡桐*Paulownia tomentosa*（Thunb.）Steud.

别（土）名：紫花桐

保护区庭园及路旁有栽培。

（1105）光泡桐*Paulownia tomentosa*（Thunb.）Steud. var. *tsinlingensis*（Y. Y. Pai）T. Gong

保护区庭园及路旁有栽培。

（1106）兰考泡桐*Paulownia elongata* S. Y. Hu

保护区各区庭园及路旁常有栽培。

114.列当科Orobanchaceae Vent.

467）地黄属*Rehmannia* Libosch. ex Fisch. & C. A. Mey.

（1107）地黄*Rehmannia glutinosa*（Gaertn.）Libosch. ex Fisch. & C. A. Mey.

别（土）名：怀庆地黄、生地（庆阳）

保护区各区均有分布，生于砂质壤土、荒山坡、山脚、墙边、路旁等处，海拔1000～1700m。

468）阴行草属*Siphonostegia* Benth.

（1108）阴行草*Siphonostegia chinensis* Benth.

别（土）名：刘寄奴

保护区各县区均有分布，生于山坡草地及林缘灌丛中，海拔1100～1700m。

469）大黄花属*Cymbaria* L.

（1109）蒙古芯芭*Cymbaria mongolica* Maxim.

保护区各县区均有分布，生于干山坡草地及灌丛，海拔1000～2100m。

470）列当属*Orobanche* L.

（1110）列当*Orobanche coerulescens* Steph.

别（土）名：独根草、兔子拐棍、草苁蓉、北亚列当

保护区各县区均有分布，常寄生于蒿属*Artemisia* L.植物的根上，生于山坡及沟边草地上，海拔1200～1700m。

（1111）黄花列当*Orobanche pycnostachya* Hance

别（土）名：独根草

保护区各县区均有分布，寄生于蒿属*Artemisia* L.植物根上，生于沙丘、山坡及草原上，海拔1300～1600m。

471）马先蒿属*Pedicularis* L.

（1112）返顾马先蒿*Pedicularis resupinata* L.

保护区各区均有分布，生于湿润草地及林缘，海拔1100～1600m。

（1113）红纹马先蒿*Pedicularis striata* Pall.

保护区各区均有分布，生于山坡草地及林缘灌丛中，海拔1100～1700m。

（1114）藓生马先蒿*Pedicularis muscicola* Maxim.

保护区各县区均有分布，生于林下、林缘、灌丛及其他阴湿处，海拔1000～1700m。

（1115）普洛氏弯管马先蒿*Pedicularis curvituba* subsp. *provotii*（Franchet）P. C. Tsoong

仅见于华池县林镇北山，生于干旱山坡草地，海拔1400m。

（1116）埃氏马先蒿（埃氏变种）*Pedicularis artselaeri* Maxim. var. *artselaeri*

别（土）名：蚂蚁窝

据中国数字植物标本馆标本资料显示，合水连家砭林区亦产；作者见于合水县连家砭管理站烟景川袁家沟周边林区，生于林下、林缘路边草地，海拔1200～1500m。

（1117）穗花马先蒿*Pedicularis spicata* Pall.

保护区仅见于合水县太白林区，生于山坡草地、溪流旁及灌丛中，海拔1200～1400m。

472）松蒿属*Phtheirospermum* Bge. ex Fisch. & C. A. Mey.

（1118）松蒿*Phtheirospermum japonicum*（Thunb.）Kanitz

保护区仅见于合水县拓儿塬林区，生于山坡灌丛阴处，海拔1400～1600m。

473）山罗花属*Melampyrum* L.

（1119）山罗花*Melampyrum roseum* Maxim.

保护区各区均有分布，生于林缘灌丛及疏林下，海拔1100～1700m。

474）疗齿草属*Odontites* Ludw.

（1120）疗齿草*Odontites vulgaris* Moench

别（土）名：齿叶草

保护区仅见于华池县林镇林区，生于沟谷湿草地，海拔1200～1300m。

475）小米草属*Euphrasia* L.

（1121）小米草*Euphrasia pectinata* Ten.

保护区各区均有分布，生于阴坡草地及灌丛中，海拔1000～1700m。

菊目Asterales

115.桔梗科Campanulaceae Juss.

476）风铃草属*Campanula* L.

（1122）紫斑风铃草*Campanula punctata* Lam.

别（土）名：吊钟花、灯笼花、山萤袋

保护区各区均有零星分布，生于山地林中、灌丛及草地中，海拔1300～1500m。

477）沙参属*Adenophora* Fisch.

（1123）泡沙参*Adenophora potaninii* Korsh.

别（土）名：泡参、奶腥菜花、灯笼花、灯花草、长叶沙参

保护区各县区均有分布，生于阳坡草地、灌丛或疏林下，海拔1100～1600m。

（1124）多歧沙参*Adenophora potaninii* Korsh. subsp. *wawreana*（Zahlbruckner）S. Ge & D. Y. Hong

保护区各地均有零星分布，生于阳坡草地、灌丛或疏林下，海拔1200～1700m。

（1125）石沙参*Adenophora polyantha* Nakai

保护区各县区均有分布，生于阳坡开旷草地及灌丛，海拔1000～1700m。

（1126）狭叶沙参*Adenophora gmelinii*（Spreng.）Fisch.

别（土）名：厚叶沙参、柳叶沙参、北方沙参

保护区各县区均有零星分布，生于山坡草地或灌丛中，海拔1200～1600m。

（1127）杏叶沙参*Adenophora petiolata* Pax & Hoffm. subsp. *hunanensis*（Nannfeldt）D. Y. Hong & S. Ge

别（土）名：宽裂沙参

保护区各县区均有零星分布，生于山坡和林缘草地，海拔1100～1400m。

（1128）长柱沙参*Adenophora stenanthina*（Ledeb.）Kitag.

保护区各县区均有分布，生于山坡草地、林缘灌丛及疏林下，海拔1300～1600m。

478）桔梗属*Platycodon* A. DC.

（1129）桔梗*Platycodon grandiflorus*（Jacq.）A. DC.

别（土）名：铃铛花、包袱花

保护区各区有零星栽培。

479）党参属*Codonopsis* Wall.

（1130）党参*Codonopsis pilosula*（Franch.）Nannf.

别（土）名：缠绕党参、素花党参

保护区各区均有分布，生于山坡林下和灌丛中，海拔1100～1600m。各县区广泛种植的为党参（原变种）*C. pilosula* var. *pilosula*。

116.菊科Asteraceae Bercht. & J. Presl

480）和尚菜属*Adenocaulon* Hook.

（1131）和尚菜*Adenocaulon himalaicum* Edgew.

别（土）名：腺梗菜

仅见于合水县太白林区，生于沟谷河岸、阴湿密林下，海拔1100m。

481）大丁草属*Leibnitzia* Cass.

（1132）大丁草*Leibnitzia anandria*（L.）Turcz.

别（土）名：翼齿大丁草、多裂大丁草

保护区各县区均有分布，生于林下、林沿路边、荒坡草地或风化的岩石上，海拔1000～1700m。

482）蓝刺头属*Echinops* L.

（1133）砂蓝刺头*Echinops gmelinii* Turcz.

保护区仅见于华池县豹子川，生于砂质山坡草地，海拔1350m。

483）苍术属*Atractylodes* DC.

（1134）苍术*Atractylodes lancea*（Thunb.）DC.

别（土）名：赤术、茅术、南苍术、仙术、关苍术

保护区各地均有分布，生于山坡草地、林下、灌丛及岩缝隙中，海拔1100～1700m。

484）蝟菊属*Olgaea* Iljin

（1135）蝟菊*Olgaea lomonosowii*（Trautv.）Iljin

保护区各县区均有分布，生于山坡、山谷灌丛、河滩地及荒地或田边，海拔1100～1700m。

（1136）刺疙瘩*Olgaea tangutica* Iljin

别（土）名：青海鳍蓟

保护区各县区均有分布，生于山坡、山谷灌丛、河滩地及荒地或田边，海拔1000～1600m。

（1137）火媒草*Olgaea leucophylla*（Turcz.）Iljin

别（土）名：鳍蓟

保护区仅见于华池县豹子川，生于砂质山坡草地，海拔1400～1600m。

485）漏芦属*Rhaponticum* Vaill.

（1138）漏芦*Rhaponticum uniflorum*（L.）DC.

别（土）名：祁州漏芦、狼头花、老虎爪、土烟叶、大脑袋花

保护区各县区广泛分布，生于山坡草地、林缘灌丛及疏林下，海拔1000～1600m。

（1139）顶羽菊*Rhaponticum repens*（L.）Hidalgo

保护区仅见于华池县豹子川，生于干旱山坡草地，海拔1500m。

486）麻花头属*Klasea* Cass.

（1140）麻花头*Klasea centauroides*（L.）Cass.

保护区各县区广布，生于山坡草地、林缘、灌丛、路旁或田边，海拔1000～1600m。

487）红花属*Carthamus* L.

（1141）红花*Carthamus tinctorius* L.

别（土）名：刺红花、红蓝花、草红花

保护区有栽培。原产于中亚地区。

488）蓝花矢车菊属*Cyanus* Mill.

（1142）蓝花矢车菊*Cyanus segetum* Hill

别（土）名：蓝芙蓉、矢车菊

保护区有栽培，供观赏。

489）风毛菊属*Saussurea* DC.

（1143）风毛菊*Saussurea japonica*（Thunb.）DC.

保护区各县区均有分布，生于山坡、山谷、林下、山坡路旁、山坡灌丛、荒坡及田边，海拔1000～1600m。

（1144）狭头风毛菊*Saussurea dielsiana* Koidz.

华池县林镇林区有产，生于山坡草地，海拔1400m。

（1145）蒙古风毛菊*Saussurea mongolica*（Franch.）Franch.

保护区各县区均有分布，生于山坡、林下、灌丛中、路旁及山坡草地，海拔1100～1700m。

（1146）折苞风毛菊*Saussurea recurvata*（Maxim.）Lipsch.

别（土）名：弯苞风毛菊

保护区各县区均有分布，生于林缘、灌丛或山坡草地，海拔1100～1700m。

（1147）草地风毛菊*Saussurea amara*（L.）DC.

别（土）名：羊耳朵、驴耳风毛菊

保护区各县区均有分布，生于荒地、路边、林缘及灌丛、疏林下，海拔1300～1600m。

（1148）乌苏里风毛菊*Saussurea ussuriensis* Maxim.

保护区各区均有分布，生于山坡草地、林下及河岸边，海拔1300～1500m。

（1149）抱茎风毛菊*Saussurea chingiana* Hand.-Mazz.

别（土）名：冷风菊

华池县东华池林区有分布，生于路边、杨树林下，海拔1400m。

490）泥胡菜属*Hemisteptia*（Bge.）Fisch. & C. A. Mey.

（1150）泥胡菜*Hemisteptia lyrata*（Bge.）Fisch. & C. A. Meyer

别（土）名：艾草、猪兜菜

保护区各县区均有分布，生于林缘、林下、草地、荒地、田间、河边、路旁等处，海拔1000～1700m。

491）牛蒡属*Arctium* L.

（1151）牛蒡*Arctium lappa* L.

别（土）名：大力子、恶实、牛籽（庆阳）

保护区各县区均有分布，生于山坡、山谷、林缘、林中、灌丛中、河边潮湿地、村庄路旁或荒地，海拔1000～1700m；亦有种植，供药用。

492）蓟属*Cirsium* Mill.

（1152）蓟*Cirsium japonicum* Fisch. ex DC.

别（土）名：大蓟、条叶蓟、大蓟草、刺蓟、蓟蓟芽

合水县连家砭、太白林区有零星分布，生于多种环境，适应性强，海拔1000～1200m。

（1153）绒背蓟*Cirsium vlassovianum* Fisch. ex DC.

别（土）名：猫腿姑

保护区各区均有分布，生于山坡林中、林缘、河边或潮湿地，海拔1100～1400m。

（1154）绿蓟*Cirsium chinense* Gardn. et Champ.

保护区各地均有零星分布，生于山坡草地，海拔1100～1700m。

（1155）牛口刺*Cirsium shansiense* Petrak

保护区各县区均有分布，生于山谷林下或灌丛、沟谷底草地、河边湿地、溪边或路旁，海拔1000～1700m。

（1156）刺儿菜*Cirsium arvense*（L.）Scop. var. *integrifolium* Wimm. & Grab.

别（土）名：大刺儿菜、小蓟、小刺盖、刺盖（庆阳）、刺家盖（庆阳）

保护区各县区广泛分布，生于山坡、河旁、荒地、田间，海拔1000～1600m。

（1157）葵花大蓟*Cirsium souliei*（Franch.）Mattf.

别（土）名：聚头蓟

各县区均有分布，生于山坡路旁、林缘、荒地、河滩地、田间、河流岸边潮湿地，海拔1000～1500m。

（1158）烟管蓟*Cirsium pendulum* Fisch. ex DC.

保护区各区均有分布，生于山谷、山坡草地、林缘、林下及溪旁，海拔1000～1500m。

493）飞廉属*Carduus* L.

（1159）节毛飞廉*Carduus acanthoides* L.

保护区各县区均有分布，生于山坡、草地、林缘、灌丛中，或山谷、山沟、水边及田间，海拔1000～1700m。

（1160）丝毛飞廉*Carduus crispus* L.

别（土）名：飞簾

保护区各县区均有分布，生于山坡、草地、林缘、灌丛中，或山谷、山沟、水边及田间，海拔1000～1700m。

494）鸦葱属*Scorzonera* L.

（1161）鸦葱*Scorzonera austriaca* Willd.

保护区各县区均有分布，生于山坡草地、林缘及灌丛，海拔1100～1700m。

（1162）华北鸦葱*Scorzonera albicaulis* Bge.

别（土）名：白茎雅葱、笔管草、兔奶

保护区各县区均有分布，生于山谷或山坡杂木林下、林缘、灌丛中及山坡草地，海拔1000～1700m。

（1163）拐轴鸦葱*Scorzonera divaricata* Turcz.

别（土）名：叉枝鸦葱

保护区仅见于合水县牛车坡村北山，生于干旱山坡草地及路旁，海拔1200m。

495）菊苣属*Cichorium* L.

（1164）菊苣*Cichorium intybus* L.

别（土）名：蓝花菊苣

保护区仅见于宁县罗山府，生于海拔1400m的路边荒地。

496）还阳参属*Crepis* L.

（1165）北方还阳参*Crepis crocea*（Lam.）Babc.

保护区各县区广泛分布，生于山坡、农田撂荒地、林缘灌丛，海拔1000～1700m。

497）毛连菜属*Picris* L.

（1166）毛连菜*Picris hieracioides* L.

保护区各县区均有分布，生于山坡草地、林下、沟边、田间、撂荒地或沙滩地，海拔1200～1700m。

（1167）日本毛连菜*Picris japonica* Thunb.

别（土）名：兴安毛连菜

保护区各区均有分布，生于山坡草地、林缘林下、灌丛中或河边及田边，海拔1000～1600m。

498）莴苣属*Lactuca* L.

（1168）莴苣*Lactuca sativa* L.

各县区均有零星栽培，作菜用。各地栽培或超市蔬菜中如莴笋*L. scariola* var. *angustata*茎粗或极粗，供食用与制备酱菜，叶作蔬菜用；卷心莴苣*L. scariola* var. *capitata* 叶圆形，彼此抱卷成甘蓝式叶球；生菜*L. scariola* var. *ramosa*叶长倒卵形，密集成甘蓝状叶球；均系本种之栽培变种。

（1169）野莴苣*Lactuca serriola* L.

别（土）名：银齿莴苣、毒莴苣、刺莴苣、阿尔泰莴苣

保护区各区广泛分布，并生于各种生境，海拔1000～1700m。

（1170）翅果菊*Lactuca indica* L.

别（土）名：野莴苣、山马草、苦莴苣、山莴苣、多裂翅果菊

保护区各区均有分布，生于山谷、山坡林缘及林下、灌丛中或水沟边、山坡草地及田边，海拔1000～1500m。

（1171）毛脉翅果菊*Lactuca raddeana* Maxim.

别（土）名：野苦麻、高莴苣、剪刀划、高大翅果菊

保护区各区均有分布，生于山坡林缘、灌丛潮湿处及田间，海拔1000～1400m。

（1172）乳苣*Lactuca tatarica*（L.）C. A. Mey.

别（土）名：苦菜、紫花山莴苣、蒙山莴苣、苦苦菜（庆阳）

保护区各区广泛分布，生于河滩、田边荒地及田间，海拔1000～1600m。

499）苦苣菜属*Sonchus* L.

（1173）花叶滇苦菜*Sonchus asper*（L.）Hill.

别（土）名：断续菊、续断菊

保护区各县区均有分布，多生于水边、路旁及田野，海拔1000～1600m。

（1174）苦苣菜*Sonchus oleraceus* L.

别（土）名：滇苦荬菜

保护区各区均有分布，生于山坡或山谷林缘、林下或田间等处，海拔1000～1600m。

（1175）全叶苦苣菜*Sonchus transcaspicus* Nevski

别（土）名：苦苦菜（庆阳）

保护区各区均有分布，生于山坡草地、水边湿地、田边及田间，海拔1000～1600m。

（1176）长裂苦苣菜*Sonchus brachyotus* DC.

别（土）名：苣荬菜、苦苦菜（庆阳）

保护区各县区均有分布，生于山地草坡、河边碱地、田间等处，海拔1000～1600m。

500）苦荬菜属*Ixeris*（Cass.）Cass.

（1177）苦荬菜*Ixeris polycephala* Cass.

别（土）名：多头苦荬菜、多头莴苣、深裂苦荬菜

保护区各县区广布，生于山坡林缘、灌丛、草地、田野路旁，海拔1000～1600m。

（1178）中华苦荬菜*Ixeris chinensis*（Thunb.）Nakai

别（土）名：山鸭舌草、山苦荬、黄鼠草、苦菜、中华小苦荬

保护区各县区广布，生于山坡路旁、田野、河边及灌丛，海拔1300～1600m。

（1179）多色苦荬*Ixeris chinensis*（Thunb.）Nakai subsp. *versicolor*（Fisch. ex Link）Kitam.

别（土）名：颠倒菜、丝叶苦荬、丝叶小苦荬、窄叶小苦荬

保护区各区广布，生于山坡路旁或田埂，海拔1000～1600m。

501）黄鹌菜属*Youngia* Cass.

（1180）黄鹌菜*Youngia japonica*（L.）DC.

别（土）名：黄鸡婆

保护区各区均有分布，生于林缘路边、林下、林间草地及潮湿地、河边沼泽地、田间与荒地上，海拔1000～1600m。

502）假还阳参属*Crepidiastrum* Nakai

（1181）尖裂假还阳参*Crepidiastrum sonchifolium*（Bge.）Pak & Kawano

别（土）名：抱茎苦荬菜、苦蝶子、野苦荬菜、抱茎小苦荬、尖裂黄瓜菜

保护区各地方均有分布，生于山坡、路旁、河谷，海拔1000～1700m。

503）蒲公英属*Taraxacum* F. H. Wigg.

（1182）蒲公英*Taraxacum mongolicum* Hand.-Mazz.

别（土）名：婆婆丁、灯笼草、姑姑英、地丁、黄花苔（庆阳）

保护区各县区广泛分布，生于山坡草地、路边、田野、河滩，海拔1000～1600m。

（1183）深裂蒲公英*Taraxacum scariosum*（Tausch）Kirschner & Štepanek

别（土）名：亚洲蒲公英、戟叶蒲公英、黄花苔（庆阳）

保护区各县区均有分布，生于河滩、林地边缘、庭园周边草地，海拔1000～1600m。

（1184）毛柄蒲公英*Taraxacum eriopodum*（D. Don）DC.

别（土）名：黄花苔（庆阳）

保护区各县区均有零星分布，生于山坡草地、河边湿地及田埂上，海拔1000～1500m。

（1185）华蒲公英*Taraxacum borealisinense* Kitam.

别（土）名：黄花苔（庆阳）

保护区各县区均有分布，生于稍潮湿的盐碱地或原野、砾石中、庭园草地等处，海拔1000～1600m。

504）耳菊属*Nabalus* Cass.

（1186）盘果菊*Nabalus tatarinowii*（Maxim.）Nakai

别（土）名：福王草

保护区各县区均有分布，生于山谷、山坡林缘、林下、草地或水旁潮湿地，海拔1000～1600m。

（1187）多裂耳菊*Nabalus tatarinowii*（Maxim.）Nakai subsp. *macrantha*（Stebbins）N. Kilian

别（土）名：大叶盘果菊、细花福王草、细裂福王草、多裂福王草

保护区各县区均有分布，生于山坡草丛、山谷林下或潮湿地，海拔1000～1500m。

505）天人菊属*Gaillardia* Foug.

（1188）天人菊*Gaillardia pulchella* Foug.

别（土）名：老虎皮菊、虎皮菊

保护区庭园多栽培，供观赏。

506）秋英属*Cosmos* Cav.

（1189）秋英*Cosmos bipinnatus* Cav.

别（土）名：格桑花、扫地梅、波斯菊、大波斯菊

保护区各县区广泛栽培，是美丽乡村建设道路美化主要物种。

507）金鸡菊属*Coreopsis* L.

（1190）两色金鸡菊*Coreopsis tinctoria* Nutt.

别（土）名：蛇目菊、雪菊、天山雪菊

保护区庭园常有栽培，供观赏。

（1191）剑叶金鸡菊*Coreopsis lanceolata* L.

别（土）名：线叶金鸡菊、大金鸡菊

保护区庭园常有栽培，供观赏。

508）大丽花属*Dahlia* Cav.

（1192）大丽花*Dahlia pinnata* Cav.

别（土）名：大理花、大丽菊、洋芍药、苕菊、天竺牡丹

保护区庭园多栽培，供观赏。

509）鬼针草属*Bidens* L.

（1193）金盏银盘*Bidens biternata*（Lour.）Merr. et Sherff

保护区各县区均有分布，生于路边、村旁及荒地中，海拔1000～1700m。

（1194）柳叶鬼针草*Bidens cernua* L.

合水县太白和连家砭林区有零星分布，生于河岸及池塘边缘，海拔1100～1200m。

（1195）狼杷草*Bidens tripartita* L.

别（土）名：狼把草、矮狼杷草

保护区各县区均有零星分布，生于路边荒野及水边湿地，海拔1000～1700m。

（1196）婆婆针*Bidens bipinnata* L.

别（土）名：刺针草、鬼针草

保护区各县区均有分布，生于路边荒地、山坡及田间，海拔1000～1700m。

（1197）小花鬼针草*Bidens parviflora* Willd.

别（土）名：一包针、锅叉草、小鬼叉、细叶刺针草

保护区各县区均有分布，生于路边荒地、林下及水沟边，海拔1000～1600m。

510）万寿菊属*Tagetes* L.

（1198）万寿菊*Tagetes erecta* L.

别（土）名：孔雀菊、臭菊花、小万寿菊、臭芙蓉、孔雀草

保护区有种植，作园林观赏或经济作物。

511）豨莶属*Sigesbeckia* L.

（1199）豨莶*Sigesbeckia orientalis* L.

别（土）名：粘糊菜、虾柑草

保护区各区均有分布，生于山谷林缘、灌丛、河谷或溪边潮湿地等处，海拔1000～1600m。

（1200）腺梗豨莶*Sigesbeckia pubescens* Makino

别（土）名：珠草、棉苍狼、毛豨莶

保护区各区均有分布，生于山谷林缘、灌丛、河谷或溪边潮湿地等处，海拔1000～1200m。

512）牛膝菊属*Galinsoga* Ruiz & Pav.

（1201）粗毛牛膝菊*Galinsoga quadriradiata* Ruiz & Pavon

别（土）名：睫毛牛膝菊

保护区各县区均有分布，生于林下、河谷地、荒野、河边、田间、溪边或市郊路旁，海拔1000～1700m。

513）泽兰属*Eupatorium* L.

（1202）白头婆*Eupatorium japonicum* Thunb.

别（土）名：泽兰、三裂叶白头婆

保护区各地均有零星分布，生于水湿地及河岸水旁，海拔1000～1300m。

（1203）林泽兰*Eupatorium lindleyanum* DC.

别（土）名：尖佩兰

保护区各区均有分布，生于山谷阴湿地、林下湿地或沟谷底湿草地上，海拔1000～1400m。

514）金光菊属*Rudbeckia* L.

（1204）金光菊*Rudbeckia laciniata* L.

别（土）名：黑眼菊

保护区庭园常有栽培，供观赏。

（1205）二色金光菊*Rudbeckia bicolor* Nutt.

保护区庭园常有栽培，供观赏。

（1206）黑心金光菊*Rudbeckia hirta* L.

别（土）名：黑心菊、黑眼菊

保护区庭园常有栽培，供观赏。

515）松香草属*Silphium* L.

（1207）串叶松香草*Silphium perfoliatum* L.

保护区仅见于合水县太白林区林缘疏林下，为逸生种群。

516）苍耳属*Xanthium* L.

（1208）苍耳*Xanthium strumarium* L.

别（土）名：苍子、苍耳子、蒙古苍耳、偏基苍耳、近无刺苍耳

保护区各县区均有分布，常生于荒野路边、田边，海拔1000～1600m。

（1209）刺苍耳*Xanthium spinosum* L.

保护区仅见于合水县连家砭村花溪谷，疑为引进花卉时无意引入。

517）百日菊属*Zinnia* L.

（1210）百日菊*Zinnia elegans* Jacq.

别（土）名：步步登高、节节高、鱼尾菊、火毡花、百日草

保护区庭园广泛栽培，供观赏。

518）向日葵属*Helianthus* L.

（1211）菊芋*Helianthus tuberosus* L.

别（土）名：洋羌、五星草、菊诸、洋姜、芋头

保护区普遍栽培，菜用或供观赏。

（1212）向日葵*Helianthus annuus* L.

别（土）名：向日葵丈菊、葵花

保护区普遍栽培。

519）千里光属*Senecio* L.

（1213）千里光*Senecio scandens* Buch.-Ham. ex D. Don

别（土）名：蔓黄菀、九里明

保护区仅见于合水太白镇，生于路边绿化带中，为园林绿化无意引入。

（1214）北千里光*Senecio dubitabilis* C. Jeffrey & Y. L. Chen

保护区各县区均有零星分布，生于砂石处、田边，海拔1000～1600m。

（1215）额河千里光*Senecio argunensis* Turcz.

别（土）名：大蓬蒿、羽叶千里光

保护区各县区均有分布，生于山坡草地、灌丛、林缘路旁，海拔1000～1600m。

（1216）林荫千里光*Senecio nemorensis* L.

别（土）名：黄菀

保护区各县区均有零星分布，生于疏林中、山坡或沟溪边，海拔1100～1500m。

520）瓜叶菊属*Pericallis* D. Don

（1217）瓜叶菊*Pericallis hybrida* B. Nord.

保护区有栽培。

521）款冬属*Tussilago* L.

（1218）款冬*Tussilago farfara* L.

别（土）名：九尽草、虎须、冬花、款冬花

保护区各县区均有分布，常生于山谷湿地或林下，海拔1000～1600m。

522）狗舌草属*Tephroseris*（Reichenb.）Reichenb.

（1219）狗舌草*Tephroseris kirilowii*（Turcz. ex DC.）Holub

保护区各县区均有分布，生于山坡草地或林缘灌丛，海拔1000～1600m。

（1220）红轮狗舌草*Tephroseris flammea*（Turcz. ex DC.）Holub.

别（土）名：红轮千里光

保护区仅见于正宁县刘家店林区，生于林缘路边、砂砾地，海拔1200m。

523）蒲儿根属*Sinosenecio* B. Nord.

（1221）蒲儿根*Sinosenecio oldhamianus*（Maxim.）B. Nord.

保护区各区均有分布，生于林缘、溪边、潮湿岩石边及草坡，海拔1000～1400m。

524）橐吾属*Ligularia* Cass.

（1222）掌叶橐吾*Ligularia przewalskii*（Maxim.）Diels

保护区各区均有分布，生于河滩、林缘、林下及灌丛湿处，海拔1000～1700m。

525）兔儿伞属*Syneilesis* Maxim.

（1223）兔儿伞*Syneilesis aconitifolia*（Bge.）Maxim.

保护区各区均有分布，生于山坡草地、林缘路旁或沟谷阴湿处，海拔1000～1300m。

526）华蟹甲属*Sinacalia* H. Rob. & Brettell

（1224）华蟹甲*Sinacalia tangutica*（Maxim.）B. Nord.

别（土）名：羽裂蟹甲草

保护区各区均有分布，生于山坡草地、沟边或林缘及路边，海拔1000～1700m。

527）蟹甲草属*Parasenecio* W. W. Sm. & J. Small

（1225）山西蟹甲草*Parasenecio dasythyrsus*（Hand.-Mazz）Y. L. Chen

保护区仅见于正宁县刘家店林区，生于沟谷林下，海拔1300m。

528）天明精属*Carpesium* L.

（1226）大花金挖耳*Carpesium macrocephalum* Franch. et Sav.

别（土）名：香油罐、千日草、神灵草、仙草

保护区各区均有分布，生于山坡灌丛、混交林边及沟谷湿草地，海拔1000～1500m。

（1227）烟管头草*Carpesium cernuum* L.

别（土）名：烟袋草、杓儿菜

保护区各县区广布，生于林下、林缘、灌丛、路边荒地、山坡、沟边等处，海拔1000～1700m。

529）蒿属*Artemisia* L.

（1228）艾*Artemisia argyi* H. Lév. & Vaniot

别（土）名：金边艾、艾蒿、祈艾、灸草、端阳蒿

各县区普遍栽培。

（1229）青蒿*Artemisia carvifolia* Buch.-Ham. ex Roxb.

别（土）名：草蒿、茵陈蒿、香蒿、苹蒿、黑蒿

合水县太白和连家砭林区有零星分布，生于河岸、山谷、路旁等处，海拔1000～1300m。

（1230）沙蒿*Artemisia desertorum* Spreng.

据中国数字植物标本馆标本资料显示，合水县太白镇红石沟有产，生于山坡阳处。

（1231）华北米蒿*Artemisia giraldii* Pamp.

别（土）名：吉蒿、吉氏蒿

保护区各区均有分布，生于山坡草地、干河谷、路旁、林缘、灌丛与林中空地等，海拔1100～1600m。

（1232）五月艾*Artemisia indica* Willd.

别（土）名：艾、野艾蒿、鸡脚艾、狭叶艾、艾叶

保护区各区均有分布，多生于路旁、林缘、坡地及灌丛处，海拔1000～1600m。

（1233）柳叶蒿*Artemisia integrifolia* L.

仅见于保护区合水县太白林区，生于林缘、河边草地及灌丛中，海拔1000～1300m。

（1234）狭裂白蒿*Artemisia kanashiroi* Kitam.

保护区各地均有零星分布，生于田边、路旁、山坡草地等处，海拔1100～1400m。

（1235）白苞蒿*Artemisia lactiflora* Wall. ex DC.

别（土）名：四季菜、大力王、白花蒿、珍珠花菜、野芫荽

保护区各地均有零星分布，生于沟谷湿润地，海拔1000～1400m。

（1236）野艾蒿*Artemisia lavandulifolia* DC.

别（土）名：大叶艾蒿

保护区各地均有零星分布，生于路旁、山坡及河边草地，海拔1000～1400m。

（1237）蒙古蒿*Artemisia mongolica*（Fisch. ex Bess.）Nakai

别（土）名：蒙蒿、狭叶蒿、狼尾蒿、水红蒿

保护区广布，多生于山坡草地、灌丛、河岸边及路旁等，海拔1000～1700m。

（1238）白叶蒿*Artemisia leucophylla*（Turcz. ex Ledeb.）C. B. Clarke

保护区各县区广泛分布，生于山坡草地、林缘、灌丛或疏林下，海拔1000～1700m。

（1239）大籽蒿*Artemisia sieversiana* Ehrhart ex Willd.

保护区各县区均有分布，生于路旁、荒地、河漫滩或林缘及灌丛，海拔1000～1700m。

（1240）黄花蒿*Artemisia annua* L.

别（土）名：香蒿、臭蒿（庆阳）、黄蒿（庆阳）

保护区各县区均广泛分布，生境多样，海拔1000～1600m。

（1241）蒌蒿*Artemisia selengensis* Turcz. ex Bess.

别（土）名：芦、蒿、芦蒿、水蒿、蒉蒿

保护区仅见于合水县太白林区，生于湿润的疏林中、河岸湿地，海拔1100～1200m。

（1242）冷蒿*Artemisia frigida* Willd.

别（土）名：白蒿、小白蒿、兔毛蒿、寒地蒿、茵陈蒿

保护区各县区均有分布，适应性强，生于各种生境，海拔1000～1600m，是保护区荒漠化草原区主要建群种之一。

（1243）牡蒿 *Artemisia japonica* Thunb.

别（土）名：油蒿、日本牡蒿、脚板蒿、匙叶艾等

保护区各区均有分布，生于林缘、林中空地、疏林下、灌丛、路旁等处，海拔1000～1700m。

（1244）南牡蒿*Artemisia eriopoda* Bge.

别（土）名：牡蒿、拔拉蒿、黄蒿、一枝蒿、米蒿

保护区各区均有分布，生于林缘、路旁、草坡、灌丛、疏林内或林中空地，海拔1000～1600m。

（1245）牛尾蒿*Artemisia dubia* Wall. ex Bess.

别（土）名：荻蒿、紫杆蒿、艾蒿、米蒿、指叶蒿

保护区各区均有分布，生于灌丛、林缘路边及疏林下，海拔1000～1700m。

（1246）灰苞蒿 *Artemisia roxburghiana* Bess.

保护区各地均有零星分布，生于干旱河谷及路旁草地，海拔1000～1400m。

（1247）莳萝蒿*Artemisia anethoides* Mattf.

别（土）名：肇东蒿、小碱蒿、伪菌陈

保护区各县区均有分布，多生于干山坡、河边沙地、荒地、路旁等，盐碱地附近尤多，海拔1000～1600m。

（1248）细裂叶莲蒿*Artemisia gmelinii* Web. ex Stechm.

别（土）名：两色万年蒿、小裂齿蒿

保护区各县区均有分布，生于山坡草地、半荒漠化草原、灌丛等处，海拔1000～1600m；保护区荒漠化草原区之杂草草原主要伴生种。

（1249）白莲蒿*Artemisia stechmanniana* Bess.

别（土）名：白蒿、万年蒿、香蒿、铁秆蒿（庆阳）

保护区各县区均有分布，生于山坡、路旁、灌丛中，海拔1000～1600m。

（1250）毛莲蒿*Artemisia vestita* Wall. ex Bess.

别（土）名：万年蒿

保护区各地均有零星分布，生于山坡草地、灌丛或林缘等处，海拔1200～1600m。

（1251）茵陈蒿*Artemisia capillaris* Thunb.

别（土）名：茵陈、白茵陈、日本茵陈、家茵陈、绒蒿

保护区各县区均有分布，生于村庄空地、路旁及山坡草地，海拔1000～1600m。

（1252）阴地蒿*Artemisia sylvatica* Maxim.

别（土）名：林下艾、林地蒿、林中蒿、山艾叶、白脸蒿

保护区各地均有零星分布，生于湿润沟谷、林缘或灌丛荫蔽处，海拔1000～1400m。

（1253）猪毛蒿*Artemisia scoparia* Waldst. & Kit.

别（土）名：石茵陈、山茵陈、西茵陈、北茵陈、白蒿

保护区各县区广泛分布，生境多样，海拔1000～1600m，为少数区域荒漠化草原主要优势种之一。

（1254）荒野蒿*Artemisia campestris* L.

华池县豹子川有产，生于砾质山坡草地，海拔1400m。

（1255）辽东蒿*Artemisia verbenacea*（Komar.）Kitag.

华池县豹子川有产，生于砾质山坡草地，海拔1480m。

（1256）甘肃蒿*Artemisia gansuensis* Y. Ling & Y. R. Ling

华池县豹子川有产，生于砾质山坡草地，海拔1450m。

（1257）山蒿*Artemisia brachyloba* Franch.

华池县豹子川有产，生于砾质山坡草地，海拔1400m。

530）旋覆花属*Inula* L.

（1258）旋覆花*Inula japonica* Thunb.

别（土）名：六月菊、金佛草、小旋覆花、条叶旋覆花

保护区各县区均有分布，生于山坡路旁、湿润草地、河岸和田埂上，海拔1000～1700m。

（1259）欧亚旋覆花*Inula britannica* L.

别（土）名：大花旋覆花、旋覆花

合水县华池县林镇和豹子川林区有零星分布，生于河岸、阴润坡地或田埂，海拔1400m。

（1260）蓼子朴*Inula salsoloides*（Turcz.）Ostenf.

别（土）名：山猫眼、秃女子草、黄喇嘛

保护区仅见于华池县豹子川，生于干旱山坡草地平缓处，海拔1350m。

531）紫菀属*Aster* L.

（1261）紫菀*Aster tataricus* L. f.

别（土）名：还魂草、驴耳朵菜、驴夹板菜、山白菜、青牛舌头花

合水县太白林区有产，生于山脚草丛、林下、灌丛及岩缝中，海拔1100m。

（1262）三脉紫菀*Aster trinervius* D. Don subsp. *ageratoides*（Turcz.）Grierson

别（土）名：三脉叶马兰、白升麻、山白菊、野白菊花、三褶脉马兰

保护区各县区均有分布，多生于林下、林缘、灌丛及山谷湿地等处，海拔1000～1700m。

（1263）细茎紫菀*Aster gracilicaulis* Y. Ling ex J. Q. Fu

庆阳市各县区均有分布，生于山坡草地及灌丛，海拔1000～1700m。

（1264）阿尔泰狗娃花*Aster altaicus* Willd.

别（土）名：阿尔泰紫菀

保护区各区广泛分布，生于各种生境，海拔1000～1600m。

（1265）鞑靼狗娃花*Aster neobiennis* Brouillet

保护区各区均有分布，生于林缘路边、灌丛及沟谷砂质草地，海拔1000～1700m。

（1266）砂狗娃花*Aster meyendorffii*（Regel & Maack）Voss

保护区各区均有分布，生于山坡草地及林缘灌丛，海拔1100～1600m。

（1267）马兰*Aster indicus* L.

别（土）名：蓑衣莲、鸡儿肠、马兰头、狭叶马兰、多型马兰

保护区各区均有分布，生于山坡、林缘、灌丛、路旁，海拔1000～1700m。

（1268）全叶马兰*Aster pekinensis*（Hance）Kitag.

别（土）名：全叶鸡儿肠

保护区各区均有分布，生于山坡、林缘、灌丛、路旁，海拔1000～1700m。

（1269）裂叶马兰*Aster incisus* Fisch.

保护区各县区均有零星分布，生于山坡草地、灌丛及湿草地，海拔1100～1500m。

（1270）蒙古马兰*Aster mongolicus* Franch.

保护区各地均有产，生于山坡草地阴湿处、林缘灌丛及疏林下，海拔1000～1700m。

532）金盏花属*Calendula* L.

（1271）金盏花*Calendula officinalis* L.

别（土）名：金盏菊、盏盏菊

保护区庭园常有栽培，供观赏。

533）拟鼠麹草属*Pseudognaphalium* Kirp.

（1272）鼠曲草*Pseudognaphalium affine*（D. Don）Anderb.

别（土）名：田艾、清明菜、拟鼠麹草、鼠麹草

合水县太白和连家砭林区有分布，生于湿润草地上、疏林下，海拔1000～1300m。

534）火绒草属*Leontopodium* R. Br. ex Cass.

（1273）火绒草*Leontopodium leontopodioides*（Willd.）Beauv.

别（土）名：绢绒火绒草、老头艾、老头草、火绒蒿、驴耳朵

保护区各县区均有分布，生于干旱山坡草地或灌丛，海拔1000～1600m。

（1274）绢茸火绒草*Leontopodium smithianum* Hand.-Mazz.

保护区各县区均有分布，生于干燥山坡草地，海拔1000～1600m。

（1275）薄雪火绒草*Leontopodium japonicum* Miq.

别（土）名：小白头翁、小毛香、火艾、薄雪草、厚茸薄雪火绒草

保护区各区均有分布，生于灌丛或疏林下，海拔1000～1700m。

（1276）长叶火绒草*Leontopodium junpeianum* Kitam.

别（土）名：兔耳子草、狭叶长叶火绒草

保护区各区有产，生于湿润草地、洼地、灌丛或疏林下，海拔1000～1700m。

535）香青属*Anaphalis* DC.

（1277）香青*Anaphalis sinica* Hance

别（土）名：籁箫、荻、通肠香

保护区各县区均有零星分布，生于山坡草地、灌丛和沟谷较湿处，海拔1000～1600m。

（1278）珠光香青*Anaphalis margaritacea*（L.）Benth. & Hook. f.

别（土）名：山荻

保护区各区均有零星分布，生于林缘灌丛及疏林下，海拔1000～1600m。

536）联毛紫菀属*Symphyotrichum* Nees

（1279）钻叶紫菀*Symphyotrichum subulatum*（Michx.）G.L.Nesom

保护区仅见于正宁县刘家店林区，生于河岸边潮湿处，海拔1300m。

537）飞蓬属*Erigeron* L.

（1280）飞蓬*Erigeron acris* L.

别（土）名：狼尾巴棵

保护区各县区均有分布，生于山坡草地及林缘里边，海拔1000～1700m。

（1281）长茎飞蓬*Erigeron acris* L. subsp. *politus*（Fr.）Schinz & R. Keller

保护区各县区均有分布，生于山坡草地、沟边及林缘，海拔1000～1600m。

（1282）小蓬草*Erigeron canadensis* L.

别（土）名：小飞蓬、加拿大蓬、小白酒草、蒿子草

保护区各县区广泛分布，生于旷野、荒地、田边和路旁，海拔1000～1600m。

（1283）一年蓬*Erigeron annuus*（L.）Pers.

别（土）名：治疟草、千层塔

保护区各县区均有分布，生于路边旷野、山坡荒地、林缘灌丛及疏林下，海拔1000～1700m。

538）翠菊属*Callistephus* Cass.

（1284）翠菊*Callistephus chinensis*（L.）Nees

别（土）名：江西腊、五月菊

保护区庭园有栽培，供观赏。

539）蓍属*Achillea* L.

（1285）蓍*Achillea millefolium* L.

别（土）名：蚰蜒草、千叶蓍

保护区有栽培。

（1286）云南蓍*Achillea wilsoniana* Heimerl ex Hand.-Mazz.

保护区各区各地均有分布，生于山坡草地、灌丛中及沟底湿草地，海拔1000～1400m。

（1287）齿叶蓍*Achillea acuminata*（Ledeb.）Sch. Bip.

保护区南北林区均有零星分布，生于河边阴湿处，海拔1000～1400m。

540）栉叶蒿属*Neopallasia* Poljakov

（1288）栉叶蒿*Neopallasia pectinata*（Pall.）Poljakov

华池县豹子川有产，生于山坡草地，海拔1400m。

541）亚菊属*Ajania* Poljakov

（1289）丝裂亚菊*Ajania nematoloba*（Hand.-Mazz.）Ling et Shih

保护区仅见于华池县豹子川，生于干旱山坡草地，海拔1300～1600m。

（1290）灌木亚菊*Ajania fruticulosa*（Ledeb.）Poljak.

保护区仅见于华池县豹子川，生于干旱山坡草地，海拔1300～1600m。

542）菊属*Chrysanthemum* L.

（1291）甘菊*Chrysanthemum lavandulifolium*（Fisch. ex Trautv.）Makino

别（土）名：野菊、甘野菊

保护区各县区广布，生于山坡草地及林缘灌丛，海拔1000～1700m。

（1292）小红菊*Chrysanthemum chanetii* H. Léveillé

保护区各区有产，生于林缘灌丛，海拔1100～1600m。

川续断目Dipsacales

117.忍冬科Caprifoliaceae Juss.

543）锦带花属*Weigela* Thunb.

（1293）锦带花*Weigela florida*（Bge.）A. DC.

保护区栽培品种为“红王子锦带花”，供观赏。

544）忍冬属*Lonicera* L.

（1294）葱皮忍冬*Lonicera ferdinandi* Franch.

别（土）名：大葱皮木、千层皮、波叶忍冬、烂皮袄（子午岭）

保护区各区均有分布，子午岭以外县区仅有零星分布，多生于向阳山坡林中或林缘灌丛中，海拔1000～1700m。

（1295）金银忍冬*Lonicera maackii*（Rupr.）Maxim.

别（土）名：金银木、王八骨头

保护区各区广泛分布，多生于林中或林缘灌丛中，海拔1000～1700m。

（1296）樱桃忍冬*Lonicera fragrantissima* Lindl.ex Paxt. subsp. *phyllocarpa*（Maxim.）Hsu et H.J.Wang

别（土）名：白花杆

保护区各区均有分布，生于山坡、山谷或河边，海拔1100～1700m。

（1297）苦糖果*Lonicera fragrantissima* Lindl. et Paxt. var. *lancifolia*（Rehder）Q. E. Yang

别（土）名：狗蛋子、驴奶果、苦竹泡、鸡骨头、羊奶头

保护区各区均有零星分布，生于向阳山坡疏林或灌丛中，海拔1000～1700m。

（1298）北京忍冬*Lonicera elisae* Franch.

别（土）名：毛母娘、狗骨头、四月红、破皮袄

保护区各区均有分布，生于沟谷或山坡丛林或灌丛中，海拔1000～1700m。

（1299）唐古特忍冬*Lonicera tangutica* Maxim.

别（土）名：陇塞忍冬、羊奶奶、毛药忍冬、袋花忍冬、毛果忍冬

保护区各区均有分布，生于杂木林下或灌丛中，海拔1100～1700m。

（1300）盘叶忍冬*Lonicera tragophylla* Hemsl.

别（土）名：土银花、杜银花、叶藏花、大叶银花

保护区各区均有分布，多生于林下、灌丛或河滩旁岩缝中，海拔1000～1700m。

（1301）忍冬*Lonicera japonica* Thunb.

别（土）名：老翁须、鸳鸯藤、金银藤、双花、金银花（庆阳）

保护区有栽培，作药用。

545）六道木属*Zabelia*（Rehder）Makino

（1302）南方六道木*Zabelia dielsii*（Graebn.）Makino

别（土）名：太白六道木、伞花六道木

保护区正宁县刘家店林区有零星分布，生于山坡灌丛或疏林下，海拔1400～1700m。

546）缬草属*Valeriana* L.

（1303）缬草*Valeriana officinalis* L.

别（土）名：五里香、满坡香、香草、媳妇菜、广州拔地麻

保护区各区均有零星分布，生于山坡草地、林缘灌丛、疏林下或沟边等处，海拔1200～1700m。

547）败酱属*Patrinia* Juss.

（1304）墓头回*Patrinia heterophylla* Bge.

别（土）名：摆子草、追风箭、异叶败酱、苦菜、窄叶败酱

保护区各县区均有分布，生于山地草地、灌丛、路边和砂质土壤上，海拔1000～1600m。

（1305）岩败酱*Patrinia rupestris*（Pall.）Juss.

保护区各县区均有分布，生于山地草地、灌丛、路边和砂质土壤上，海拔1000～1600m。

（1306）糙叶败酱*Patrinia scabra* Bge.

保护区各县区均有分布，生于向阳山坡草地、灌丛、路边和砂质土壤上，海拔1000～1600m。

548）川续断属*Dipsacus* L.

（1307）川续断*Dipsacus asper* Wall.

合水县太白林区有零星分布，生于沟谷草丛、林缘和田野路旁，海拔1000～1200m。

（1308）日本续断*Dipsacus japonicus* Miq.

别（土）名：天目续断

保护区各县区均有分布，生于林缘路边、灌丛及山坡草地，海拔1000～1700m。

549）蓝盆花属*Scabiosa* L.

（1309）蓝盆花*Scabiosa comosa* Fisch. ex Roem. & Schult.

别（土）名：细叶山萝卜、山萝卜、华北蓝盆花、大花蓝盆花、毛叶蓝盆花

保护区各区均有分布，生于干燥砂质地、山坡草地、灌丛及疏林下，海拔1300～1700m。

118.五福花科Adoxaceae E. Mey.

550）荚蒾属*Viburnum* L.

（1310）桦叶荚蒾*Viburnum betulifolium* Batal.

别（土）名：湖北荚蒾、阔叶荚蒾、腺叶荚蒾、北方荚蒾、卷毛荚蒾

保护区各区均有分布，生于山谷林中或山坡灌丛中，海拔1000～1600m。

（1311）蒙古荚蒾*Viburnum mongolicum*（Pall.）Rehd.

保护区各区均有零星分布，生于山坡疏林下或灌丛中，海拔1000～1600m。

（1312）陕西荚蒾*Viburnum schensianum* Maxim.

别（土）名：浙江荚蒾

保护区各区普遍分布，生于山坡疏林下或灌丛中，海拔1000～1700m。

（1313）鸡树条*Viburnum opulus* L. subsp. *calvescens*（Rehder）Sugim.

别（土）名：老鸹眼、天目琼花、鸡树条荚蒾

据《子午岭木本植物志》记载，正宁县林区有分布，生于沟谷疏林下或灌丛中。

（1314）欧洲荚蒾（雪球荚蒾）*Viburnum opulus* L.‘Sterile’

保护区有栽培，供园林绿化及观赏用。

551）接骨木属*Sambucus* L.

（1315）接骨木*Sambucus williamsii* Hance

别（土）名：九节风、续骨草、木蒴藋、东北接骨木

保护区各区均有零星分布，生于杂木林下及林缘灌丛中，海拔1100～1400m；各县区亦有零星栽培。

伞形目Apiales

119.五加科Araliaceae Juss.

552）五加属*Eleutherococcus* Maxim.

（1316）短柄五加*Eleutherococcus brachypus*（Harms）Nakai

别（土）名：倒卵叶五加、倒爬牛（子午岭）

保护区各区均有分布，生于林缘路边、疏林下及灌丛中，海拔1000～1700m。

（1317）刺五加*Eleutherococcus senticosus*（Rupr. & Maxim.）Maxim.

别（土）名：刺拐棒、老虎潦、一百针、坎拐棒子、短蕊刺五加

保护区仅见于正宁县刘家店林区，生于林下或灌丛中，海拔1400m。

553）刺楸属*Kalopanax* Miq.

（1318）刺楸*Kalopanax septemlobus*（Thunb.）Koidz.

别（土）名：茨楸、刺桐、刺枫树、鼓钉刺、毛叶刺楸

仅见于合水县连家砭林区，生于阳性灌木林中或林缘，海拔1300m。

120.伞形科Apiaceae Lindl.

554）变豆菜属*Sanicula* L.

（1319）变豆菜*Sanicula chinensis* Bge.

别（土）名：鸭脚板、蓝布正

保护区各区均有分布，生于阴湿山坡路旁、杂木林下或溪边草丛中，海拔1000～1500m。

555）柴胡属*Bupleurum* L.

（1320）北柴胡*Bupleurum chinense* DC.

别（土）名：韭叶柴胡、硬苗柴胡、竹叶柴胡、烟台柴胡

保护区各县区广泛分布，生于向阳山坡草地、路边、疏林下及灌丛中，海拔1000～1700m。

（1321）红柴胡*Bupleurum scorzonerifolium* Willd.

别（土）名：南柴胡、软苗柴胡、狭叶柴胡、软柴胡、香柴胡

保护区各县区均有零星分布，生于干燥的向阳山坡、灌木林边缘，海拔1100～1500m。

（1322）银州柴胡*Bupleurum yinchowense* R. H. Shan & Yin Li

别（土）名：红柴胡、红软柴胡、软柴胡

华池县豹子川有产，生于干燥山坡草地，海拔1400m。

（1323）紫花阔叶柴胡*Bupleurum boissieuanum* H. Wolff

别（土）名：紫花大叶柴胡

合水县太白和连家砭林区有零星分布，生于山坡林下或阴湿山沟，海拔1000～1300m。

（1324）线叶柴胡*Bupleurum angustissimum*（Franch.）Kitag.

别（土）名：三岛柴胡

合水县太白林区有产，生于砂质山坡草地，海拔1100m。

556）水芹属*Oenanthe* L.

（1325）水芹*Oenanthe javanica*（Bl.）DC.

别（土）名：野芹菜、水芹菜

保护区各县区均有分布，多生于浅水低洼地方或池沼、水沟旁，海拔1000～1400m。

557）鸭儿芹属*Cryptotaenia* DC.

（1326）鸭儿芹*Cryptotaenia japonica* Hassk.

别（土）名：鸭脚板、鸭脚芹

保护区各区均有分布，生于山沟及林下较阴湿处，海拔1000～1600m。

558）阿魏属*Ferula* L.

（1327）硬阿魏*Ferula bungeana* Kitag.

别（土）名：沙茴香、砂茴香

保护区仅见于华池县豹子川，生于砾石质山坡草地及路边，海拔1400m。

559）胡萝卜属*Daucus* L.

（1328）野胡萝卜（原变种）*Daucus carota* L. var. *carota*

保护区各区均有零星分布，生于山坡路旁、旷野或田间，海拔1000～1600m。

（1329）胡萝卜*Daucus carota* L. var. *sativa* Hoffm.

别（土）名：赛人参

保护区有栽培。

560）窃衣属*Torilis* Adans.

（1330）窃衣*Torilis scabra*（Thunb.）DC.

合水县太白和连家砭林区有零星分布，生于山坡路旁、河边及空旷草地上，海拔1000～1300m。

（1331）小窃衣*Torilis japonica*（Houtt.）DC.

别（土）名：大叶山胡萝卜、破子草

保护区各县区均有分布，生于杂木林下、林缘、路旁、河沟及溪边草丛，海拔1000～1600m。

561）山芹属*Ostericum* Hoffm.

（1332）山芹*Ostericum sieboldii*（Miq.）Nakai

别（土）名：山芹独活、秦陇当归、米格当归、望天芹、山芹菜等

保护区各地均有分布，生于山谷、林缘和林下，海拔1000～1700m。

562）葛缕子属*Carum* L.

（1333）葛缕子*Carum carvi* L.

合水县太白林区有产，生于河滩或山坡草丛中，海拔1100m。

（1334）田葛缕子*Carum buriaticum* Turcz.

别（土）名：丝叶葛缕子

保护区各县区均有分布，生于田边、路旁、河岸、林下及山地草丛中，海拔1000～1600m。

563）茴芹属*Pimpinella* L.

（1335）羊红膻*Pimpinella thellungiana* Wolff

别（土）名：缺刻叶茴芹

宁县罗山府和桂花塬林区有产，生于河边、山坡草丛和灌丛中，海拔1300～1400m。

564）蛇床属*Cnidium* Cusson

（1336）蛇床*Cnidium monnieri*（L.）Cuss.

别（土）名：山胡萝卜、蛇米、蛇粟、蛇床子

合水县太白和连家砭林区有产，生于路旁、草地及河边湿地，海拔1100～1300m。

565）藁本属*Ligusticum* L.

（1337）川芎*Ligusticum sinense* Oliv. ‘Chuanxiong’

别（土）名：芎穷

保护区有零星栽培，根作药用。

（1338）藁本*Ligusticum sinense* Oliv.

别（土）名：西芎

保护区各区均有分布，生于沟底林下阴湿处、溪流边或河边湿地，海拔1000～1700m。

566）芫荽属*Coriandrum* L.

（1339）芫荽*Coriandrum sativum* L.

别（土）名：胡荽、香荽、香菜（庆阳）

保护区有栽培，作蔬菜或菜肴点缀用。

567）独活属*Heracleum* L.

（1340）独活*Heracleum hemsleyanum* Diels

合水县太白林区有分布，生于山坡阴湿的灌丛或林下，海拔1100m。

（1341）短毛独活*Heracleum moellendorffii* Hance

别（土）名：老桑芹

保护区有栽培。

568）当归属*Angelica* L.

（1342）白芷*Angelica dahurica*（Fisch. ex Hoffm.）Benth. & Hook. f. ex Franch. & Sav.

保护区仅见于正宁县中湾林区，常生于林下、林缘、溪旁、灌丛及山谷草地，海拔1600m。

569）前胡属*Peucedanum* L.

（1343）前胡*Peucedanum praeruptorum* Dunn

别（土）名：白花前胡、鸡脚前胡、官前胡、山独活

保护区各区均有分布，生于林缘、路旁或半阴性的山坡草丛中，海拔1100～1700m。

（1344）华北前胡*Peucedanum harry-smithii* Fedde ex Wolff

别（土）名：毛白花前胡

保护区各区均有分布，生于林缘、山谷溪边或山坡草地，海拔1100～1700m。

（1345）长前胡*Peucedanum turgeniifolium* Wolff

保护区各区均有分布，生于山坡草地和灌丛，海拔1200～1600m。

570）防风属*Saposhnikovia* Schischk.

（1346）防风*Saposhnikovia divaricata*（Turcz.）Schischk.

别（土）名：北防风、关防风

保护区各区均有分布，生于山坡草地、林缘路边及灌丛中，海拔1100～1700m。

571）迷果芹属*Sphallerocarpus* Besser ex DC.

（1347）迷果芹*Sphallerocarpus gracilis*（Bess.）K.-Pol.

别（土）名：达扭、小叶山红萝卜

保护区各区均有零星分布，生于林缘路旁、沟谷草地，海拔1000～1600m。蒙古和俄罗斯亦产。

3.3.2 裸子植物

本区产3科4属6种，另引种4科6属14种3变种。

麻黄目Ephedrales

1. 麻黄科Ephedraceae Dumort.

1）麻黄属*Ephedra* L.

（01）中麻黄*Ephedra intermedia* Schrenk ex Mey.

别（土）名：西藏中麻黄、麻黄（庆阳）

保护区各地均有分布，生于干旱荒漠、沙滩、山坡或草地上，海拔900～1800m。

（02）草麻黄*Ephedra sinica* Stapf

别（土）名：华麻黄、麻黄（庆阳）

异　名：*Ephedra ma-huang*

保护区各地均有零星分布，生于山坡草地、干燥荒地及草原等处，海拔900～1700m。

（03）木贼麻黄*Ephedra equisetina* Bge.

别（土）名：山麻黄、木麻黄、麻黄（庆阳）

异　名：*Ephedra shennungiana*

保护区仅见于华池县豹子川，生于海拔1430m的干旱山坡草地。

银杏目Ginkgoales

2.银杏科Ginkgoaceae Engl.

2）银杏属*Ginkgo* L.

（04）银杏*Ginkgo biloba* L.

别（土）名：鸭掌树、鸭脚子、公孙树、白果

保护区有栽培，作园林绿化及观赏用，野生居群为国家Ⅰ级野生保护植物。

松目Pinales

3.松科Pinaceae Spreng. ex F. Rudolphi

3）松属*Pinus* L.

（05）华山松*Pinus armandii* Franch.

别（土）名：五叶松、青松、果松、五须松、白松

异　名：*Pinus levis*；*Pinus scipioniformis*；*Pinus excelsa* var. *chinensis*

保护区各地均有少量栽培，作园林绿化用。

（06）白皮松*Pinus bungeana* Zucc. ex Endl.

别（土）名：蟠龙松、虎皮松、白果松、三针松、白骨松

保护区各地均有栽培，作园林绿化及造林树种。

（07）油松*Pinus tabuliformis* Carrière

别（土）名：东北黑松、短叶马尾松、红皮松、短叶松、松树（子午岭）

保护区各地广泛栽培，作园林绿化及造林用；子午岭南北林区亦有野生种群。为我国特有树种。

（08）樟子松*Pinus sylvestris* L. var. *mongolica* Litv.

别（土）名：海拉尔松

保护区各地有零星栽培，作造林树种。

4）云杉属*Picea* A. Dietrich

（09）云杉*Picea asperata* Mast.

别（土）名：白松、大果云杉、大云杉、异鳞云杉、茂县云杉

保护区有栽培，作园林绿化或造林树种，为我国特有树种。

（10）青海云杉*Picea crassifolia* Kom.

别（土）名：云杉（庆阳）

保护区有栽培，作园林绿化用，为我国特有树种。

（11）青杄*Picea wilsonii* Mast.

别（土）名：青杆、华北云杉、细叶云杉、白杆云杉、青杆云杉

保护区有少量栽培，为我国特有树种。

（12）川西云杉*Picea likiangensis* var. *rubescens* Rehder & E. H. Wilson

别（土）名：水平杉、西康云杉

正宁县中湾管理站皮丰店苗圃地有栽培。

5）落叶松属*Larix* Mill.

（13）华北落叶松*Larix gmelinii*（Ruprecht）Kuzeneva var. *principis-rupprechtii*（Mayr）Pilger

别（土）名：雾灵落叶松、落叶松（子午岭）

保护区有栽培纯林，为我国特有种。

6）雪松属*Cedrus* Trew

（14）雪松*Cedrus deodara*（Roxburgh）G. Don

别（土）名：塔松、香柏、喜马拉雅雪松

保护区有栽培，作园林绿化用。

柏目Cupressales

4.柏科Cupressaceae Gray

7）侧柏属*Platycladus* Spach

（15）侧柏*Platycladus orientalis*（L.）Franco

别（土）名：香柯树、扁桧、香柏、黄柏、柏树（子午岭）等

保护区有栽培，作园林绿化用；子午岭南北林区均有野生种群。

8）刺柏属*Juniperus* L.

（16）刺柏*Juniperus formosana* Hayata

别（土）名：台湾柏、刺松、矮柏木、台桧、山刺柏

保护区仅见于正宁县刘家店林区，我国特有树种。

（17）杜松*Juniperus rigida* Siebold & Zucc.

别（土）名：软叶杜松、棒儿松、崩松、刚桧

保护区正宁县林区均有零星栽培。

（18）叉子圆柏*Juniperus sabina* L.

别（土）名：爬柏、砂地柏、双子柏、天山圆柏、新疆圆柏

保护区有栽培，作园林绿化用。

（19）圆柏*Juniperus chinensis* L.

别（土）名：珍珠柏、红心柏、刺柏、桧、桧柏

保护区有栽培，作园林绿化用。

（20）龙柏*Juniperus chinensis*（L.）Ant.‘Kaizuca’

保护区有栽培，作园林绿化用。

（21）金叶桧*Juniperus chinensis*（L.）Ant.‘Aurea’

保护区有栽培，作园林绿化用。

（22）塔柏*Juniperus chinensis*（L.）Ant.‘Pyramidalis’

保护区有栽培，作园林绿化用。

5.红豆杉科Taxaceae Gray

9）三尖杉属*Cephalotaxus* Siebold & Zucc. ex Endl.

（23）粗榧*Cephalotaxus sinensis*（Rehder & E. H. Wilson）H. L. Li

别（土）名：中国粗榧、粗榧杉、中华粗榧杉、鄂西粗榧

保护区有栽培，作园林绿化树种，为我国特有树种。

3.3.3 蕨类植物

本区产2目7科12属22种。

木贼目Equisetales

1.木贼科Equisetaceae Michx. ex DC.

1）木贼属*Equisetum* L.

（01）木贼*Equisetum hyemale* L.

保护区南北林区均有零星分布，生于山坡林下阴湿处、沟谷湿地或溪边，海拔950～1300 m。

（02）节节草*Equisetum ramosissimum* Desf.

别（土）名：节节木贼

保护区各县区均有分布，生于湿地、溪边、湿砂地、路旁等处，亦为较湿润田间的杂草，海拔1000～1700m。

（03）问荆*Equisetum arvense* L.

别（土）名：笔头草、接骨草、锁眉草、黄蚂草

保护区各县区均有分布，生境多样，海拔1000～1700m。

（04）犬问荆*Equisetum palustre* L.

别（土）名：洗碗草、骨接草、沼泽问荆

保护区南北林区均有分布，生于湿地、沟旁及路边等处，海拔1000～1300m。

水龙骨目Polypodiales

2.凤尾蕨科Pteridaceae E. D. N. Kirchn.

2）粉背蕨属*Aleuritopteris* Fee

（05）银粉背蕨（原变种）*Aleuritopteris argentea*（S. G. Gmel.）Fée

仅见于正宁县刘家店林区，生于石灰岩石缝中或墙缝中，海拔1400m。

（06）陕西粉背蕨*Aleuritopteris argentea*（Gmél.）Fée var. *obscura*（Christ）Ching

别（土）名：多羽裸叶粉背蕨

仅见于正宁县刘家店林区，生于石缝中，海拔1450m。

3.碗蕨科Dennstaedtiaceae Lotsy

3）碗蕨属*Dennstaedtia* Bernh.

（07）溪洞碗蕨*Dennstaedtia wilfordii*（T.Moore）L.A.Triana & Sundue

保护区南北林区均有分布，生于沟底阴湿处，海拔1000～1300m。

4.铁角蕨科Aspleniaceae Newman

4）铁角蕨属*Asplenium* L.

（08）过山蕨*Asplenium ruprechtii* Sa. Kurata

别（土）名：还阳草、小石韦、马蹬草

保护区仅见于合水县太白林区，生于林下石上，海拔1100m。

（09）云南铁角蕨*Asplenium exiguum* Bedd.

别（土）名：宝兴铁角蕨

保护区仅见于正宁县刘家店林区，生于林下岩石缝隙中，海拔1300m。

（10）华中铁角蕨*Asplenium sarelii* Hook.

别（土）名：退血草、见血草、矮金花草、风水草

保护区仅见于正宁县刘家店林区，生于潮湿岩壁上或石缝中，海拔1300m。

（11）北京铁角蕨*Asplenium pekinense* Hance

别（土）名：小凤尾草、臁疮药

保护区仅见于合水县太白林区，生于岩石上或石缝中，海拔1100m。

5.蹄盖蕨科Athyriaceae Alston

5）双盖蕨属*Diplazium* Sw.

（12）黑鳞双盖蕨*Diplazium sibiricum*（Turcz. ex Kunze）Kurata

别（土）名：黑鳞短肠蕨

保护区仅见于合水县连家砭林区，生于海拔1300m的山坡阴湿处。

6）蹄盖蕨属*Athyrium* Roth

（13）中华蹄盖蕨*Athyrium sinense* Rupr.

别（土）名：户县蹄盖蕨、老君山蹄盖蕨、陕西蹄盖蕨、狭叶蹄盖蕨

保护区合水太白和连家砭林区有零星分布，生于阴湿沟谷林下，海拔1000～1300m。

6.鳞毛蕨科Dryopteridaceae Hene

7）贯众属*Cyrtomium* C. Presl

（14）贯众*Cyrtomium fortunei* J. Sm.

别（土）名：山东贯众、宽羽贯众、多羽贯众

保护区仅见于子午岭正宁县秦家梁林区，生于林下，海拔1500m。

8）耳蕨属*Polystichum* Roth

（15）华北耳蕨*Polystichum craspedosorum*（Maxim.）Diels

别（土）名：鞭叶耳蕨

保护区仅见于正宁县刘家店林区，生于阴面干燥的岩壁上，海拔1350m。

（16）对生耳蕨*Polystichum deltodon*（Bak.）Diels

别（土）名：刀羽耳蕨

保护区仅见于合水县太白林区，生于沟谷、石壁或林下，海拔1100～1200m。

9）鳞毛蕨属*Dryopteris* Adanson

（17）华北鳞毛蕨*Dryopteris goeringiana*（Kunze）Koidz.

保护区各县区均有分布，生于阔叶林下或灌丛中，海拔1000～1400m。

（18）硬果鳞毛蕨*Dryopteris fructuosa*（Christ）C. Chr.

别（土）名：凸背鳞毛蕨

保护区仅见于合水县太白林区，生于沟底松林林缘，海拔1100m。

7.水龙骨科Polypodiaceae J. Presl & C. Presl

10）瓦韦属*Lepisorus*（J. Sm.）Ching

（19）网眼瓦韦*Lepisorus clathratus*（C. B. Clarke）Ching

别（土）名：川西瓦韦、多变瓦韦、多变宽带蕨

本区仅见于正宁县刘家店林区，附生于山坡岩石上，海拔1300m。

（20）瓦韦*Lepisorus thunbergianus*（Kaulf.）Ching.

别（土）名：七星草、小叶骨牌草、小舌头草、千只眼、小肺筋

保护区仅见于合水县太白林区，附生于林下树干或岩石上，海拔1100m。

11）石韦属*Pyrrosia* Mirbel

（21）石韦*Pyrrosia lingua*（Thunb.）Farwell

别（土）名：尾头石韦、尾叶石韦

保护区仅见于合水县太白林区，附生于林下树干或稍干的岩石上，海拔1100m。

12）槲蕨属*Drynaria*（Bory）J. Sm.

（22）槲蕨*Drynaria roosii* Nakaike

保护区仅见于合水县太白林区，附生于岩缝中，海拔1150m。

3.3.4 石松类植物

本区产1目1科1属2种。

卷柏目Selaginellales

1.卷柏科Selaginellaceae Willk.

1）卷柏属*Selaginella* P. Beauv.

（01）蔓出卷柏*Selaginella davidii* Franch.

别（土）名：澜沧卷柏、蔓生卷柏

保护区各县区均有分布，生于灌丛中荫处、潮湿地或干旱山坡，海拔1000～1600m。

（02）中华卷柏*Selaginella sinensis*（Desv.）Spring

别（土）名：地网子、地柏枝

保护区仅见于合水县太白林区，生于灌丛岩石上，海拔1100m，为我国特有种。

3.3.5 苔藓植物

本保护区共记录到苔藓植物15科21属21种。

1.蛇苔科Conocephalaceae

1）蛇苔属*Conocephalum*（L.）Dumort.

（01）蛇苔*Conocephalum conicum*（L.）Dumort.

见于正宁县刘家店林区西牛庄，海拔1300m。

2.地钱科Marchantiaceae

2）地钱属*Marchantia* L.

（02）地钱*Marchantia polymorpha* L.

见于正宁县刘家店林区西牛庄，海拔1300m。

3. 曲尾藓科Dicranaceae

3）石毛藓属*Oreoweisia*（B.S.G）De Not.

（03）疏叶石毛藓*Oreoweisia laxifolia*（Hook.f.）Kindb.

见于正宁县刘家店林区西牛庄，海拔1350m。

4. 凤尾藓科Fissidentaceae

4）凤尾藓属*Fissidens* Hedw.

（04）小凤尾藓*Fissidens bryoides* Hedw.

见于正宁县刘家店林区西牛庄，海拔1350m。

5. 丛藓科Pottiaceae

5）丛本藓属*Anoectangium* Schwaegr.

（05）扭叶丛本藓*Anoectangium stracheyanum* Mitt.

见于正宁县刘家店林区西牛庄，海拔1400m。

6）扭口藓属*Barbula* Hedw.

（06）狭叶扭口藓*Barbula subcomora* Broth.

见于正宁县刘家店林区西牛庄，海拔1400m。

7）墙藓属*Tortula* Hedw.

（07）中华墙藓*Tortula sinensis*（Müll. Hal.）Broth.

见于正宁县刘家店林区西牛庄，海拔1500m。

6. 葫芦藓科Funariaceae

8）葫芦藓属*Funaria* Hedw.

（08）葫芦藓*Funaria hygrometrica* Hedw.

子午岭林区均有分布，海拔1100～1600m。

7. 真藓科Bryaceae

9）真藓属*Bryum* Dill

（09）丛生真藓*Bryum caespiticium* Hedw.

见于合水连家砭林区烟景川，海拔1400m。

10）大叶藓属*Rhodobryum* Schimp.

（10）狭边大叶藓*Rhodobryum ontariense Kindb.*

见于正宁县刘家店林区西牛庄，海拔1400m。

8. 提灯藓科Mniaceae

11）提灯藓属*Mnium* Hedw.

（11）钝叶提灯藓*Mnium rostratum* Schrad.

见于合水县太白林区瓦川，海拔1300m。

9. 白齿藓科Leucodontaceae

12）白齿藓属*Leucodon* Schwaegr.

（12）白齿藓*Leucodon sciuroides*（Hedw.）Schwägr.

见于合水连家砭林区烟景川，海拔1400m。

10. 碎米藓科Fabroniaceae

13）拟附干藓属*Schwetschkeopsis* Broth.

（13）拟附干藓*Schwetschkeopsis fabronia*（Schwägr.）Broth.

见于合水县太白林区瓦川，海拔1400m。

11. 羽藓科Thuidiaceae

14）羽藓属*Thuidium* B. S. G.

（14）细枝羽藓*Thuidium delicatulum*（Hedw.）Mitt.

见于正宁县刘家店林区西牛庄，海拔1500m。

12. 柳叶藓科Amblystegiaceae

15）柳叶藓科*Cratoneuron*（Sul.）Roth.

（15）牛角藓属*Cratoneuron filicinum*（Hedw.）Spruce

见于合水连家砭林区烟景川，海拔1400m。

16）细湿藓属*Campylium*（Sul.）Mitt.

（16）细湿藓*Campylium hispidulum*（Brid）Mitt.

见于正宁县刘家店林区西牛庄，海拔1300m。

17）柳叶藓属*Amblystegium* B. s. G

（17）柳叶藓*Amblystegium serpens*（Hedw.）Schimp.

见于合水县太白林区瓦川，海拔1200m。

13. 青藓科Brachytheciaceae

18）青藓属*Brachythecium* B. s. G

（18）灰白青藓*Brachythecium albicans*（Hedw.）Schimp.

见于合水连家砭林区烟景川，海拔1500m。

14. 绢藓科Entodontaceae

19）绢藓属*Entodon* Müll. Hal.

（19）狭叶绢藓*Entodon macropodus*（Hedw.）C.Muell.

见于合水连家砭林区烟景川，海拔1300m。

15. 灰藓科Hypnaceae

20）金灰藓属*Pylaisia* B. S. G

（20）东亚金灰藓*Pylaisia brotheri* Besch.

见于合水连家砭林区烟景川，海拔1300m。

21）鳞叶藓属*Taxiphyllumn* Fleisch.

（21）鳞叶藓*Taxiphyllum taxirameum*（Mitt.）M. Fleisch.

见于合水县太白林区瓦川，海拔1400m。

3.3.6 大型真菌

本区共记录到菌物24科43属63种。

1. 炭角菌科Xylariaceae

1）炭角菌属*Xylaria* Hillex Schrank

（01）鹿角炭角菌*Xylaria hypoxylon*（L.）Grev.

子午岭林区均有分布，夏秋季生于倒腐木或树桩上。群生或近丛生。

2. 羊肚菌科Morohellaceae

2）羊肚菌属 *Morchella* Esculenta（L.）Pers.

（02）梯棱羊肚菌*Morchella importuna* M.Kuo, O’Donnell & T.J.Volk

子午岭林区及林缘区均有分布，春末夏初多生于杂木林地面上。

（03）小海绵羊肚菌*Morchella spongiola* Boud.

子午岭林区及林缘区均有分布，春末夏初多生于杂木林地面上。

（04）小羊肚菌 *Morchella deliciosa* Fr.

子午岭林区及林缘区均有分布，春末夏初多生于杂木林地面上。

（05）羊肚菌 *Morchella esculenta*（L.）Pers.

子午岭林区及林缘区均有分布，春末夏初多生于杂木林地面上。

3. 火丝菌科Pyronemataceae

3）盾盘菌属*Scutellinia* （Cooke）Lambotte

（06）宾州盾盘菌*Scutellinia pennsylvanica*（Seaver）Denison 1961

子午岭林区阴湿沟底均有分布，夏秋季生于潮湿腐木、腐殖质层或苔藓上。

4）疣杯菌属*Tarzetta* （Cooke）Lambotte

（07）碗状疣杯菌*Tarzetta catinus*（Holmsk.）Korf & J. K. Rogers 1971

子午岭林区均有分布，夏秋季生于林中地上。

4. 口蘑科 Tricholomataceae

5）杯伞属*Clitocybe*（Fr.）Staude

（08）漏斗杯伞*Clitocybe infundibuliformis*（Schaeff.et Fr.）Quél.

（09）白杯伞*Clitocybe phyllophila*（Pers.）P. Kumm. 1871

6）漏斗伞属*Infundibulicybe*

（10）碱紫漏斗伞 *Infundibulicybe alkaliviolascens*（Bellù）Bellù 2012

7）口蘑属*tricholoma*（Fr.）staude

（11）银盖口蘑*Tricholoma argyraceum*（Bull.）Gillet

8）囊泡杯伞属 *Singerocybe* Harmaja

（12）北美囊泡杯伞*Singerocybe adirondackensis*（Peck）Zhu L.Yang & J.Qin 2014

5. 蘑菇科Agaricaceae

9）蘑菇属*Agaricus* L. Fr.

（13）双孢蘑菇*Agaricus bisporus*（J.E.Large）Imbach 1946

子午岭均有分布，夏秋季生于林地、草地、田野、公园、道旁等处。

（14）林地蘑菇*Agaricus silvaticus* Schaeff. et Fr.

子午岭均有分布，夏秋季生于林中地上。

（15）假根蘑菇*Agaricus bresadolanus* Bohus 1969

子午岭均有分布，夏秋季单生或散生于林中地上。

（16）白林地蘑菇*Agaricus silvicola*（Vittad.）Peck 1872

子午岭均有分布，夏秋季单生或散生于林中地上。

（17）野蘑菇*Agaricus arvensis* Schaeff. ex Fr.

子午岭均有分布，夏秋季生于林中地上。

6. 球盖菇科Strophariaceae

10）鳞伞属*Pholiota*（Fr.）Kummer

（18）多脂鳞伞*Pholiota adiposa*（Batsch）P. Kumm. 1871

子午岭林区偶见，夏秋季多生于柳属植物枯木上。

7. 鹅膏科Amanitaceae

11）大环柄菇属*Macrolepiota* Singer

（19）高大环柄菇*Macrolepiota procera*（Scop.ex Fr.）Singer

子午岭均有分布，夏秋季生于林中地上。

12）鹅膏属*Amanita* Pers.

（20）格纹鹅膏*Amanita fritillaria*（Berk.）Sacc.

子午岭均有分布，夏秋季生于林中地上。

（21）粗鳞白鹅膏*Amanita castanopsis* Hongo

子午岭均有分布，夏秋季生于林中地上。

13）黏盖伞属*Limacella* Earle

（22）变白黏盖伞*Limacella albissma* Murr.

子午岭均有分布，夏秋季生于林中地上。

8. 小脆柄菇科Psathyrellaceae

14）脆柄菇属*Psathyrella*（Fr.）Quél.

（23）白黄小脆柄菇*Psathyrella candolleana*（Fr.）Maire 1937

子午岭南北均有分布，夏秋季在林中、林缘、道旁腐朽木周围及草地上大量群生，或近丛生。

15）小鬼伞属 *Coprinellus*

（24）庭院小鬼伞*Coprinellus xanthothrix* （Romagn.）Vilgalys, Hopple & Jacq. Johnson 2001

子午岭南北均有分布，春季至秋季生于林中地上。

16）拟鬼伞属 *Coprinopsis*

（25）疣孢拟鬼伞*Coprinopsis insignis*（Peck）Redhead, Vilgalys & Moncalvo

子午岭有产，夏秋季生于林中树桩上。

（26）墨汁拟鬼伞*Coprinopsis atramentaria*（Bill.）Redhead, Vilgalys & Moncalvo

子午岭南北均有分布，春季至秋季生于林中或草地等处有腐木的地方。

17）鬼伞属*Coprinus* Pers.

（27）褶纹鬼伞*Coprinus plicatilis*（Curtis）Redhead，Vilgalys & Hopple 2001

子午岭南北均有分布，春季至秋季生于林中地上。

（28）墨汁鬼伞*Coprinus atramentarius*（Bull.）Fr.

子午岭南北均有分布，春至秋季（晚秋），在林中、田野、路边、村庄、公园等处地下有腐木的地方丛生。

（29）晶粒鬼伞*Coprinus micaceus*（Bull.）Fr.

子午岭南北均有分布，春、夏、秋三季于针、阔叶林树根部地上。

（30）毛头鬼伞*Coprinus comatus*（Müll.）Gray

子午岭南北均有分布，夏秋季生于林中地上。

18）环柄菇属*Lepiota*（Pers. ex Fr.）Gray

（31）冠状环柄菇*Lepiota cristata*（Bolton）P. Kumm.1871

子午岭南北均有分布，夏季至秋季在林中腐叶层、草丛或苔藓间群生或单生。

9. 地星科Geastraceae

19）地星属*Geastrum* Pers.

（32）硬皮地星*Geastrum hygrometricum* Pers.

子午岭林区偶见，夏秋季生于油松林腐枝落叶层地上。

10. 侧耳科Pleurotaceae

20）香菇属*Lentinus* Fr.

（33）浅杯状香菇*Lentinus cyathiformis*（Schaeff. Fr.）Bres.

夏秋季生于阔叶树腐木上。单生、群生或近丛生。

11. 灵芝科Ganodermataceae

21）灵芝属*Ganoderma* Karst.

（34）树舌灵芝*Ganoderma applanatum*（Pers. Ex Wallr）Pat.

子午岭均有分布，生于杨、桦、柳、栎等阔叶树的枯立木、倒木和伐桩上。

（35）南方灵芝（赤芝）*Ganoderma lucidum*（Leyss.ex Fr.）Karst.

子午岭均有分布，生于阔叶树的枯立木、倒木和伐桩上。

12. 木耳科 Auriculariaceae

22）木耳属*Auricularia* Bull.

（36）毛木耳*Auricularia polytricha*（Mont.）Sacc.

子午岭均有分布，生长在柳树、洋槐、桑树等多种树干上或腐木上，丛生。

（37）木耳*Auricularia auricula*（L.ex Hook）Underw.

子午岭均有分布，寄生于阴湿、腐朽的树干上，生长于栎、杨、槐等阔叶树的腐木上。

13. 银耳科Tremellaceae

23）银耳属*Tremella* Fries

（38）金黄银耳*Tremella mesenterica* Retz.1769

子午岭林区有产，夏秋季生于蒙古栎林中腐木上。

14. 锈革孔菌科Hymenochaetaceae

24）纤孔菌属 *Inonotus* P. Karst.

（39）鲍姆桑黄孔菌*Inonotus baumii* T.WagnerM.Fisch.

子午岭均有分布，生于阔叶树的活力木或倒木上。

15. 牛肝菌科Boletaceae

25）粘盖牛肝菌属*Suillus* Gray

（40）厚环黏盖牛肝菌*Suillus grevillei*（Klotzsch）Singer 1945

子午岭林区均有分布，夏秋季生于针叶林或针阔混交林林中地上。

（41）褐黏盖牛肝菌*Suillus luteus*（L.）Roussel 1796

子午岭林区均有分布，夏秋季生于针叶林或针阔混交林林中地上。

（42）灰黏盖牛肝菌*Suillus grisellus*（Peck）Kretzer & T.D. Bruns 1996

子午岭林区均有分布，夏秋季生于针叶林或针阔混交林林中地上。

16. 多孔菌科Polyporaceac

26）多孔菌属*Polyporus* Fr.

（43）猪苓*Polyporus umbellatus* Fr.

子午岭南北林区均有分布，多生于坡度20°～50°的向阳山地、林下富含腐殖质的土壤中。

27）栓菌属*Tametes* Fr.

（44）毛栓菌*Trametes hirsute*（Wulfen）Pilát

子午岭南北林区均有分布，多生于杨和柳属的活立木和枯立木上，或伐木桩上。

（45）胭脂红栓菌*Trametes coccinea*（Fr.）Hai J.Li & S. H. He 2014

子午岭南北林区均有分布，夏秋季生于林中枯立木、枯树枝或伐木桩上。

28）革盖菌属*Coriolus* Quél

（46）毛革盖菌*Coriolus hirsutus*（Wulf. ex Fr.）Quel.

子午岭南北林区均有分布，生于杨、柳等阔叶树活立木、枯立木、死枝杈或伐桩上。

（47）单色云芝*Coriolus unicolor*（L. Fr.）Pat.

子午岭均有分布，生于桦、杨、柳、花楸、稠李、山楂、等树的伐桩、枯立木或倒木上。

29）层孔菌属*Fomes*（Fr.）Fr.

（48）木蹄层孔菌*Fomes fomentarius*（L.ex Fr.）Kick.

子午岭南北林区均有分布，生于白桦、槭、栎及山杨等的枯立木和腐木上。

30）针层孔菌属*Phellinus* Quél.

（49）火木层孔菌*Phellinus igniarius*（L. ex Fr.）Quél.

子午岭南北林区均有分布，生于柳、桦、杨、花楸、山楂等阔叶树的树桩或树干上或倒木上。

31）革裥菌属*Lenzites* Fr.

（50）桦革裥菌*Lenzites betulina*（L.）Fr.

子午岭南北林区均有分布，生于桦、栎、杨、柳等阔叶树的腐木上。

32）滴孔菌属*Piptoporus*

（51）桦滴孔菌*Piptoporus betulinus*（Bull.et Fr.）Karst.

子午岭南北林区均有分布，生于白桦树干上。

33）拟迷孔菌属 *Daedaleopsis* Schroet.

（52）裂拟迷孔菌 *Daedaleopsis confragosa*（Bolton）J. Schr t.

子午岭南北林区均有分布，生于白桦、柳属树干上。

34）密孔菌属*Pycnoporus* P. Karst.

（53）血红密孔菌*Pycnoporus coccineus*（Fr.）Bond.et Sing.

子午岭南北林区均有分布，夏秋生于栎、槭、杨、柳等阔叶树和油松的枯倒木上，群生或叠生。

17. 珊瑚菌科Clavariaceae

35）杯瑚菌属*Clavicorona*

（54）杯瑚菌*Clavicorona pyxidata*（Pers.）Doty

子午岭南北林区均有分布，夏、秋季生于沟底针、阔叶林中枯腐木上。

18. 裂褶菌科Schizophyllaceae

36）裂褶菌属*Schizophyllum* Fr.

（55）裂褶菌*Schizophyllum commune* Franch.

子午岭南北林区均有分布，生于阔叶树及针叶树的枯枝倒木上。

19. 红菇科Russulaceae

37）红菇属*Russula* Pers.

（56）非白红菇*Russula exalbicanns*（Pers.）Melzer & Zvara 1927

子午岭南北林区均有分布，夏秋季生于林中地上。

（57）淡孢红菇*Russula pallidospora* J. Blum ex Romagn. 1967

子午岭南北林区均有分布，夏秋季生于林中地上。

20. 粉褶菌科Entolomataceae

38）沿丝伞属*Naematoloma* P. Karsten

（58）簇生沿丝伞 *Naematoloma fasciculare*（Huds. et Fr.）Karst

21. 离褶伞科Lyophyllaceae

39）离褶伞属*Lyophyllum* Karst.

（59）荷叶离褶伞*Lyophyllum decastes*（Fr.）Singer

子午岭南北林区均有分布，夏秋季生于林中地上。

22. 丝膜菌科Cortinariaceae

40）丝盖伞属*Inocybe*（Fr.）Fr.

（60）污白丝盖伞*Inocybe geophylla*（Bull.）P. Kummer.1871

子午岭南北林区均有分布，夏秋季生于林中地上。

23. 马勃科Lycoperdaceae

41）脱皮马勃属*Lasiosphaera* Reich.

（61）脱皮马勃 *Lasiosphaera fenzii* Reich.

子午岭偶有分布，夏秋季生于山地腐殖质丰富的草地上。

42）秃马勃属*Calvatia* Fr.

（62）白秃马勃*Calvatia candida*（Rostk.）Hollós

子午岭偶有分布，夏秋季生地上。

24. 蜡伞科Hygrophoraceae

43）拱顶菇属*Cuphophyllus*

（63）洁白拱顶菇 *Camarophyllus virgineus*（Wulfen）Kovalenko 1989

子午岭偶有分布，夏秋季在阔叶林地上散生或近丛生或单生。

3.3.7　藻类植物

本区共记录到藻类植物3科3属3种。

1.念珠藻科Nostocaceae

1）念珠藻属*Nostoc* Vauch.

地木耳*Nostoc commune* Vanch.

保护区各地均有分布，生境多样。

2. 双星藻科Zygnemataceae

2）水绵属*Spirogyra* Link

水绵*Spirogyra intorta* Jao

保护区各地淡水水体均有分布。

3.轮藻科Characeae

3）轮藻属*Chara* L.

轮藻*Chara fragilis* Desv

保护区各地水坝或静水潭均有分布。

3.4 珍稀濒危及特有植物

珍稀濒危及特有植物是生物多样性重要的组成部分，也是需重点保护的对象。子午岭自然保护区维管植物中重点保护的野生植物有7种，本区特有植物2种亚环鳞荛花（*Wikstroemia subcyclolepidota*）和细茎紫菀（*Aster gracilicaulis*），中国特有植物450种，占本区域维管植物种数的32.28%。野生重点保护植物7种，占该研究区维管植物种数的0.50%，其中列入国家Ⅰ级保护植物1种为紫斑牡丹（*Paeonia rocki*i），国家Ⅱ级保护植物6种，如毛杓兰（*Cypripedium franchetii*）、甘草（*Glycyrrhiza uralensis*）、甘肃桃（*Amygdalus kansuensis*）等。列入CITES公约附录Ⅱ和附录Ⅲ的有18种，占该区维管植物种数的1.22%，有兰科所有种类和麻黄科、五味子科、禾本科、蔷薇科及壳斗科共7种。列入《中国物种红色名录》的有17种。

表3-7 甘肃子午岭省级自然保护区珍稀濒危及重点保护植物名录

植物名称	国家保护	CITES	IUCN	极小种群	特有性
紫斑牡丹*Paeonia rockii*	Ⅰ级保护				中国特有
草麻黄*Ephedra sinica*		Ⅱ	NT		
中麻黄*Ephedra intermedia*		Ⅱ	NT		
五味子*Schisandra chinensis*		Ⅱ	LC		
小斑叶兰*Goodyera repens*		Ⅱ	LC		
角盘兰*Herminium monorchis*		Ⅱ	NT		
毛杓兰*Cypripedium franchetii*	Ⅱ级保护	Ⅱ	VU		中国特有
银兰*Cephalanthera erecta*		Ⅱ	LC		
头蕊兰*Cephalanthera longifolia*		Ⅱ	LC		
羊耳蒜*Liparis campylostalix*		Ⅱ			
绶草*Spiranthes sinensis*		Ⅱ	LC		
角盘兰*Herminium monorchis*		Ⅱ	NT		
二叶舌唇兰*Platanthera chlorantha*		Ⅱ	LC		
蜻蜓兰*Platanthera souliei*		Ⅱ	NT		
小斑叶兰*Goodyera repens*		Ⅱ	LC		
高羊茅*Festuca elata*		Ⅱ	LC		中国特有
毛披碱草*Elymus villifer*	Ⅱ级保护	Ⅱ	EN		中国特有
沙芦草*Agropyron mongolicum*	Ⅱ级保护				
野大豆*Glycine soja*	Ⅱ级保护				中国特有
甘草*Glycyrrhiza uralensis*	Ⅱ级保护		LC		
甘肃桃*Amygdalus kansuensis*	Ⅱ级保护	Ⅱ	LC		中国特有
蒙古栎*Quercus mongolica*		Ⅲ			

子午岭独特的地理位置和复杂的植物区系分布，使之存在较多的濒危保护植物，自然分布的国家Ⅰ级保护植物1种，国家Ⅱ级保护植物6种，列入CITES公约附录Ⅱ和附录Ⅲ的植物有18种。本保护区兰科植物中有9属11种，有1种被列入国家Ⅱ级保护植物，全部11种和麻黄科2种、五味子科1种、禾本科2种、蔷薇科1种及壳斗科1种被列入CITES公约附录Ⅱ和附录Ⅲ，限制其国际贸易。有17种列入《中国物种红色名录》。像紫斑牡丹（*Paeonia rockii*）和毛杓兰（*Cypripedium franchetii*）在本区域均属极小种群濒危野生植物，其区域分布狭窄化、个体总数较少，以及对人类活动和气候变化等颇为敏感。因此，通过对极小种群野生植物的调查研究，实施必要保护，也可以进一步促进该区域其他物种的保护。

3.5 古树名木

古树名木，是指有百年以上树龄、稀有、珍贵的树木，是有历史价值或有重要意义的林木。古树名木是国家的宝贵财富，既有生物学价值，又有活的文物或历史文化价值。对古树名木的保护，关系到我国生物资源和历史文化遗产保护。兴隆山的古树名木，不仅为当地旅游业增添景点，吸引游客，而且对研究历史文化、生物、气象及环境保护有重要意义，具有科研、观赏的双重价值。

保护区内数量最大的古树为小叶杨，胸径大于1m的百年古树在保护区南北林区沟谷底普遍存在，但均因周边无人久居，不能确定其树龄，本文未做实际调查。经调查，保护区内名木古树有蒙古栎、胡桃、杜梨、微毛樱桃、榆树和紫斑牡丹6种，具体信息如下：

中湾樱桃王：微毛樱桃（*Cerasus clarofolia*）为蔷薇科樱属，广泛分布于子午岭。正宁中湾管理站黄帝升天峰秦直道边生长着1棵微毛樱桃，枝条林立，树势健壮，树龄已达500年，为国家一级古树，为庆阳市境内生存最久远的1棵樱桃树，是秦直道上一道靓丽的风景，也成为游客驻足留影的一大景观。树高12.8m，胸围2.20m，冠幅78m^2。

南邑乡小沟岭杜梨：正宁县南邑乡孟河村孟河组小沟岭生长着1棵杜梨（*Pyrus betulifolia*），树冠呈碧绿的蘑菇状，树龄为700年，为国家一级古树。树高11.5m，胸围2.40m，冠幅135m^2。

南邑乡张安子杜梨：正宁县南邑乡孟河村张安子组大路南边生长着1棵300年的杜梨，为国家二级古树。树高13.8m，胸围3.10m，冠幅54m^2。树干纹理明显，树形优美。

南邑乡西渠白榆：正宁县南邑乡西渠村五里桥组大路边生长着1棵榆树（*Ulmus pumila*），树冠呈伞状，遮天蔽日。估测树龄150年，树高13.5m，胸围2.47m，冠幅154m^2。

南邑乡孟河蒙古栎：正宁县南邑乡孟河村孟河组小沟岭生长着1棵蒙古栎（*Quercus mongolica*），枝条交错，繁叶密布。估测树龄150年，树高15.0m，胸围2.60m，冠幅145m^2。

子午岭紫斑牡丹：紫斑牡丹（*Paeonia Rockii*）又名甘肃牡丹、西北牡丹，原产于中国，因花瓣基部有一个明显的色斑而得名，为珍贵的花卉种质资源，属于国家二级保护植物。在子午岭保护区主要分布在合水管理局太白管理站瓦川林区内。紫斑牡丹花期5月，花瓣以白色为主，也有粉色。该区紫斑牡丹种群株龄偶有约40年。

3.6 主要经济植物资源

子午岭自然保护区内资源植物种类丰富，分布范围广，有许多具有潜在开发价值的经济植物资源及种质植物资源。但该地区目前对资源植物的发掘利用尚不充分，只有小部分野菜和药用植物资源得到较好开发，而大部分资源未得到开发利用，甚为可惜。如何把资源植物的保护和合理开发利用有机结合起来，既有利于保护区资源植物的保护工作，又可以发展当地经济，使当地人民致富，具有重要现实意义。根据调查统计，保护区维管植物中有资源植物分为20类，其具体类型和数量见表3–8，详细信息见表3–9。

表3–8 甘肃子午岭省级自然保护区资源植物统计表

类型	数量	占保护区植物总数的百分比	类型	数量	占保护区植物总数的百分比
药用植物	1209	86.73	蜜源植物	45	3.23
园林绿化及观赏植物	203	14.56	饮料及酿造植物	52	3.73
纤维及材用植物	182	13.06	芳香油植物	37	2.65
饲用植物	172	12.34	鞣质植物	46	3.30
油脂植物	111	7.96	绿肥植物	19	1.36
菜用植物	94	6.74	香料及调味品植物	16	1.15
果树植物	73	5.24	色素植物	7	0.50
水土保持植物	69	4.95	树脂、树胶植物	15	1.08
淀粉植物	59	4.23	有毒植物	139	9.97
农药植物	52	3.73			

表3–9 甘肃子午岭省级自然保护区资源植物信息表

序号	中文名	拉丁名	用途
1	蔓出卷柏	*Selaginella davidii*	药用
2	中华卷柏	*Selaginella sinensis*	药用
3	木贼	*Equisetum hyemale*	药用
4	问荆	*Equisetum arvense*	药用、有毒
5	节节草	*Equisetum ramosissimum*	药用、有毒
6	犬问荆	*Equisetum palustre*	药用
7	溪洞碗蕨	*Dennstaedtia wilfordii*	药用
8	陕西粉背蕨	*Aleuritopteris argentea* var. *obscura*	药用
9	银粉背蕨	*Aleuritopteris argentea*	药用
10	华中铁角蕨	*Asplenium sarelii*	药用
11	云南铁角蕨	*Asplenium exiguum*	药用
12	北京铁角蕨	*Asplenium pekinense*	药用
13	过山蕨	*Asplenium ruprechtii*	药用
14	中华蹄盖蕨	*Athyrium sinense*	药用
15	黑鳞双盖蕨	*Diplazium sibiricum*	药用
16	华北鳞毛蕨	*Dryopteris goeringiana*	药用、有毒
17	贯众	*Cyrtomium fortunei*	药用
18	华北耳蕨	*Polystichum craspedosorum*	药用
19	对生耳蕨	*Polystichum deltodon*	药用
20	网眼瓦韦	*Lepisorus clathratus*	药用
21	瓦韦	*Lepisorus thunbergianus*	药用
22	石韦	*Pyrrosia lingua*	药用
23	槲蕨	*Drynaria roosii*	药用
24	银杏	*Ginkgo biloba*	药用、果树、园林绿化及观赏、纤维、农药、绿肥、淀粉
25	青海云杉	*Picea crassifolia*	药用、园林绿化及观赏、纤维
26	云杉	*Picea asperata*	药用、纤维、油脂、芳香油、鞣质、园林绿化及观赏
27	青杆	*Picea wilsonii*	药用、园林绿化及观赏、纤维
28	川西云杉	*Picea likiangensis* var. *rubescens*	纤维
29	雪松	*Cedrus deodara*	药用、园林绿化及观赏、纤维、树脂
30	华山松	*Pinus armandii*	药用、纤维、油脂、芳香油、鞣质、园林绿化及观赏、果树
31	白皮松	*Pinus bungeana*	药用、园林绿化及观赏、纤维、果树、树脂
32	油松	*Pinus tabuliformis*	药用、纤维、油脂、鞣质、园林绿化及观赏、芳香油、有毒、饲用、材用、树脂、香料、水土保持

续表

序号	中文名	拉丁名	用途
33	樟子松	*Pinus sylvestris* var. *mongolica*	药用、园林绿化及观赏、纤维、油脂、芳香油、树脂、鞣质、水土保持
34	华北落叶松	*Larix gmelinii* var. *principis-rupprechtii*	园林绿化及观赏、纤维、油脂、鞣质、树脂
35	侧柏	*Platycladus orientalis*	药用、园林绿化及观赏、纤维、有毒
36	圆柏	*Juniperus chinensis*	药用、园林绿化及观赏、纤维、芳香油
37	刺柏	*Juniperus formosana*	药用、园林绿化及观赏、纤维
38	龙柏	*Juniperus chinensis* cv. Kaizuca	药用、园林绿化及观赏、鞣质、芳香油、纤维
39	金叶桧	*Juniperus chinensis* cv. Aurea	药用、园林绿化及观赏、纤维
40	塔柏	*Juniperus chinensis* cv. Pyramidalis	药用、园林绿化及观赏、纤维
41	叉子圆柏	*Juniperus sabina*	药用、园林绿化及观赏
42	杜松	*Juniperus rigida*	药用、园林绿化及观赏、纤维、
43	中麻黄	*Ephedra intermedia*	药用、果树
44	草麻黄	*Ephedra sinica*	药用、有毒
45	木贼麻黄	*Ephedra equisetina*	药用
46	粗榧	*Cephalotaxus sinensis*	药用、园林绿化及观赏、材用、鞣质、油脂
47	白睡莲	*Nymphaea alba*	药用、园林绿化及观赏、菜用
48	红睡莲	*Nymphaea alba* var. *rubra*	药用、园林绿化及观赏
49	五味子	*Schisandra chinensis*	药用、纤维、芳香油、香料
50	华中五味子	*Schisandra sphenanthera*	药用、油脂
51	蕺菜	*Houttuynia cordata*	药用、菜用、调味品
52	北马兜铃	*Aristolochia contorta*	药用、有毒
53	细辛	*Asarum heterotropoides*	药用
54	玉兰	*Yulania denudata*	药用、园林绿化及观赏、芳香油、纤维、香料、油脂
55	二乔玉兰	*Yulania × soulangeana*	园林绿化及观赏
56	蜡梅	*Chimonanthus praecox*	药用、园林绿化及观赏
57	木姜子	*Litsea pungens*	药用、食用、芳香油、油脂
58	三桠乌药	*Lindera obtusiloba*	药用、油脂、纤维
59	菖蒲	*Acorus calamus*	药用、有毒、淀粉、农药、纤维、香料
60	紫萍	*Spirodela polyrhiza*	药用
61	一把伞南星	*Arisaema erubescens*	药用、有毒
62	半夏	*Pinellia ternata*	药用、有毒
63	东方泽泻	*Alisma orientale*	药用
64	黑藻	*Hydrilla verticillata*	药用、绿肥
65	水麦冬	*Triglochin palustris*	药用

续表

序号	中文名	拉丁名	用途
66	眼子菜	*Potamogeton distinctus*	药用
67	穿叶眼子菜	*Potamogeton perfoliatus*	药用
68	浮叶眼子菜	*Potamogeton natans*	药用
69	菹草	*Potamogeton crispus*	药用、饲用
70	篦齿眼子菜	*Stuckenia pectinata*	药用、有毒
71	穿龙薯蓣	*Dioscorea nipponica*	药用
72	短梗菝葜	*Smilax scobinicaulis*	药用
73	鞘柄菝葜	*Smilax stans*	药用
74	卷丹	*Lilium tigrinum*	药用、淀粉、园林绿化及观赏、芳香油
75	山丹	*Lilium pumilum*	药用、淀粉、园林绿化及观赏、芳香油、香料
76	郁金香	*Tulipa gesneriana*	药用、园林绿化及观赏
77	银兰	*Cephalanthera erecta*	药用
78	头蕊兰	*Cephalanthera longifolia*	药用
79	羊耳蒜	*Liparis campylostalix*	药用
80	绶草	*Spiranthes sinensis*	药用
81	角盘兰	*Herminium monorchis*	药用
82	火烧兰	*Epipactis helleborine*	药用
83	毛杓兰	*Cypripedium franchetii*	药用、园林绿化及观赏
84	二叶兜被兰	*Neottianthe cucullata*	药用
85	二叶舌唇兰	*Platanthera chlorantha*	药用
86	蜻蜓兰	*Platanthera souliei*	药用
87	小斑叶兰	*Goodyera repens*	药用
88	野鸢尾	*Iris dichotoma*	药用
89	细叶鸢尾	*Iris tenuifolia*	药用、纤维
90	马蔺	*Iris lactea*	药用、饲用、纤维、水土保持、有毒
91	鸢尾	*Iris tectorum*	药用、园林绿化及观赏
92	德国鸢尾	*Iris germanica*	药用、园林绿化及观赏
93	薄叶鸢尾	*Iris leptophylla*	药用
94	单花鸢尾	*Iris uniflora*	药用
95	射干	*Belamcanda chinensis*	药用
96	黄花菜	*Hemerocallis citrina*	药用、菜用、酿造、纤维、燃料、蜜源
97	萱草	*Hemerocallis fulva*	药用
98	重瓣萱草	*Hemerocallis fulva* var. *kwanso*	药用、园林绿化及观赏
99	葱	*Allium fistulosum*	药用、菜用
100	韭	*Allium tuberosum*	药用、菜用
101	野韭	*Allium ramosum*	药用、菜用
102	蒙古韭	*Allium mongolicum*	药用

续表

序号	中文名	拉丁名	用途
103	薤白	*Allium macrostemon*	药用、菜用
104	洋葱	*Allium cepa*	药用、菜用
105	楼子葱	*Allium cepa* var. *proliferum*	菜用
106	卵叶韭	*Allium ovalifolium*	药用、菜用
107	水仙	*Narcissus tazetta* var. *chinensis*	药用、园林绿化及观赏
108	朱顶红	*Hippeastrum rutilum*	药用、园林绿化及观赏
109	石蒜	*Lycoris radiata*	药用、园林绿化及观赏、农药
110	知母	*Anemarrhena asphodeloides*	药用
111	玉簪	*Hosta plantaginea*	药用、园林绿化及观赏
112	羊齿天门冬	*Asparagus filicinus*	药用
113	攀援天门冬	*Asparagus brachyphyllus*	药用
114	石刁柏	*Asparagus officinalis*	药用、菜用
115	曲枝天门冬	*Asparagus trichophyllus*	药用
116	兴安天门冬	*Asparagus dauricus*	药用
117	黄精	*Polygonatum sibiricum*	药用、菜用
118	卷叶黄精	*Polygonatum cirrhifolium*	药用、菜用
119	玉竹	*Polygonatum odoratum*	药用、菜用、有毒、淀粉
120	大苞黄精	*Polygonatum megaphyllum*	药用、菜用
121	二苞黄精	*Polygonatum involucratum*	药用、菜用
122	麦冬	*Ophiopogon japonicus*	药用、园林绿化及观赏
123	舞鹤草	*Maianthemum bifolium*	药用
124	鹿药	*Maianthemum japonicum*	药用
125	鸭跖草	*Commelina communis*	药用、油脂
126	大花美人蕉	*Canna x generalis*	药用、园林绿化及观赏
127	香蒲	*Typha orientalis*	药用
128	宽叶香蒲	*Typha latifolia*	药用
129	水烛	*Typha angustifolia*	药用
130	小香蒲	*Typha minima*	药用
131	无苞香蒲	*Typha laxmannii*	药用
132	黑三棱	*Sparganium stoloniferum*	药用、园林绿化及观赏
133	灯心草	*Juncus effusus*	药用、纤维
134	小花灯心草	*Juncus articulatus*	药用
135	扁茎灯心草	*Juncus gracillimus*	药用
136	小灯心草	*Juncus bufonius*	药用
137	羽毛地杨梅	*Luzula plumosa*	淀粉、甜味剂
138	水葱	*Schoenoplectus tabernaemontani*	药用
139	三棱水葱	*Schoenoplectus triqueter*	药用、纤维

续表

序号	中文名	拉丁名	用途
140	萤蔺	*Schoenoplectus juncoides*	药用
141	扁秆荆三棱	*Bolboschoenus planiculmis*	药用
142	荆三棱	*Bolboschoenus yagara*	药用、饲用、纤维
143	水莎草	*Cyperus serotinus*	药用
144	香附子	*Cyperus rotundus*	药用、香料
145	头状穗莎草	*Cyperus glomeratus*	药用
146	碎米莎草	*Cyperus iria*	药用
147	红鳞扁莎	*Pycreus sanguinolentus*	药用
148	球穗扁莎	*Pycreus flavidus*	药用
149	牛毛毡	*Eleocharis yokoscensis*	药用
150	白草	*Pennisetum flaccidum*	药用
151	狼尾草	*Pennisetum alopecuroides*	药用、水土保持、纤维、饲用
152	白羊草	*Bothriochloa ischaemum*	饲用、纤维
153	稗	*Echinochloa crusgalli*	药用、绿肥
154	冰草	*Agropyron cristatum*	药用、饲用、绿肥
155	根茎冰草	*Agropyron michnoi*	饲用、水土保持
156	沙生冰草	*Agropyron desertorum*	药用、饲用
157	沙芦草	*Agropyron mongolicum*	饲用、药用
158	甘青针茅	*Stipa przewalskyi*	饲用
159	短花针茅	*Stipa breviflora*	饲用
160	狼针草	*Stipa baicalensis*	饲用
161	针茅	*Stipa capillata*	饲用
162	长芒草	*Stipa bungeana*	饲用
163	西北针茅	*Stipa sareptana* var. *krylovii*	饲用
164	大针茅	*Stipa grandis*	饲用
165	戈壁针茅	*Stipa tianschanica* var. *gobica*	饲用
166	白茅	*Imperata cylindrica*	药用、甜味剂、饲用、绿肥
167	早熟禾	*Poa annua*	药用、饲用
168	草地早熟禾	*Poa pratensis*	药用、水土保持
169	硬质早熟禾	*Poa sphondylodes*	药用、饲用
170	臭草	*Melica scabrosa*	药用、有毒
171	大油芒	*Spodiopogon sibiricus*	药用
172	荻	*Miscanthus sacchariflorus*	水土保持、甜味剂、纤维
173	粱	*Setaria italica* var. *italica*	药用
174	狗尾草	*Setaria viridis* subsp. *viridis*	药用、饲用、纤维
175	巨大狗尾草	*Setaria viridis* subsp. *pycnocoma*	药用、饲用
176	金色狗尾草	*Setaria pumila*	药用、饲用

续表

序号	中文名	拉丁名	用途
177	稷	*Panicum miliaceum*	药用、淀粉、饲用、酿造
178	甜高粱	*Sorghum bicolor* cv. Dochna	饲用、淀粉、酿造
179	散穗高粱	*Sorghum nervosum* var. *flexibile*	饲用、淀粉、酿造
180	硬秆高粱	*Sorghum durra*	饲用、淀粉、酿造
181	苇状羊茅	*Festuca arundinacea*	药用、园林绿化及观赏
182	远东羊茅	*Festuca extremiorientalis*	园林绿化及观赏
183	黑麦草	*Lolium perenne*	饲用
184	多花黑麦草	*Lolium multiflorum*	饲用
185	黄背草	*Themeda triandra*	药用
186	中华芨芨草	*Achnatherum chinense*	药用
187	芨芨草	*Achnatherum splendens*	药用、纤维
188	醉马草	*Achnatherum inebrians*	药用、有毒
189	羽茅	*Achnatherum sibiricum*	园林绿化及观赏
190	假苇拂子茅	*Calamagrostis pseudophragmites*	饲用、水土保持
191	拂子茅	*Calamagrostis epigeios*	药用、饲用、水土保持、纤维
192	碱茅	*Puccinellia distans*	药用、饲用
193	荩草	*Arthraxon hispidus*	药用、饲用、纤维
194	赖草	*Leymus secalinus*	药用
195	羊草	*Leymus chinensis*	饲用
196	老芒麦	*Elymus sibiricus*	饲用
197	披碱草	*Elymus dahuricus*	饲用
198	柯孟披碱草	*Elymus kamoji*	药用、饲用、水土保持
199	芦苇	*Phragmites australis*	药用、饲用、纤维、水土保持、有毒
200	马唐	*Digitaria sanguinalis*	药用、饲用
201	毛马唐	*Digitaria ciliaris* var. *chrysoblephara*	药用、饲用
202	紫马唐	*Digitaria violascens*	药用
203	止血马唐	*Digitaria ischaemum*	药用
204	雀麦	*Bromus japonicus*	药用、绿肥
205	无芒雀麦	*Bromus inermis*	饲用、园林绿化及观赏、水土保持
206	菵草	*Beckmannia syzigachne*	药用
207	丛生隐子草	*Cleistogenes caespitosa*	饲用
208	糙隐子草	*Cleistogenes squarrosa*	饲用
209	穗三毛	*Trisetum spicatum*	饲用
210	虉草	*Phalaris arundinacea*	饲用、纤维、药用、观赏
211	梯牧草	*Phleum pratense*	药用
212	看麦娘	*Alopecurus aequalis*	药用
213	画眉草	*Eragrostis pilosa*	药用、饲用

续表

序号	中文名	拉丁名	用途
214	小画眉草	*Eragrostis minor*	药用、饲用
215	大画眉草	*Eragrostis cilianensis*	药用、饲用
216	虎尾草	*Chloris virgata*	药用
217	隐花草	*Crypsis aculeata*	药用、饲用
218	野古草	*Arundinella hirta*	药用、饲用、纤维、水土保持
219	鸭茅	*Dactylis glomerata*	药用、饲用
220	燕麦	*Avena sativa*	药用、饲用、淀粉、酿造
221	莜麦	*Avena chinensis*	药用、饲用、淀粉、酿造
222	野燕麦	*Avena fatua*	药用、饲用、淀粉、酿造、纤维、绿肥
223	玉米	*Zea mays*	药用、饲用、淀粉、酿造
224	薏米	*Coix lacryma-jobi* var. *ma-yuen*	药用、饲用、淀粉、酿造
225	刚竹	*Phyllostachys sulphurea* var. *viridis*	药用、纤维、园林绿化及观赏、纤维
226	阔叶箬竹	*Indocalamus latifolius*	药用、纤维、园林绿化及观赏
227	粳稻	*Oryza sativa* subsp. *japonica*	药用、纤维、酿造
228	三芒草	*Aristida adscensionis*	饲用、纤维
229	牛筋草	*Eleusine indica*	药用、饲用、水土保持
230	狗牙根	*Cynodon dactylon*	药用、饲用、水土保持
231	粽叶芦	*Thysanolaena latifolia*	纤维、园林绿化及观赏
232	普通小麦	*Triticum aestivum*	淀粉、药用
233	金鱼藻	*Ceratophyllum demersum*	饲用、药用
234	白屈菜	*Chelidonium majus*	药用、农药
235	细果角茴香	*Hypecoum leptocarpum*	药用
236	角茴香	*Hypecoum erectum*	药用
237	秃疮花	*Dicranostigma leptopodum*	药用、有毒
238	小果博落回	*Macleaya microcarpa*	药用、农药、有毒
239	虞美人	*Papaver rhoeas*	药用、园林绿化及观赏
240	紫堇	*Corydalis edulis*	药用、菜用
241	地丁草	*Corydalis bungeana*	药用
242	地锦苗	*Corydalis sheareri*	药用、有毒、鞣质
243	小花黄堇	*Corydalis racemosa*	药用
244	灰绿黄堇	*Corydalis adunca*	药用
245	荷包牡丹	*Lamprocapnos spectabilis*	药用、园林绿化及观赏
246	蝙蝠葛	*Menispermum dauricum*	药用、有毒、油脂
247	短柄小檗	*Berberis brachypoda*	药用、有毒
248	首阳小檗	*Berberis dielsiana*	药用
249	黄芦木	*Berberis amurensis*	药用
250	紫叶小檗	*Berberis thunbergii* var. *atropurpurea*	药用、园林绿化及观赏、色素

续表

序号	中文名	拉丁名	用途
251	延安小檗	*Berberis purdomii*	药用
252	直穗小檗	*Berberis dasystachya*	药用
253	南天竹	*Nandina domestica*	药用、园林绿化及观赏
254	柔毛淫羊藿	*Epimedium pubescens*	药用
255	淫羊藿	*Epimedium brevicornu*	药用
256	白头翁	*Pulsatilla chinensis*	药用、农药、有毒
257	瓣蕊唐松草	*Thalictrum petaloideum*	药用、有毒
258	贝加尔唐松草	*Thalictrum baicalense*	药用、有毒
259	东亚唐松草	*Thalictrum minus* var. *hypoleucum*	药用
260	展枝唐松草	*Thalictrum squarrosum*	药用
261	短梗箭头唐松草	*Thalictrum simplex* var. *brevipes*	药用
262	丝叶唐松草	*Thalictrum foeniculaceum*	药用
263	粗齿铁线莲	*Clematis grandidentata*	药用
264	短尾铁线莲	*Clematis brevicaudata*	药用、有毒
265	钝萼铁线莲	*Clematis peterae*	药用
266	小木通	*Clematis armandii*	药用
267	钝齿铁线莲	*Clematis apiifolia* var. *argentilucida*	药用
268	粉绿铁线莲	*Clematis glauca*	药用
269	黄花铁线莲	*Clematis intricata*	药用、有毒
270	灌木铁线莲	*Clematis fruticosa*	药用、有毒
271	棉团铁线莲	*Clematis hexapetala*	药用、作农药、有毒
272	芹叶铁线莲	*Clematis aethusifolia*	药用
273	秦岭铁线莲	*Clematis obscura*	药用
274	扬子铁线莲	*Clematis puberula* var. *ganpiniana*	药用
275	圆锥铁线莲	*Clematis terniflora*	药用
276	草玉梅	*Anemone rivularis*	药用、农药
277	小花草玉梅	*Anemone rivularis* var. *flore-minore*	药用
278	大火草	*Anemone tomentosa*	药用、油脂、纤维、有毒
279	耧斗菜	*Aquilegia viridiflora*	药用、有毒
280	华北耧斗菜	*Aquilegia yabeana*	药用、油脂、酿造、甜味剂
281	升麻	*Cimicifuga foetida*	药用、农药
282	翠雀	*Delphinium grandiflorum*	药用、园林绿化及观赏
283	腺毛翠雀	*Delphinium grandiflorum* var. *gilgianum*	药用、农药
284	光果翠雀	*Delphinium grandiflorum* var. *leiocarpum*	药用

续表

序号	中文名	拉丁名	用途
285	茴茴蒜	*Ranunculus chinensis*	药用、有毒
286	石龙芮	*Ranunculus sceleratus*	药用
287	毛茛	*Ranunculus japonicus*	药用、有毒
288	碱毛茛	*Halerpestes sarmentosa*	药用、有毒
289	蓝堇草	*Leptopyrum fumarioides*	药用
290	空茎驴蹄草	*Caltha palustris* var. *barthei*	药用
291	乌头	*Aconitum carmichaelii*	药用
292	瓜叶乌头	*Aconitum hemsleyanum*	药用
293	牛扁	*Aconitum barbatum* var. *puberulum*	药用、有毒
294	西伯利亚乌头	*Aconitum barbatum* var. *hispidum*	药用
295	高乌头	*Aconitum sinomontanum*	药用
296	伏毛铁棒锤	*Aconitum flavum*	药用、有毒
297	铁筷子	*Helleborus thibetanus*	药用
298	黑种草	*Nigella damascena*	药用、园林绿化及观赏
299	莲	*Nelumbo nucifera*	淀粉、药用、园林绿化及观赏、鞣质、纤维
300	二球悬铃木	*Platanus orientalis*	园林绿化及观赏、药用
301	三球悬铃木	*Platanus orientalis*	园林绿化及观赏
302	黄杨	*Buxus sinica*	园林绿化及观赏、药用、蜜源
303	芍药	*Paeonia lactiflora*	药用、园林绿化及观赏
304	草芍药	*Paeonia obovata*	药用、园林绿化及观赏
305	牡丹	*Paeonia suffruticosa*	药用、园林绿化及观赏、油脂
306	紫斑牡丹	*Paeonia suffruticosa* var. *papaveracea*	药用、园林绿化及观赏、油脂
307	美丽茶藨子	*Ribes pulchellum*	果树、园林绿化及观赏、纤维
308	刺果茶藨子	*Ribes burejense*	药用、果树、酿造
309	东北茶藨子	*Ribes mandshuricum*	药用
310	虎耳草	*Saxifraga stolonifera*	药用
311	落新妇	*Astilbe chinensis*	药用、鞣质
312	垂盆草	*Sedum sarmentosum*	药用
313	费菜	*Phedimus aizoon*	药用
314	瓦松	*Orostachys fimbriata*	药用、有毒、饲用、蜜源
315	长药八宝	*Hylotelephium spectabile*	药用、园林绿化及观赏
316	扯根菜	*Penthorum chinense*	药用、菜用
317	葡萄	*Vitis vinifera*	果树、药用、酿造
318	变叶葡萄	*Vitis piasezkii*	药用、果树、酿造
319	桑叶葡萄	*Vitis heyneana* subsp. *ficifolia*	药用
320	蘡薁	*Vitis bryoniifolia*	药用

续表

序号	中文名	拉丁名	用途
321	山葡萄	*Vitis amurensis*	药用、果树、酿造
322	乌头叶蛇葡萄	*Ampelopsis aconitifolia*	药用
323	掌裂草葡萄	*Ampelopsis aconitifolia* var. *palmiloba*	药用
324	白蔹	*Ampelopsis japonica*	药用
325	三裂蛇葡萄	*Ampelopsis delavayana*	药用
326	五叶地锦	*Parthenocissus quinquefolia*	园林绿化及观赏
327	蒺藜	*Tribulus terrestris*	药用、饲用、有毒、蜜源、油脂
328	合欢	*Albizia julibrissin*	药用、园林绿化及观赏、纤维、果树
329	皂荚	*Gleditsia sinensis*	药用、纤维、园林绿化及观赏、有毒、木材
330	白车轴草	*Trifolium repens*	园林绿化及观赏、饲用、水土保持、药用
331	红车轴草	*Trifolium pratense*	园林绿化及观赏、药用
332	杂种车轴草	*Trifolium hybridum*	园林绿化及观赏、药用
333	白花草木樨	*Melilotus albus*	药用、饲用
334	草木樨	*Melilotus officinalis*	药用、饲用、淀粉 、纤维、香料
335	红花锦鸡儿	*Caragana rosea*	药用
336	树锦鸡儿	*Caragana arborescens*	园林绿化及观赏、油脂、药用
337	狭叶锦鸡儿	*Caragana stenophylla*	药用、水土保持
338	柠条锦鸡儿	*Caragana korshinskii*	水土保持、药用
339	中间锦鸡儿	*Caragana liouana*	药用、水土保持
340	矮脚锦鸡儿	*Caragana brachypoda*	饲用、水土保持
341	短梗胡枝子	*Lespedeza cyrtobotrya*	药用、饲用
342	兴安胡枝子	*Lespedeza davurica*	药用、饲用
343	牛枝子	*Lespedeza potaninii*	药用、饲用、水土保持
344	绒毛胡枝子	*Lespedeza tomentosa*	药用、饲用、水土保持
345	多花胡枝子	*Lespedeza floribunda*	药用
346	胡枝子	*Lespedeza bicolor*	药用、果树、油脂、水土保持
347	尖叶铁扫帚	*Lespedeza juncea*	药用
348	截叶铁扫帚	*Lespedeza cuneata*	药用、饲用、蜜源
349	阴山胡枝子	*Lespedeza inschanica*	药用
350	紫苜蓿	*Medicago sativa*	药用、饲用
351	花苜蓿	*Medicago ruthenica*	饲用、药用
352	天蓝苜蓿	*Medicago lupulina*	药用、有毒
353	野苜蓿	*Medicago falcata*	药用、饲用
354	青海苜蓿	*Medicago archiducis-nicolai*	药用

续表

序号	中文名	拉丁名	用途
355	广布野豌豆	*Vicia cracca*	药用、饲用、水土保持、蜜源
356	长柔毛野豌豆	*Vicia villosa*	药用、饲用
357	大叶野豌豆	*Vicia pseudo-orobus*	药用、饲用
358	山野豌豆	*Vicia amoena*	药用、饲用、水土保持、蜜源
359	歪头菜	*Vicia unijuga*	药用、饲用、菜用、水土保持、蜜源
360	东方野豌豆	*Vicia japonica*	药用、饲用
361	蚕豆	*Vicia faba*	药用、淀粉、油脂、菜用
362	蔓黄耆	*Phyllolobium chinense*	药用、饲用、水土保持
363	糙叶黄耆	*Astragalus scaberrimus*	药用、饲用、水土保持、有毒
364	细叶黄耆	*Astragalus tenuis*	药用
365	草木犀状黄耆	*Astragalus melilotoides*	药用、有毒
366	蒙古黄耆	*Astragalus mongholicus*	药用
367	单叶黄耆	*Astragalus efoliolatus*	饲用
368	达乌里黄耆	*Astragalus dahuricus*	药用、饲用
369	细弱黄耆	*Astragalus miniatus*	饲用
370	地八角	*Astragalus bhotanensis*	药用
371	鸡峰山黄耆	*Astragalus kifonsanicus*	饲用、水土保持
372	斜茎黄耆	*Astragalus laxmannii*	药用、饲用、水土保持
373	狭荚黄耆	*Astragalus stenoceras*	饲用
374	菜豆	*Phaseolus vulgaris*	药用、菜用
375	兵豆	*Lens culinaris*	药用、菜用、绿肥、饲用
376	赤小豆	*Vigna umbellata*	药用、淀粉
377	绿豆	*Vigna radiata*	药用、淀粉
378	刺槐	*Robinia pseudoacacia*	药用、园林绿化、纤维、水土保持、蜜源、果树、有毒
379	毛洋槐	*Robinia hispida*	园林绿化、纤维、水土保持
380	香花槐	*Robinia pseudoacacia* cv. Idaho	园林绿化、纤维、水土保持
381	大豆	*Glycine max*	药用、油脂、淀粉、绿肥、纤维
382	野大豆	*Glycine soja*	药用、饲用、水土保持、油脂、纤维、油脂
383	两型豆	*Amphicarpaea edgeworthii*	药用
384	葛	*Pueraria montana*	药用、水土保持、纤维
385	苦参	*Sophora flavescens*	药用、农药、有毒、纤维
386	苦豆子	*Sophora alopecuroides*	药用、水土保持
387	白刺花	*Sophora davidii*	药用、水土保持、园林绿化

续表

序号	中文名	拉丁名	用途
388	槐	*Sophora japonica*	药用、园林绿化、纤维、水土保持、蜜源
389	龙爪槐	*Sophora japonica* cv. Pendula	药用、园林绿化、纤维、水土保持、蜜源
390	金枝国槐	*Sophora japonica* cv. Golden Stem	药用、园林绿化、纤维、水土保持、蜜源
391	地角儿苗	*Oxytropis bicolor*	药用、饲用
392	硬毛棘豆	*Oxytropis fetissovii*	有毒
393	鳞萼棘豆	*Oxytropis squammulosa*	药用
394	砂珍棘豆	*Oxytropis racemosa*	药用
395	黄花棘豆	*Oxytropis ochrocephala*	药用
396	小花棘豆	*Oxytropis glabra*	有毒
397	猫头刺	*Oxytropis aciphylla*	药用、饲用
398	苦马豆	*Sphaerophysa salsula*	药用、饲用、有毒
399	河北木蓝	*Sphagofera bungeana*	药用
400	多花木蓝	*Sphagofera amblyantha*	药用
401	花木蓝	*Sphagofera kirilowii*	药用、纤维、鞣质、淀粉、油脂
402	甘草	*Glycyrrhiza uralensis*	药用
403	米口袋	*Gueldenstaedtia verna*	药用、淀粉
404	大山黧豆	*Lathyrus davidii*	药用、饲用
405	山黧豆	*Lathyrus quinquenervius*	药用
406	家山黧豆	*Lathyrus sativus*	饲用、有毒
407	牧地山黧豆	*Lathyrus pratensis*	饲用、蜜源
408	短翼岩黄耆	*Hedysarum brachypterum*	药用
409	细枝羊柴	*Corethrodendron scoparium*	药用、饲用、水土保持、油脂、蜜源、纤维
410	红花羊柴	*Corethrodendron multijugum*	药用
411	披针叶野决明	*Thermopsis lanceolata*	药用、饲用
412	霍州油菜	*Thermopsis chinensis*	药用
413	豌豆	*Pisum sativum*	药用、饲用、纤维、油脂、燃料、绿肥、淀粉、菜用
414	绣球小冠花	*Coronilla varia*	药用、园林绿化及观赏
415	紫荆	*Cercis chinensis*	药用、园林绿化及观赏
416	紫穗槐	*Amorpha fruticosa*	药用、园林绿化及观赏、饲用、纤维、油脂、水土保持、鞣质、有毒、果树
417	落花生	*Arachis hypogaea*	药用、淀粉、油脂、饲用、纤维、绿肥
418	长萼鸡眼草	*Kummerowia stipulacea*	药用、饲用
419	紫藤	*Wisteria sinensis*	药用、园林绿化及观赏、淀粉、纤维、香料、绿肥

续表

序号	中文名	拉丁名	用途
420	细叶百脉根	*Lotus tenuis*	药用
421	驴食草	*Onobrychis viciifolia*	饲用
422	筅子梢	*Campylotropis macrocarpa*	药用、饲用、水土保持、蜜源、有毒
423	太白山筅子梢	*Campylotropis macrocarpa* var. *hupehensis*	药用
424	远志	*Polygala tenuifolia*	药用
425	西伯利亚远志	*Polygala sibirica*	药用
426	瓜子金	*Polygala japonica*	药用、油脂
427	朝天委陵菜	*Potentilla supina*	药用
428	多茎委陵菜	*Potentilla multicaulis*	药用
429	翻白草	*Potentilla discolor*	药用、淀粉、菜用
430	二裂委陵菜	*Potentilla bifurca*	药用、饲用
431	大萼委陵菜	*Potentilla conferta*	药用
432	菊叶委陵菜	*Potentilla tanacetifolia*	药用、鞣质
433	绢毛匍匐委陵菜	*Potentilla reptans* var. *sericophylla*	药用
434	匍匐委陵菜	*Potentilla reptans*	药用
435	匐枝委陵菜	*Potentilla flagellaris*	药用、饲用
436	蕨麻	*Potentilla anserina*	药用、淀粉、酿造、饲用、蜜源、鞣质、色素
437	委陵菜	*Potentilla chinensis*	药用、饲用、酿造、鞣质
438	星毛委陵菜	*Potentilla acaulis*	药用
439	莓叶委陵菜	*Potentilla fragarioides*	药用
440	长叶二裂委陵菜	*Potentilla bifurca* var. *major*	药用
441	矮生二裂委陵菜	*Potentilla bifurca* var. *humilior*	药用
442	腺毛委陵菜	*Potentilla Longifolia*	药用
443	山楂	*Crataegus pinnatifida*	药用、果树、园林绿化及观赏
444	山里红	*Crataegus pinnatifida* var. *major*	药用、果树、园林绿化及观赏
445	无毛山楂	*Crataegus pinnatifida* var. *psilosa*	药用、果树、园林绿化及观赏
446	湖北山楂	*Crataegus hupehensis*	药用、果树、园林绿化及观赏
447	橘红山楂	*Crataegus aurantia*	药用、果树、园林绿化及观赏、淀粉
448	甘肃山楂	*Crataegus kansuensis*	药用、果树、园林绿化及观赏
449	野山楂	*Crataegus cuneata*	药用、果树、园林绿化及观赏、淀粉、甜味剂
450	水榆花楸	*Sorbus alnifolia*	药用、园林绿化及观赏、纤维
451	陕甘花楸	*Sorbus koehneana*	药用、园林绿化及观赏、纤维

续表

序号	中文名	拉丁名	用途
452	苹果	*Malus pumila*	药用、果树
453	楸子	*Malus prunifolia*	药用、果树
454	花红	*Malus asiatica*	药用、果树
455	湖北海棠	*Malus hupehensis*	药用、果树、园林绿化及观赏、淀粉、饮料
456	陇东海棠	*Malus kansuensis*	果树
457	花叶海棠	*Malus transitoria*	果树
458	长圆果花叶海棠	*Malus transitoria* var. *centralasiatica*	果树
459	三叶海棠	*Malus sieboldii*	园林绿化及观赏
460	山荆子	*Malus baccata*	药用、园林绿化及观赏、果树
461	毛山荆子	*Malus mandshurica*	药用、园林绿化及观赏、果树
462	山荆子垂枝变种	*Malus baccata* var. *gracilis*	药用、园林绿化及观赏、果树
463	西府海棠	*Malus×micromalus*	药用、园林绿化及观赏、果树
464	贴梗海棠	*Chaenomeles speciosa*	药用、园林绿化及观赏
465	毛叶木瓜	*Chaenomeles cathayensis*	药用、园林绿化及观赏
466	水栒子	*Cotoneaster multiflorus*	药用、园林绿化及观赏、纤维
467	毛叶水栒子	*Cotoneaster submultiflorus*	药用、园林绿化及观赏、纤维
468	灰栒子	*Cotoneaster acutifolius*	药用、园林绿化及观赏、纤维
469	西北栒子	*Cotoneaster zabelii*	药用、园林绿化及观赏、纤维
470	细弱栒子	*Cotoneaster gracilis*	药用、园林绿化及观赏、纤维
471	平枝栒子	*Cotoneaster horizontalis*	药用、园林绿化及观赏、纤维
472	川康栒子	*Cotoneaster ambiguus*	药用、园林绿化及观赏、纤维
473	钝叶栒子	*Cotoneaster hebephyllus*	药用、园林绿化及观赏、纤维
474	粉团蔷薇	*Rosa multiflora* var. *cathayensis*	药用、园林绿化及观赏
475	单瓣黄刺玫	*Rosa xanthina* var. *normalis*	药用、园林绿化及观赏、酿造
476	黄蔷薇	*Rosa hugonis*	药用
477	黄刺玫	*Rosa xanthina*	药用、园林绿化及观赏
478	美蔷薇	*Rosa bella*	药用、芳香油、果树
479	钝叶蔷薇	*Rosa sertata*	药用
480	七姊妹	*Rosa multiflora* var. *carnea*	药用、园林绿化及观赏
481	月季花	*Rosa chinensis*	药用、园林绿化及观赏、鞣质
482	玫瑰	*Rosa rugosa*	药用、园林绿化及观赏、油脂、芳香油
483	缫丝花	*Rosa roxburghii*	药用、园林绿化及观赏、纤维、酿造、果树
484	桃	*Amygdalus persica*	药用、园林绿化及观赏、纤维、油脂、果树、树胶

续表

序号	中文名	拉丁名	用途
485	山桃	*Amygdalus davidiana*	药用、园林绿化及观赏、果树、纤维、水土保持、有毒、树胶
486	陕甘山桃	*Amygdalus davidiana* var. *potaninii*	药用、园林绿化及观赏、果树、纤维、有毒、树胶
487	甘肃桃	*Amygdalus kansuensis*	药用、园林绿化及观赏、果树、纤维、有毒、树胶
488	榆叶梅	*Amygdalus triloba*	药用、园林绿化及观赏
489	樱桃	*Cerasus pseudocerasus*	药用、果树、酿造
490	毛樱桃	*Cerasus tomentosa*	药用、果树、油脂、园林绿化及观赏
491	多毛樱桃	*Cerasus polytricha*	药用、果树、纤维
492	微毛樱桃	*Cerasus clarofolia*	药用、果树、纤维
493	毛叶欧李	*Cerasus dictyoneura*	药用、园林绿化及观赏
494	山樱花	*Cerasus serrulata*	园林绿化及观赏、药用
495	日本晚樱	*Cerasus serrulata* var. *lannesiana*	园林绿化及观赏
496	棣棠花	*Kerria japonica*	药用、园林绿化及观赏
497	重瓣棣棠花	*Kerria japonica*	药用、园林绿化及观赏
498	李	*Prunus salicina*	药用、果树、园林绿化及观赏、有毒
499	紫叶李	*Prunus cerasifera* f. *atropurpurea*	药用、果树、园林绿化及观赏
500	杏	*Armeniaca vulgaris*	药用、果树、油脂、纤维、水土保持
501	野杏	*Armeniaca vulgaris* var. *ansu*	药用、果树、油脂、纤维、水土保持、有毒
502	山杏	*Armeniaca sibirica*	药用、果树、油脂、纤维、水土保持
503	茅莓	*Rubus parvifolius*	药用、果树、酿造、鞣质
504	腺花茅莓	*Rubus parvifolius* var. *adenochlamys*	药用、果树
505	腺毛喜阴悬钩子	*Rubus mesogaeus*	药用、食用
506	秀丽莓	*Rubus amabilis*	药用、果树
507	新疆梨	*Pyrus sinkiangensis*	药用、果树
508	西洋梨	*Pyrus communis*	药用、果树
509	木梨	*Pyrus xerophila*	药用、果树
510	白梨	*Pyrus bretschneideri*	药用、果树
511	沙梨	*Pyrus pyrifolia*	药用、果树、淀粉
512	杜梨	*Pyrus betulifolia*	药用、果树、纤维、鞣质、甜味剂
513	珍珠梅	*Sorbaria sorbifolia*	药用、园林绿化及观赏、有毒
514	华北珍珠梅	*Sorbaria kirilowii*	药用、园林绿化及观赏
515	土庄绣线菊	*Spiraea pubescens*	药用
516	三裂绣线菊	*Spiraea trilobata*	药用、园林绿化及观赏
517	粉花绣线菊	*Spiraea japonica* var. *japonica*	药用、园林绿化及观赏

续表

序号	中文名	拉丁名	用途
518	绣球绣线菊	*Spiraea blumei*	药用、园林绿化及观赏
519	蒙古绣线菊	*Spiraea mongolica*	药用
520	金丝桃叶绣线菊	*Spiraea hypericifolia*	药用
521	蛇莓	*Duchesnea indica*	药用、果树、农药、有毒、淀粉、蜜源
522	皱果蛇莓	*Duchesnea chrysantha*	药用、果树、农药
523	草莓	*Fragaria × ananassa*	药用、果树
524	东方草莓	*Fragaria orientalis*	药用、果树、酿造
525	野草莓	*Fragaria vesca*	药用、果树
526	地榆	*Sanguisorba officinalis*	药用、菜用、鞣质、有毒
527	龙芽草	*Agrimonia pilosa*	药用、农药、鞣质、有毒
528	路边青	*Geum aleppicum*	药用、菜用、油脂、鞣质
529	蕤核	*Prinsepia uniflora*	药用、果树、酿造
530	齿叶扁核木	*Prinsepia uniflora* var. *serrata*	药用、食用、酿造
531	石楠	*Photinia serratifolia*	药用、园林绿化及观赏、纤维、农药、油脂
532	中华绣线梅	*Neillia sinensis*	药用
533	稠李	*Padus avium*	药用、园林绿化及观赏
534	中国沙棘	*Hippophae rhamnoides* subsp. *sinensis*	药用、水土保持
535	沙枣	*Elaeagnus angustifolia*	药用、水土保持、酿造、纤维、饲用、淀粉、芳香油、果树
536	牛奶子	*Elaeagnus umbellata*	药用、园林绿化及观赏、果树、酿造、农药、淀粉、饮料
537	鼠李	*Rhamnus davurica*	药用、油脂、纤维、鞣质、染料
538	冻绿	*Rhamnus utilis*	药用、色素、油脂、材用
539	毛冻绿	*Rhamnus utilis* var. *hypochrysa*	药用、色素
540	甘青鼠李	*Rhamnus tangutica*	药用、色素
541	小叶鼠李	*Rhamnus parvifolia*	药用、色素
542	圆叶鼠李	*Rhamnus globosa*	药用、色素、油脂
543	柳叶鼠李	*Rhamnus erythroxylum*	药用
544	锐齿鼠李	*Rhamnus arguta*	油脂、农药
545	枣	*Ziziphus jujuba*	药用、果树、酿造、蜜源
546	酸枣	*Ziziphus jujuba* var. *spinosa*	药用、果树、酿造、蜜源、有毒、淀粉、饮料、甜味剂、材用
547	少脉雀梅藤	*Sageretia paucicostata*	药用
548	勾儿茶	*Berchemia sinica*	药用、饮料
549	榆树	*Ulmus pumila*	药用、淀粉、纤维、饲用、油脂、水土保持

续表

序号	中文名	拉丁名	用途
550	旱榆	*Ulmus glaucescens*	药用、淀粉、纤维、饲用
551	春榆	*Ulmus davidiana* var. *japonica*	药用、淀粉、纤维、饲用、材用
552	大果榆	*Ulmus macrocarpa*	药用、淀粉、纤维、饲用、有毒
553	龙爪榆	*Ulmus pumila* cv. Pendula	药用、园林绿化及观赏、淀粉、纤维、饲用
554	刺榆	*Hemiptelea davidii*	药用、水土保持、油脂、园林绿化及观赏、淀粉、纤维、饲用
555	大麻	*Cannabis sativa*	药用、油脂、饲用、纤维、染料
556	葎草	*Humulus scandens*	药用、纤维、油脂、酿造
557	啤酒花	*Humulus lupulus*	药用、纤维、油脂、酿造
558	黑弹树	*Celtis bungeana*	药用、纤维
559	桑	*Morus alba*	药用、果树、酿造、饲用、纤维、蜜源
560	鸡桑	*Morus australis*	药用、果树、酿造、饲用、纤维、淀粉、甜味剂
561	构树	*Broussonetia papyrifera*	药用、果树、酿造、纤维、饲用、有毒、蜜源、材用、鞣质
562	麻叶荨麻	*Urtica cannabina*	药用、纤维、油脂、菜用、有毒
563	宽叶荨麻	*Urtica laetevirens*	药用、菜用
564	珠芽艾麻	*Laportea bulbifera*	药用、纤维、菜用
565	赤麻	*Boehmeria silvestrii*	药用、纤维
566	墙草	*Parietaria micrantha*	药用
567	透茎冷水花	*Pilea pumila*	药用
568	栗	*Castanea mollissima*	药用、淀粉、纤维、饲用、鞣质、蜜源、材用
569	麻栎	*Quercus acutissima*	药用、淀粉、纤维、饲用、鞣质、有毒、蜜源
570	栓皮栎	*Quercus variabilis*	药用、纤维、鞣质、淀粉、材用
571	蒙古栎	*Quercus mongolica*	药用、纤维、饲用、酿造、有毒、淀粉
572	槲栎	*Quercus aliena*	药用、纤维、淀粉
573	槲树	*Quercus dentata*	药用、鞣质、纤维、饲用、酿造、材用
574	胡桃	*Juglans regia*	药用、果树、油脂、纤维、农药
575	胡桃楸	*Juglans mandshurica*	药用、果树、油脂、纤维、农药、纤维、鞣质、有毒
576	白桦	*Betula platyphylla*	药用、油脂、园林绿化及观赏、纤维
577	鹅耳枥	*Carpinus turczaninowii*	药用、纤维、油脂、材用
578	陕西鹅耳枥	*Carpinus shensiensis*	药用、纤维、油脂
579	小叶鹅耳枥	*Carpinus stipulata*	药用、纤维、油脂
580	虎榛子	*Ostryopsis davidiana*	药用、纤维、油脂、纤维
581	榛	*Corylus heterophylla*	药用、纤维、油脂

续表

序号	中文名	拉丁名	用途
582	赤瓟	*Thladiantha dubia*	药用
583	假贝母	*Bolbostemma paniculatum*	药用
584	栝楼	*Trichosanthes kirilowii*	药用、油脂
585	葫芦（瓠）	*Lagenaria siceraria*	药用、菜用、园林绿化及观赏
586	南瓜	*Cucurbita moschata*	药用、菜用、园林绿化及观赏
587	西葫芦	*Cucurbita pepo*	药用、菜用
588	黄瓜	*Cucumis sativus*	药用、菜用
589	甜瓜	*Cucumis melo*	药用、菜用
590	西瓜	*Citrullus lanatus*	药用、菜用
591	丝瓜	*Luffa aegyptiaca*	药用、菜用、纤维
592	苦瓜	*Momordica charantia*	药用、菜用
593	南蛇藤	*Celastrus orbiculatus*	药用、纤维、油脂、有毒、农药
594	短梗南蛇藤	*Celastrus rosthornianus*	药用、纤维、油脂、农药
595	苦皮藤	*Celastrus angulatus*	药用、纤维、油脂、农药
596	卫矛	*Euonymus alatus*	药用、有毒、油脂、植物胶类
597	白杜	*Euonymus maackii*	药用、园林绿化及观赏、纤维
598	陕西卫矛	*Euonymus schensianus*	药用、园林绿化及观赏
599	瘤枝卫矛	*Euonymus verrucosus*	药用
600	栓翅卫矛	*Euonymus phellomanus*	药用
601	八宝茶	*Euonymus przewalskii*	药用
602	冬青卫矛	*Euonymus japonicus*	药用、园林绿化及观赏、植物胶类
603	垂丝卫矛	*Euonymus oxyphyllus*	药用
604	石枣子	*Euonymus sanguineus*	药用
605	酢浆草	*Oxalis corniculata*	药用、有毒、蜜源
606	红花酢浆草	*Oxalis corymbosa*	药用、园林绿化及观赏
607	黄海棠	*Hypericum ascyron*	药用、菜用、工业、鞣质、有毒、饮料、油脂
608	赶山鞭	*Hypericum attenuatum*	药用
609	贯叶连翘	*Hypericum perforatum*	药用
610	长柱金丝桃	*Hypericum longistylum*	药用
611	金丝桃	*Hypericum monogynum*	药用、园林绿化及观赏
612	突脉金丝桃	*Hypericum przewalskii*	药用
613	鸡腿堇菜	*Viola acuminata*	药用、菜用
614	斑叶堇菜	*Viola variegata*	药用
615	东北堇菜	*Viola mandshurica*	药用
616	深山堇菜	*Viola selkirkii*	药用
617	南山堇菜	*Viola chaerophylloides*	药用
618	白花堇菜	*Viola lactiflora*	药用

续表

序号	中文名	拉丁名	用途
619	阴地堇菜	*Viola yezoensis*	药用
620	犁头草	*Viola japonica*	药用
621	早开堇菜	*Viola prionantha*	药用、观赏
622	紫花地丁	*Viola philippica*	药用、菜用、观赏
623	总裂叶堇菜	*Viola dissecta* var. *incisa*	药用
624	裂叶堇菜	*Viola dissecta*	药用
625	球果堇菜	*Viola collina*	药用
626	茜堇菜	*Viola phalacrocarpa*	药用
627	三色堇	*Viola tricolor*	药用、园林绿化及观赏
628	北京杨	*Populus × beijingensis*	水土保持、园林绿化及观赏
629	河北杨	*Populus × hopeiensis*	纤维、水土保持、园林绿化及观赏
630	银白杨	*Populus alba*	药用、纤维、鞣质、农药、园林绿化及观赏、水土保持
631	新疆杨	*Populus alba var. pyramidalis*	药用、纤维、水土保持、园林绿化及观赏
632	毛白杨	*Populus tomentosa*	药用、鞣质、饲用、纤维、园林绿化及观赏、水土保持
633	青杨	*Populus cathayana*	药用、纤维、水土保持、园林绿化及观赏
634	山杨	*Populus davidiana*	药用、纤维、饲用、水土保持、园林绿化及观赏、鞣质
635	小叶杨	*Populus simonii*	纤维、水土保持、园林绿化及观赏
636	加杨	*Populus × canadensis*	药用、纤维、鞣质，染料、园林绿化及观赏
637	旱柳	*Salix matsudana*	药用、饲用、纤维、园林绿化及观赏
638	绦柳	*Salix matsudana* f. *pendula*	园林绿化及观赏
639	红皮柳	*Salix sinopurpurea*	药用
640	黄龙柳	*Salix liouana*	药用
641	乌柳	*Salix cheilophila*	药用
642	小叶柳	*Salix hypoleuca*	药用
643	腺柳	*Salix chaenomeloides*	药用
644	线叶柳	*Salix wilhelmsiana*	药用
645	皂柳	*Salix wallichiana*	药用、纤维
646	龙爪柳	*Salix matsudana* var. *matsudana* f. *tortuosa*	药用、园林绿化及观赏
647	甘遂	*Euphorbia kansui*	药用
648	大戟	*Euphorbia pekinensis*	药用
649	乳浆大戟	*Euphorbia esula*	药用、有毒
650	钩腺大戟	*Euphorbia sieboldiana*	药用

续表

序号	中文名	拉丁名	用途
651	银边翠	*Euphorbia marginata*	药用
652	地锦草	*Euphorbia humifusa*	药用
653	泽漆	*Euphorbia helioscopia*	药用、有毒、农药、油脂
654	沙生大戟	*Euphorbia kozlovii*	药用
655	蓖麻	*Ricinus communis*	药用
656	地构叶	*Speranskia tuberculata*	药用、有毒
657	铁苋菜	*Acalypha australis*	药用
658	亚麻	*Linum usitatissimum*	纤维、油脂、药用
659	野亚麻	*Linum stelleroides*	纤维、药用、有毒
660	宿根亚麻	*Linum perenne*	药用
661	垂果亚麻	*Linum nutans*	药用
662	黑水亚麻	*Linum amurense*	药用
663	叶底珠	*Flueggea suffruticosa*	药用、纤维、鞣质
664	雀儿舌头	*Leptopus chinensis*	药用、水土保持、园林绿化及观赏、作农药、有毒
665	牻牛儿苗	*Erodium stephanianum*	药用、鞣质
666	鼠掌老鹳草	*Geranium sibiricum*	药用
667	尼泊尔老鹳草	*Geranium nepalense*	药用
668	粗根老鹳草	*Geranium dahuricum*	药用
669	千屈菜	*Lythrum salicaria*	药用、园林绿化及观赏
670	紫薇	*Lagerstroemia indica*	药用、纤维
671	石榴	*Punica granatum*	药用、园林绿化及观赏
672	耳基水苋	*Ammannia auriculata*	药用
673	柳兰	*Chamerion angustifolium*	药用、饲用，菜用、鞣质、有毒
674	柳叶菜	*Epilobium hirsutum*	药用、菜用
675	毛脉柳叶菜	*Epilobium amurense*	药用
676	沼生柳叶菜	*Epilobium paluster*	药用
677	露珠草	*Circaea cordata*	药用
678	月见草	*Oenothera biennis*	药用
679	膀胱果	*Staphylea holocarpa*	药用
680	小果白刺	*Nitraria sibirica*	药用
681	骆驼蒿	*Peganum nigellastrum*	药用
682	骆驼蓬	*Peganum harmala*	药用、有毒
683	多裂骆驼蓬	*Peganum multisectum*	药用
684	漆	*Toxicodendron vernicifluum*	涂料、农药、有毒、油脂
685	毛黄栌	*Cotinus coggygria* var.*pubsecens*	药用
686	黄连木	*Pistacia chinensis*	药用、油脂、纤维、染料

续表

序号	中文名	拉丁名	用途
687	盐麸木	*Rhus chinensis*	油脂、农药、药用
688	火炬树	*Rhus typhina*	药用、水土保持、园林绿化及观赏、鞣质
689	青麸杨	*Rhus potaninii*	药用
690	栾树	*Koelreuteria paniculata*	药用、染料、纤维、园林绿化及观赏
691	文冠果	*Xanthoceras sorbifolium*	药用
692	七叶树	*Aesculus chinensis*	药用、油脂
693	青榨槭	*Acer davidii*	药用、鞣质
694	茶条槭	*Acer tataricum* subsp. *ginnala*	药用
695	复叶槭	*Acer negundo*	药用、园林绿化及观赏
696	葛罗槭	*Acer davidii* subsp. *grosseri*	药用
697	鸡爪槭	*Acer palmatum*	药用
698	元宝槭	*Acer truncatum*	药用、纤维、园林绿化及观赏
699	毛叶花椒	*Zanthoxylum bungeanum* var. *pubescens*	药用、芳香油、油脂、防腐剂
700	浪叶花椒	*Zanthoxylum undulatifolium*	药用
701	臭檀吴萸	*Tetradium daniellii*	药用
702	臭椿	*Ailanthus altissima*	药用、有毒、油脂
703	苦树	*Picrasma quassioides*	药用
704	香椿	*Toona sinensis*	药用、纤维、有毒、菜用、鞣质、香料、油脂、树胶
705	锦葵	*Malva cathayensis*	药用、园林绿化及观赏
706	野葵	*Malva verticillata*	药用
707	圆叶锦葵	*Malva pusilla*	药用
708	中华野葵	*Malva verticillata* var. *rafiqii*	药用
709	冬葵	*Malva verticillata* var.*crispa*	药用
710	木槿	*Hibiscus syriacus*	药用、纤维、园林绿化及观赏
711	野西瓜苗	*Hibiscus trionum*	药用
712	朱槿	*Hibiscus rosa-sinensis*	药用、园林绿化及观赏
713	美丽芙蓉	*Hibiscus indicus*	药用、纤维、园林绿化及观赏
714	重瓣朱槿	*Hibiscus rosa-sinensis* var. *rubro-plenus*	园林绿化及观赏、药用
715	苘麻	*Abutilon theophrasti*	药用、染料、油脂
716	蜀葵	*Alcea rosea*	药用、纤维、园林绿化及观赏
717	毛糯米椴	*Tilia henryana*	药用、园林绿化及观赏
718	少脉椴	*Tilia paucicostata*	药用、纤维
719	扁担杆	*Grewia biloba*	药用
720	小花扁担杆	*Grewia biloba* var. *parviflora*	药用

续表

序号	中文名	拉丁名	用途
721	草瑞香	*Diarthron linifolium*	药用
722	狼毒	*Stellera chamaejasme*	药用、纤维、农药
723	河朔荛花	*Wikstroemia chamaedaphne*	药用、纤维、农药
724	鄂北荛花	*Wikstroemia pampaninii*	药用
725	旱金莲	*Tropaeolum majus*	药用、园林绿化及观赏
726	播娘蒿	*Descurainia sophia*	药用、油脂、有毒
727	垂果大蒜芥	*Sisymbrium heteromallum*	药用
728	独行菜	*Lepidium apetalum*	药用、油脂、菜用、有毒
729	宽叶独行菜	*Lepidium latifolium*	药用
730	密花独行菜	*Lepidium densiflorum*	药用
731	沼生蔊菜	*Rorippa palustris*	药用
732	蔊菜	*Rorippa indica*	药用
733	无瓣蔊菜	*Rorippa dubia*	药用
734	萝卜	*Raphanus sativus*	药用、菜用、油脂
735	诸葛菜	*Orychophragmus violaceus*	药用、菜用
736	垂果南芥	*Arabis pendula*	药用
737	荠	*Capsella bursa-pastoris*	药用、菜用、油脂、饲用、蜜源
738	碎米荠	*Cardamine hirsuta*	药用
739	弯曲碎米荠	*Cardamine flexuosa*	药用
740	离子芥	*Chorispora tenella*	药用
741	欧洲菘蓝	*Isatis tinctoria*	药用、染料、油脂、纤维
742	小花糖芥	*Erysimum cheiranthoides*	药用、有毒
743	波齿糖芥	*Erysimum macilentum*	药用
744	葶苈	*Draba nemorosa*	药用、油脂
745	菥蓂	*Thlaspi arvense*	调味品，药用、油脂、蜜源
746	青菜	*Brassica rapa* var. *chinensis*	药用、菜用
747	白菜	*Brassica rapa* var. *glabra*	饲用、菜用
748	甘蓝	*Brassica oleracea*	药用、菜用、饲用
749	欧洲油菜	*Brassica oleracea*	油脂
750	芝麻菜	*Eruca vesicaria* subsp. *sativa*	药用
751	蚓果芥	*Braya humilis*	药用
752	涩荠	*Malcolmia africana*	药用
753	香雪球	*Lobularia maritima*	园林绿化及观赏
754	百蕊草	*Thesium chinense*	药用
755	急折百蕊草	*Thesium refractum*	药用
756	槲寄生	*Viscum coloratum*	药用、有毒
757	北桑寄生	*Loranthus tanakae*	药用

续表

序号	中文名	拉丁名	用途
758	柽柳	*Tamarix chinensis*	药用、纤维、园林绿化及观赏、蜜源、鞣质、水土保持
759	宽苞水柏枝	*Myricaria bracteata*	药用
760	二色补血草	*Limonium bicolor*	药用、有毒
761	萹蓄	*Polygonum aviculare*	药用、有毒
762	习见蓼	*Polygonum plebeium*	药用
763	红蓼	*Polygonum orientale*	药用、淀粉、饲用、蜜源、农药
764	水蓼	*Polygonum hydropiper*	药用、有毒、饲用、蜜源、农药、绿肥
765	酸模叶蓼	*Polygonum lapathifolium*	药用、饲用、农药、油脂
766	绵毛酸模叶蓼	*Polygonum lapathifolium* var. *salicifolium*	药用
767	春蓼	*Polygonum persicaria*	药用
768	西伯利亚蓼	*Polygonum sibiricum*	药用
769	尼泊尔蓼	*Polygonum nepalense*	药用
770	小头蓼	*Polygonum sibiricum*	药用
771	两栖蓼	*Polygonum amphibium*	药用
772	支柱蓼	*Polygonum suffultum*	药用
773	翼蓼	*Pteroxygonum giraldii*	药用
774	河套大黄	*Rheum hotaoense*	药用
775	波叶大黄	*Rheum rhabarbarum*	药用
776	掌叶大黄	*Rheum palmatum*	药用
777	蔓首乌	*Fallopia convolvulus*	药用
778	木藤蓼	*Fallopia aubertii*	药用
779	虎杖	*Reynoutria japonica*	药用
780	苦荞麦	*Fagopyrum tataricum*	药用、饲用
781	荞麦	*Fagopyrum esculentum*	药用、淀粉
782	巴天酸模	*Rumex patientia*	药用、有毒
783	齿果酸模	*Rumex dentatus*	药用、绿肥
784	皱叶酸模	*Rumex crispus*	药用、有毒、淀粉、鞣质、油脂
785	尼泊尔酸模	*Rumex nepalensis*	药用
786	鹅肠菜	*Myosoton aquaticum*	药用、饲用，菜用
787	繁缕	*Stellaria media*	有毒、饲用
788	柳叶繁缕	*Stellaria salicifolia*	药用
789	叉歧繁缕	*Stellaria dichotoma*	药用
790	麦蓝菜	*Vaccaria hispanica*	药用、淀粉
791	细叶石头花	*Gypsophila licentiana*	药用
792	石竹	*Dianthus chinensis*	药用
793	瞿麦	*Dianthus superbus*	农药、药用

续表

序号	中文名	拉丁名	用途
794	香石竹	*Dianthus caryophyllus*	药用
795	须苞石竹	*Dianthus barbatus*	药用、园林绿化及观赏
796	无心菜	*Arenaria serpyllifolia*	药用
797	狗筋蔓	*Silene baccifera*	药用
798	鹤草	*Silene fortunei*	药用
799	麦瓶草	*Silene conoidea*	药用
800	女娄菜	*Silene aprica*	药用、饲用
801	反枝苋	*Amaranthus retroflexus*	药用、菜用、饲用
802	千穗谷	*Amaranthus hypochondriacus*	药用
803	尾穗苋	*Amaranthus caudatus*	药用
804	凹头苋	*Amaranthus blitum*	药用
805	千日红	*Gomphrena globosa*	药用
806	鸡冠花	*Celosia cristata*	药用、观赏
807	轴藜	*Axyris amaranthoides*	药用
808	杖藜	*Chenopodium giganteum*	菜用、纤维
809	灰绿藜	*Chenopodium glaucum*	菜用、药用
810	尖头叶藜	*Chenopodium acuminatum*	药用
811	藜	*Chenopodium album*	药用、饲用、菜用、有毒、绿肥
812	杂配藜	*Chenopodium hybridum*	药用
813	小藜	*Chenopodium ficifolium*	药用、饲用
814	菠菜	*Spinacia oleracea*	菜用、
815	绳虫实	*Corispermum declinatum*	药用
816	毛果绳虫实	*Corispermum tylocarpum*	药用
817	地肤	*Kochia scoparia*	药用、菜用、油脂、水土保持、绿肥
818	木地肤	*Kochia prostrata*	饲用、药用
819	碱蓬	*Suaeda glauca*	油脂、药用
820	盐地碱蓬	*Suaeda salsa*	菜用、药用
821	刺沙蓬	*Salsola tragus*	药用
822	猪毛菜	*Salsola collina*	药用
823	菊叶香藜	*Dysphania schraderiana*	药用、农药
824	刺藜	*Dysphania aristata*	药用
825	白茎盐生草	*Halogeton arachnoideus*	工业
826	心叶日中花	*Mesembryanthemum*	观赏
827	商陆	*Phytolacca acinosa*	药用、鞣质、油脂、作农药、嫩茎叶可供菜用、有毒
828	叶子花	*Bougainvillea spectabilis*	观赏、药用
829	紫茉莉	*Mirabilis jalapa*	药用
830	马齿苋	*Portulaca oleracea*	药用、菜用、饲用、蜜源、绿肥

续表

序号	中文名	拉丁名	用途
831	大花马齿苋	*Portulaca grandiflora*	药用、有毒
832	仙人掌	*Opuntia dillenii*	药用、菜用、果树
833	山梅花	*Philadelphus incanus*	观赏、药用
834	太平花	*Philadelphus pekinensis*	药用
835	挂苦绣球	*Hydrangea xanthoneura*	药用
836	小花溲疏	*Deutzia parviflora*	药用
837	大花溲疏	*Deutzia grandiflora*	药用
838	异色溲疏	*Deutzia discolor*	药用
839	山茱萸	*Cornus officinalis*	药用
840	红瑞木	*Cornus alba*	药用、油脂、园林绿化及观赏
841	毛梾	*Cornus walteri*	药用、油脂、饲用、绿肥、鞣质、水土保持、园林绿化及观赏、有毒
842	沙梾	*Cornus bretschneideri*	药用、纤维、油脂
843	梾木	*Cornus macrophylla*	药用、油脂、鞣质
844	红椋子	*Cornus hemsleyi*	药用
845	稀花八角枫	*Alangium chinense* subsp. *pauciflorum*	药用
846	水金凤	*Impatiens noli-tangere*	药用、有毒
847	凤仙花	*Impatiens balsamina*	药用、蜜源
848	中华花荵	*Polemonium chinense*	药用
849	天蓝绣球	*Phlox paniculata*	园林绿化及观赏
850	针叶天蓝绣球	*Phlox subulata*	园林绿化及观赏
851	柿	*Diospyros kaki*	药用、园林绿化及观赏、纤维、野果
852	君迁子	*Diospyros lotus*	药用
853	点地梅	*Androsace umbellata*	药用
854	直立点地梅	*Androsace erecta*	药用
855	胭脂花	*Primula maximowiczii*	药用
856	狼尾花	*Lysimachia barystachys*	药用、饲用
857	矮桃	*Lysimachia clethroides*	药用
858	海乳草	*Glaux maritima*	药用
859	喜冬草	*Chimaphila japonica*	药用
860	松下兰	*Monotropa hypopitys*	药用
861	杜仲	*Eucommia ulmoides*	油脂、药用、油脂、纤维、树胶
862	茜草	*Rubia cordifolia*	药用、有毒
863	卵叶茜草	*Rubia ovatifolia*	药用
864	蓬子菜	*Galium verum*	药用、有毒
865	毛蓬子菜	*Galium verum*	药用

续表

序号	中文名	拉丁名	用途
866	猪殃殃	*Galium spurium*	药用
867	林猪殃殃	*Galium paradoxum*	药用
868	扁蕾	*Gentianopsis barbata*	药用
869	湿生扁蕾	*Gentianopsis paludosa*	药用
870	花锚	*Halenia corniculata*	药用
871	椭圆叶花锚	*Halenia elliptica*	药用
872	达乌里秦艽	*Gentiana dahurica*	药用
873	秦艽	*Gentiana macrophylla*	药用
874	鳞叶龙胆	*Gentiana squarrosa*	药用、有毒
875	灰绿龙胆	*Gentiana yokusai*	药用
876	笔龙胆	*Gentiana zollingeri*	药用
877	翼萼蔓	*Pterygocalyx volubilis*	药用
878	獐牙菜	*Swertia bimaculata*	药用
879	北方獐牙菜	*Swertia diluta*	药用
880	歧伞獐牙菜	*Swertia dichotoma*	药用
881	四数獐牙菜	*Swertia tetraptera*	药用
882	罗布麻	*Apocynum venetum*	药用
883	夹竹桃	*Nerium oleander*	药用、园林绿化及观赏、有毒
884	长春花	*Catharanthus roseus*	药用
885	杠柳	*Periploca sepium*	药用、有毒
886	萝藦	*Metaplexis japonica*	药用
887	华萝藦	*Metaplexis hemsleyana*	药用、有毒
888	鹅绒藤	*Cynanchum chinense*	药用、有毒
889	地梢瓜	*Cynanchum thesioides*	药用、野果、油脂
890	雀瓢	*Cynanchum thesioides* var. *australe*	药用、野果
891	牛皮消	*Cynanchum auriculatum*	药用、有毒
892	白首乌	*Cynanchum bungei*	药用
893	竹灵消	*Cynanchum inamoenum*	药用、有毒
894	华北白前	*Cynanchum mongolicum*	药用
895	徐长卿	*Cynanchum paniculatum*	药用
896	紫花杯冠藤	*Cynanchum purpureum*	药用
897	附地菜	*Trigonotis peduncularis*	药用
898	钝萼附地菜	*Trigonotis peduncularis* var. *amblyosepala*	药用
899	斑种草	*Bothriospermum*	药用
900	狭苞斑种草	*Bothriospermum kusnezowii*	药用
901	多苞斑种草	*Bothriospermum secundum*	药用、农药
902	大果琉璃草	*Cynoglossum divaricatum*	药用

续表

序号	中文名	拉丁名	用途
903	鹤虱	*Lappula myosotis*	药用、有毒
904	聚合草	*Symphytum officinale*	饲用、药用
905	狼紫草	*Anchusa ovata*	油脂、药用
906	紫草	*Lithospermum erythrorhizon*	药用
907	田紫草	*Lithospermum arvense*	药用
908	紫筒草	*Stenosolenium saxatile*	药用
909	弯齿盾果草	*Thyrocarpus glochidiatus*	药用
910	打碗花	*Calystegia hederacea*	药用、有毒、淀粉、饲用
911	藤长苗	*Calystegia pellita*	药用、有毒
912	金灯藤	*Cuscuta japonica*	药用
913	菟丝子	*Cuscuta chinensis*	药用
914	牵牛	*Ipomoea nil*	药用、园林绿化及观赏
915	圆叶牵牛	*Ipomoea purpurea*	药用、园林绿化及观赏
916	番薯	*Ipomoea batatas*	药用、菜用、淀粉、饲用、酿造
917	田旋花	*Convolvulus arvensis*	药用
918	银灰旋花	*Convolvulus ammannii*	药用
919	北鱼黄草	*Merremia sibirica*	药用
920	碧冬茄	*Petunia hybrida*	药用、农药
921	番茄	*Lycopersicon esculentum*	药用、菜用
922	枸杞	*Lycium chinense*	药用、水土保持、油脂、饮料、蜜源、菜用
923	宁夏枸杞	*Lycium barbarum*	药用、水土保持、园林绿化、饲用
924	假酸浆	*Nicandra physalodes*	药用、有毒
925	辣椒	*Capsicum annuum*	药用、菜用
926	曼陀罗	*Datura stramonium*	药用、有毒
927	茄	*Solanum melongena*	食用
928	龙葵	*Solanum nigrum*	药用、有毒
929	青杞	*Solanum septemlobum*	药用、有毒
930	阳芋	*Solanum tuberosum*	药用、食用、淀粉
931	红果龙葵	*Solanum villosum*	园林绿化及观赏
932	酸浆	*Physalis alkekengi*	药用
933	天仙子	*Hyoscyamus niger*	药用、油脂、有毒
934	烟草	*Nicotiana tabacum*	药用、农药
935	黄花烟草	*Nicotiana rustica*	药用、农药
936	暴马丁香	*Syringa reticulata* subsp. *amurensis*	药用、芳香油
937	北京丁香	*Syringa reticulata* subsp. *pekinensis*	园林绿化及观赏、有毒、芳香油
938	紫丁香	*Syringa oblata*	药用、芳香油、观赏
939	小叶巧玲花	*Syringa pubescens* subsp. *microphylla*	药用

续表

序号	中文名	拉丁名	用途
940	象蜡树	*Fraxinus platypoda*	药用
941	美国白蜡树（美国白梣）	*Fraxinus americana*	药用、水土保持
942	洋白蜡（美国红梣）	*Fraxinus pennsylvanica*	药用、园林绿化及观赏
943	花曲柳	*Fraxinus chinensis* subsp. *rhynchophylla*	药用、纤维、园林绿化及观赏
944	白蜡树	*Fraxinus chinensis*	药用、纤维、饲用、绿化、蜜源
945	连翘	*Forsythia suspensa*	药用、园林绿化及观赏
946	流苏树	*Chionanthus retusus*	药用、芳香油、纤维
947	探春花	*Jasminum floridum*	药用、园林绿化及观赏
948	迎春花	*Jasminum nudiflorum*	药用、园林绿化及观赏
949	金叶女贞	*Ligustrum* × *vicaryi*	园林观赏
950	小蜡	*Ligustrum sinense*	药用、油脂、绿化、酿造
951	旋蒴苣苔	*Boea hygrometrica*	药用
952	车前	*Plantago asiatica*	药用、有毒
953	大车前	*Plantago major*	药用、有毒
954	平车前	*Plantago depressa*	药用、有毒
955	小车前	*Plantago minuta*	药用
956	婆婆纳	*Veronica polita*	菜用、药用、绿肥
957	阿拉伯婆婆纳	*Veronica persica*	药用
958	北水苦荬	*Veronica anagallis-aquatica*	药用、菜用
959	水苦荬	*Veronica undulata*	药用
960	细穗腹水草	*Veronicastrum stenostachyum*	药用
961	柳穿鱼	*Linaria vulgaris* subsp. *chinensis*	药用
962	细叶穗花	*Pseudolysimachion linariifolium*	药用
963	互叶醉鱼草	*Buddleja alternifolia*	药用、农药、有毒、园林绿化及观赏
964	大叶醉鱼草	*Buddleja davidii*	药用、芳香油、观赏
965	角蒿	*Incarvillea sinensis*	药用、有毒
966	黄花角蒿	*Incarvillea sinensis* var. *przewalskii*	药用
967	厚萼凌霄	*Campsis radicans*	药用
968	梓	*Catalpa ovata*	药用、纤维、果树、农药
969	灰楸	*Catalpa fargesii*	药用、纤维
970	楸	*Catalpa bungei*	药用、果树、纤维、饲用、观赏、园林绿化
971	假马鞭	*Stachytarpheta jamaicensis*	药用

续表

序号	中文名	拉丁名	用途
972	柳叶马鞭草	*Verbena bonariensis*	药用
973	百里香	*Thymus mongolicus*	药用、有毒、芳香油
974	地椒	*Thymus quinquecostatus*	药用、有毒
975	薄荷	*Mentha canadensis*	药用、菜用、油脂、有毒、蜜源、香料
976	兴安薄荷	*Mentha dahurica*	药用
977	糙苏	*Phlomis umbrosa*	药用、有毒
978	串铃草	*Phlomis mongolica*	药用、园林绿化及观赏、有毒
979	地笋	*Lycopus lucidus*	药用
980	麻叶风轮菜	*Clinopodium urticifolium*	药用
981	细风轮菜	*Clinopodium gracile*	药用
982	黄芩	*Scutellaria baicalensis*	药用、芳香油
983	多毛并头黄芩	*Scutellaria scordifolia* var. *villosissima*	药用
984	甘肃黄芩	*Scutellaria rehderiana*	药用
985	莸状黄芩	*Scutellaria caryopteroides*	药用
986	藿香	*Agastache rugosa*	药用、芳香油、油脂
987	筋骨草	*Ajuga ciliata*	药用
988	白苞筋骨草	*Ajuga lupulina*	药用
989	裂叶荆芥	*Nepeta tenuifolia*	药用、芳香油
990	香青兰	*Dracocephalum moldavica*	药用、芳香油、园林绿化及观赏
991	白花枝子花	*Dracocephalum heterophyllum*	药用
992	丹参	*Salvia miltiorrhiza*	药用
993	荔枝草	*Salvia plebeia*	药用
994	黄鼠狼花	*Salvia tricuspis*	药用
995	南欧丹参	*Salvia sclarea*	药用、芳香油
996	蓝花鼠尾草	*Salvia farinacea*	药用
997	一串红	*Salvia splendens*	药用、园林绿化及观赏
998	荫生鼠尾草	*Salvia umbratica*	药用
999	水棘针	*Amethystea caerulea*	药用
1000	甘露子	*Stachys sieboldii*	药用、菜用
1001	夏至草	*Lagopsis supina*	药用、药用
1002	毛叶香茶菜	*Isodon japonicus*	药用
1003	黑龙江香科科	*Teucrium ussuriense*	药用
1004	血见愁	*Teucrium viscidum*	药用
1005	香薷	*Elsholtzia ciliata*	药用、饲用
1006	密花香薷	*Elsholtzia densa*	药用
1007	益母草	*Leonurus japonicus*	药用、有毒、油脂

续表

序号	中文名	拉丁名	用途
1008	宝盖草	*Lamium amplexicaule*	药用
1009	野芝麻	*Lamium barbatum*	药用
1010	紫苏	*Perilla frutescens* var. *frutescens*	药用、油脂、香料
1011	活血丹	*Glechoma longituba*	药用
1012	单花莸	*Caryopteris nepetifolia*	药用
1013	三花莸	*Caryopteris terniflora*	药用
1014	光果莸	*Caryopteris tangutica*	药用
1015	兰香草	*Caryopteris incana* var. *incaca*	药用
1016	金叶莸	*Caryopteris* × *clandonensis* cv. Worcester Gold	药用、园林绿化及观赏
1017	蒙古莸	*Caryopteris mongholica*	药用、芳香油、观赏
1018	莸	*Caryopteris divaricata*	药用、园林绿化及观赏
1019	荆条	*Vitex negundo* var. *heterophylla*	药用、纤维、芳香油、园林绿化及观赏
1020	海州常山	*Clerodendrum trichotomum*	药用
1021	通泉草	*Mazus pumilus*	药用
1022	透骨草	*Phryma leptostachya* subsp. *asiatica*	药用、农药
1023	沟酸浆	*Mimulus tenellus*	菜用、药用
1024	光泡桐	*Paulownia tomentosa* var. *tsinlingensis*	药用、纤维
1025	兰考泡桐	*Paulownia elongata*	纤维、药用
1026	毛泡桐	*Paulownia tomentos*	药用、纤维
1027	列当	*Orobanche coerulescens*	药用
1028	黄花列当	*Orobanche pycnostachya*	药用
1029	蒙古芯芭	*Cymbaria mongolica*	药用
1030	地黄	*Rehmannia glutinosa*	药用
1031	疗齿草	*Odontites vulgaris*	药用
1032	返顾马先蒿	*Pedicularis resupinata*	药用、有毒
1033	红纹马先蒿	*Pedicularis striata*	药用
1034	藓生马先蒿	*Pedicularis muscicola*	药用、有毒
1035	穗花马先蒿	*Pedicularis spicata*	药用
1036	普洛氏弯管马先蒿	*Pedicularis curvituba* subsp. *provotii*	药用
1037	山罗花	*Melampyrum roseum*	药用
1038	松蒿	*Phtheirospermum japonicum*	药用
1039	小米草	*Euphrasia pectinata*	药用
1040	阴行草	*Siphonostegia chinensis*	药用
1041	桔梗	*Platycodon grandiflorus*	药用、淀粉、饮料

续表

序号	中文名	拉丁名	用途
1042	党参	*Codonopsis pilosula*	药用、菜用、油脂
1043	紫斑风铃草	*Campanula punctata*	药用
1044	泡沙参	*Adenophora potaninii*	药用
1045	多歧沙参	*Adenophora potaninii* subsp. *wawreana*	药用
1046	石沙参	*Adenophora polyantha*	药用
1047	狭叶沙参	*Adenophora gmelinii*	药用
1048	杏叶沙参	*Adenophora petiolata* subsp. *hunanensis*	药用
1049	长柱沙参	*Adenophora stenanthina*	药用
1050	百日菊	*Zinnia elegans*	药用、园林绿化及观赏
1051	苍耳	*Xanthium strumarium*	药用、油脂、有毒
1052	刺苍耳	*Xanthium spinosum*	药用
1053	苍术	*Atractylodes lancea*	药用、淀粉
1054	翠菊	*Callistephus chinensis*	药用、园林绿化及观赏
1055	大丁草	*Leibnitzia anandria*	药用
1056	大丽花	*Dahlia pinnata*	药用、园林绿化及观赏
1057	盘果菊	*Nabalus tatarinowii*	饲用、蜜源、药用
1058	多裂耳菊	*Nabalus tatarinowi* subsp. *macrantha*	饲用、蜜源、药用
1059	华蟹甲	*Sinacalia tangutica*	药用
1060	兔儿伞	*Syneilesis aconitifolia*	药用
1061	小蓬草	*Erigeron canadensis*	药用、饲用
1062	一年蓬	*Erigeron annuus*	药用
1063	长茎飞蓬	*Erigeron acris* subsp. *politus*	药用
1064	风毛菊	*Saussurea japonica*	药用
1065	蒙古风毛菊	*Saussurea mongolica*	药用
1066	草地风毛菊	*Saussurea amara*	药用
1067	乌苏里风毛菊	*Saussurea ussuriensis*	药用
1068	抱茎风毛菊	*Saussurea chingiana*	药用
1069	狗舌草	*Tephroseris kirilowii*	药用
1070	红轮狗舌草	*Tephroseris flammea*	药用
1071	金盏银盘	*Bidens biternata*	药用
1072	狼杷草	*Bidens tripartita*	药用
1073	婆婆针	*Bidens bipinnata*	药用
1074	小花鬼针草	*Bidens parviflora*	药用、有毒
1075	柳叶鬼针草	*Bidens cernua*	药用

续表

序号	中文名	拉丁名	用途
1076	北方还阳参	*Crepis crocea*	药用
1077	艾	*Artemisia argyi*	药用、菜用、农药
1078	白叶蒿	*Artemisia leucophylla*	药用
1079	大籽蒿	*Artemisia sieversiana*	药用、饲用
1080	黄花蒿	*Artemisia annua*	药用、饲用、酿造、有毒、芳香油、农药
1081	蒌蒿	*Artemisia selengensis*	药用、菜用
1082	冷蒿	*Artemisia frigida*	药用、饲用
1083	南牡蒿	*Artemisia eriopoda*	药用
1084	牛尾蒿	*Artemisia dubia*	药用、饲用、菜用、农药
1085	牡蒿	*Artemisia japonica*	药用、饲用、菜用、农药
1086	灰苞蒿	*Artemisia roxburghiana*	药用
1087	莳萝蒿	*Artemisia anethoides*	药用、饲用
1088	细裂叶莲蒿	*Artemisia gmelinii*	药用
1089	白莲蒿	*Artemisia stechmanniana*	药用、饲用
1090	毛莲蒿	*Artemisia vestita*	药用
1091	茵陈蒿	*Artemisia capillaris*	药用、菜用、饲用、酿造、油脂
1092	猪毛蒿	*Artemisia scoparia*	药用、有毒
1093	阴地蒿	*Artemisia sylvatica*	药用
1094	青蒿	*Artemisia carvifolia*	药用
1095	沙蒿	*Artemisia desertorum*	药用
1096	五月艾	*Artemisia indica*	药用、菜用
1097	山蒿	*Artemisia brachyloba*	药用
1098	辽东蒿	*Artemisia verbenacea*	药用
1099	柳叶蒿	*Artemisia integrifolia*	药用
1100	狭裂白蒿	*Artemisia kanashiroi*	药用
1101	白苞蒿	*Artemisia lactiflora*	药用
1102	野艾蒿	*Artemisia lavandulifolia*	药用、菜用、饲用、有毒、芳香油
1103	蒙古蒿	*Artemisia mongolica*	药用、芳香油、纤维、饲用
1104	华北米蒿	*Artemisia giraldii*	药用
1105	红花	*Carthamus tinctorius*	药用、油脂
1106	火绒草	*Leontopodium leontopodioides*	药用
1107	绢茸火绒草	*Leontopodium smithianum*	药用
1108	薄雪火绒草	*Leontopodium japonicum*	药用
1109	长叶火绒草	*Leontopodium junpeianum*	药用
1110	刺儿菜	*Cirsium arvense* var. *integrifolium*	药用、蜜源
1111	葵花大蓟	*Cirsium souliei*	药用
1112	牛口刺	*Cirsium shansiense*	药用

续表

序号	中文名	拉丁名	用途
1113	烟管蓟	*Cirsium pendulum*	药用
1114	绒背蓟	*Cirsium vlassovianum*	药用
1115	蓟	*Cirsium japonicum*	药用、蜜源
1116	金光菊	*Rudbeckia Laciniate*	药用、园林绿化及观赏
1117	二色金光菊	*Rudbeckia bicolor*	园林绿化及观赏、药用
1118	黑心金光菊	*Rudbeckia hirta*	园林绿化及观赏、药用
1119	两色金鸡菊	*Coreopsis tinctoria*	药用、园林绿化及观赏
1120	剑叶金鸡菊	*Coreopsis lanceolata*	药用、园林绿化及观赏
1121	金盏花	*Calendula officinalis*	药用、园林绿化及观赏
1122	菊苣	*Cichorium intybus*	药用、芳香油
1123	野菊	*Chrysanthemum indicum*	药用
1124	小红菊	*Chrysanthemum chanetii*	药用
1125	花叶滇苦菜	*Sonchus asper*	药用
1126	苦苣菜	*Sonchus oleraceus*	药用
1127	长裂苦苣菜	*Sonchus brachyotus*	药用、菜用
1128	全叶苦苣菜	*Sonchus transcaspicus*	药用、菜用
1129	苦荬菜	*Ixeris polycephala*	药用
1130	中华苦荬菜	*Ixeris chinensis*	药用
1131	多色苦荬	*Ixeris chinensis* subsp. *versicolor*	药用
1132	尖裂假还阳参	*Crepidiastrum sonchifolium*	药用
1133	黄鹌菜	*Youngia japonica*	药用
1134	款冬	*Tussilago farfara*	药用
1135	砂蓝刺头	*Echinops gmelinii*	药用
1136	漏芦	*Rhaponticum uniflorum*	药用
1137	顶羽菊	*Rhaponticum repens*	药用
1138	麻花头	*Klasea centauroides*	药用
1139	日本毛连菜	*Picris japonica*	药用
1140	毛连菜	*Picris hieracioides*	药用
1141	泥胡菜	*Hemisteptia lyrata*	药用、菜用
1142	牛蒡	*Arctium lappa*	药用、菜用、酿造、油脂
1143	粗毛牛膝菊	*Galinsoga quadriradiata*	药用
1144	蒲公英	*Taraxacum mongolicum*	药用、菜用、有毒、蜜源
1145	亚洲蒲公英	*Taraxacum asiaticum*	药用、菜用
1146	华蒲公英	*Taraxacum borealisinense*	药用、菜用
1147	毛柄蒲公英	*Taraxacum eriopodum*	药用、菜用
1148	千里光	*Senecio scandens*	药用
1149	额河千里光	*Senecio argunensis*	药用

续表

序号	中文名	拉丁名	用途
1150	林荫千里光	*Senecio nemorensis*	药用
1151	秋英	*Cosmos bipinnatus*	药用、园林绿化及观赏
1152	和尚菜	*Adenocaulon himalaicum*	药用
1153	蓍	*Achillea millefolium*	药用、园林绿化及观赏
1154	云南蓍	*Achillea wilsoniana*	药用
1155	齿叶蓍	*Achillea acuminata*	药用
1156	蓝花矢车菊	*Cyanus segetum*	药用、园林绿化及观赏
1157	丝毛飞廉	*Carduus crispus*	药用
1158	节毛飞廉	*Carduus acanthoides*	药用
1159	串叶松香草	*Silphium perfoliatum*	饲用
1160	大花金挖耳	*Carpesium macrocephalum*	药用、芳香油
1161	烟管头草	*Carpesium cernuum*	药用、有毒
1162	天人菊	*Gaillardia pulchella*	园林绿化及观赏、药用
1163	掌叶橐吾	*Ligularia przewalskii*	药用
1164	万寿菊	*Tagetes erecta*	药用、园林绿化及观赏、油脂
1165	刺疙瘩	*Olgaea tangutica*	药用
1166	火媒草	*Olgaea leucophylla*	药用
1167	蝟菊	*Olgaea lomonosowii*	药用
1168	莴苣	*Lactuca sativa*	药用、菜用
1169	野莴苣	*Lactuca serriola*	药用
1170	翅果菊	*Lactuca indica*	药用
1171	乳苣	*Lactuca tatarica*	药用、菜用
1172	毛脉翅果菊	*Lactuca raddeana*	药用
1173	豨莶	*Sigesbeckia orientalis*	药用
1174	腺梗豨莶	*Sigesbeckia pubescens*	药用
1175	香青	*Anaphalis sinica*	药用
1176	珠光香青	*Anaphalis margaritacea*	药用
1177	菊芋	*Helianthus tuberosus*	药用、菜用、饲用、酿造
1178	向日葵	*Helianthus annuus*	药用、淀粉、油脂、饲用、纤维
1179	蒲儿根	*Sinosenecio oldhamianus*	药用
1180	旋覆花	*Inula japonica*	药用、有毒、蜜源
1181	欧亚旋覆花	*Inula britannica*	药用
1182	蓼子朴	*Inula salsoloides*	药用、水土保持
1183	鸦葱	*Scorzonera austriaca*	药用
1184	华北鸦葱	*Scorzonera albicaulis*	药用
1185	拐轴鸦葱	*Scorzonera divaricata*	药用
1186	白头婆	*Eupatorium japonicum*	药用

序号	中文名	拉丁名	用途
1187	林泽兰	*Eupatorium lindleyanum*	药用、有毒、蜜源、香料
1188	阿尔泰狗娃花	*Aster altaicus*	药用、蜜源
1189	紫菀	*Aster tataricus*	药用
1190	砂狗娃花	*Aster meyendorffii*	药用
1191	鞑靼狗娃花	*Aster neobiennis*	药用
1192	马兰	*Aster indicus*	药用
1193	裂叶马兰	*Aster incisus*	药用
1194	全叶马兰	*Aster pekinensis*	药用
1195	蒙古马兰	*Aster mongolicus*	药用
1196	三脉紫菀	*Aster trinervius* subsp. *ageratoides*	药用
1197	瓜叶菊	*Pericallis hybrida*	药用、园林绿化及观赏
1198	拟鼠麴草	*Pseudognaphalium affine*	药用
1199	栉叶蒿	*Neopallasia pectinata*	药用
1200	桦叶荚蒾	*Viburnum betulifolium*	药用、纤维
1201	蒙古荚蒾	*Viburnum mongolicum*	药用
1202	陕西荚蒾	*Viburnum schensianum*	药用
1203	鸡树条	*Viburnum opulus* subsp. *calvescens*	药用
1204	欧洲荚蒾（雪球荚蒾）	*Viburnum opulus* cv. Sterile	药用、园林绿化及观赏
1205	接骨木	*Sambucus williamsii*	药用
1206	葱皮忍冬	*Lonicera ferdinandi*	纤维、药用、饮料
1207	金银忍冬	*Lonicera maackii*	药用、纤维、油脂、芳香油、饮料
1208	樱桃忍冬	*Lonicera fragrantissima* subsp. *phyllocarpa*	饮料
1209	苦糖果	*Lonicera fragrantissima* var. *lancifolia*	药用
1210	北京忍冬	*Lonicera elisae*	药用
1211	唐古特忍冬	*Lonicera tangutica*	药用
1212	盘叶忍冬	*Lonicera tragophylla*	药用
1213	忍冬	*Lonicera japonica*	药用
1214	南方六道木	*Zabelia dielsii*	药用
1215	墓头回	*Patrinia heterophylla*	药用
1216	糙叶败酱	*Patrinia scabra*	药用
1217	岩败酱	*Patrinia rupestris*	药用
1218	川续断	*Dipsacus asper Wallich*	药用、蜜源
1219	日本续断	*Dipsacus japonicus*	药用
1220	蓝盆花	*Scabiosa comosa*	药用

续表

序号	中文名	拉丁名	用途
1221	锦带花	*Weigela florida* cv. Red Prince	药用、园林绿化及观赏
1222	缬草	*Valeriana officinalis*	药用
1223	短柄五加	*Eleutherococcus brachypus*	药用、有毒
1224	刺五加	*Eleutherococcus senticosus*	药用、油脂
1225	刺楸	*Kalopanax septemlobus*	药用、菜用、纤维、油脂、蜜源、材用、鞣质
1226	变豆菜	*Sanicula chinensis*	药用、农药
1227	北柴胡	*Bupleurum chinense*	药用
1228	紫花阔叶柴胡	*Bupleurum boissieuanum*	药用
1229	红柴胡	*Bupleurum scorzonerifolium*	药用
1230	银州柴胡	*Bupleurum yinchowense*	药用
1231	线叶柴胡	*Bupleurum angustissimum*	药用
1232	川芎	*Ligusticum sinense* 'Chuanxiong'	药用
1233	藁本	*Ligusticum sinense*	药用
1234	独活	*Heracleum hemsleyanum*	药用
1235	短毛独活	*Heracleum moellendorffii*	药用
1236	防风	*Saposhnikovia divaricata*	药用、蜜源
1237	白芷	*Angelica dahurica*	药用、菜用、农药
1238	胡萝卜	*Daucus carota* var. *sativus*	药用、菜用
1239	野胡萝卜	*Daucus carota*	药用、农药、芳香油、饲用
1240	迷果芹	*Sphallerocarpus gracilis*	药用
1241	蛇床	*Cnidium monnieri*	药用、农药、有毒
1242	羊红膻	*Pimpinella thellungiana*	药用
1243	山芹	*Ostericum sieboldii*	药用、菜用
1244	水芹	*Oenanthe javanica*	药用、菜用
1245	葛缕子	*Carum carvi*	药用、饲用、油脂、芳香油
1246	田葛缕子	*Carum buriaticum*	药用
1247	窃衣	*Torilis scabra*	药用、有毒、农药
1248	小窃衣	*Torilis japonica*	药用、农药、有毒
1249	鸭儿芹	*Cryptotaenia japonica*	药用、油脂
1250	硬阿魏	*Ferula bungeana*	药用
1251	芫荽	*Coriandrum sativum*	药用、芳香油、菜用、香料
1252	前胡	*Peucedanum praeruptorum*	药用、有毒
1253	华北前胡	*Peucedanum harry-smithii*	药用
1254	长前胡	*Peucedanum turgeniifolium*	药用

3.7 外来入侵植物

外来入侵植物是指在特定的生态系统中，不是本地自然发生和进化，而是通过不同途径从其他地区传播过来，可在自然状态下生长和繁殖，并通过种群入侵和扩展对本地原有物种造成侵害的外来植物。外来物种一般具有强大的生存和繁殖能力，可以压制排挤本地物种的生长，减少本地物种的数量，从而形成单优群落，最终导致生态系统单一和退化。自然保护区作为保护各种生态系统或自然环境，拯救濒危野生生物而划定的特殊地域，生物多样性丰富，一旦遭到破坏，将对生态及经济造成巨大损失。因此，外来入侵植物的调查分析，对自然保护区生物多样性和生态环境的保护具有重要意义。

经调查统计，甘肃子午岭省级自然保护区有自然入侵和人为引进的列入《中国入侵植物名录》（马金双，2013）和《中国外来入侵生物》（徐海根，2018）的外来入侵植物42科208种（详见表3-10）。原产我国和建议排除的有123种，如雀麦（*Bromus japonicus*）、马唐（*Digitaria sanguinalis*）、稗（*Echinochloa crusgalli*）、白茅（*Imperata cylindrica*）、芦苇（*Phragmites australis*）、金色狗尾草（*Setaria pumila*）、狗尾草（*Setaria viridis*）、黄花蒿（*Artemisia annua*）、刺儿菜（*Cirsium arvense* var. *integrifolium*）、长裂苦苣菜（*Sonchus brachyotus*）、播娘蒿（*Descurainia sophia*）、藜（*Chenopodium album*）、菊叶香藜（*Dysphania schraderiana*）、打碗花（*Calystegia hederacea*）和田旋花（*Convolvulus arvensis*）对保护区内及周边群众农业生产造成了不小影响，菟丝子（*Cuscuta chinensis*）和金灯藤（*Cuscuta japonica*）对保护区林业生产已产生一定影响。其他级别外来入侵植物85种，有48种以资源植物引进，其余37种为无意引进或自然扩散而形成本地种群；这些外来植物对丰富本地资源及景观格局作出了突出贡献，但不乏有少数植物对本区域生态环境、农林生产及群众生命财产安全有不良的影响，如反枝苋（*Amaranthus retroflexus*）、野燕麦（*Avena fatua*）、野西瓜苗（*Hibiscus trionum*）和小藜（*Chenopodium ficifolium*）成为保护区及周边地区田间恶性杂草，对农林生产亦产生较大影响；保护区及周边群众误食曼陀罗（*Datura stramonium*）而中毒的现象叶屡见不鲜。虽然，大多数以资源植物引进的、种植栽培面积较大的种类如刺槐（*Robinia pseudoacacia*）和紫苜蓿（*Medicago sativa*）未显现出明显的不良效应，但诸如刺槐林下寸草不生的现象屡见不鲜，仍须长期监控，以免对本区域生态系统造成毁灭性打击。

总之，甘肃子午岭省级自然保护区外来入侵植物入侵现状未达危险状态，但应加强对外来入侵植物的深入研究，必须做好防控措施和加强管理，防止外来入侵物种爆发，从而维护自然保护区生态安全。同时，进一步有效开发利用外来入侵植物在医药、农业和经济等方面的功能，将有害的外来入侵植物变害为宝，以实现新的控制途径，从而达到资源合理利用，降低生态恢复成本及维护生态系统平衡的目的。

表 3–10　甘肃子午岭外来入侵植物信息表

序号	中文名	拉丁名	级别	原产地
1	薤白	*Allium macrostemon*	6	原产于中国（建议排除）
2	萱草	*Hemerocallis fulva*	7	原产于中国
3	车前	*Plantago asiatica*	7	原产于中国
4	长叶车前	*Plantago lanceolata*	3	欧洲
5	直立婆婆纳	*Veronica arvensis*	4	南欧和西亚
6	阿拉伯婆婆纳	*Veronica persica*	3	西亚
7	婆婆纳	*Veronica polita*	4	西亚
8	水苦荬	*Veronica undulata*	7	原产于中国
9	香薷	*Elsholtzia ciliata*	7	原产于中国
10	密花香薷	*Elsholtzia densa*	7	原产于中国
11	宝盖草	*Lamium amplexicaule*	7	原产于中国
12	薄荷	*Mentha canadensis*	6	原产于中国（建议排除）
13	紫苏	*Perilla frutescens*	7	原产于中国
14	一串红	*Salvia splendens*	5	南美洲
15	甘露子	*Stachys sieboldii*	7	原产于中国
16	铁苋菜	*Acalypha australis*	7	原产于中国
17	乳浆大戟	*Euphorbia esula*	7	原产于中国
18	泽漆	*Euphorbia helioscopia*	7	原产于中国
19	地锦	*Euphorbia humifusa*	7	原产于中国
20	银边翠	*Euphorbia marginata*	5	北美洲
21	蓖麻	*Ricinus communis*	2	东非
22	合欢	*Albizia julibrissin*	6	原产于中国（建议排除）
23	紫穗槐	Amorpha fruticosa	5	美国东北部及东南部
24	绣球小冠花	*Coronilla varia*	5	欧洲至地中海地区
25	百脉根	*Lotus corniculatus*	7	原产于中国
26	紫苜蓿	*Medicago sativa*	4	西亚
27	白花草木犀	*Melilotus albus*	4	西亚至南欧
28	草木犀	*Melilotus officinalis*	4	西亚至南欧
29	菜豆	*Phaseolus vulgaris*	6	原产于美洲（建议排除）
30	刺槐	*Robinia pseudoacacia*	3	北美洲
31	杂种车轴草	*Trifolium hybridum*	3	西亚和欧洲

续表

序号	中文名	拉丁名	级别	原产地
32	绛车轴草	*Trifolium incarnatum*	4	欧洲地中海沿岸
33	红车轴草	*Trifolium pratense*	2	北非、中亚和欧洲
34	白车轴草	*Trifolium repens*	2	北非、中亚、西亚和欧洲
35	救荒野豌豆	*Vicia sativa*	7	原产于中国
36	长柔毛野豌豆	*Vicia villosa*	4	中亚、西亚和欧洲
37	赤小豆	*Vigna umbellata*	6	原产于中国（建议排除）
38	番杏	*Tetragonia tetragonoides*	5	大洋洲
39	凤仙花	*Impatiens balsamina*	4	南亚至东南亚
40	野燕麦	*Avena fatua*	2	欧洲南部和地中海沿岸
41	燕麦	*Avena sativa*	6	原产于中国（建议排除）
42	菵草	*Beckmannia syzigachne*	7	原产于中国
43	雀麦	*Bromus japonicus*	7	原产于中国
44	虎尾草	*Chloris virgata*	4	非洲
45	薏苡	*Coix lacryma-jobi*	6	原产于东南亚的热带或亚热带地区（建议排除）
46	马唐	*Digitaria sanguinalis*	7	原产于中国
47	稗	*Echinochloa crusgalli*	7	原产于中国
48	牛筋草	*Eleusine indica*	7	原产于中国
49	苇状羊茅	*Festuca arundinacea*	5	欧洲
50	芒颖大麦	*Hordeum jubatum*	4	北美洲和西伯利亚
51	白茅	*Imperata cylindrica*	7	原产于中国
52	多花黑麦草	*Lolium multiflorum*	4	欧洲
53	黑麦草	*Lolium perenne*	4	欧洲
54	毒麦	*Lolium temulentum*	1	欧洲
55	梯牧草	*Phleum pratense*	4	欧洲
56	芦苇	*Phragmites australis*	7	原产于中国
57	早熟禾	*Poa annua*	7	原产于中国
58	棒头草	*Polypogon fugax*	7	原产于中国
59	粱	*Setaria italica*	6	原产于中国（建议排除）
60	金色狗尾草	*Setaria pumila*	7	原产于中国
61	狗尾草	*Setaria viridis*	7	原产于中国
62	黄背草	*Themeda triandra*	7	原产于中国
63	甜瓜	*Cucumis melo*	6	原产于印度（建议排除）
64	菜瓜	*Cucumis melo* subsp. *agrestis*	6	原产于印度（建议排除）
65	苦瓜	*Momordica charantia*	6	原产于印度（建议排除）
66	夹竹桃	*Nerium oleander*	6	原产于地中海（建议排除）
67	苘麻	*Abutilon theophrasti*	3	印度
68	野西瓜苗	*Hibiscus trionum*	4	非洲

续表

序号	中文名	拉丁名	级别	原产地
69	野葵	*Malva verticillata*	7	原产于中国
70	蓍	*Achillea millefolium*	7	原产于中国
71	牛蒡	Arctium lappa	7	原产于中国
72	黄花蒿	*Artemisia annua*	7	原产于中国
73	钻叶紫菀	*Aster subulatus*	1	北美洲
74	雏菊	*Bellis perennis*	6	原产于西欧（建议排除）
75	婆婆针	*Bidens bipinnata*	3	美洲
76	金盏银盘	*Bidens biternata*	7	原产于中国
77	大狼杷草	*Bidens frondosa*	1	北美洲
78	鬼针草	*Bidens pilosa*	1	美洲
79	狼杷草	*Bidens tripartita*	7	原产于中国
80	金盏菊	*Calendula officinalis*	6	原产于欧洲（建议排除）
81	天名精	*Carpesium abrotanoides*	7	原产于中国
82	矢车菊	*Centaurea cyanus*	5	欧洲
83	菊苣	*Cichorium intybus*	4	欧洲、中亚、西亚、北非
84	刺儿菜	*Cirsium arvense* var. *integrifolium*	7	原产于中国
85	剑叶金鸡菊	*Coreopsis lanceolata*	3	美国
86	两色金鸡菊	*Coreopsis tinctoria*	5	美国
87	秋英	*Cosmos bipinnatus*	5	墨西哥和美国西南部
88	大丽花	*Dahlia pinnata*	6	原产于墨西哥（建议排除）
89	飞蓬	*Erigeron acris*	7	原产于中国
90	一年蓬	*Erigeron annuus*	1	北美洲
91	小蓬草	*Erigeron canadensis*	1	北美洲
92	天人菊	*Gaillardia pulchella*	5	美洲
93	粗毛牛膝菊	*Galinsoga quadriradiata*	2	墨西哥
94	非洲菊	*Gerbera jamesonii*	6	原产于南非（建议排除）
95	菊芋	*Helianthus tuberosus*	4	北美洲
96	泥胡菜	*Hemisteptia lyrata*	7	原产于中国
97	莴苣	*Lactuca sativa*	6	原产于地中海沿岸（建议排除）
98	野莴苣	*Lactuca serriola*	7	原产于中国
99	栉叶蒿	*Neopallasia pectinata*	7	原产于中国
100	黑心金光菊	*Rudbeckia hirta*	5	北美洲
101	金光菊	*Rudbeckia laciniata*	5	北美洲
102	北千里光	*Senecio dubitabilis*	7	原产于中国
103	串叶松香草	*Silphium perfoliatum*	5	北美洲
104	苣荬菜	*Sonchus arvensis*	7	原产于中国
105	花叶滇苦菜	*Sonchus asper*	4	欧洲和地中海

续表

序号	中文名	拉丁名	级别	原产地
106	长裂苦苣菜	*Sonchus brachyotus*	7	原产于中国
107	苦苣菜	*Sonchus oleraceus*	4	欧洲和地中海沿岸
108	万寿菊	*Tagetes erecta*	5	北美洲
109	苍耳	*Xanthium sibiricum*	7	原产于中国
110	刺苍耳	*Xanthium spinosum*	2	美洲
111	百日菊	*Zinnia elegans*	5	墨西哥
112	荞麦	*Fagopyrum esculentum*	6	原产于南亚（建议排除）
113	蔓首乌	*Fallopia convolvulus*	7	原产于中国
114	萹蓄	*Polygonum aviculare*	7	原产于中国
115	酸模叶蓼	*Polygonum lapathifolium*	7	原产于中国
116	绵毛酸模叶蓼	*Polygonum lapathifolium* var. *salicifolium*	7	原产于中国
117	红蓼	*Polygonum orientale*	7	原产于中国
118	虎杖	*Reynoutria japonica*	6	原产于日本（建议排除）
119	尼泊尔酸模	*Rumex nepalensis*	7	原产于中国
120	列当	*Orobanche coerulescens*	7	原产于中国
121	黄花列当	*Orobanche pycnostachya*	7	原产于中国
122	月见草	*Oenothera biennis*	2	北美洲东部
123	假马鞭	*Stachytarpheta jamaicensis*	2	热带美洲
124	大花马齿苋	*Portulaca grandiflora*	5	巴西
125	马齿苋	*Portulaca oleracea*	7	原产于中国
126	毛茛	*Ranunculus japonicus*	7	原产于中国
127	石龙芮	*Ranunculus sceleratus*	7	原产于中国
128	美人蕉	*Canna indica*	6	原产于南美洲、印尼、马来半岛（建议排除）
129	美国白蜡树	*Fraxinus americana*	6	原产于加拿大南部和美国（建议排除）
130	问荆	*Equisetum arvense*	6	原产于南亚（建议排除）
131	节节草	*Equisetum ramosissimum*	6	原产于南亚（建议排除）
132	乌蔹莓	*Cayratia japonica*	7	原产于中国
133	五叶地锦	*Parthenocissus quinquefolia*	5	北美东部
134	火炬树	*Rhus typhina*	3	北美洲
135	千屈菜	*Lythrum salicaria*	7	原产于中国
136	猪殃殃	*Galium spurium*	7	原产于中国
137	蓬子菜	*Galium verum*	7	原产于中国
138	匍枝委陵菜	*Potentilla flagellaris*	7	原产于中国
139	朝天委陵菜	Potentilla supina	7	原产于中国
140	辣椒	*Capsicum annuum*	6	原产于墨西哥、秘鲁（建议排除）

续表

序号	中文名	拉丁名	级别	原产地
141	曼陀罗	*Datura stramonium*	2	墨西哥
142	天仙子	*Hyoscyamus niger*	7	原产于中国
143	番茄	*Lycopersicon esculentum*	6	原产于南美洲（建议排除）
144	假酸浆	*Nicandra physalodes*	3	秘鲁
145	烟草	*Nicotiana tabacum*	6	原产于南美洲（建议排除）
146	碧冬茄	*Petunia hybrida*	6	原产于阿根廷（建议排除）
147	酸浆	*Physalis alkekengi*	7	原产于中国
148	龙葵	*Solanum nigrum*	7	原产于中国
149	葛缕子	*Carum carvi*	7	原产于中国
150	蛇床	*Cnidium monnieri*	6	原产于越南（建议排除）
151	芫荽	*Coriandrum sativum*	6	原产于地中海沿岸（建议排除）
152	鸭儿芹	*Cryptotaenia japonica*	7	原产于中国
153	野胡萝卜	*Daucus carota*	2	欧洲
154	大麻	*Cannabis sativa*	4	不丹、印度及中亚
155	葎草	*Humulus scandens*	7	原产于中国
156	扁秆荆三棱	*Bolboschoenus planiculmis*	7	原产于中国
157	香附子	*Cyperus rotundus*	4	可能为印度
158	水莎草	*Cyperus serotinus*	7	原产于中国
159	牛毛毡	*Eleocharis yokoscensis*	7	原产于中国
160	商陆	*Phytolacca acinosa*	7	原产于中国
161	荠	*Capsella bursa-pastoris*	4	西亚和欧洲
162	弯曲碎米荠	*Cardamine flexuosa*	4	欧洲
163	碎米荠	*Cardamine hirsuta*	7	原产于中国
164	播娘蒿	*Descurainia sophia*	7	原产于中国
165	芝麻菜	*Eruca vesicaria* subsp. *Sativa*	6	原产于欧洲南部（建议排除）
166	菘蓝	*Isatis tinctoria*	6	原产于中国（建议排除）
167	密花独行菜	*Lepidium densiflorum*	4	北美洲
168	无瓣蔊菜	*Rorippa dubia*	7	原产于中国
169	菥蓂	*Thlaspi arvense*	7	原产于中国
170	无心菜	*Arenaria serpyllifolia*	7	原产于中国
171	鹅肠菜	*Myosoton aquaticum*	4	欧洲
172	繁缕	*Stellaria media*	7	原产于中国
173	麦蓝菜	*Vaccaria hispanica*	4	欧洲至西亚
174	仙人掌	*Opuntia dillenii*	2	加勒比海
175	凹头苋	*Amaranthus blitum*	2	热带美洲
176	尾穗苋	*Amaranthus caudatus*	3	热带美洲
177	绿穗苋	*Amaranthus hybridus*	2	美洲

续表

序号	中文名	拉丁名	级别	原产地
178	千穗谷	*Amaranthus hypochondriacus*	3	墨西哥
179	反枝苋	*Amaranthus retroflexus*	1	美洲
180	腋花苋	*Amaranthus roxburghianus*	7	原产于中国
181	鸡冠花	*Celosia cristata*	5	热带美洲
182	千日红	*Gomphrena globosa*	5	热带美洲
183	藜	*Chenopodium album*	7	原产于中国
184	小藜	*Chenopodium ficifolium*	4	欧洲
185	杖藜	*Chenopodium giganteum*	5	印度
186	灰绿藜	*Chenopodium glaucum*	4	原产于地不详
187	杂配藜	Chenopodium hybridum	2	欧洲和西亚
188	刺藜	*Dysphania aristata*	7	原产于中国
189	菊叶香藜	*Dysphania schraderiana*	7	原产于中国
190	地肤	*Kochia scoparia*	7	原产于中国
191	猪毛菜	Salsola collina	7	原产于中国
192	刺沙蓬	*Salsola tragus*	5	中亚、西亚、南欧
193	打碗花	*Calystegia hederacea*	7	原产于中国
194	田旋花	*Convolvulus arvensis*	7	原产于中国
195	菟丝子	Cuscuta chinensis	7	原产于中国
196	金灯藤	*Cuscuta japonica*	7	原产于中国
197	番薯	*Ipomoea batatas*	6	原产于南美洲及大、小安的列斯群岛（建议排除）
198	牵牛	*Ipomoea nil*	2	南美洲
199	圆叶牵牛	*Ipomoea purpurea*	1	美洲
200	亚麻	*Linum usitatissimum*	6	原产于东印度（建议排除）
201	地丁草	*Corydalis bungeana*	7	原产于中国
202	虞美人	*Papaver rhoeas*	5	北非、西亚和欧洲
203	唐菖蒲	*Gladiolus × hybridus*	6	原产于非洲好望角、地中海沿岸和西亚（建议排除）
204	鹤虱	*Lappula myosotis*	7	原产于中国
205	田紫草	*Lithospermum arvense*	7	原产于中国
206	聚合草	*Symphytum officinale*	5	中亚、俄罗斯、欧洲
207	紫茉莉	*Mirabilis jalapa*	2	热带美洲
208	酢浆草	*Oxalis corniculata*	7	原产于中国

说明：1级，恶性入侵类；2级，严重入侵类；3级，局部入侵类；4级，一般入侵类；5级，有待观察类；6级，建议排除类；7级，中国国产类。

第4章 动物资源

4.1 脊椎动物资源概况

子午岭位于甘肃省东部，地处东经107° 59′～108° 43′，北纬35° 18′～36° 39′，属南北走向的山地丘陵，地形缓和起伏，主梁海拔1500～1600m，最低海拔1100m，最高海拔1700多米，大部分地区海拔介于1200～1600m之间，其东南部与陕西省西北部接壤，横跨陕甘两省，系北洛河与泾河的分水岭。年均温8.6～10℃；年无霜期140～170d，年降水496～624mm，且南多北少，平均相对湿度58%～69%。气候较温和湿润，林区植被多属次生落叶阔叶杂木林，由于林业建设加快，人工林成分逐年增加。主要建群树种有蒙古栎、山杨、小叶杨、白桦、油松、侧柏、落叶松、刺槐、山杏和山桃等。

据已有的调查资料，甘肃子午岭省级自然保护区有动物资源59目251科1392种。其中，陆生野生脊椎动物28目80科172属285种，包括兽类6目16科29属41种、鸟类18目55科129属228种、爬行类2目6科10属11种、两栖类2目3科4属5种；水生脊椎动物中鱼类2目4科13属14种；昆虫类15目144科1060种；其他无脊椎动物包括5门12纲14目23科33种。有国家Ⅰ级保护动物华北豹（俗称金钱豹）（*Panthera pardus*）、秃鹫（*Aegypinae monachus*）、大鸨（*Otis tarda*）、黑鹳（*Ciconia nigra*）、金鹏（*Aquila chrysaetos*）、玉带海鹏（*Haliaeetus leucoryphus*）和猎隼（*Falco cherrug*）7种；国家Ⅱ级保护动物有黄喉貂（*Martes flavigula*）、石貂（*Martes foina*）、豹猫（*Felis bengalensis*）、水獭（*Lutra lutra*）、狼（*Canis lupus*）、赤狐（*Vulpes vulpes*）、大天鹅（*Cygnus Cygnus*）、小天鹅（*Cygnus bewickii*）、鸿雁（*Anser cygnoides*）、鸳鸯（*Aix galeviculata*）、棉凫（*Nettapus* ）、苍鹰（*Accipiter gentiles*）、雀鹰（*Acciper nisus*）、日本松雀鹰（*Acciper gularis*）、赤腹鹰（*Accipiter soloensis*）、普通鵟（*Buteo huteo*）、大鵟（*Buteo hemilasius*）、红脚隼（*Falco vespertinus*）、红隼

（*Falco tinnunculus*）、燕隼（*Falco subbuteo*）、游隼（*Falco cherrug*）、灰背隼（*Falco columbarius*）、白腹鹞（*Circus spilonotus*）、水雉（*Hydrophasianus chirurgus*）、红腹锦鸡（放生）（*Chrysolophus pictus*）、灰鹤（*Grus grus*）、领角鸮（*Otus bakkamoena*）、红角鸮（*Otus scops*）、雕鸮（*bubo bubo*）、纵纹腹小鸮（*Athene noctua*）、灰林鸮（*Strix aluco*）、长耳鸮（*Asio otus*）、短耳鸮（*Asio flammeus*）、云雀（*Alauda arvensis*）、红胁绣眼鸟（*Zosterops etythropleums*）、北朱雀（*Carpodacus roseus*）、红交嘴雀（*Loxia curvirostra*）、斑头鸺鹠（*Glaucidium cuculoides*）、领鸺鹠（*Glaucidium brodiei*）、橙翅噪鹛（*Garrulax elliotii*）、蓝喉歌鸲（*Luscinia svecica*）和大鲵（*Andrias davidianus*）（养殖放生）42种。中国特有鸟类有红腹锦鸡、山噪鹛（*Garrulax davidi*）、橙翅噪鹛、宝兴歌鸫（*Turdus mupinensis*）和黄腹山雀（*Parus venustulus*）5种。2017—2022年在子午岭均发现有华北豹（金钱豹）种群，本次科学考察通过210台红外相机系统监测，发现子午岭已成为我国特有物种——华北豹最大种群分布区。

根据张荣祖（2011）《中国动物地理》区系划分，甘肃子午岭省级自然保护区动物区划属古北界——东北亚界——华北区——黄土高原亚区，同时也包含了部分东洋界——中印亚界——华中区——西部山地高原亚区成分。

从中国动物地理区系划分看，本调查单元虽属华北区，但位于华北区西缘，处于华北区、蒙新区、青藏区和华中区四大动物地理分布区的交汇地带；在自然地理区划属东部季风区，从北向南处于暖温带森林-森林草原、农田动物群向亚热带森林-林灌草地、农田动物群的过渡地带。尽管由于黄土高原的干燥气候阻止了南方物种的北上，但在其边缘有部分南上物种渗透，使得本调查单元成为动物南北交流和相互渗透的通道，显示出丰富的属种多样性。

4.2 哺乳类

甘肃子午岭省级自然保护区兽类的调查从1981年开始，陇东学院生命科学与技术学院的师生陆续在子午岭林区进行实习考察、采集标本，收集保存了子午岭林区兽类标本100多份。自1986—1991年俞诗源、王丕贤对甘肃子午岭的兽类做了调查研究，经鉴定整理发现该地区共有兽类37种，分别隶于6目16科31属。2005—2008年在子午岭林区动植物群落调查过程中，陇东学院师生多次深入林区，主要采取网捕、铗捕、访调、望远镜观察记录等方法对小型兽类进行了补充调查。2008年7—12月份在进行科技部《动物标本标准化整理与数字化表达》项目中，对动物标本馆收集的兽类标本进行系统的整理、鉴定、编号、归类和保存。标本鉴定依据《甘肃省脊椎动物志》（王香亭主编）和《中国哺乳动物图鉴》（盛和林主编）进行；兽类区系和分布型依《中国动物地理》（张荣祖编）确定；保护级别依《中国濒危动物红皮书：兽类》（汪松主编）确定；标本的整理、编排和系统输入依据《动物标本标准化整理与数字化表达》项目规则进行。

本文是在以往调查数据的基础上，于2021年9月至2022年10月再次进行调查，经全面鉴定整理，并结合查看子午岭自然保护区以往所采标本和参阅大量文献资料形成的。应当说明，对子午岭自然保护区的兽类还有不少内容有待深入研究，例如食虫目、翼手目的分类、分布，食肉目华北豹等主要保护种类的种群生态学等。随着今后研究工作的进一步深入，还会有不少新的发现和更加深刻的认识。

4.2.1 资源基本组成

经整理鉴定和调查记录，该地区兽类物种共计41种（表4-1），隶属于6目16科29属。

4.2.2 区系分析

子午岭属于古北界东北亚界华北区黄土高原亚区，是桥山山脉的一条支脉，它介于泾河与洛河两大水系之间，绵延400多千米。在子午岭林区共统计到兽类6目16科29属41种，其中属于古北界的有29种，占总数70.73%，属东洋界的7种，占总数的17.07%，其余5种为两界兼有种，约占总数的12.20%，由此可见：子午岭自然保护区兽类以古北界占绝对优势，东洋界成分次之，两界兼有种最少。其区系组成和分布型概括如下（表4-2）。

在子午岭兽类中，啮齿类总数达21种，占总兽类的47.73%；是兽类区系中的主要成分。而其他兽类包括食虫目2种、翼手目2种、食肉目15种，兔形目2种，偶蹄目2种，共23种，占兽类总种数的52.27%；属国家重点一级保护的野生动物有华北豹1种，属国家重点二级保护的野生动物有黄喉貂、石貂、水獭、豹猫、狼和赤狐6种，共计占总兽类的18.18%。根据每年的野外实习调查和皮货市场走访调查，子午岭的兽类资源正在逐渐减少，某些稀有珍贵动物在本区现已很少见到或已绝迹，并且兽类毛皮的数量亦呈逐年下降趋势，而啮齿类数量有上升趋势。

表4-1　甘肃子午岭兽类名录及概况

序号	目	科	属	种名	保护级别	地理分布型	区系	生境	分布
1	食肉目	灵猫科	花面狸属	果子狸 *Paguma larvata*	—	We	W	森林	全境均有分布
2		鼬科	貂属	黄喉貂 *Martes flavigula*	Ⅱ	We	U、W	森林	全境均有分布
3				石貂 *Martes foina*	Ⅱ	U	U	森林	全境均有分布
4			虎鼬属	虎鼬 *Vormela peregusna*	—	D	U	森林	全境均有分布
5			鼬属	黄鼬 *Mustela sibirica*	—	Uh	U	森林	全境均有分布
6				艾鼬 *Mustela eversmanni*	—	Uf	U	森林	全境均有分布
7				香鼬*Mustela alataica*	—	O	U	森林	全境均有分布
8			水獭属	水獭*Lutra lutra*	Ⅱ	Uh	U	森林	刘家店西牛庄
9			獾属	狗獾 *Meles meles*	—	Uh	U	森林	全境均有分布
10			沙獾属	猪獾*Arctonyx collsris*	—	We	W	森林	全境均有分布
11		猫科	豹属	华北豹 *Panthera pardus*	Ⅰ	O1	U	森林	309国道以南
12			猫属	豹猫 *Felis bengalensis*	Ⅱ	We	U、W	森林	全境均有分布
13		犬科	犬属	狼 *Canis lupus*	Ⅱ	Ch	U、W	森林	全境均有分布
14			狐属	赤狐 *Vulpes vulpes*	Ⅱ	Ch	U、W	森林	全境均有分布
15	偶蹄目	猪科	野猪属	野猪*Sus scrofa*	—	Uh	U	森林	全境均有分布
16		鹿科	狍属	狍*Capreolus capreolus*	—	Ue	U	森林	全境均有分布
17	食虫目	刺猬科	猬属	远东刺猬 *Erinaceus amurensis*	—	O	U	森林	全境均有分布
18		鼹科	麝鼹属	麝鼹 *Scaptochirus moschalus*	—	Ba	U	森林	全境均有分布
19	翼手目	蝙蝠科	兔耳蝠属	褐山蝠*Nyctalus noctula*	—	Ud	U	森林	全境均有分布
20			山蝠属	兔耳蝠*Plecotus auritus*	—	Ub	U	森林	全境均有分布

续表

序号	目	科	属	种名	保护级别	地理分布型	区系	生境	分布
21	兔形目	鼠兔科	鼠兔属	达呼尔鼠兔*Ochotona daurica*	—	Ga	U	森林	全境均有分布
22		兔科	兔属	草兔 *Lepus capensis*	—	O	U	森林	全境均有分布
23	啮齿目	松鼠科	岩松鼠属	岩松鼠 *Sciurotamias davidianus*	—	O	U	森林	全境均有分布
24			花鼠属	花鼠 *Eutamias sibiricus*	—	Ub	U	森林	全境均有分布
25		仓鼠科	仓鼠属	大仓鼠 *Cricetulus triton*	—	Xa	U	森林	全境均有分布
26				黑线仓鼠 *Cricetulus barabensis*	—	Xg	U	森林	全境均有分布
27				灰仓鼠 *Cricetulus migratorius*	—	D	U	森林	全境均有分布
28				长尾仓鼠 *Cricetulus longicaudatus*	—	D	U	森林	全境均有分布
29			鼢鼠属	中华鼢鼠 *Myospalax fontanieri*	—	Bc	U	森林	全境均有分布
30				甘肃鼢鼠*Myospalax cansus*	—	Bc	U	森林	全境均有分布
31			田鼠属	东方田鼠*Microtus fortis*	—	Ee	U	森林	全境均有分布
32			沙鼠属	子午沙鼠 *Meriones meridianus*	—	Da	U	森林	全境均有分布
33				长爪沙鼠 *Meriones unguiculatus*	—	Dn	U	森林	全境均有分布
34		鼠科	姬鼠属	黑线姬鼠 *Apodemus argarius*	—	Ub	U	森林	全境均有分布
35				小林姬鼠 *Apodemus sylvaticus*	—	U	U	森林	全境均有分布
36				大林姬鼠 *Apodemus speciosus*	—	X	U	森林	全境均有分布
37			小家鼠属	小家鼠 *Mus muslulus*	—	Uh	U	森林	全境均有分布
38			鼠属	社鼠*Rattus niviventer*	—	We	W	森林	全境均有分布
39				褐家鼠 *Rattus norvegicus*	—	Ue	U、W	森林	全境均有分布
40				针毛鼠 *Rattu fulvescens*	—	Wb	W	森林	全境均有分布
41		豪猪科	豪猪属	豪猪*Hystrix hodgsoni*	—	Wd	W	森林	正宁中湾林区

注：1.保护级别：Ⅰ—国家重点一级保护野生动物；Ⅱ—国家重点二级保护野生动物。
2.区系：U—古北界；W—东洋界。
3.地理分布型：B—华北型：a—包括周边地区、c—主要分布在西部；U—古北型：b—寒温带至中温带、d—温带、e—北方湿润-半湿润带、f—中温带为主、h—中温带为主，延伸至亚热带；E—季风型：e—包括蒙古、贝加尔与朝鲜；G—草原型：a—草原为主；X—东北-华北型：a—再包括阿穆尔、乌苏里、朝鲜半岛、g—伸展至阿穆尔、乌苏里、蒙古东部、贝加尔；D—中亚型：a—塔里木-准噶儿或再包括附近地区、c—准噶儿为主或再包括附近地区、n—内蒙古草原为主；C—全北型；W—东洋型：b—热带-南亚热带、d—热带-北亚热带、e—热带-温带；O—不易归类：O1—旧大陆温带、热带或温带-热。

表4-2　子午岭兽类区系分布型

区系	分布型	种数/个	比例/%	合计/%
古北界	古北型	14	34.15	70.73
	华北型	3	7.32	
	草原型	1	2.44	
	东北—华北型	3	7.32	
	季风型	1	2.44	
	中亚型	5	12.20	
	全北型	2	4.88	
东洋界	东洋型	7	17.07	17.07
广布种	不易归类型	5	12.20	12.20
合计		41	100.00	100.00

子午岭林区在秦岭以北，属于古北界华北区黄土高原亚区。本区位于暖温带，冬季寒冷，四季分明。区内广大地区已开垦为农田，仅残留零星分布的森林，子午岭林区就是其中之一。本地区动物种类比较贫乏，特有种类少，分布于本区的属温带森林—森林草原、农田动物群。由于本区农业开发的历史极为悠久，具有大片的农耕景观。许多大型兽类逐渐从本区消失，但栖于农田、荒谷和黄土之间的小型兽类却得到很大发展。尤其是多种啮齿类动物成为本区的优势种，鼠害严重。小型食肉兽主要有狐、鼬、獾等。在子午岭自然保护区兽类调查中，共记录到哺乳动物41种，其中属古北界的29种，占子午岭保护区哺乳动物的70.73%，反映了古北界的特征。啮齿类动物种类多，数量丰富，具有华北区的典型特征。

随着全球气候变暖，一些过去仅分布于东洋界的种类迁移到了子午岭自然保护区，如针毛鼠（*Rattu fulvescens*）、豪猪（*Hystrix hodgsoni*）、猪獾（*Arctonyx collsris*）、果子狸（*Paguma larvata*）等，20世纪90年代以前在子午岭自然保护区从未见过，后来陆续出现。其中豪猪和果子狸大约是在2001年以后才出现的。与15年前相比，东洋界成分有所增加，值得引起我们重视。而由于生态环境的破坏和人类活动的加剧，一些大型经济兽类，如林麝（*Moschus berezovskii*）、狍（*Capreolus capreolus*）、野猪（*Sus scrofa*）、华北豹（*Panthera pardus*）、狼（*Canis lupus*）、黄喉貂（*Martes flavigula*）、石貂（*Martes foina*）、水獭（*Lutra lutra*）、赤狐（*Vulpes vulpes*）等数量急剧减少甚至绝灭。其中林麝已从子午岭自然保护区消失；华北豹从20世纪80年代中期以后再未见过，因此曾认为在子午岭已经绝灭，直到2006年冬在子午岭北部山区重新发现才确认了豹在子午岭仍然存续；2017—2019年陇东学院生命科学与技术学院在全国第二次陆生野生动物资源调查中用红外线相机记录到了该地区豹的生活影像，且确定为华北豹；

水獭（*Lutra lutra*）、狼（*Canis lupus*）在子午岭自然保护区罕见。同时啮齿类和兔形目动物的数量却不断上升，对农林生产造成较大的危害。兽类群落的这种变化趋势不得不引起我们的高度关注。

4.3 鸟类

有关甘肃子午岭鸟类的调查研究，王丕贤、周天林等于1994年发表《甘肃子午岭地区鸟类区系分析》，其中记录该地区鸟类133种。贺鹏辉等2011年发表《庆阳市鸟类资源调查》，记录该地区鸟类124种，隶属于16目48科。张浩等2012年发表《庆阳市鸟类群落多样性研究》，对该地区鸟类的多样性进行了分析。柳鹏飞等2020年发表《庆阳鸟类新纪录——燕雀、领雀嘴鹎、董鸡、日本鹌鹑、红头长尾山雀》，进一步补充了该地区鸟类多样性的调查记录。

4.3.1 资源组成

通过本次调查，共记录到子午岭林区鸟类228种，隶属于18目55科129属。分别包括鹈形目1科1属1种、鸊鷉目1科2属2种、鹳形目2科7属10种、雁形目1科9属18种、鹰形目1科6属10种、隼形目1科1属6种、鸡形目1科5属5种、鹤形目3科6属7种、鸻形目6科10属15种、沙鸡目1科1属1种、鸽形目1科2属5种、鹃形目1科4属6种、鸮形目1科6属9种、夜鹰目1科1属1种、雨燕目1科1属2种、佛法僧目2科4属4种、䴕形目1科2属3种和雀形目29科61属123种。其中留鸟83种，占子午岭林区鸟类总数的36.4%；夏候鸟116种，占鸟总数的50.8%；冬候鸟8种，占鸟总数的3.5%；旅鸟21种，占鸟类总数的9.2%。其中被列入国家Ⅰ级野生保护动物名录的有6种，占鸟类总数的2.63%；国家Ⅱ级野生保护动物有35种，占鸟类总数的15.35%。列入《濒危动植物国际贸易公约》CITES附录Ⅰ的有1种，占鸟类总数的0.44%；附录Ⅱ的有18种，占鸟类总数的7.89%（表4-3）。

其中国家Ⅰ级保护动物有黑鹳、金雕、玉带海鹛（*Haliaeetus leucoryphus*）、秃鹫、猎隼（*Falco cherrug*）、大鸨6种；国家Ⅱ级保护动物有大天鹅、小天鹅、鸿雁、鸳鸯、棉凫、苍鹰、雀鹰、日本松雀鹰、赤腹鹰、普通鵟、大鵟、红脚隼、红隼、燕隼、游隼、灰背隼、水雉、红腹锦鸡（放生）、灰鹤、白腹鹞、领角鸮、红角鸮、雕鸮、纵纹腹小鸮、灰林鸮、长耳鸮、短耳鸮、云雀、红胁绣眼鸟、北朱雀、红交嘴雀、斑头鸺鹠、领鸺鹠、橙翅噪鹛、蓝喉歌鸲等35种。中国特有鸟类有山噪鹛、橙翅噪鹛、宝兴歌鸫、黄腹山雀和红腹锦鸡等5种。

表4–3　甘肃子午岭省级自然保护区鸟类名录及概况

编号	目	科	属	种名	居留型	保护级别	分布型	区系	生境	分布
1	鹈形目	鸬鹚科	鸬鹚属	普通鸬鹚*Phalacrorax carbo*	P	—	O	U、W	水域	全境均有分布
2	䴙䴘目	䴙䴘科	小䴙䴘属	小䴙䴘*Policeps ruficollis*	S	—	W	U、W	水域	全境均有分布
3			䴙䴘属	凤头䴙䴘*Podiceps cristatus*	S	—	O	U、W	水域	全境均有分布
4	鹳形目	鹭科	鹭属	苍鹭*Ardea cinerea*	S	—	U	W	水域	合水、正宁
5				牛背鹭*Bubulcus ibis*	S	—	W	U、W	水域	合水、正宁
6				草鹭*Ardea purpurea*	S	—	U	U、W	水域	合水、正宁
7				大白鹭*Egretta alba*	S	—	O	U、W	水域	合水、正宁
8			白鹭属	白鹭*Egretta garzetta*	S	—	W	U、W	水域	合水、正宁
9			池鹭属	池鹭*Ardeola bacchus*	S	—	W	U、W	水域	合水、正宁
10			大麻鳽属	大麻鳽*Botaurus stellaris*	S	—	U	U、W	水域	合水、正宁
11			苇鳽属	黄斑苇鳽 *Ixobrychus sinensis*	S	—	W	U、W	水域	合水、正宁
12			黑鳽属	黑鳽 *Ixobrychus flovicollis*	P	—	W	U、W	水域	合水、正宁
13		鹳科	鹳属	黑鹳 *Ciconia nigra*	R	Ⅰ	U	U、W	水域	合水、正宁
14	雁形目	鸭科	天鹅属	大天鹅*Cygnus Cygnus*	P	Ⅱ	C	U、W	水域	合水、正宁
15				小天鹅*Cygnus bewickii*	P	Ⅱ	C	U、W	水域	合水、正宁
16			雁属	豆雁*Anser fabalis*	P	—	U	U、W	水域	合水、正宁
17				鸿雁*Anser cygnoides*	P	Ⅱ	M	U、W	水域	合水、正宁
18			麻鸭属	赤麻鸭*Tadorna ferruginea*	S	—	U	W	水域	全境均有分布
19				翘鼻麻鸭*Tadorna tadorna*	S	—	U	U、W	水域	全境均有分布

续表

编号	目	科	属	种名	居留型	保护级别	分布型	区系	生境	分布
20	雁形目	鸭科	鸭属	琵嘴鸭*Anas clypeata*	S	—	C	U、W	水域	全境均有分布
21				绿翅鸭*Anas crecca*	S	—	C	U	水域	全境均有分布
22				绿头鸭*Anas platyrhynchos*	P	—	C	U	水域	全境均有分布
23				斑嘴鸭*Anas poecilorhyncha*	P	—	W	U	水域	全境均有分布
24				赤膀鸭*Anas strepera*	P	—	U	U、W	水域	全境均有分布
25				针尾鸭*Anas acuta*	S	—	C	U、W	水域	全境均有分布
26			潜鸭属	凤头潜鸭*Aythya fuligula*	S	—	U	U、W	水域	全境均有分布
27				红头潜鸭*Aythya ferina*	S	—	C	U	水域	全境均有分布
28			鸳鸯属	鸳鸯*Aix galeviculata*	S	Ⅱ	E	U	水域	全境均有分布
29			秋沙鸭属	普通秋沙鸭*Mergus merganser*	S	—	C	U、W	水域	全境均有分布
30			棉凫属	棉凫*Nettapus coromandelianus*	P	Ⅱ	W	W	水域	全境均有分布
31			鹊鸭属	鹊鸭*Bucephala clangula*	S	—	C	U	水域	全境均有分布
32	鹰形目	鹰科	鹰属	苍鹰*Accipiter gentiles*	R	Ⅱ*	C	U、W	森林	全境均有分布
33				雀鹰*Acciper nisus*	R	Ⅱ*	U	U、W	森林	全境均有分布
34				日本松雀鹰*Acciper gularis*	R	Ⅱ*	W	W	森林	全境均有分布
35				赤腹鹰*Accipiter soloensis*	R	Ⅱ	W	W	森林	全境均有分布
36			鵟属	普通鵟*Buteo huteo*	R	Ⅱ*	U	U、W	森林	全境均有分布
37				大鵟*Buteo hemilasius*	R	Ⅱ	D	U	森林	全境均有分布
38			真雕属	金鹏*Aquila chrysaetos*	R	Ⅰ	C	U、W	森林	全境均有分布
39			海雕属	玉带海鹏*Haliaeetus leucoryphus*	R	Ⅰ	D	U、W	森林	全境均有分布

续表

编号	目	科	属	种名	居留型	保护级别	分布型	区系	生境	分布
40	鹰形目	鹰科	秃鹫属	秃鹫*Aegypinae monachus*	R	Ⅰ*	O	U	森林	全境均有分布
41			鹞属	白腹鹞*Circus spilonotus*	R	Ⅱ	O	U、W	森林	全境均有分布
42	隼形目	隼科	隼属	红脚隼*Falco vespertinus*	R	Ⅱ*	U	U、W	森林	全境均有分布
43				红隼*Falco tinnunculus*	R	Ⅱ*	O	U、W	森林	全境均有分布
44				燕隼*Falco subbuteo*	R	Ⅱ*	U	U	森林	全境均有分布
45				游隼*Falco peregrinus*	S	Ⅱ#	C	U、W	森林	全境均有分布
46				猎隼*Falco cherrug*	R	Ⅰ*	C	U	森林	全境均有分布
47				灰背隼*Falco columbarius*	P	Ⅱ*	C	U、W	森林	全境均有分布
48	鸡形目	雉科	石鸡属	石鸡*Alectoris chukar*	R	—	D	U	森林	全境均有分布
49			山鹑属	斑翅山鹑*Perdix dauuricae*	R	—	D	U	森林	全境均有分布
50			雉属	雉鸡*Phasianus colchicus*	R	—	O	U	森林	全境均有分布
51			锦鸡属	红腹锦鸡*Chrysolophus pictus*	R	Ⅱ	O	W	森林	全境均有分布
52			鹌鹑属	日本鹌鹑*Coturnix japonica*	S	—	O	U、W	森林	全境均有分布
53	鹤形目	秧鸡科	秧鸡属	普通秧鸡*Rallus aquaticus*	S	—	U	U、W	水域	全境均有分布
54			田鸡属	红胸田鸡 *Porzana fusca*	S	—	W	U、W	水域	全境均有分布
55				小田鸡*Porzana pusilla*	R	—	O	U、W	水域	全境均有分布
56			黑水鸡属	黑水鸡*Gallinula chloropus*	R	—	O	U、W	水域	全境均有分布
57			骨顶属	骨顶鸡*Fulica atra*	S	—	O	U、W	水域	全境均有分布
58		鸨科	鸨属	大鸨*Otis tarda*	W	Ⅰ*	O	U	水域	全境均有分布
59		鹤科	鹤属	灰鹤*Grus grus*	P	Ⅱ*	U	U	水域	全境均有分布

续表

编号	目	科	属	种名	居留型	保护级别	分布型	区系	生境	分布
60	鸻形目	水雉科	水雉属	水雉*Hydrophasianus chirurgus*	S	Ⅱ	W	W	水域	全境均有分布
61		鸻科	鸻属	金眶鸻*Charahrius dubius*	S	—	O	U、W	水域	全境均有分布
62				铁嘴沙鸻*Charadrius leschenaultii*	S	—	U	U、W	水域	全境均有分布
63			斑鸻属	金斑鸻*Pluvialis fulva*	S	—	U	U、W	水域	全境均有分布
64		鹬科	鹬属	林鹬*Tringa glareola*	S	—	U	U、W	水域	全境均有分布
65				红脚鹬*Tringa totanus*	P	—	U	U、W	水域	全境均有分布
66				白腰杓鹬*Numenius arquata*	P	—	U	U、W	水域	全境均有分布
67				白腰草鹬*Tringa ochropus*	P	—	U	U、W	水域	全境均有分布
68			滨鹬属	丘鹬*Scolopax rusticola*	P	—	U	U、W	水域	全境均有分布
69			丘鹬属	黑尾塍鹬*Limosa limosa*	P	—	U	U、W	水域	全境均有分布
70			塍鹬属	鹮嘴鹬*Ibidorhyncha struthersii*	R	—	P	U、W	水域	全境均有分布
71		鹮嘴鹬科	鹮嘴鹬属	黑翅长脚鹬*Himantopus himantopus*	S	—	O	U、W	水域	全境均有分布
72		反嘴鹬科	长脚鹬属	青脚滨鹬*Calidris temminckii*	S	—	O	U、W	水域	全境均有分布
73		鸥科	燕鸥属	白额燕鸥*Sterna albifrons*	S	—	C	U、W	水域	全境均有分布
74				普通燕鸥*Sterna hirundo*	S	—	C	U、W	水域	全境均有分布
75	沙鸡目	沙鸡科	毛腿沙鸡属	毛腿沙鸡*Syrrhaptes paradoxus*	S	—	D	U	森林	全境均有分布
76	鸽形目	鸠鸽科	鸽属	岩鸽 *Columba rupestris*	R	—	O	U	森林	全境均有分布
77			斑鸠属	珠颈斑鸠*Streptopelia chnensis*	R	—	W	W	森林	全境均有分布
78				山斑鸠 *Streptopelia orientalis*	R	—	O	U、W	森林	全境均有分布

续表

编号	目	科	属	种名	居留型	保护级别	分布型	区系	生境	分布
79	鸽形目	鸠鸽科	斑鸠属	灰斑鸠*Streptopelia decaocto*	R	—	E	U	森林	全境均有分布
80				火斑鸠*Oenopopelia tranquebarica*	S	—	W	U、W	森林	全境均有分布
81	鹃形目	杜鹃科	凤头鹃属	红翅凤头鹃*Clamator coromandus*	R	—	W	U、W	森林	全境均有分布
82			杜鹃属	大杜鹃*Cuculus canorus*	S	—	O	U、W	森林	全境均有分布
83				四声杜鹃*Cuculus micropterus*	S	—	W	U、W	森林	全境均有分布
84				小杜鹃 *Cuculus poliocephalus*	S	—	U	U、W	森林	全境均有分布
85			噪鹃属	噪鹃 *Eudynamys scolopaceus*	S	—	U	W	森林	全境均有分布
86			鹰鹃属	鹰鹃*Hierococcyx sparverioides*	S	—	O	W	森林	全境均有分布
87	鸮形目	鸱鸮科	角鸮属	领角鸮*Otus bakkamoena*	R	Ⅱ*	W	W	森林	全境均有分布
88				红角鸮*Otus scops*	S	Ⅱ*	O	W	森林	全境均有分布
89			耳鸮属	短耳鸮*Asio flammeus*	R	Ⅱ	O	U、W	森林	全境均有分布
90				长耳鸮*Asio otus*	R	Ⅱ*	C	U、W	森林	全境均有分布
91			雕鸮属	雕鸮*bubo bubo*	R	Ⅱ*	U	U、W	森林	全境均有分布
92			小鸮属	纵纹腹小鸮*Athene noctua*	R	Ⅱ*	U	U	森林	全境均有分布
93			林鸮属	灰林鸮*Strix aluco*	R	Ⅱ*	O	U、W	森林	全境均有分布
94			鸺鹠属	斑头鸺鹠*Glaucidium cuculoides*	R	Ⅱ	O	U、W	森林	全境均有分布
95				领鸺鹠*Glaucidium brodiei*	R	Ⅱ	O	U、W	森林	全境均有分布
96	夜鹰目	夜鹰科	夜鹰属	普通夜鹰*Caprimulgus indicus*	S	—	W	U、W	森林	全境均有分布

续表

编号	目	科	属	种名	居留型	保护级别	分布型	区系	生境	分布
97	雨燕目	雨燕科	雨燕属	楼燕*Apus apus*	S	—	O	W	森林	全境均有分布
98				白腰雨燕*Apus pacificus*	S	—	M	U、W	森林	全境均有分布
99	佛法僧目	翠鸟科	翠鸟属	普通翠鸟 *Alcedo atthis*	S	—	O	U、W	水域	全境均有分布
100			翡翠属	蓝翡翠 *Halcyon pileata*	S	—	W	W	水域	全境均有分布
101			大鱼狗属	冠鱼狗*Megaceryle lugubris*	S	—	O	U、W	水域	全境均有分布
102		戴胜科	戴胜属	戴胜 *Upupa epops*	S	—	O	U、W	森林	全境均有分布
103	鴷形目	啄木鸟科	啄木鸟属	星头啄木鸟*Picoides canicapillus*	R	—	W	U、W	森林	全境均有分布
104				大斑啄木鸟*Picoides major*	R	—	U	U、W	森林	全境均有分布
105			绿啄木鸟属	灰头绿啄木鸟*Picus canus*	R	—	O	U、W	森林	全境均有分布
106	雀形目	百灵科	短趾百灵属	短趾百灵*Calandrella cheleensis*	R	—	D	U	森林	全境均有分布
107			凤头百灵属	凤头百灵*Galerida cristata*	R	—	O	U、W	森林	全境均有分布
108			云雀属	云雀*Alauda arvensis*	W	Ⅱ	U	U、W	森林	全境均有分布
109		燕科	燕属	家燕*Hirundo rustica*	S	—	C	U、W	森林	全境均有分布
110				金腰燕*Hirundo daurica*	S	—	O	U、W	森林	全境均有分布
111				烟腹毛脚燕*Delichon dasypus*	S	—	U	U、W	森林	全境均有分布
112			沙燕属	灰沙燕*Riparia riparia*	S	—	C	U、W	森林	全境均有分布
113			毛脚燕属	岩燕*Ptyonoprogne rupestris*	S	—	O	U、W	森林	全境均有分布
114		鹡鸰科	鹡鸰属	灰鹡鸰*Motacilla cinerea*	S	—	O	U、W	森林	全境均有分布

续表

编号	目	科	属	种名	居留型	保护级别	分布型	区系	生境	分布
115	雀形目	鹡鸰科	鹡鸰属	黄头鹡鸰*Motacilla citreola*	S	—	O	U、W	森林	全境均有分布
116				山鹡鸰 *Dendronanthus indicus*	S	—	U	U、W	森林	全境均有分布
117				白鹡鸰*Motacilla alba*	S	—	O	U、W	森林	全境均有分布
118				黄鹡鸰*Motacilla flava*	S	—	U	U	森林	全境均有分布
119			鹨属	田鹨*Anthus novaeseelandiae*	S	—	M	U、W	森林	全境均有分布
120				理氏鹨*Anthus richardi*	S	—	U	U、W	森林	全境均有分布
121				红喉鹨*Anthus cervinus*	S	—	U	U、W	森林	全境均有分布
122				树鹨*Anthus hodgsoni*	S	—	M	U、W	森林	全境均有分布
123		山椒鸟科	鸣鹃鵙属	暗灰鹃鵙*Coracina melaschistos*	S	—	W	W	森林	全境均有分布
124			山椒鸟属	长尾山椒鸟*Pericrocotus ethologus*	S	—	H	W	森林	全境均有分布
125		鹎科	鹎属	黄臀鹎*Pycnonotus xanthorrhous*	S	—	W	W	森林	全境均有分布
126				领雀嘴鹎*Spizixos semitorques*	R	—	W	W	森林	全境均有分布
127			雀嘴鹎属	白头鹎*Pycnonotus sinensis*	R	—	S	W	森林	全境均有分布
128		太平鸟科	太平鸟属	太平鸟*Bombycilla garrulus*	W	—	C	U、W	森林	全境均有分布
129		伯劳科	伯劳属	牛头伯劳*Lanius bucephalus*	S	—	X	U	森林	全境均有分布
130				红尾伯劳*Lanius cristatus*	S	—	X	U、W	森林	全境均有分布
131				灰背伯劳*Lanius tephronotus*	S	—	H	U	森林	全境均有分布
132				楔尾伯劳*Lanius sphenocercus*	S	—	M	U	森林	全境均有分布
133		黄鹂科	黄鹂属	黑枕黄鹂*Oriolus chinensis*	S	—	W	U、W	森林	全境均有分布

续表

编号	目	科	属	种名	居留型	保护级别	分布型	区系	生境	分布
134	雀形目	卷尾科	卷尾属	黑卷尾*Dicrurus macrocercus*	S	—	W	W	森林	全境均有分布
135				灰卷尾*Dicrurus leucophaeus*	S	—	W	W	森林	全境均有分布
136		椋鸟科	椋鸟属	北椋鸟*Sturnus sturninus*	S	—	X	U、W	森林	全境均有分布
137				灰椋鸟*Sturnus cineraceus*	S	—	X	U	森林	全境均有分布
138				紫翅椋鸟*Sturnus vulgaris*	P	—	O	U、W	森林	全境均有分布
139		鸦科	松鸦属	松鸦*Garrulus glandarius*	R	—	U	U、W	森林	全境均有分布
140			蓝鹊属	红嘴蓝鹊*Urocissa erythrorhyncha*	R	—	W	U、W	森林	全境均有分布
141			喜鹊属	灰喜鹊*Cyanopica cyana*	R	—	W	U	森林	全境均有分布
142				喜鹊*Pica Pica*	R	—	C	U、W	森林	全境均有分布
143			星鸦属	星鸦*Nucifraga caryocatactes*	R	—	U	U	森林	全境均有分布
144			山鸦属	红嘴山鸦*Pyrrhocorax pyrrhocorax*	R	—	O	U	森林	全境均有分布
145			鸦属	大嘴乌鸦*Corvus macrorhynchos*	R	—	E	U	森林	全境均有分布
146				达乌里寒鸦*Corvus dauuricus*	R	—	U	U	森林	全境均有分布
147				秃鼻乌鸦*Corvus frugilegus*	R	—	U	U	森林	全境均有分布
148				小嘴乌鸦*Corvus corone*	R	—	C	U	森林	全境均有分布
149		乌科	河乌属	褐河乌*Cinclus pallasii*	R	—	W	U、W	森林	全境均有分布
150		岩鹨科	岩鹨属	棕眉山岩鹨*Prunella montanella*	W	—	M	U	森林	全境均有分布

续表

编号	目	科	属	种名	居留型	保护级别	分布型	区系	生境	分布
151	雀形目	鸫科	红尾鸲属	北红尾鸲*Phoenicurus auroreus*	S	—	M	U、W	森林	全境均有分布
152				黑喉红尾鸲*Phoenicurus hodgsoni*	S	—	U	U、W	森林	全境均有分布
153				白喉红尾鸲*Phoenicurus schisticeps*	S	—	U	U、W	森林	全境均有分布
154				赭红尾鸲*Phoenicurus ochruros*	S	—	O	U	森林	全境均有分布
155			水鸲属	红尾水鸲*Rhyacornis fuliginosus*	S	—	W	U、W	森林	全境均有分布
156			白顶溪鸲属	白顶溪鸲*Chaimarrornis leucocephalus*	S	—	H	U、W	森林	全境均有分布
157			歌鸲属	蓝喉歌鸲*Luscinia svecica*	S	Ⅱ	U	U、W	森林	全境均有分布
158			燕尾属	黑背燕尾*Enicurus leschenaultia*	S	—	W	U、W	森林	全境均有分布
159				白额燕尾*Enicurus leschenaulti*	S	—	W	U、W	森林	全境均有分布
160			鵰属	白顶鵰*Oenanthe hispanica*	S	—	D	U	森林	全境均有分布
161			矶鸫属	白背矶鸫*Monticola saxatilis*	S	—	D	U、W	森林	全境均有分布
162				蓝矶鸫*Monticola solitarius*	S	—	O	U、W	森林	全境均有分布
163			啸鸫属	紫啸鸫*Myiophoneus caeruleus*	S	—	W	U、W	森林	全境均有分布
164			地鸫属	虎斑地鸫*Zoothera dauma*	S	—	O	U、W	森林	全境均有分布
165				田鸫*Turdus pilaris*	S	—	C	W	森林	全境均有分布
166			鸫属	宝兴歌鸫*Turdus mupinensis*	S	—	O	U	森林	全境均有分布
167				长尾地鸫*Zoothera dixoni*	P	—	H	W	森林	全境均有分布
168				乌鸫*Turdus merula*	R	—	O	U、W	森林	全境均有分布
169				斑鸫*Turdus naumanni*	S	—	M	U、W	森林	全境均有分布

续表

编号	目	科	属	种名	居留型	保护级别	分布型	区系	生境	分布
170	雀形目	鸫科	鸫属	灰头鸫*Turdus rubrocanus*	R	—	H	U、W	森林	全境均有分布
171				赤颈鸫*Turdus ruficollis*	S	—	O	U、W	森林	全境均有分布
172			石鵰属	黑喉石鵰*Saxicola torquata*	R	—	O	U、W	森林	全境均有分布
173		画眉科	钩嘴鹛属	斑胸钩嘴鹛*Pomatorhinus erythrocnemis*	R	—	W	U、W	森林	全境均有分布
174			噪鹛属	橙翅噪鹛*Garrulax elliotii*	R	Ⅱ	H	U、W	森林	全境均有分布
175				山噪鹛*Garrulax davidi*	R	—	B	U	森林	全境均有分布
176				白颊噪鹛*Garrulax sannio*	R	—	S	W	森林	全境均有分布
177		鸦雀科	鸦雀属	棕头鸦雀 *Paradoxornis webbianus*	S	—	S	U、W	森林	全境均有分布
178		扇尾莺科	山鹛属	山鹛*Rhopophilus pekinensis*	R	—	D	U	森林	全境均有分布
179		莺科	树莺属	强脚树莺*Cettia fortipes*	R	—	W	W	森林	全境均有分布
180				黄腹柳莺*Phylloscopus affinis*	R	—	H	W	森林	全境均有分布
181				极北柳莺*Phylloscopus borealis*	S	—	U	W	森林	全境均有分布
182			柳莺属	褐柳莺*Phylloscopus fuscatus*	S	—	M	W	森林	全境均有分布
183				黄腰柳莺*Phylloscopus proregulus*	S	—	U	U、W	森林	全境均有分布
184				橙斑翅柳莺*Phylloscopus pulcher*	S	—	H	U、W	森林	全境均有分布
185				暗绿柳莺*Phylloscopus trochiloides*	S	—	U	U、W	森林	全境均有分布
186				远东树莺*Manchurian Bush Warbler*	S	—	W	U、W	森林	全境均有分布
187				黄腹树莺*Horornis acanthizoides*	S	—	W	U、W	森林	全境均有分布
188				淡眉柳莺*Phylloscopus humei*	S	—	W	U、W	森林	全境均有分布

续表

编号	目	科	属	种名	居留型	保护级别	分布型	区系	生境	分布
189	雀形目	莺科	柳莺属	甘肃柳莺*Gansu Leaf Warbler*	S	—	W	U	森林	全境均有分布
190				云南柳莺*Phylloscopus yunnanensis*	S	—	W	U、W	森林	全境均有分布
191				棕腹柳莺*Phylloscopus subaffinis*	S	—	W	U	森林	全境均有分布
192		鹟科	姬鹟属	白眉姬鹟*Ficedula zanthopygia*	S	—	M	U、W	森林	全境均有分布
193				红喉姬鹟*Ficedula parva*	S	—	U	U、W	森林	全境均有分布
194			鹟属	乌鹟*Muscicapa sibirica*	S	—	U	U	森林	全境均有分布
195		王鹟科	寿带属	寿带鸟*Terpsiphone paradise*	S	—	W	U	森林	全境均有分布
196		山雀科	山雀属	大山雀*Parus major*	R	—	O	U、W	森林	全境均有分布
197				煤山雀*Parus ater*	R	—	U	U	森林	全境均有分布
198				黄腹山雀*Parus venustulus*	S	—	S	U、W	森林	全境均有分布
199				绿背山雀*Parus monticolus*	R	—	W	W	森林	全境均有分布
200				沼泽山雀*Parus palustris*	R	—	U	U、W	森林	全境均有分布
201				褐头山雀*Poecile montanus*	R	—	U	U	森林	全境均有分布
202		长尾山雀科	长尾山雀属	红头长尾山雀 *Aegithalos concinnus*	R	—	W	W	森林	全境均有分布
203				燕雀 *Fringilla montifringilla*	W	—	C	U、W	森林	全境均有分布
204		燕雀科	燕雀属	银喉长尾山雀*Aegithalos caudatus*	R	—	U	U、W	森林	全境均有分布
205		䴓科	䴓属	黑头䴓 *Sitta villosa*	P	—	C	U	森林	全境均有分布
206				普通䴓*Sitta europaea*	R	—	U	U、W	森林	全境均有分布
207		旋壁雀科	旋壁雀属	红翅旋壁雀*Tichodroma muraria*	R	—	O	U	森林	全境均有分布
208		绣眼鸟科	绣眼鸟属	暗绿绣眼鸟*Zosterops japonica*	S	—	S	U、W	森林	全境均有分布
209				红胁绣眼鸟*Zosterops etythropleums*	S	Ⅱ	U	U、W	森林	全境均有分布

续表

编号	目	科	属	种名	居留型	保护级别	分布型	区系	生境	分布
210	雀形目	戴菊科	戴菊属	戴菊*Regulus regulus*	R	—	U	U、W	森林	全境均有分布
211		雀科	雀属	山麻雀*Passer rutilans*	R	—	S	U、W	森林	全境均有分布
212				树麻雀*Passer montanus*	R	—	U	U	森林	全境均有分布
213			金翅雀属	金翅雀*Carduelis spinus*	R	—	M	U、W	森林	全境均有分布
214				黄雀*Carduelis spinus*	W	—	U	U、W	森林	全境均有分布
215			朱雀属	红眉朱雀*Carpodacus pulcherrimus*	R	—	H	U、W	森林	全境均有分布
216				北朱雀*Carpodacus roseus*	W	Ⅱ	M	U	森林	全境均有分布
217				普通朱雀*Carpodacus erythrinus*	S	—	U	U、W	森林	全境均有分布
218			长尾雀属	长尾雀*Uragus sibiricus*	R	—	M	U	森林	全境均有分布
219			灰雀属	灰头灰雀*Pyrrhula erythaca*	R	—	H	W	森林	全境均有分布
220			锡嘴属	锡嘴雀*Coccothraustes coccothraustes*	P	—	U	U、W	森林	全境均有分布
221			交嘴雀属	红交嘴雀*Loxia curvirostra*	R	Ⅱ	U	U	森林	全境均有分布
222			蜡嘴雀属	黑头蜡嘴雀*Eophona personata*	W	—	K	U、W	森林	全境均有分布
223		鹀科	鹀属	小鹀 *Emberiza pusilla*	S	—	U	U、W	森林	全境均有分布
224				栗耳鹀 *Emberiza fucata*	S	—	M	U、W	森林	全境均有分布
225				黄喉鹀 *Emberiza elegans*	R	—	M	U、W	森林	全境均有分布
226				灰头鹀 *Emberiza spodocephala*	S	—	M	U、W	森林	全境均有分布
227				三道眉草鹀 *Emberiza cioides*	R	—	M	U、W	森林	全境均有分布
228				灰眉岩鹀*Emberiza cia*	R	—	O	U、W	森林	全境均有分布

注：1.R—留鸟，S—夏候鸟，W—冬候鸟，P—旅鸟；

2.保护级别：Ⅰ—国家重点一级保护野生动物；Ⅱ—国家重点二级保护野生动物。#—列入《濒危动植物国际贸易公约》CITF附录Ⅰ，*—列入附录Ⅱ；

3.区系：U—古北界；W—东洋界。

4.地理分布型：C—全北型，U—古北型，M—东北型（包括东北附近地区），K—东北型（东部为主），X—东北-华北型，X—东北-华北型，E—季风型，D—中亚型，H—喜马拉雅-横断山区型，S—南中国型，P—高地型，W—东洋型，O—广布种，B—华北型。

4.3.2 鸟类目科种组成

子午岭自然保护区228种鸟类中，非雀形目鸟类17目26科105种，占鸟类总数的46.05%；雀形目鸟类29科123种，占鸟类总数的53.95%（见表4–4）。

子午岭自然保护区鸟类组成中，雀形目鸟类和非雀形目鸟类种数相近，主要是由于子午岭地处黄土高原，介于泾河与洛河两大水系之间。每年迁徙经过或迁徙到此地的雁形目和鸻形目鸟类较多，使得非雀形目鸟类种数增多。

表4–4 子午岭鸟类组成分析

目	科		属		种	
	科数	占比/%	属数	占比/%	种数	占比/%
䴙形目	1	1.82	1	0.78	1	0.44
鹈鹕目	1	1.82	2	1.55	2	0.88
鹳形目	2	3.64	7	5.43	10	4.39
雁形目	1	1.82	9	6.98	18	7.89
鹰形目	1	1.82	6	4.65	10	4.39
隼形目	1	1.82	1	0.78	6	2.63
鸡形目	1	1.82	5	3.88	5	2.19
鹤形目	3	5.45	6	4.65	7	3.07
鸻形目	6	10.91	10	7.75	15	6.58
沙鸡目	1	1.82	1	0.78	1	0.44
鸽形目	1	1.82	2	1.55	5	2.19
鹃形目	1	1.82	4	3.10	6	2.63
鸮形目	1	1.82	6	4.65	9	3.95
夜鹰目	1	1.82	1	0.78	1	0.44
雨燕目	1	1.82	1	0.78	2	0.88
佛法僧目	2	3.64	4	3.10	4	1.75
鴷形目	1	1.82	2	1.55	3	1.32
雀形目	29	52.73	61	47.29	123	53.95
合计	55	100.00	129	100.00	228	100.00

4.3.3 区系分析

从调查结果显示，子午岭林区鸟类资源较为丰富，记录到的228种鸟类中，古北界鸟类50种，占鸟类总数的21.93%；东洋界鸟类31种，占鸟类总数的13.6%；广布种147种，占鸟类总数的64.47%。可见该地区鸟类是以古北界和广布种鸟类为主（见表4–5）。

表4-5　子午岭鸟类区系组成

区系	种数	所占比例/%
古北界	50	21.93
东洋界	31	13.60
广布种	147	64.47
合计	228	100.00

调查地区地处华北区，北临蒙新区，南抵秦岭。在记录到的鸟类中，石鸡（*Alectoris chukar*）、灰椋鸟（*Sturnus cineraceus*）、松鸦（*Garrulus glandarius*）、灰喜鹊（*Cyanopica cyana*）、大嘴乌鸦（*Corvus macrorhynchos*）、北红尾鸲（*Phoenicurus auroreus*）、煤山雀（*Parus ater*）均属华北区常见种，反映出华北区的特征。同时，一些中亚型（蒙新区）成分，如斑翅山鹑（*Perdix dauuricae*）、达乌里寒鸦（*Corvus dauuricus*）、赭红尾鸲（*Phoenicurus ochruros*）等向该区渗透，分布于本区。南方型鸟类灰斑鸠（*Streptopelia decaocto*）、珠颈斑鸠（*Streptopelia chnensis*）、小䴙䴘（*Policeps ruficollis*）等在该区亦有分布。本区鸟类具有以华北型鸟类为典型鸟种、古北型和全北型鸟类占优势、中亚型（蒙新区）及季风区鸟类向此渗透、南方型鸟类向此扩展的特点。这种分布特点反映出本区既是南北动物、又是季风区及蒙新区动物相互混杂的地带。

4.3.4　区系组成的季节性变化

子午岭自然保护区夏季和冬季鸟类比较稳定，是本地区鸟类的主体。其中留鸟有83种，占该地区鸟类总数的36.4%，其中有45种为雀形目鸟类；夏候鸟有116种，占鸟类总数的50.8%，其中雀形目鸟类有67种；冬候鸟有8种，占总数的3.5%，其中雀形目种类7种；旅鸟有21种，占鸟类总数的9.2%。夏季鸟类主要由留鸟与夏候鸟组成，共计199种，占鸟类总数的87.2%；冬季鸟类主要由留鸟与冬候鸟组成，共计91种，占鸟类总数的39.9%。春季与秋季鸟类组成较为复杂，主要是由于候鸟迁徙，鸟类南来北往频繁，旅鸟较多。春季冬候鸟北返，主要由留鸟、旅鸟、早迁来的夏候鸟及晚迁走的冬候鸟组成；秋季夏候鸟南迁，主要由留鸟、晚迁走的夏候鸟、旅鸟、早迁来的冬候鸟组成。子午岭地处黄土高原，是多种候鸟南北迁徙的通道，因此子午岭鸟类组成中，旅鸟和夏候鸟所占的比例较大。鸟类季节性变化比较见表4-6。

表4-6　子午岭鸟类季节性变化比较

类型	整体		非雀形目		雀形目	
	种数	所占比例/%	种数	所占比例/%	种数	所占比例/%
旅鸟	21	9.20	17	7.46	4	1.75
留鸟	83	36.40	38	16.67	45	19.74
夏候鸟	116	50.80	49	21.49	67	29.39
冬候鸟	8	3.50	1	0.44	7	3.07
合计	228	100.00	105	46.05	123	53.95

王丕贤和周天林教授在1994年的调查中报道子午岭林区鸟类133种。近30年来，子午岭林区的鸟类群落组成已发生了明显的变化。由于环境变化和人类活动的影响，曾分布于子午岭林区的黄脚三趾鹑（*Turnil tanki*）、矶鹬（*Tringa bypoleucos*）、扇尾沙锥（*Gallinago gallinago*）、蚁䴕（*Jynx torquilla*）、中杜鹃（*Cuculus saturatus*）、山鹨（*Anthus sylvanus*）、家麻雀（*Passer domesticus*）、鹪鹩（*Troglodytes troglodytes*）、棕胸岩鹨（*Rufous-breasted*）、黑头噪鸦（*Perisoreus internigrans*）、小沙百灵（*Calandreda rufescens cheleensis*）、赤胸灰雀（*Pyrrhula erythaca wilderi*）、灰胁噪鹛（*Garrulax caerulatus*）、斑鹟（*Muscicapa striata*）、沙白喉林莺（*Sylvia m.minula*）、小白喉林莺（*Sylvia curruca blythi*）、冠纹柳莺（*Phylloscopus reguloides*）、旋木雀（*Certhia familiaris*）、白喉红尾鸲（*Phoenicurus schisticeps*）等20种鸟类在此次调查中并未见到，这些鸟类由于受环境变化及人类活动的影响可能已从子午岭自然保护区消失。受全球气候变暖的影响，太平鸟（*Bombycilla garrulus*）、棕颈钩嘴鹛（*Pomatorhinus ruficollis*）、锈脸钩嘴鹛（*Pomatorhinus erythrogenys*）、白颊噪鹛（*Garrulax sannio*）、强脚树莺（*Cettia fortipes*）、暗绿绣眼鸟（*Zosterops japonica*）、白头鹎（*Pycnonotus sinensis*）、领雀嘴鹎（*Spizixos semitorques*）、绿背山雀（*Parus monticolus*）、红翅凤头鹃（*Clamator coromandus*）、白鹭（*Egretta garzetta*）、黑鳽（*Ixobrychus flovicollis*）、斑嘴鸭（*Anas poecilorhyncha*）、日本松雀鹰（*Acciper gularis*）、红胸田鸡（*Porzana fusca*）、领角鸮（*Otus bakkamoena*）、黑卷尾（*Dicrurus macrocercus*）、灰卷尾（*Dicrurus leucophaeus*）等这些东洋界的种类，如今已陆续北迁到达子午岭自然保护区。东洋界种类由15年前的6.8%上升到现在的22.7%。如白头鹎（*Pycnonotus sinensis*）以前只分布于我国长江流域及其以南地区，北至陕西南部（秦岭以南），甘肃没有分布。从2002年春首次在本区发现，此后数量逐年增加。2005年

以前该鸟在我区是夏候鸟，到了2005年以后变成了留鸟。与20年前相比，子午岭林区已有20种鸟类消失，新增加鸟类76种，增减种数达96种，占子午岭林区现有鸟类种数的50.8%，鸟类群落的演替变化十分明显。

4.4 爬行类

有关本地区爬行类动物的调查研究，王丕贤等1990年在四川动物发表《陇东爬行动物初步调查》，记录了该地区的爬行动物22种。俞诗源、王圣贤1994年在《西北师范大学学报（自然科学版）》发表《子午岭的爬行动物》，记录了分布在本调查单元的子午岭爬行动物共有3目7科12属15种及亚种。王根旺2005年发表《陇东药用两栖爬行动物资源开发与利用研究》记录了分布在本调查单元的药用两栖爬行动物，其中两栖纲动物有4种，爬行动物有27种及亚种。王根旺2005年发表《甘肃陇东蛇类资源及其保护利用》记录分布于陇东的蛇类资源16种（隶属于2科8属）。陈德来、周天林等2017年发表《陇东—六盘地区首次发现中国大鲵》。《甘肃脊椎动物志》（王香亭，1991）记载了爬行动物3目10科33属62种。《甘肃两栖爬行动物》（姚崇勇，龚大洁，2012）记载了爬行动物2目10科38属64种。2020年张勇、龚大洁等在四川动物发表《甘肃两栖爬行动物多样性及区系分析》，对甘肃两栖爬行动物名录进行了整理与修订，结果表明甘肃现分布有爬行动物2目17科38属70种。

4.4.1 资源组成

本次调查共记录到爬行动物2目6科10属11种。如表4-7所示。

表4-7 甘肃子午岭爬行类动物概况

序号	目	科	属	种名	中国特有种	分布型	区系	生境	分布
1	龟鳖目	鳖科	鳖属	鳖*Pelodiscus sinensis*	—	Ea	U、W	水域	全境均有分布
2	有鳞目	壁虎科	壁虎属	无蹼壁虎*Gekko swinhonis*	√	Ba	U	森林	全境均有分布
3		蜥蜴科	麻蜥属	丽斑麻蜥*Eremias argus*	—	Xe	W	森林	全境均有分布

续表

序号	目	科	属	种名	中国特有种	分布型	区系	生境	分布
4	有鳞目	石龙子科	石龙子属	蓝尾石龙子 *Plestiodon elegans*	—	S	U、W	森林	全境均有分布
5			滑蜥属	秦岭滑蜥 *Scincella tsinlingensis*	√	D	U	森林	全境均有分布
6			蝘蜓属	蝘蜓*Lygosoma indicum*	—	O	U	森林	全境均有分布
7		游蛇科	锦蛇属	白条锦蛇*Elaphe dione*	—	Ub	U	森林	全境均有分布
8				赤峰锦蛇*Elaphe anomala*	—	Eb	U	森林	全境均有分布
9			颈槽蛇属	虎斑游蛇 *Rhabdophis tigrinus*	—	S	W	森林	全境均有分布
10			游蛇属	黄脊游蛇*Coluber spinalis*	—	Ub	U	森林	全境均有分布
11		蝰科	亚洲蝮属	华北蝮*Gloydius stejnegeri*	—	De	U	森林	全境均有分布

注：1.中国特有种（中国脊椎动物红色名录，蒋志刚，2016）；
2.分布型（中国动物地理，张荣祖，2011）：C，全北型；U，古北型；M，东北型a；K，东北型b；B，华北型；X，东北-华北型；E，季风型；D，中亚型；P，高地型；H，喜马拉雅—横断山区型；S，南中国型；W，东洋型；L，局地型；O，不易归类的分布；
3.区系类型：U古北界；W东洋界。

4.4.2 组成特征

本调查单元记录到的爬行类隶属于2目6科10属11种，见表4-8。其中有鳞目5科9属10种，龟鳖目1科1属1种。

表4-8 爬行类种群组成

目	科		属		种	
	科数	比例/%	属数	比例/%	种数	比例/%
有鳞目	5	83.3	9	90.0	10	90.91
龟鳖目	1	16.7	1	10.0	1	9.09
总计	6	100	10	100	12	100

4.4.3 区系分析

本调查单元爬行类区系组成如表4-9。古北界7种，占总种数63.64%；东洋界2种，占总种数18.18%；广布种2种，占总种数的18.18%。由此可见，本调查单元爬行类动物古北界居多。

表4-9 爬行类区系成分

区系成分	数量	比例/%
古北界	7	63.64
东洋界	2	18.18
广布种	2	18.18
合计	11	100

4.4.4 爬行类分布型

爬行类分布型共9种如表4-10所示。

表4-10 爬行动物分布型

分布型	物种	种数	占总种数的比/%
东北—华北型	丽斑麻蜥	1	9.09
华北型	无蹼壁虎	1	9.09
南中国型	蓝尾石龙子、虎斑游蛇	2	18.18
季风区型	赤峰锦蛇	1	9.09
古北型	黄脊游蛇、白条锦蛇	2	18.18
中亚型	华北蝮、秦岭滑蜥	2	18.18
季风区型	鳖	1	9.09
不易归类	蝘蜓	1	9.09
合计		11	100.00

4.5 两栖类

有关该地区两栖类动物的调查工作，王根旺2005年发表《陇东药用两栖爬行动物资源开发与利用研究》记录了分布在本调查单元的药用两栖爬行动物，其中两栖纲动物有4种。《甘肃脊椎动物志》（王香亭，1991）记载了两栖动物2目9科12属24种。《甘肃两栖爬行动物》（姚崇勇，龚大洁，2012）记载了两栖动物2目8科13属33种。2020年张勇、龚大洁等在四川动物发表《甘肃两栖爬行动物多样性及区系分析》，对甘肃两栖爬行动物名录进行了整理与修订，结果表明甘肃现分布有两栖动物2目10科20属36种。

4.5.1 资源组成

本调查区域共发现两栖动物2目3科4属5种（表4-11），分别为中国林蛙（*Rana chensinensis*）、中华大蟾蜍（*bufo gargarizans*）、黑斑蛙（黑斑侧褶蛙）（*Pelophylax nigromaculatus*）、花背蟾蜍（*Bufo raddei Strauch*）、大鲵（*Andrias davidianus*）。

表4–11　甘肃子午岭两栖类概况

序号	目	科	属	种名	中国特有种	分布型	区系类型	生境	分布
1	无尾目	蛙科	林蛙属	中国林蛙 *Rana chensinensis*	√	X	U	水域	全境均有分布
2			侧褶蛙属	黑斑蛙 *Pelophylax nigromaculatus*	—	E	UW	水域	全境均有分布
3		蟾蜍科	蟾蜍属	中华大蟾蜍 *Bufo gargarizans*	—	E	UW	水域	全境均有分布
4				花背蟾蜍*Bufo raddei*	—	X	U	水域	全境均有分布
5	有尾目	隐鳃鲵科	大鲵属	大鲵 *Andrias davidianus*	√	E	UW	水域	罗山府

注：1.中国特有种（中国脊椎动物红色名录，蒋志刚，2016）；

2.分布型（中国动物地理，张荣祖，2011）：C—全北型；U—古北型；M—东北型a；K—东北型b；B—华北型；X—东北-华北型；E—季风型；D—中亚型；P—高地型；H—喜马拉雅-横断山区型；S—南中国型；W—东洋型；L—局地型；O—不易归类的分布；

3.区系类型：U—古北界；W—东洋界（《甘肃脊椎动物志》，王香亭，1991）。

4.5.2　组成特征

本调查区域共发现两栖类2目4科4属5种，见表4–12。其中无尾目3科3属4种；有尾目1科1属1种。

表4–12　甘肃子午岭两栖类物种组成

类群分类单元	科		属		种	
	科数	比例/%	属数	比例/%	种数	比例/%
无尾目	3	75	3	75	4	80
有尾目	1	25	1	25	1	20
总计	4	100	4	100	5	100

4.5.3　区系分析

两栖类区系组成如表4–13。其中古北界2种，占总种数40%；广布种3种，占总种数60%。由此可见，本调查单元两栖类动物以广布种为主。

表4–13　甘肃子午岭两栖类区系成分

区系成分	数量	比例/%
古北界	2	40
东洋界	0	0
广布种	3	60
合计	5	100

4.5.4 两栖动物分布型

两栖类分布型共2种如表4-14所示。

表4-14 甘肃子午岭两栖类分布型

序号	分布型	物种	种数	占总种数的比/%
1	东北—华北型	中国林蛙	1	20
2	季风区型	中华大蟾蜍、黑斑蛙（黑斑侧褶蛙）、花背蟾蜍、大鲵	4	80
合计			5	100

4.6 鱼类

有关甘肃子午岭省级自然保护区的鱼类调查研究较少，王丕贤2003年发表了《甘肃陇东地区鱼类初步调查》，共记载了该地区16种鱼类，其中鲤科鱼类在该地区分布最多。鳅科鱼类中的斯氏高原鳅、达里湖高原纸鳅种群密度大，分布广，适应性强，是陇东的优势种。陇东所分布的16种鱼中，经济价值较大的种类有鲤鱼、鲫鱼、白鲢、草鱼、青鱼、团头纺、细鳞鲑等7种。这些鱼类中，土著种有鲤鱼、鲫鱼、细鳞鲑3种，其余4种属引进种。山西鱥、麦穗鱼虽个体小，食用价值不大，但从分布和数量上看，仅次于高原鳅，是水禽及水兽的天然饲料，也是生态系统中的重要组成部分。

4.6.1 资源组成

经过调查鉴定整理，该区域的鱼类共14种，隶属于2目4科13属，如表4-15所示。按目分布鲤形目占优势，共有13种；鲈形目有1种。按科的分布，鲤科鱼类占优势，有10种；花鳅科1种；条鳅科2种；鰕虎鱼科1种。

表4-15 甘肃子午岭鱼类概况

序号	目	科	属	种名（拉丁名）	中国红色名录等级	生境	分布
1	鲤形目	鲤科	鲤属	鲤鱼*Cyprinus carpio*	LC	水域	全境均有分布
2			鲫属	鲫鱼*Carassius auratus auratus*	LC	水域	全境均有分布
3			草鱼属 鱥属	草鱼*Ctenopharyngodon idella*	LC	水域	全境均有分布
4			鱥属	拉氏鱥 *Rhynchocypris lagowskii*	LC	水域	全境均有分布

续表

序号	目	科	属	种名（拉丁名）	中国红色名录等级	生境	分布
5	鲤形目	鲤科	棒花鱼属	棒花鱼*Abbottina rivularis*	LC	水域	全境均有分布
6			鲢属	鲢鱼*Hypophthalmichthys molitrix*	LC	水域	全境均有分布
7			麦穗鱼属	麦穗鱼*Pseudorasbora parva*	LC	水域	全境均有分布
8			鲂属	团头鲂*Megalobrama amblycephala*	LC	水域	全境均有分布
9			马口鱼属	马口鱼*Opsariichthys bidens*	LC	水域	全境均有分布
10			鳑鲏属	中华鳑鲏*Rhodeus sinensis*	LC	水域	全境均有分布
11		花鳅科	泥鳅属	泥鳅*Misgurnus anguillicaudatus*	LC	水域	全境均有分布
12		条鳅科	高原鳅属	斯氏高原鳅*Triplophysa stoliczkai*	LC	水域	全境均有分布
13				达里湖高原鳅*Triplophysa dalaica*	LC	水域	全境均有分布
14	鲈形目	鰕虎鱼科	栉鰕虎鱼属	波氏栉鰕虎鱼*Ctenogobius cliffordpopei*	LC	水域	全境均有分布

4.6.2 组成特征

本调查区域共发现鱼类2目4科13属14种，其物种组成见表4-16。其中鲤形目3科12属13种；鲈形目1科1属1种。

表4-16 甘肃子午岭鱼类物种组成

类群分类单元	科		属		种	
	科数	比例/%	属数	比例/%	种数	比例/%
鲤形目	3	75	12	92.3	13	92.86
鲈形目	1	25	1	7.6	1	7.14
总计	4	100	13	100	14	100

4.6.3 区系分析

根据史为良对鱼类动物区系复合体的看法，中国的淡水鱼类主要由八个区系复合体构成。甘肃子午岭省级自然保护区的鱼类分布属于以下个区系复合体。鲤鱼、草鱼、鲢鱼、马口鱼属于中国平原区系复合体；斯氏高原鳅和达里湖高原鳅属于中亚山地区系复合体；中华鳑鲏鱼、泥鳅属于晚第三纪早期区系复合。没有发现南方平原区系复合体，南方山地区系复合体和北极淡水区系复合体的鱼类。

据文献记载，甘肃省的鱼类共105种，本调查区域的鱼类14种，占全省鱼类种类的13.3%，数量相对较少。种类少的原因除了地质历史的原因外，还因为子午岭位于陇东黄土高原地区，该区域是我国最大的水土流失、生态环境失衡地区，生态环境脆弱，有些河段水质较差，这些都影响了鱼类的分布和生存，使这里鱼类种类相对较少。

4.7 昆虫资源

保护和利用生物多样性已成为全球环境保护的热点问题，而生物多样性的中心要素之一是具有丰富类群的昆虫多样性。昆虫作为生态系统的重要组成部分和生物界一个主要类群，种类繁多、数量惊人，且生活环境多样复杂并与生态环境系统密切相关，因而成为衡量一个自然保护区生物多样性丰富程度的重要指标之一。

昆虫是生物界的一个主要的类群，其物种数量巨大，估计物种数为180万～3000万种。昆虫不仅种类多，而且同种个体的数量也十分惊人，它们在维持生态平衡、生物防治、农业生产、医药保健和作为轻工业原料方面起着重要的作用。除少数具有重要经济价值的昆虫进行生理、生态、生物学研究外，目前大多数昆虫类群的分类工作都还没有搞清楚，有大量的物种有待发现，昆虫分类学研究工作多数都处于新物种的记述阶段，系统发育关系和生物地理学研究在大多数类群都处于探索阶段。在过去很长一段时间内中国的昆虫分类系统广泛采用34目的分类系统。近年来，国际上流行的六足总纲的观点被国内昆虫分类学界逐渐接受。这一观点将原尾目、弹尾目和双尾目分别列为和昆虫纲平行的纲。但无论分类系统如何变化，大多数昆虫种类仍然集中在直翅目、半翅目、同翅目、鞘翅目、鳞翅目、双翅目和膜翅目这几个目内。国内大多数自然保护区昆虫的研究也主要是鳞翅目蝶类及鞘翅目昆虫等的调查，只有极少数几个保护区开展了昆虫的系统的调查。

甘肃子午岭省级自然保护区位于陇东黄土高原地区，森林茂密，植物物种丰富，为该地区的动物资源提供了良好的栖息环境和食物资源。该地区构成了陇东黄土高原的绿色长城，在保存生物资源，调节气候、涵养水源、降低污染、防止水土流失等方面具有十分重要的作用，是陇东地区极为重要的生态屏障。从地理区系分布来看，该地区的物种属于古北界东北亚界华北区黄土高原亚区，物种以古北界为主，兼古北界和东洋界混合的特点，有少部分的东洋界物种。有关庆阳市昆虫资源的调查研究，陈德来等2017年对甘肃省庆阳市夜蛾科4个新纪录种记述，许姝娟等2015年对陇东子午岭林区蝗虫初步调查，王佛生2013年对陇东黄土高原苜蓿地下害虫发生规律进行了初探，王佛生等2011年对陇东黄土高原苜蓿田昆虫群落的组成与结构进行了分析研究，姜双林等2012年对子午岭不同生境类型青步甲属物种的分布格局进行了研究，姜双林2006年对庆阳杏树园昆虫群落的组成与结构进行了研究，姜双林2006年对陇东子午岭林区步甲昆虫的区系进行了研究，姜双林2006年对陇东地区瓢虫群落多样性进行了研究，姜双林等2005年对子午岭林区步甲类群多样性及其与生境的关系进行了研究，席忠诚等2002年对子午岭林区林虫发生特点与防治进行了研究，姜双林等2001年对陇东子午岭林区尺蛾科昆虫区系进行了研究，姜双林等2001年对陇东子午岭林区天蛾科昆虫区系进行了研究，姜双林等2000年对陇东子午岭林区天牛科昆虫区系进行了研究，席忠诚等1997年对子午岭林区昆虫的区系结构及分布进行了研究。

4.7.1 子午岭昆虫名录

通过调查、收集、整理甘肃子午岭省级自然保护区昆虫标本和有关文献，并经采集、鉴定，发现该地区的昆虫有15目144科1060种。分别包括蜻蜓目5科32种，螳螂目1科6种，直翅目9科42种，竹节虫目1科1种，革翅目2科4种，缨翅目2科5种，广翅目1科2种，蛇蛉目1科1种，同翅目11科99种，半翅目16科88种，脉翅目5科16种，鞘翅目25科205种，双翅目11科24种，鳞翅目36科457种，膜翅目17科78种，如表4–17所示。

表4–17 甘肃子午岭省级自然保护区昆虫名录

序号	目	科	种名（拉丁名）	生境	分布
1	蜻蜓目	蟌科	杯斑小蟌*Agriocnemis femina* Brauer	水域	全境均有分布
2	蜻蜓目	蟌科	褐斑异痣蟌*Ischnura senegalensis*	水域	全境均有分布
3	蜻蜓目	大蜓科	双斑圆臀大蜓*Anotogaster kuchendeiseri* Foerser	水域	全境均有分布
4	蜻蜓目	蜻科	异色多纹蜻*Deielia phaon*	水域	全境均有分布
5	蜻蜓目	蜻科	黄蜻*Pantala flavescens* Fabricius	水域	全境均有分布
6	蜻蜓目	蜻科	旭光赤蜻*Sympetrum hypomelas* Selys	水域	全境均有分布
7	蜻蜓目	蜻科	黄腿赤蜻*Sympetrum imitens* Selys	水域	全境均有分布
8	蜻蜓目	蜻科	小赤蜻*Sympetrum parvulum* Bartenef	水域	全境均有分布

续表

序号	目	科	种名（拉丁名）	生境	分布
9	蜻蜓目	蜻科	白尾灰蜻*Orthetrum albistylum* Selys	水域	全境均有分布
10	蜻蜓目	蜻科	玉带蜻*Pseudothemis zonata* Burmeister	水域	全境均有分布
11	蜻蜓目	蜻科	黄衣*Pantala flavescens* Fabricius	水域	全境均有分布
12	蜻蜓目	蜻科	赤卒*Crocothemis servillia* Drury	水域	全境均有分布
13	蜻蜓目	蜻科	眉斑赤蜻*Sympetrum eroticum* eroticum	水域	全境均有分布
14	蜻蜓目	蜻科	半黄赤蜻*Sympetrum croceolum* Selys	水域	全境均有分布
15	蜻蜓目	蜻科	高斑蜻*Libellula basidinea* Mclachlan	水域	全境均有分布
16	蜻蜓目	蜻科	褐顶赤卒*Sympetrum infuscatum* Selys	水域	全境均有分布
17	蜻蜓目	蜻科	黑尾灰蜻*Orthetrum glaucum* Brauer	水域	全境均有分布
18	蜻蜓目	蜻科	闪绿宽腹蜻*Lyriothemis pachygastra* Selys	水域	全境均有分布
19	蜻蜓目	蜻科	竖眉赤蜻*Sympetrum eroticum ardens* Mclachlan	水域	全境均有分布
20	蜻蜓目	蜓科	马大头*Anax parthenope julius* Brauer	水域	全境均有分布
21	蜻蜓目	蜓科	棒腹小叶箭蜓*Gomphidia confluens* Selys	水域	全境均有分布
22	蜻蜓目	蜓科	碧伟蜓*Anax parthenope Julius* Brauer	水域	全境均有分布
23	蜻蜓目	蜓科	黑纹伟蜓*Anax nigrofasciatus* Oguma	水域	全境均有分布
24	蜻蜓目	蜓科	长腹箭蜓*Gasrogomphus abdominalis*	水域	全境均有分布
25	蜻蜓目	蜓科	长痣绿蜓*Aeschnophlebia longistigma* Selys	水域	全境均有分布
26	蜻蜓目	色蟌科	黑色蟌*Agrion atratum* Selys	水域	全境均有分布
27	蜻蜓目	色蟌科	褐翅眉色蟌*Matrona basilaris nigipectus*	水域	全境均有分布
28	蜻蜓目	色蟌科	绿色蟌*Mnais andersoni tenuis*	水域	全境均有分布
29	蜻蜓目	色蟌科	亮翅绿色蟌*Mnais maclachlani*	水域	全境均有分布
30	蜻蜓目	色蟌科	红痣绿色蟌*Mnais earnshawi* Williamson	水域	全境均有分布

续表

序号	目	科	种名（拉丁名）	生境	分布
31	蜻蜓目	色蟌科	中带绿色蟌*Mnais gregoryi* Fraser	水域	全境均有分布
32	蜻蜓目	色蟌科	透顶色蟌*Agrion grahami* Needham	水域	全境均有分布
33	螳螂目	螳螂科	薄翅螳螂*Mantis religiose* Linnaeus	林缘、草地、农田	全境均有分布
34	螳螂目	螳螂科	大刀螂*Tenodera sinensis*	林缘、草地、农田	全境均有分布
35	螳螂目	螳螂科	两点广腹螳螂*Hierodula patallifera*	林缘、草地、农田	全境均有分布
36	螳螂目	螳螂科	小刀螂*Statilia maculata*	林缘、草地、农田	全境均有分布
37	螳螂目	螳螂科	中华大齿螳*Odontomantis sinensis*	林缘、草地、农田	全境均有分布
38	螳螂目	螳螂科	中华大刀螂*Paratenodera sinensis* Saussure	林缘、草地、农田	全境均有分布
39	直翅目	蚱科	钻形蚱*Tetrix subulata* Linnaeus	林缘、草地、农田	全境均有分布
40	直翅目	蚱科	仿蚱*Tetrix simulaus* B.-Bieako	林缘、草地、农田	全境均有分布
41	直翅目	蚱科	日本蚱T*etrix japonica* Bolivar	林缘、草地、农田	全境均有分布
42	直翅目	蚱科	隆背蚱*Tetrix tartara* tartara Bolivar	林缘、草地、农田	全境均有分布
43	直翅目	蚱科	长翅长背蚱*Paratettix uravovi* Semenov	林缘、草地、农田	全境均有分布
44	直翅目	癞蝗科	内蒙古笨蝗*Haplotropis neimongolensis* Yin	林缘、草地、农田	全境均有分布
45	直翅目	锥头蝗科	短额负蝗*Atractomorpha sinensis* Bolivar	林缘、草地、农田	全境均有分布
46	直翅目	斑腿蝗科	长翅稻蝗*Oxya velax* Fabr.	林缘、草地、农田	全境均有分布
47	直翅目	斑腿蝗科	短角外斑腿蝗*Xenocatantops brachycerus*	林缘、草地、农田	全境均有分布
48	直翅目	斑翅蝗科	短星翅蝗*Calliptamus abbreviatus* Ikon	林缘、草地、农田	全境均有分布
49	直翅目	斑翅蝗科	轮纹异痂蝗*Bryodemella trberculatum dilutum* Stoll	林缘、草地、农田	全境均有分布
50	直翅目	斑翅蝗科	大垫尖翅蝗*Epacromius coerulipes* Ivanov	林缘、草地、农田	全境均有分布
51	直翅目	斑翅蝗科	小垫尖翅蝗*Epacromius tergestinus* Charpentier	林缘、草地、农田	全境均有分布
52	直翅目	斑翅蝗科	黄胫小车蝗*Oedaleus infernalis* Sauss	林缘、草地、农田	全境均有分布

续表

序号	目	科	种名（拉丁名）	生境	分布
53	直翅目	斑翅蝗科	亚洲小车蝗*Oedaleus decorus asiaticus* B.-Bienko	林缘、草地、农田	全境均有分布
54	直翅目	斑翅蝗科	东亚飞蝗*Locusta migratoria manilensis*	林缘、草地、农田	全境均有分布
55	直翅目	斑翅蝗科	蒙古束颈蝗*Sphingonotus mongolicus* Saussure	林缘、草地、农田	全境均有分布
56	直翅目	斑翅蝗科	宁夏束颈蝗 *Sphingonotus ningsianus* Zheng et Gow	林缘、草地、农田	全境均有分布
57	直翅目	网翅蝗科	宽翅曲背蝗*Pararcyptera microptera meridionalis*	林缘、草地、农田	全境均有分布
58	直翅目	网翅蝗科	隆额网翅蝗*Arcyptera coreana* Shiraki	林缘、草地、农田	全境均有分布
59	直翅目	网翅蝗科	甘肃雏蝗*Chorthippus gansuensis* Zheng	林缘、草地、农田	全境均有分布
60	直翅目	网翅蝗科	中华雏蝗*Chorthippus chinensis* Tarbinsky	林缘、草地、农田	全境均有分布
61	直翅目	网翅蝗科	东方雏蝗*Chorthippus intermedius*	林缘、草地、农田	全境均有分布
62	直翅目	网翅蝗科	太白雏蝗*Chorthippus taibaieasis* Zheng	林缘、草地、农田	全境均有分布
63	直翅目	网翅蝗科	夏氏雏蝗*Chorthippus hsiai* Cheng et Tu	林缘、草地、农田	全境均有分布
64	直翅目	网翅蝗科	白纹雏蝗*Chorthippus albonemus* Cheng et Tu	林缘、草地、农田	全境均有分布
65	直翅目	网翅蝗科	小翅雏蝗*Chorthippus fallax*	林缘、草地、农田	全境均有分布
66	直翅目	网翅蝗科	楼观雏蝗*Chorthippus intermedius*	林缘、草地、农田	全境均有分布
67	直翅目	网翅蝗科	黑翅雏蝗*Chorthippus aethalinus*	林缘、草地、农田	全境均有分布
68	直翅目	网翅蝗科	素色异爪蝗*Euchorthippus unicolor*	林缘、草地、农田	全境均有分布
69	直翅目	网翅蝗科	条纹异爪蝗*Euchorthippus vittatus* Zheng	林缘、草地、农田	全境均有分布
70	直翅目	网翅蝗科	永宁异爪蝗*Euchorthippus yungningensis* Chang et Chiu	林缘、草地、农田	全境均有分布
71	直翅目	剑角蝗科	日本鸣蝗*Mongolotettix japonicus*	林缘、草地、农田	全境均有分布
72	直翅目	剑角蝗科	条纹鸣蝗*Mongolotettix japonicus vittatus*	林缘、草地、农田	全境均有分布

续表

序号	目	科	种名（拉丁名）	生境	分布
73	直翅目	剑角蝗科	中华蚱蜢*Acrida cinerea* Thumberg	林缘、草地、农田	全境均有分布
74	直翅目	蟋蟀科	东方蝼蛄*Gryllotalpa orientalis* Burmeister	林缘、草地、农田	全境均有分布
75	直翅目	蟋蟀科	华北蝼蛄*Gryllotalpa unispina* Saussure	林缘、草地、农田	全境均有分布
76	直翅目	蟋蟀科	油葫芦 *Cryllus testaceus* wallker	林缘、草地、农田	全境均有分布
77	直翅目	螽斯科	暗褐蝈螽 *Gampsocleis sedakovii*	林缘、草地、农田	全境均有分布
78	直翅目	螽斯科	优雅蝈螽 *Gampsocleis gratiosa*	林缘、草地、农田	全境均有分布
79	直翅目	螽斯科	中华草螽*Conocephalus chinensis*	林缘、草地、农田	全境均有分布
80	直翅目	螽斯科	绿螽蟖 *Holochlora* sp.	林缘、草地、农田	全境均有分布
81	竹节虫目	竹节虫科	竹节虫*Gongylopus adyposus* Brunner	林缘	全境均有分布
82	革翅目	球螋科	迭球螋*Forficula vicuria* Semenov	林缘	全境均有分布
83	革翅目	球螋科	净乔球螋*Timomenus inermis* Borelli	林缘	全境均有分布
84	革翅目	球螋科	日本张球螋*Anechura japonica*	林缘	全境均有分布
85	革翅目	蠼螋科	日本蠼螋*Labidure japonicade* Haan	林缘	全境均有分布
86	缨翅目	管蓟马科	稻管蓟马*Haplothrhrips acaleatus*	农田、草地	全境均有分布
87	缨翅目	蓟马科	禾蓟马*Frankliniella tenuicornis*	农田、草地	全境均有分布
88	缨翅目	蓟马科	花蓟马*Frankliniella intonsa*	农田、草地	全境均有分布
89	缨翅目	蓟马科	烟蓟马*Thrips tabaci* Lindeman	农田、草地	全境均有分布
90	缨翅目	蓟马科	玉米黄蓟马*Anaphotthrips obscurus*	农田、草地	全境均有分布
91	同翅目	蝉科	蚱蝉*Cryptotympana atrata*	森林	全境均有分布
92	同翅目	蝉科	鸣鸣蝉 *Hyalessa maculaticollis*	森林	全境均有分布
93	同翅目	蝉科	黑小蝉 *Melampsalta* sp.	森林	全境均有分布
94	同翅目	角蝉科	苹果红脊角蝉*Machaerctypus mats* Chou et Yuan	森林	全境均有分布
95	同翅目	角蝉科	强三刺角蝉*Tricentrus forticornis* Funkhouser	森林	全境均有分布
96	同翅目	蜡蝉科	斑衣蜡蝉*Lycorma delicatula*	森林	全境均有分布
97	同翅目	蜡蝉科	电光宽广蜡蝉*Pochazia zizzata* Chou et Lu	森林	全境均有分布

续表

序号	目	科	种名（拉丁名）	生境	分布
98	同翅目	蜡蝉科	察雅丽蜡蝉*Limois chagyabensis* Chou et Lu	森林	全境均有分布
99	同翅目	蜡蝉科	东北丽蜡蝉*Limois kikuchi* Kata	森林	全境均有分布
100	同翅目	蜡蝉科	索亚丽蜡蝉*Limois chagyab*	森林	全境均有分布
101	同翅目	蜡蝉科	象蜡蝉*Dictyophara patruelis* Stoll	森林	全境均有分布
102	同翅目	蜡蝉科	中华珞颜蜡蝉*Loxocephala sinica* Chou et Huang	森林	全境均有分布
103	同翅目	尖胸沫蝉科	白带尖胸沫蝉*Aphrophora intermedia* Uhler	森林	全境均有分布
104	同翅目	尖胸沫蝉科	大脊沫蝉*Aphropsis maxima* Jacobi	森林	全境均有分布
105	同翅目	尖胸沫蝉科	黄点尖胸沫蝉*Aphrophora flavimaculata* Matsumura	森林	全境均有分布
106	同翅目	尖胸沫蝉科	鞘圆沫蝉*Lepyronia coleoptrata* Linnaeus	森林	全境均有分布
107	同翅目	叶蝉科	白边大叶蝉*Tettigoniella albowarginata*	森林	全境均有分布
108	同翅目	叶蝉科	大脊叶蝉*Tettigolla riridrs*	森林	全境均有分布
109	同翅目	叶蝉科	大青叶蝉*Cicadella viridis*	森林	全境均有分布
110	同翅目	叶蝉科	淡色殃叶蝉*Euscalla ogikubonia*	森林	全境均有分布
111	同翅目	叶蝉科	稻叶蝉*Inemadara oryzae*	森林	全境均有分布
112	同翅目	叶蝉科	二点叶蝉*Cicadula fasciifrons*	森林	全境均有分布
113	同翅目	叶蝉科	红条梯顶叶蝉*Jassus conopersuss*	森林	全境均有分布
114	同翅目	叶蝉科	华凹大叶蝉*Bothrogonia sinica* Yang et Liu	森林	全境均有分布
115	同翅目	叶蝉科	黄褐角顶叶蝉*Deltocephalus brunnescens* Distant	森林	全境均有分布
116	同翅目	叶蝉科	黄绿短头叶蝉*Bythoscopus chlorophana*	森林	全境均有分布
117	同翅目	叶蝉科	黄绿叶蝉*Athysanus timbiter* Mats	森林	全境均有分布
118	同翅目	叶蝉科	六点叶蝉*Cicadula sexnotata*	森林	全境均有分布
119	同翅目	叶蝉科	四脊耳叶蝉*Ledra quadricarina* Walker	森林	全境均有分布
120	同翅目	叶蝉科	桃一点斑叶蝉*Erythroneura sudra*	森林	全境均有分布

续表

序号	目	科	种名（拉丁名）	生境	分布
121	同翅目	叶蝉科	条沙叶蝉*Psammotettix striatus*	森林	全境均有分布
122	同翅目	叶蝉科	条纹二室叶蝉*Balclutha tiaowena* Kuoh	森林	全境均有分布
123	同翅目	叶蝉科	头罩片角叶蝉*Idiocerus vitticollis* Matsumura	森林	全境均有分布
124	同翅目	飞虱科	阿拉飞虱*Delphax alachanicus* Anufriev	森林	全境均有分布
125	同翅目	飞虱科	白背飞虱*Sogatella furxifera*	森林	全境均有分布
126	同翅目	飞虱科	白脊飞虱*Unkanodes sapporona*	森林	全境均有分布
127	同翅目	飞虱科	稗飞虱*Sogatella longifurcifera*	森林	全境均有分布
128	同翅目	飞虱科	半黑库氏飞虱*Kusnezoviella dimidiatifrons* Kusnezov	森林	全境均有分布
129	同翅目	飞虱科	滨海飞虱*Delphax maritima* Anufriev	森林	全境均有分布
130	同翅目	飞虱科	荻叉飞虱*Garaga miscanthi* Ding et al.	森林	全境均有分布
131	同翅目	飞虱科	褐飞虱*Nilaparvata lugezs*	森林	全境均有分布
132	同翅目	飞虱科	黑边黄脊飞虱*Toya propinqua*	森林	全境均有分布
133	同翅目	飞虱科	黑光额飞虱*Metropis nigrifrons* Kusnezov	森林	全境均有分布
134	同翅目	飞虱科	红条长突飞虱*Stenocranus hongtiaus* Kuoh	森林	全境均有分布
135	同翅目	飞虱科	灰飞虱*Laodelphax striatellus*	森林	全境均有分布
136	同翅目	飞虱科	吉卜飞虱*Calligypona reyi*	森林	全境均有分布
137	同翅目	飞虱科	芦苇长突飞虱*Stenocranus matsumurai* Metcalf	森林	全境均有分布
138	同翅目	飞虱科	梨木虱*Psylla chinensis* Yang et Li	森林	全境均有分布
139	同翅目	飞虱科	桑木虱*Anomoneura mori* Schwarz	森林	全境均有分布
140	同翅目	蚜科	松大蚜*Cinara pinitabulaeformis* Zhang et Zhang	森林	全境均有分布
141	同翅目	蚜科	柏大蚜*Cinara tujafilina*	森林	全境均有分布
142	同翅目	蚜科	柳瘤大蚜*Tuberocephalus salignus* Gmelin	森林	全境均有分布
143	同翅目	蚜科	葡萄根瘤蚜*Daktulosphaira vitifoliae* Fitch	森林	全境均有分布

续表

序号	目	科	种名（拉丁名）	生境	分布
144	同翅目	蚜科	柳黑毛蚜*Chaitophorus salinigri* Shinji	森林	全境均有分布
145	同翅目	蚜科	内蒙粉毛蚜*Pterocomma neimogolense* Zhang	森林	全境均有分布
146	同翅目	蚜科	落叶松球蚜*Adelges laricis* Vall	森林	全境均有分布
147	同翅目	蚜科	冰草麦蚜*Diuraphis agropyronophaga* Zhang	森林、农田	全境均有分布
148	同翅目	蚜科	刀豆黑蚜*Aphisrobihiao canavaliao* Zhang	森林、农田	全境均有分布
149	同翅目	蚜科	豆蚜*Aphis cracoivora* Koch	森林、农田	全境均有分布
150	同翅目	蚜科	甘蓝蚜*Brevicoryne brassicae*	森林、农田	全境均有分布
151	同翅目	蚜科	高粱蚜*Longlunguis saecharl*	森林、农田	全境均有分布
152	同翅目	蚜科	梨二叉蚜*Schizaphis pirixota*	森林、农田	全境均有分布
153	同翅目	蚜科	柳二尾蚜*Cavariella saliclcola*	森林、农田	全境均有分布
154	同翅目	蚜科	萝卜蚜*Lipaphis erysimi*	森林、农田	全境均有分布
155	同翅目	蚜科	麦二叉蚜*Schizaphis graminum*	森林、农田	全境均有分布
156	同翅目	蚜科	麦拟根蚜*Paracletus cimiciformisvon* Heyden	森林、农田	全境均有分布
157	同翅目	蚜科	麦长管蚜*Macrosiphum avenae*	森林、农田	全境均有分布
158	同翅目	蚜科	麦无网长管蚜*Acyrthosphon dirhodum*	森林、农田	全境均有分布
159	同翅目	蚜科	棉蚜*Aphis gossypll* Glover	森林、农田	全境均有分布
160	同翅目	蚜科	内蒙粉毛蚜*Pterocomma neimogolense* Zhang	森林、农田	全境均有分布
161	同翅目	蚜科	黍缢管蚜*Rhopalosiphum padi*	森林、农田	全境均有分布
162	同翅目	蚜科	松蚜*Cinara pinea* Mordwiko	森林、农田	全境均有分布
163	同翅目	蚜科	桃粉大尾蚜*Hyalopterue amygdati* Blanchard	森林、农田	全境均有分布
164	同翅目	蚜科	桃粉蚜*Hyalopterus arundinis*	森林、农田	全境均有分布
165	同翅目	蚜科	桃榴头蚜*Tuberocephallus momonis*	森林、农田	全境均有分布
166	同翅目	蚜科	桃蚜*Myzus persicae*	森林、农田	全境均有分布
167	同翅目	蚜科	豌豆蚜*Acyrthosiphon pisum*	森林、农田	全境均有分布
168	同翅目	蚜科	杏瘤蚜*Myzus mumecola* Matsumura	森林、农田	全境均有分布

续表

序号	目	科	种名（拉丁名）	生境	分布
169	同翅目	蚜科	绣线菊蚜*Aphis citricola* Vander Goot	森林、农田	全境均有分布
170	同翅目	蚜科	洋槐蚜*Aphis robihiao* Maechiati	森林、农田	全境均有分布
171	同翅目	蚜科	印度修尾蚜*Indonogoare indica*	森林、农田	全境均有分布
172	同翅目	蚜科	玉米蚜*Rhopatosiphum maidis*	森林、农田	全境均有分布
173	同翅目	蚜科	月季长管蚜*Macrosiphum rosirvorum* Zhang	森林、农田	全境均有分布
174	同翅目	蚜科	月季冠蚜*Myzaphis rosarum*	森林、农田	全境均有分布
175	同翅目	蚜科	苹果绵蚜*Eriosoma lanigerum*	森林、农田	全境均有分布
176	同翅目	蚜科	榆四脉绵蚜*Tetraneura akinire* Sasaki	森林、农田	全境均有分布
177	同翅目	盾蚧科	黄杨粕片盾蚧*Parlagena buxi*	森林、农田	全境均有分布
178	同翅目	盾蚧科	梨圆蚧*Quadraspidiotus perniciosus*	森林、农田	全境均有分布
179	同翅目	盾蚧科	柏牡蛎蚧*Lepidosaphes cupressi* Borchsenius	森林、农田	全境均有分布
180	同翅目	盾蚧科	桑盾蚧*Pseudaulacaspis pentagona*	森林、农田	全境均有分布
181	同翅目	盾蚧科	松牡蛎蚧*Lepidosaphes pisphilus*	森林、农田	全境均有分布
182	同翅目	盾蚧科	卫矛矢尖盾蚧*Unaspis euonymi*	森林、农田	全境均有分布
183	同翅目	粉蚧科	康氏粉蚧*Pseudococcus comstocki* Kuwana	森林、农田	全境均有分布
184	同翅目	粉蚧科	柿粉蚧*Phenacoccus pergindei* Cockerell	森林、农田	全境均有分布
185	同翅目	粉蚧科	柿绒粉蚧*Eriococcus kaki* Kuwana	森林、农田	全境均有分布
186	同翅目	蚧科	朝鲜球坚蚧*Didesmococcus koreanus* Borchsenius	森林、农田	全境均有分布
187	同翅目	蚧科	桃球蚧*Dideamococcus koreanus* Borchs	森林、农田	全境均有分布
188	同翅目	蚧科	杏球坚蚧*Sphaerolecanium prunastri* Fonsc	森林、农田	全境均有分布
189	同翅目	绵蚧科	日本草履蚧*Drosicha corpulenta* Kuwana	森林、农田	全境均有分布
190	半翅目	蝽科	斑须蝽*Dolycoris baccarum*	森林、农田	全境均有分布
191	半翅目	蝽科	北曼蝽*Menida scotti* Puton	森林、农田	全境均有分布

续表

序号	目	科	种名（拉丁名）	生境	分布
192	半翅目	蝽科	碧蝽*Palomena angulosa* Motschulsky	森林、农田	全境均有分布
193	半翅目	蝽科	扁盾蝽*Eurygaster testudinarius* Geoffroy	森林、农田	全境均有分布
194	半翅目	蝽科	菜蝽*Eurydema dominulus*	森林、农田	全境均有分布
195	半翅目	蝽科	茶翅蝽*Halyomorpha halys*	森林、农田	全境均有分布
196	半翅目	蝽科	赤条蝽*Graphosoma rubrolineata* Westwood	森林、农田	全境均有分布
197	半翅目	蝽科	长毛狭蝽*Stenocephalus femoralis* Reuter	森林、农田	全境均有分布
198	半翅目	蝽科	稻绿蝽*Nezara viriduta*	森林、农田	全境均有分布
199	半翅目	蝽科	东亚果蝽*Carpocoris seidenstuckeri* Tamanini	森林、农田	全境均有分布
200	半翅目	蝽科	二星蝽*Stollia guttiger*	森林、农田	全境均有分布
201	半翅目	蝽科	广蝽*Laprius varicornis* Dallas	森林、农田	全境均有分布
202	半翅目	蝽科	广二星蝽*Stollia ventralis*	森林、农田	全境均有分布
203	半翅目	蝽科	浩蝽*Okeanos quelpartensis* Distant	森林、农田	全境均有分布
204	半翅目	蝽科	褐普蝽*Priassus testaceus* Hsiao et Cheng	森林、农田	全境均有分布
205	半翅目	蝽科	褐真蝽*Pentatoma armandi* Fallou	森林、农田	全境均有分布
206	半翅目	蝽科	横纹菜蝽*Eurydema gebleri* Kolenati	森林、农田	全境均有分布
207	半翅目	蝽科	红谷蝽*Gonopsis coccinea*	森林、农田	全境均有分布
208	半翅目	蝽科	红角辉蝽*Carbula crassiventris*	森林、农田	全境均有分布
209	半翅目	蝽科	红足真蝽*Pentatoma rufipes*	森林、农田	全境均有分布
210	半翅目	蝽科	厚蝽*Exithemus assamensis* Distant	森林、农田	全境均有分布
211	半翅目	蝽科	华麦蝽*Aelia nasuta* Wagner	森林、农田	全境均有分布
212	半翅目	蝽科	宽碧蝽*Palomena viridissima*	森林、农田	全境均有分布
213	半翅目	蝽科	蓝蝽*Zicrona caerula*	森林、农田	全境均有分布
214	半翅目	蝽科	梨蝽象*Llrochela luteoraria* Distant	森林、农田	全境均有分布
215	半翅目	蝽科	麻皮蝽*Erthesina fullo*	森林、农田	全境均有分布
216	半翅目	蝽科	硕蝽*Eurostus validus* Dallas	森林、农田	全境均有分布

续表

序号	目	科	种名（拉丁名）	生境	分布
217	半翅目	蝽科	弯角蝽*Lelia decempunctata* Motschulsky	森林、农田	全境均有分布
218	半翅目	蝽科	弯胫草蝽*Holcostethus ovatus* Jakovles	森林、农田	全境均有分布
219	半翅目	蝽科	西北麦蝽*Aelia sibirica* Reuter	森林、农田	全境均有分布
220	半翅目	蝽科	新疆菜蝽*Erydema festiva*	森林、农田	全境均有分布
221	半翅目	蝽科	珠蝽*Rubiconia intermedia*	森林、农田	全境均有分布
222	半翅目	蝽科	蠋蝽*Arma chinensis*	森林、农田	全境均有分布
223	半翅目	蝽科	紫翅果蝽*Carpocoris purpureipennis* De Geer	森林、农田	全境均有分布
224	半翅目	蝽科	紫蓝曼蝽*Menida violacea* Motschulsky	森林、农田	全境均有分布
225	半翅目	盾蝽科	金绿宽盾蝽*Poecilocoris lewisi* Distant	森林、农田	全境均有分布
226	半翅目	龟蝽科	小龟蝽*Gerris lacustuis* Linnaeus	森林、农田	全境均有分布
227	半翅目	龟蝽科	双痣圆龟蝽*Coptosoma biguttula* Motschulsky	森林、农田	全境均有分布
228	半翅目	红蝽科	地红蝽*Pyrrhocoris tibialis* Stal	森林、农田	全境均有分布
229	半翅目	红蝽科	西伯利亚地红蝽*Pyrrhocoris sibiricus* Kuschakevich	森林、农田	全境均有分布
230	半翅目	红蝽科	小斑红蝽*Physopelta cinctticollis* Stal	森林、农田	全境均有分布
231	半翅目	花蝽科	小花蝽*Orius similis* Zheng	森林、农田	全境均有分布
232	半翅目	姬蝽科	华姬蝽*Nabis sinoferus* Hsiao	森林、农田	全境均有分布
233	半翅目	猎蝽科	淡带荆猎蝽*Acanthaspis cincticrus* Stal	森林、农田	全境均有分布
234	半翅目	猎蝽科	独环真猎蝽*Harpactor altaicus* Kirischenko	森林、农田	全境均有分布
235	半翅目	猎蝽科	褐菱猎蝽*Isyndus obscurus*	森林、农田	全境均有分布
236	半翅目	猎蝽科	黑光猎蝽*Ectrychotes andreae*	森林、农田	全境均有分布
237	半翅目	猎蝽科	环斑猛猎蝽*Sphedanolestes impressicollis* Stal	森林、农田	全境均有分布
238	半翅目	猎蝽科	亮钳猎蝽*Labidocoris pectoralis*	森林、农田	全境均有分布
239	半翅目	猎蝽科	双刺胸猎蝽*Pygolampis bidentata* Goeze	森林、农田	全境均有分布

续表

序号	目	科	种名（拉丁名）	生境	分布
240	半翅目	猎蝽科	暗素猎蝽 *Epidaus nebulo*	森林、农田	全境均有分布
241	半翅目	瘤蝽科	中国螳瘤蝽*Cnizocoris sinensis* Kormilev	森林、农田	全境均有分布
242	半翅目	盲蝽科	赤须盲蝽*Trigonotylus ruficornis* Geoffroy	森林、农田	全境均有分布
243	半翅目	盲蝽科	红短角盲蝽*Agnocoris rubicundus* Fallen	森林、农田	全境均有分布
244	半翅目	盲蝽科	绿盲蝽*Lygus lucorum* Meyer-Dur	森林、农田	全境均有分布
245	半翅目	盲蝽科	苜蓿盲蝽*Adelphocoris lineolatus*	森林、农田	全境均有分布
246	半翅目	盲蝽科	牧草盲蝽*Lygus pratenszs*	森林、农田	全境均有分布
247	半翅目	盲蝽科	中黑盲蝽*Adelphocoris suturalis* Jakovlev	森林、农田	全境均有分布
248	半翅目	黾蝽科	水黾*Aquarium paludum* Fabrielus	森林、农田	全境均有分布
249	半翅目	同蝽科	板同蝽*Platacantha armifer* Lindberg	森林、农田	全境均有分布
250	半翅目	同蝽科	泛刺同蝽*Acanthosoma spinicolle* Jakovlev	森林、农田	全境均有分布
251	半翅目	同蝽科	宽铗同蝽*Acanthosoma labiduroides* Jakovlev	森林、农田	全境均有分布
252	半翅目	同蝽科	宽肩直同蝽*Elasmostethus humeralis* JakovIev	森林、农田	全境均有分布
253	半翅目	同蝽科	曲匙同蝽*Elasmucha recurva*	森林、农田	全境均有分布
254	半翅目	网蝽科	角菱背网蝽*Eteoneus angulatus* Drake et Maa	森林、农田	全境均有分布
255	半翅目	网蝽科	梨网蝽*Stephanitis nashi* Esaki et Takeya	森林、农田	全境均有分布
256	半翅目	仰蝽科	黑纹仰蝽*Notonecta chinensis* Fallou	森林、农田	全境均有分布
257	半翅目	仰蝽科	大仰泳蝽*Notonecta montandoni* Kirkaldy	森林、农田	全境均有分布
258	半翅目	异蝽科	斑华异蝽*Tessaromerus maculatus* Hsiao et Ching	森林、农田	全境均有分布
259	半翅目	异蝽科	黑门娇异蝽*Urostylis westwoodi* Scott	森林、农田	全境均有分布
260	半翅目	异蝽科	红足壮异蝽*Urochela quadrinotata* Reuter	森林、农田	全境均有分布

续表

序号	目	科	种名（拉丁名）	生境	分布
261	半翅目	异蝽科	花壮异蝽*Urochela lutoovaria* Distant	森林、农田	全境均有分布
262	半翅目	缘蝽科	斑背安缘蝽*Anoplocnemis binotata* Distant	森林、农田	全境均有分布
263	半翅目	缘蝽科	波原缘蝽*Coreus potanini* Jakovlev	森林、农田	全境均有分布
264	半翅目	缘蝽科	纯肩普缘蝽*Plinachtus bicoloripes* Scott	森林、农田	全境均有分布
265	半翅目	缘蝽科	点蜂缘蝽*Riptortus pedestris*	森林、农田	全境均有分布
266	半翅目	缘蝽科	点伊缘蝽*Aeschyntelus notatus* Hsiao	森林、农田	全境均有分布
267	半翅目	缘蝽科	东方原缘蝽*Coreus marginatus orientalis* Kiritshenko	森林、农田	全境均有分布
268	半翅目	缘蝽科	褐奇缘蝽*Derepteryx fuliginosa*	森林、农田	全境均有分布
269	半翅目	缘蝽科	颗缘蝽*Coriomeris scabricornis* Panzer	森林、农田	全境均有分布
270	半翅目	缘蝽科	离缘蝽*Chorosoma brevicoile* Hsiao	森林、农田	全境均有分布
271	半翅目	缘蝽科	亚姬缘蝽*Corizus albomarginatus* Blote	森林、农田	全境均有分布
272	半翅目	缘蝽科	亚蛛缘蝽*Alydus zichyi* Horvath	森林、农田	全境均有分布
273	半翅目	缘蝽科	月肩奇缘蝽*Derepteryx lunata* Distant	森林、农田	全境均有分布
274	半翅目	缘蝽科	棕长缘蝽*Megalotomus castaneus* Reuter	森林、农田	全境均有分布
275	半翅目	长蝽科	红长蝽*Lygaeus equestris*	森林、农田	全境均有分布
276	半翅目	长蝽科	角红长蝽*Lygaeus hanseni* Jakovlev	森林、农田	全境均有分布
277	半翅目	田鳖科	大田负蝽 *Lethocerus deyrolli* Vuillefroy	水域	全境均有分布
278	广翅目	鱼蛉科	花边星齿蛉*Protohermes costalis*	森林、农田	全境均有分布
279	广翅目	鱼蛉科	中华斑鱼蛉*Neochauliodes sinensis*	森林、农田	全境均有分布
280	蛇蛉目	蛇蛉科	西岳蛇蛉*Agulla xiyue* Yang et Chou	森林、农田	全境均有分布
281	脉翅目	草蛉科	白线草蛉*Chrysopa albolineata* Killington	森林、农田、草地	全境均有分布
282	脉翅目	草蛉科	大草蛉*Chrysopa septempunctata* Wesmael	森林、农田、草地	全境均有分布

续表

序号	目	科	种名（拉丁名）	生境	分布
283	脉翅目	草蛉科	牯岭草蛉*Chrysopa kulingensis* Nevas	森林、农田、草地	全境均有分布
284	脉翅目	草蛉科	黄褐草蛉*Chrysopa yatsumatsui* Kuwayama	森林、农田、草地	全境均有分布
285	脉翅目	草蛉科	丽草蛉*Chrysopa formosa* Brauer	森林、农田、草地	全境均有分布
286	脉翅目	草蛉科	亚非草蛉*Chrysopa boninensis* Okamoto	森林、农田、草地	全境均有分布
287	脉翅目	草蛉科	叶色草蛉*Chrysopa phyllochroma* Wesmael	森林、农田、草地	全境均有分布
288	脉翅目	草蛉科	中华草蛉*Chrysoperla sinica* Tjeder	森林、农田、草地	全境均有分布
289	脉翅目	蝶角蛉科	黄花蝶角蛉*Ascalaphus sibiricus* Evermann	森林、农田、草地	全境均有分布
290	脉翅目	褐蛉科	薄叶脉线蛉*Neuronema laminata* Tjeder	森林、农田、草地	全境均有分布
291	脉翅目	褐蛉科	点线脉褐蛉*Micormus multipunctatus* Matsumura	森林、农田、草地	全境均有分布
292	脉翅目	褐蛉科	全北褐蛉*Hemerobius humuli* Linnaeu	森林、农田、草地	全境均有分布
293	脉翅目	蚁蛉科	褐纹树蚁蛉*Dendroleon pantherius* Fabricius	森林、农田、草地	全境均有分布
294	脉翅目	蚁蛉科	条斑次蚁蛉*Deutoleon lineatus*	森林、农田、草地	全境均有分布
295	脉翅目	蚁蛉科	中华东蚁蛉*Euroleon sinicus*	森林、农田、草地	全境均有分布
296	脉翅目	长角蛉科	褐端长角蛉*Glyptobasis brunnea* Esben Petersen	森林、农田、草地	全境均有分布
297	鞘翅目	斑金龟科	短毛斑金龟*Lasiotrichius succinctus*	森林、农田、草地	全境均有分布
298	鞘翅目	步甲科	圆步甲*Omophron limbatum*	森林、农田、草地	全境均有分布
299	鞘翅目	步甲科	黄缘心步甲*Nebria livida* Linnaeus	森林、农田、草地	全境均有分布
300	鞘翅目	步甲科	黑腹胫步甲*Calosoma maximowiczi*	森林、农田、草地	全境均有分布
301	鞘翅目	步甲科	青腹胫步甲*Calosoma inquisitor*	森林、农田、草地	全境均有分布
302	鞘翅目	步甲科	中华曲胫步甲*Campalita chinense* Kirby	森林、农田、草地	全境均有分布
303	鞘翅目	步甲科	侧步甲*Carabus latreillei*	森林、农田、草地	全境均有分布
304	鞘翅目	步甲科	绿步甲 *Carabus smaragdinus* Fischer	森林、农田、草地	全境均有分布

续表

序号	目	科	种名（拉丁名）	生境	分布
305	鞘翅目	步甲科	一棘蝼步甲*Scarites terricola* Bonelli	森林、农田、草地	全境均有分布
306	鞘翅目	步甲科	光珠蝼步甲*Dy schirius*	森林、农田、草地	全境均有分布
307	鞘翅目	步甲科	青寡行步甲*Anop logenius cyanescens*	森林、农田、草地	全境均有分布
308	鞘翅目	步甲科	中黑沟步甲*Stenolop hus connotatus* Bates	森林、农田、草地	全境均有分布
309	鞘翅目	步甲科	四斑偏须步甲 *Panagaeus davidi* Fairmaire	森林、农田、草地	全境均有分布
310	鞘翅目	步甲科	红斑步甲*Anisodacty lussignatus*	森林、农田、草地	全境均有分布
311	鞘翅目	步甲科	毛婪步甲*Harpalus griseus*	森林、农田、草地	全境均有分布
312	鞘翅目	步甲科	单齿婪步甲*Harpalussimp licidens* Schauberger	森林、农田、草地	全境均有分布
313	鞘翅目	步甲科	三齿毛婪步甲*Harpalus tridens* Morawitz	森林、农田、草地	全境均有分布
314	鞘翅目	步甲科	多毛婪步甲*Harpalus eous* Tschitsherine	森林、农田、草地	全境均有分布
315	鞘翅目	步甲科	谷婪步甲*Harpalus calceatus*	森林、农田、草地	全境均有分布
316	鞘翅目	步甲科	狭边青步甲*Chlaenius inops* Chaudoir	森林、农田、草地	全境均有分布
317	鞘翅目	步甲科	淡足青步甲*Chlaenius pallipes*Gebler	森林、农田、草地	全境均有分布
318	鞘翅目	步甲科	灿丽步甲*Calleidasp lendidula*	森林、农田、草地	全境均有分布
319	鞘翅目	步甲科	黑行步甲*Trechus vicarius* Bates	森林、农田、草地	全境均有分布
320	鞘翅目	步甲科	新月锥须步甲*Bembidion semilunium* Netolitzky	森林、农田、草地	全境均有分布
321	鞘翅目	步甲科	二斑锥须步甲*Bembidion thermarum*	森林、农田、草地	全境均有分布
322	鞘翅目	步甲科	赤胸梳爪步甲*Calathus*（*Dolichus*）*halensis Schaller*	森林、农田、草地	全境均有分布
323	鞘翅目	步甲科	光凹地甲*Curtonotus nitens* Putzeys	森林、农田、草地	全境均有分布
324	鞘翅目	步甲科	普通暗步甲*Amara plebeja*	森林、农田、草地	全境均有分布
325	鞘翅目	步甲科	赤胸步甲*Dolichus halensis*	森林、农田、草地	全境均有分布
326	鞘翅目	步甲科	耶气步甲*Pheropsophus jessoensis* Morawitz	森林、农田、草地	全境均有分布
327	鞘翅目	步甲科	广屁气步甲*Pheropsophus occiptalis*	森林、农田、草地	全境均有分布

续表

序号	目	科	种名（拉丁名）	生境	分布
328	鞘翅目	步甲科	蠋步甲*Dolichus halensis*	森林、农田、草地	全境均有分布
329	鞘翅目	豆象科	绿豆象*Callosobruchus chinensis* Linnaeus	森林、农田、草地	全境均有分布
330	鞘翅目	豆象科	柠条豆象*Kytorhinus immixtus* Motschulsky	森林、农田、草地	全境均有分布
331	鞘翅目	粪金龟科	戴锤角粪金龟*Bolbotrypes davidis* Fairmaire	森林、农田、草地	全境均有分布
332	鞘翅目	粪金龟科	粪堆粪金龟*Geotrupes stercorarius*	森林、农田、草地	全境均有分布
333	鞘翅目	蜉金龟科	直蜉金龟*Aphodius rectus* Motschulsky	森林、农田、草地	全境均有分布
334	鞘翅目	郭公虫科	红斑郭公虫*Trichodes sinae* Chevrolat	森林、农田、草地	全境均有分布
335	鞘翅目	虎甲科	多型虎甲红翅亚种*Cicindela hybrida nitida* Lichtenstein	森林、农田、草地	全境均有分布
336	鞘翅目	虎甲科	曲纹虎甲*Cicindela elisae* Motschulsky	森林、农田、草地	全境均有分布
337	鞘翅目	虎甲科	日本彩虎甲*Cicindela hybrida japanensis* Chaudoir	森林、农田、草地	全境均有分布
338	鞘翅目	虎甲科	日本虎甲*Cicindela japana* Motschulsky	森林、农田、草地	全境均有分布
339	鞘翅目	虎甲科	斜纹虎甲Cylindera obliquefasciata	森林、农田、草地	全境均有分布
340	鞘翅目	花金龟科	暗绿花金龟*Cetonia viridiopaca*	森林、农田、草地	全境均有分布
341	鞘翅目	花金龟科	白星花金龟*Protaetia brevitarsis* Lewis	森林、农田、草地	全境均有分布
342	鞘翅目	花金龟科	斑青花金龟*Oxycetonia bealiae* Gory et Percheron	森林、农田、草地	全境均有分布
343	鞘翅目	花金龟科	细微黑花金龟*Glycyphana gracilis* Sawada	森林、农田、草地	全境均有分布
344	鞘翅目	花金龟科	小青花金龟*Oxycetonia jucunda* Faldermann	森林、农田、草地	全境均有分布
345	鞘翅目	吉丁甲科	翡翠吉丁虫*Lampra limbata* Gebler	森林、农田、草地	全境均有分布
346	鞘翅目	吉丁甲科	梨金缘吉丁虫*Lampra limbata* Gebler	森林、农田、草地	全境均有分布
347	鞘翅目	吉丁甲科	苹果小吉丁虫*Agrilus mali* Matsumara	森林、农田、草地	全境均有分布
348	鞘翅目	吉丁甲科	杨锦纹吉丁虫*Poecilonota variolosa* Park	森林、农田、草地	全境均有分布

续表

序号	目	科	种名（拉丁名）	生境	分布
349	鞘翅目	金龟科	臭蜣螂*Copris ochus* Motschulsky	森林、农田、草地	全境均有分布
350	鞘翅目	金龟科	大蜣螂*Scarabaeus sacer* Linnaeus	森林、农田、草地	全境均有分布
351	鞘翅目	金龟科	立叉嗡蜣螂*Onthophagus olsoufieffi* Boucomont	森林、农田、草地	全境均有分布
352	鞘翅目	金龟科	中华嗡蜣螂*Onthophagus sinicus* Zhang et Wang	森林、农田、草地	全境均有分布
353	鞘翅目	叩甲科	沟叩头甲*Pleonomus canaliculatus* Faldemann	森林、农田、草地	全境均有分布
354	鞘翅目	叩甲科	褐纹叩头甲*Melanotus caudex* Lewis	森林、农田、草地	全境均有分布
355	鞘翅目	叩甲科	虎斑叩头甲*Selatosomus pacatus* lewis	森林、农田、草地	全境均有分布
356	鞘翅目	叩甲科	宽背叩头甲*Selatosomus latus* Fabricius	森林、农田、草地	全境均有分布
357	鞘翅目	叩甲科	泥红槽缝叩甲*Agrypnus argillaceus*	森林、农田、草地	全境均有分布
358	鞘翅目	叩甲科	双瘤槽缝叩甲*Agrypnus bipapulatus*	森林、农田、草地	全境均有分布
359	鞘翅目	叩甲科	细胸叩头甲*Agriotes fuscicollis* Miwa	森林、农田、草地	全境均有分布
360	鞘翅目	丽金龟科	斑喙丽金龟*Adoretus tenuimaculatus* Waterhouse	森林、农田、草地	全境均有分布
361	鞘翅目	丽金龟科	粗绿丽金龟*Mimela holosericea* Fabricius	森林、农田、草地	全境均有分布
362	鞘翅目	丽金龟科	豆蓝丽金龟*Popillia indigonacea* Motschulsky	森林、农田、草地	全境均有分布
363	鞘翅目	丽金龟科	黄褐丽金龟*Anomala exoleta* Faldermann	森林、农田、草地	全境均有分布
364	鞘翅目	丽金龟科	毛喙丽金龟*Adoretus hirsutus* Ohaus	森林、农田、草地	全境均有分布
365	鞘翅目	丽金龟科	蒙古丽金龟*Anomala mongolica* Faldermann	森林、农田、草地	全境均有分布
366	鞘翅目	丽金龟科	苹毛丽金龟*Proagopertha lucidla* Faldermannn	森林、农田、草地	全境均有分布
367	鞘翅目	丽金龟科	四纹丽金龟*Popillia quadriguttata* Fabricius	森林、农田、草地	全境均有分布
368	鞘翅目	丽金龟科	铜绿丽金龟*Anomala corpullenta* Motschulsky	森林、农田、草地	全境均有分布

续表

序号	目	科	种名（拉丁名）	生境	分布
369	鞘翅目	拟步甲科	达氏琵琶甲*Blaps davidea* Deyrolle	森林、农田、草地	全境均有分布
370	鞘翅目	拟步甲科	中华琵琶甲 *Blaps chinensis* Faldermann	森林、农田、草地	全境均有分布
371	鞘翅目	拟步甲科	皱纹琵琶甲*Belopus rugosa* Gebler	森林、农田、草地	全境均有分布
372	鞘翅目	朽木甲科	朽木甲*sp.*	森林、农田、草地	全境均有分布
373	鞘翅目	瓢虫科	多异瓢虫*Adonia variegata*	森林、农田、草地	全境均有分布
374	鞘翅目	瓢虫科	二星瓢虫*Adalia bipunctata*	森林、农田、草地	全境均有分布
375	鞘翅目	瓢虫科	龟纹瓢虫*Propylea japonica*	森林、农田、草地	全境均有分布
376	鞘翅目	瓢虫科	菱斑巧瓢虫*Oenopia conglobata* Linnaeus	森林、农田、草地	全境均有分布
377	鞘翅目	瓢虫科	马铃薯瓢虫*Henosepilachna vigintioctomaculata* (Motschulsky)	森林、农田、草地	全境均有分布
378	鞘翅目	瓢虫科	七星瓢虫*Coccinella septempunctata* Linnaeus	森林、农田、草地	全境均有分布
379	鞘翅目	瓢虫科	四星瓢虫*Hyperaspis repensis*	森林、农田、草地	全境均有分布
380	鞘翅目	瓢虫科	奇变瓢虫*Aiolocaria mirabilis*	森林、农田、草地	全境均有分布
381	鞘翅目	瓢虫科	十二斑菌瓢虫*Vibiaia duadecimguttata*	森林、农田、草地	全境均有分布
382	鞘翅目	瓢虫科	十二斑巧瓢虫*Oenopia bissexnotata*	森林、农田、草地	全境均有分布
383	鞘翅目	瓢虫科	双七星瓢虫*Coccinula quatuordecimpustulata*	森林、农田、草地	全境均有分布
384	鞘翅目	瓢虫科	四斑小毛瓢虫*Scymnus fronlalis* Fabricius	森林、农田、草地	全境均有分布
385	鞘翅目	瓢虫科	异色瓢虫*Harmonia axyridis*	森林、农田、草地	全境均有分布
386	鞘翅目	瓢虫科	隐斑瓢虫*Harmonia obscurosignata* Liu	森林、农田、草地	全境均有分布
387	鞘翅目	瓢虫科	纵条瓢虫*Coccinella longifasciata* Liu	森林、农田、草地	全境均有分布
388	鞘翅目	锹甲科	幸运锹甲*Lucanida fortunei* Parry	森林	全境均有分布
389	鞘翅目	锹甲科	斑腿锹甲*Lucanus maculifemoratus* Motschulsky	森林	全境均有分布
390	鞘翅目	锹甲科	巨陶锹甲*Dorcus titanus* (Boisduval)	森林	全境均有分布

续表

序号	目	科	种名（拉丁名）	生境	分布
391	鞘翅目	鳃金龟科	暗黑鳃金龟*Holotrichia parallela* Motschulsky	森林	全境均有分布
392	鞘翅目	鳃金龟科	大云斑鳃金龟*Polyphylla laticollis* Lewis	森林	全境均有分布
393	鞘翅目	鳃金龟科	东北大黑鳃金龟*Holotrichia diomphalia*	森林	全境均有分布
394	鞘翅目	鳃金龟科	黑绒鳃金龟*Serica orientalis*	森林	全境均有分布
395	鞘翅目	鳃金龟科	黑皱鳃金龟*Trematodes tenebrioides* Pallas	森林	全境均有分布
396	鞘翅目	鳃金龟科	华北大黑鳃金龟*Holotrichia oblita*	森林	全境均有分布
397	鞘翅目	鳃金龟科	毛黄鳃金龟*Holotrichia trichophora* Fairmaire	森林	全境均有分布
398	鞘翅目	鳃金龟科	小云斑鳃金龟*Polyphylla gracilicornis* Blanchard	森林	全境均有分布
399	鞘翅目	鳃金龟科	棕色鳃金龟*Holotrichia titanis* Reitter	森林	全境均有分布
400	鞘翅目	鳃金龟科	大栗鳃金龟*Melolontha hippocastani mongolica*	森林	全境均有分布
401	鞘翅目	鳃金龟科	戴单爪鳃金龟*Hoplia davidis*	森林	全境均有分布
402	鞘翅目	天牛科	大牙土天牛*Dorysthenes paradoxus* Faldermann	森林	全境均有分布
403	鞘翅目	天牛科	曲牙土天牛*Dorysthenes hydropicus* Pascoe	森林	全境均有分布
404	鞘翅目	天牛科	锯天牛*Prionus insularis*	森林	全境均有分布
405	鞘翅目	天牛科	薄翅天牛*Megopis sinica* White	森林	全境均有分布
406	鞘翅目	天牛科	松幽天牛*Asemum amurense*	森林	全境均有分布
407	鞘翅目	天牛科	光胸幽天牛*Tetropium castaneum*	森林	全境均有分布
408	鞘翅目	天牛科	短角幽天牛*Spondylis buprestoides*	森林	全境均有分布
409	鞘翅目	天牛科	赤杨缘花天牛*Anoplodera rubra*	森林	全境均有分布
410	鞘翅目	天牛科	曲纹花天牛*Leptura arcuata*	森林	全境均有分布
411	鞘翅目	天牛科	十二斑花天牛*Leptura duodecimguttata*	森林	全境均有分布
412	鞘翅目	天牛科	灰黄茸天牛*Trichoferus guerryi*	森林	全境均有分布

续表

序号	目	科	种名（拉丁名）	生境	分布
413	鞘翅目	天牛科	家茸天牛*Trichoferus campestris*	森林	全境均有分布
414	鞘翅目	天牛科	桃红颈天牛*Aromia bungii* Faldermann	森林	全境均有分布
415	鞘翅目	天牛科	杨红颈天牛*Aromia moschata*	森林	全境均有分布
416	鞘翅目	天牛科	葡萄脊虎天牛*Xylotrechus pyrrhoderus* Bates	森林	全境均有分布
417	鞘翅目	天牛科	刺槐绿虎天牛*Chlorophorus diadema*	森林	全境均有分布
418	鞘翅目	天牛科	柳绿虎天牛*Chlorophorus molschulskyi*	森林	全境均有分布
419	鞘翅目	天牛科	六斑绿虎天牛*Chlorophorus sexmaeularus*	森林	全境均有分布
420	鞘翅目	天牛科	栗山天牛*Massicus raddei* Blessig	森林	全境均有分布
421	鞘翅目	天牛科	银斑露胸天牛*Artirmpaza argenteonotata* Pic	森林	全境均有分布
422	鞘翅目	天牛科	黑跗虎天牛*Perissus mimicus gressitt*	森林	全境均有分布
423	鞘翅目	天牛科	黄带多带天牛*Polyzonus fasciatus* Fabricius	森林	全境均有分布
424	鞘翅目	天牛科	红星天牛*Rosalia lesnei*	森林	全境均有分布
425	鞘翅目	天牛科	红缘天牛*Asias halodendri*	森林	全境均有分布
426	鞘翅目	天牛科	双条杉天牛*Semanorus bifsciatus*	森林	全境均有分布
427	鞘翅目	天牛科	帽斑天牛*Purpuricenus petasifer* Fairmaire	森林	全境均有分布
428	鞘翅目	天牛科	丽虎天牛*Plagionorus pulcher* Blessig	森林	全境均有分布
429	鞘翅目	天牛科	红肩丽虎天牛*Plagionorus christophi*	森林	全境均有分布
430	鞘翅目	天牛科	培甘弱脊天牛 *Mensia sulphurata*	森林	全境均有分布
431	鞘翅目	天牛科	双簇天牛*Moechotypa diphysis*	森林	全境均有分布
432	鞘翅目	天牛科	苎麻双脊天牛*Paraglenea fortunei* (Saunders)	森林	全境均有分布
433	鞘翅目	天牛科	星天牛*Anoplophora chinersis*	森林	全境均有分布
434	鞘翅目	天牛科	松刺脊天牛*Dystomorphus notatus* Pic	森林	全境均有分布

续表

序号	目	科	种名（拉丁名）	生境	分布
435	鞘翅目	天牛科	双带粒翅天牛 *Lamiomimusgottschei* Kolbe	森林	全境均有分布
436	鞘翅目	天牛科	四点象天牛*Mesosa myops*	森林	全境均有分布
437	鞘翅目	天牛科	异斑象天牛*Mesosa stictica* Blannehard	森林	全境均有分布
438	鞘翅目	天牛科	柳坡翅天牛*Pterolophia rigida* Bates	森林	全境均有分布
439	鞘翅目	天牛科	苜蓿多节天牛 *Agapantha arnurensis* Rraatz	森林	全境均有分布
440	鞘翅目	天牛科	麻天牛*Thyestilla gebleri*	森林	全境均有分布
441	鞘翅目	天牛科	苎麻天牛*Paraglenea fortunei*	森林	全境均有分布
442	鞘翅目	天牛科	青杨楔天牛*Saperda populnea*	森林	全境均有分布
443	鞘翅目	天牛科	瘤胸筒天牛*Linda femorata*	森林	全境均有分布
444	鞘翅目	天牛科	日本筒天牛*Oberea japonica* Thunberg	森林	全境均有分布
445	鞘翅目	天牛科	黑腹筒天牛*Oberea nigriventris* Bates	森林	全境均有分布
446	鞘翅目	天牛科	梨眼天牛*Bacchisa forunei*	森林	全境均有分布
447	鞘翅目	天牛科	八星粉天牛*Olenecamptus octopustulatus*	森林	全境均有分布
448	鞘翅目	天牛科	灰长角天牛*Acanthocinus aedilis* Linnaeus	森林	全境均有分布
449	鞘翅目	天牛科	密条草天牛*Eodorcadion rilgatum*	森林	全境均有分布
450	鞘翅目	天牛科	金绒天牛*Pseudaeolesthes chrysothrix*	森林	全境均有分布
451	鞘翅目	天牛科	松皮天牛*Stenocorus inguisitor* Gaponicus	森林	全境均有分布
452	鞘翅目	天牛科	红翅杉天牛*Callidium rufipenne* Motsch.	森林	全境均有分布
453	鞘翅目	象甲科	北京灰象*Sympiezomias herzi* Faust	森林	全境均有分布
454	鞘翅目	象甲科	臭椿沟眶象*Eucryp torrhynchus brandti*	森林	全境均有分布
455	鞘翅目	象甲科	大灰象*Sympiezomias velatus* Chevrolat	森林	全境均有分布
456	鞘翅目	象甲科	大菊花象*Larinus kishidi* Kono	森林	全境均有分布
457	鞘翅目	象甲科	甘肃绿象*Chlorophanus kansuanus* Marshall	森林	全境均有分布

续表

序号	目	科	种名（拉丁名）	生境	分布
458	鞘翅目	象甲科	沟眶象*Eucryptorrhynchus chinensis*	森林	全境均有分布
459	鞘翅目	象甲科	金足绿象*Chlorophanus auripes* Faust	森林	全境均有分布
460	鞘翅目	象甲科	隆脊绿象*Chlorophanus Lineolus* Motschulsky	森林	全境均有分布
461	鞘翅目	象甲科	蒙古土象*Xylinophorus mongolicus* Faust	森林	全境均有分布
462	鞘翅目	象甲科	平行大粒象*Adosomus Parallelocollis* Heller	森林	全境均有分布
463	鞘翅目	象甲科	雀斑筒喙象*Lixus ascanill* Linnaeus	森林	全境均有分布
464	鞘翅目	象甲科	甜菜象*Bothynoderes punctiventris* Germar	森林	全境均有分布
465	鞘翅目	象甲科	西伯利亚绿象*Chlorophanus sibiricus* Gyllenhyl	森林	全境均有分布
466	鞘翅目	象甲科	榛实象*Curculio dieckamanni* Faust	森林	全境均有分布
467	鞘翅目	肖叶甲科	二点钳叶甲*Labidostomis bipunctata*	森林	全境均有分布
468	鞘翅目	肖叶甲科	甘薯叶甲*Colasposoma dauricum* Mannerheim	森林	全境均有分布
469	鞘翅目	肖叶甲科	绿蓝隐头叶甲*Cryptocephalus regalis cyanescens* Weise	森林	全境均有分布
470	鞘翅目	肖叶甲科	槭隐头叶甲*Cryptocephalus mannerheimi* Gebler	森林	全境均有分布
471	鞘翅目	肖叶甲科	中华萝摩叶甲*Chrysochus chinlnsis* Baly	森林	全境均有分布
472	鞘翅目	叶甲科	薄翅萤叶甲*Palllsiola absintnii* Pallas	森林	全境均有分布
473	鞘翅目	叶甲科	薄荷金叶甲*Chrysolina exanhematica*	森林	全境均有分布
474	鞘翅目	叶甲科	大猿叶甲*Colaphellus bowringi* Baly	森林	全境均有分布
475	鞘翅目	叶甲科	黑缝油菜叶甲*Entomoscelis suturalis* Weise	森林	全境均有分布
476	鞘翅目	叶甲科	韭萤叶甲*Galeruca reichardti* Jacobson	森林	全境均有分布
477	鞘翅目	叶甲科	梨光叶甲*Smaragdina semiaurantiaca*	森林	全境均有分布

续表

序号	目	科	种名（拉丁名）	生境	分布
478	鞘翅目	叶甲科	柳圆叶甲*Plagiodera versicolora*	森林	全境均有分布
479	鞘翅目	叶甲科	麦茎叶甲*Apophylia thalassina* Faldermann	森林	全境均有分布
480	鞘翅目	叶甲科	沙蒿叶甲*Chrysolina aeruginosa*	森林	全境均有分布
481	鞘翅目	叶甲科	双斑萤叶甲*Monolepta hieroglyphica*	森林	全境均有分布
482	鞘翅目	叶甲科	杨梢叶甲*Parnops glasunowi* Jacobson	森林	全境均有分布
483	鞘翅目	叶甲科	杨叶甲*Chrysomela populi* Linnaeus	森林	全境均有分布
484	鞘翅目	叶甲科	榆绿毛萤叶甲*Pyrrhalta aenescens*	森林	全境均有分布
485	鞘翅目	芫菁科	大斑芫菁*Mylabris phalerata* Pallas	森林	全境均有分布
486	鞘翅目	芫菁科	绿边芫菁*Lytta suturella* Motschulsky	森林	全境均有分布
487	鞘翅目	芫菁科	绿芫菁*Lytta caraganae* Pallas	森林	全境均有分布
488	鞘翅目	芫菁科	苹斑芫菁*Mylabris calida* Pallas	森林	全境均有分布
489	鞘翅目	芫菁科	小斑芫菁*Mylabris pusilla* Olivier	森林	全境均有分布
490	鞘翅目	芫菁科	眼斑芫菁*Mylabris cichorii* Linnaeus	森林	全境均有分布
491	鞘翅目	芫菁科	圆胸地胆芫菁*Meloe corvinus* Marseul	森林	全境均有分布
492	鞘翅目	芫菁科	中国豆芫菁*Epicauta chinensis* Laporta	森林	全境均有分布
493	鞘翅目	芫菁科	中国黑芫菁*Meloe bvevicollis panzev*	森林	全境均有分布
494	鞘翅目	芫菁科	红头黑芫菁*Epicauta sibirica* Pallas	森林	全境均有分布
495	鞘翅目	红萤科	赤缘吻红萤*Lycostomus porphyrophorus* Solsky	森林	全境均有分布
496	鞘翅目	花萤科	黑斑丽花萤*Themus stigmaticus*	森林	全境均有分布
497	鞘翅目	小蠹科	纵坑切梢小蠹 *Blastophagus piniperda* Linnaeus	森林	全境均有分布
498	鞘翅目	小蠹科	华山松大小蠹*Dandroctonus armandi* Tsai et Li	森林	全境均有分布
499	鞘翅目	小蠹科	近瘤小蠹 *Orthotomicus gloviankoi* Gyllenhal	森林	全境均有分布

续表

序号	目	科	种名（拉丁名）	生境	分布
500	鞘翅目	小蠹科	建庄油松梢小蠹*Cryhalus tabulaeformis chienzhuangensis*	森林	全境均有分布
501	鞘翅目	小蠹科	柏肤小蠹*Phloeosinus aubei* Perris	森林	全境均有分布
502	双翅目	大蚊科	黑缘大蚊*Nephrotoma sinensis* Edwards	森林	全境均有分布
503	双翅目	大蚊科	黄斑大蚊*Nephrotoma scalaris terminalis*	森林	全境均有分布
504	双翅目	大蚊科	中华短柄大蚊*Nephrotoma sinensis* Edwards	森林	全境均有分布
505	双翅目	蛾蚋科	白斑蛾蚋*Telmatoscopus albipunctatus*	森林	全境均有分布
506	双翅目	粪蝇科	黄粪蝇*Scatophaga stercoraria*	森林	全境均有分布
507	双翅目	蜂虻科	长吻蜂虻*Bombylius major* Linneaus	森林	全境均有分布
508	双翅目	秆蝇科	麦秆蝇*Meromyza saltatrix* Linnaeus	森林	全境均有分布
509	双翅目	寄蝇科	黑角长须寄蝇*Peletieria rubescens* Robineau-Desvoidy	森林	全境均有分布
510	双翅目	虻科	布虻*Tabanus budda* Portschinsky	森林	全境均有分布
511	双翅目	虻科	双斑黄虻*Atylotus Bivittateinus* Taka-hasi	森林	全境均有分布
512	双翅目	虻科	姚虻*Tabanus yao* Maocqant	森林	全境均有分布
513	双翅目	食虫虻科	大食虫虻*Promachus yesonicus* Bigot	森林	全境均有分布
514	双翅目	食虫虻科	中华盗虻*Cophinopoda chinensis* Fabricius	森林	全境均有分布
515	双翅目	食蚜蝇科	凹带食蚜蝇*Syrphus nitens* Zettersted	森林	全境均有分布
516	双翅目	食蚜蝇科	大灰食蚜蝇*Syrphus corollae* Fabricius	森林	全境均有分布
517	双翅目	食蚜蝇科	短翅细腹食蚜蝇*Sphaerophoria scripta*	森林	全境均有分布
518	双翅目	食蚜蝇科	长尾管食蚜蝇*Eristalis tenax* Linnaeus	森林	全境均有分布
519	双翅目	食蚜蝇科	黑带食蚜蝇*Episyrphus balteata* De Geer	森林	全境均有分布
520	双翅目	食蚜蝇科	梯斑黑食蚜蝇*Melanostoma scalare* Fabricius	森林	全境均有分布

续表

序号	目	科	种名（拉丁名）	生境	分布
521	双翅目	食蚜蝇科	斜斑鼓额食蚜蝇*Scaeva Pyrastri*	森林	全境均有分布
522	双翅目	蝇科	家蝇*Musca domestica* Linnaeus	森林	全境均有分布
523	双翅目	蝇科	厩腐蝇*Muscina stabulans*	森林	全境均有分布
524	双翅目	丽蝇科	丝光绿蝇*Lucilia sericata* Meigen	森林	全境均有分布
525	双翅目	丽蝇科	亮绿蝇*Lucilia illustris* Meigen	森林	全境均有分布
526	鳞翅目	斑蛾科	梨叶斑蛾*Illiberis pruni* Dyar	森林、农田、草地	全境均有分布
527	鳞翅目	波纹蛾科	沤泊波纹蛾*Bombycia ocularis* Linnaeus	森林、农田、草地	全境均有分布
528	鳞翅目	菜蛾科	小菜蛾*Plutella xyllostella*	森林、农田、草地	全境均有分布
529	鳞翅目	草蛾科	密云草蛾*Ethmia cirrnocnemia* Lederer	森林、农田、草地	全境均有分布
530	鳞翅目	巢蛾科	稠李巢蛾*Yponomeuta evonymallus*	森林、农田、草地	全境均有分布
531	鳞翅目	巢蛾科	苹果巢蛾*Yponomeuta padella* Linnaeus	森林、农田、草地	全境均有分布
532	鳞翅目	巢蛾科	卫矛巢蛾*Yponomeuta polystigmellus* Felder	森林、农田、草地	全境均有分布
533	鳞翅目	尺蛾科	女贞尺蛾*Naxa Seriaria* Motschulsky	森林、农田、草地	全境均有分布
534	鳞翅目	尺蛾科	萝藦艳青尺蛾*Agathia Carissima* Buther	森林、农田、草地	全境均有分布
535	鳞翅目	尺蛾科	薄绿尺蛾*Chlorissa obliterata*	森林、农田、草地	全境均有分布
536	鳞翅目	尺蛾科	菊四目绿尺蛾*Thetidia albocostaria* Bremer	森林、农田、草地	全境均有分布
537	鳞翅目	尺蛾科	直脉青尺蛾*Hipparchus valida* Felder	森林、农田、草地	全境均有分布
538	鳞翅目	尺蛾科	蝶青尺蛾*Hipparchus popilianaria* Linnaeus	森林、农田、草地	全境均有分布
539	鳞翅目	尺蛾科	李尺蛾 *Angeronap runaria* Linnaeus	森林、农田、草地	全境均有分布
540	鳞翅目	尺蛾科	锯齿尺蛾*Angeronap glandinaria* Mostulsky	森林、农田、草地	全境均有分布
541	鳞翅目	尺蛾科	核桃目尺蛾*Ophthalmades albasig naria* Bremer et Grey	森林、农田、草地	全境均有分布
542	鳞翅目	尺蛾科	四目尺蛾*Ophthalmades irrorataria*	森林、农田、草地	全境均有分布

续表

序号	目	科	种名（拉丁名）	生境	分布
543	鳞翅目	尺蛾科	柿星天蛾*Percnia giraffata*	森林、农田、草地	全境均有分布
544	鳞翅目	尺蛾科	木尺蛾*Culculapant erinaria* Breer et Grey	森林、农田、草地	全境均有分布
545	鳞翅目	尺蛾科	山楂尺蛾*Aspilates gehdria oberthur*	森林、农田、草地	全境均有分布
546	鳞翅目	尺蛾科	醋栗尺蛾*Abraxaus grossulariata* Linnaeus	森林、农田、草地	全境均有分布
547	鳞翅目	尺蛾科	丝棉木金星尺蛾*Calospilos suspecta* Warren	森林、农田、草地	全境均有分布
548	鳞翅目	尺蛾科	榛金星尺蛾*Calospilos sylvata* Scopoli	森林、农田、草地	全境均有分布
549	鳞翅目	尺蛾科	雪尾尺蛾*Ourapteryx Sambucaria* Linnaeus	森林、农田、草地	全境均有分布
550	鳞翅目	尺蛾科	焦边尺蛾*Bizia aexaria* Walker	森林、农田、草地	全境均有分布
551	鳞翅目	尺蛾科	大造桥虫*Ascotissel enaria* Schiffermuler et Denis	森林、农田、草地	全境均有分布
552	鳞翅目	尺蛾科	苹烟尺蛾*Phthonosema tendinosaria* Bremer	森林、农田、草地	全境均有分布
553	鳞翅目	尺蛾科	槭烟尺蛾*Phthonosema invenustaria* Leech	森林、农田、草地	全境均有分布
554	鳞翅目	尺蛾科	泛波尺蛾*Nycterosea obstipata*	森林、农田、草地	全境均有分布
555	鳞翅目	尺蛾科	枞灰尺蛾*Deilep tenia ribeata*	森林、农田、草地	全境均有分布
556	鳞翅目	尺蛾科	桦尺蛾 *Biston betularia* Linn	森林、农田、草地	全境均有分布
557	鳞翅目	尺蛾科	双云尺蛾*Biston comitata* Warren	森林、农田、草地	全境均有分布
558	鳞翅目	尺蛾科	桑尺蛾*Menophra atrilineata*	森林、农田、草地	全境均有分布
559	鳞翅目	尺蛾科	槐尺蠖*Semiothisa cineraria* Bremer et Grey	森林、农田、草地	全境均有分布
560	鳞翅目	尺蛾科	梨尺蛾*Yala pyricola*	森林、农田、草地	全境均有分布
561	鳞翅目	尺蛾科	沙枣尺蠖*Apocheima cineranus* Erschoff	森林、农田、草地	全境均有分布
562	鳞翅目	尺蛾科	桑褶翅蛾*Zamadraex cavataa* Dyar	森林、农田、草地	全境均有分布
563	鳞翅目	尺蛾科	枣尺蠖*Sucra jujuba* Chu	森林、农田、草地	全境均有分布
564	鳞翅目	尺蛾科	缘点尺蛾*Lomaspilis marginata amurensis* Heydemann	森林、农田、草地	全境均有分布
565	鳞翅目	尺蛾科	粉红边尺蛾*Leptomiza crenularia* Leech	森林、农田、草地	全境均有分布

续表

序号	目	科	种名（拉丁名）	生境	分布
566	鳞翅目	尺蛾科	榆津尺蛾*Jinchihuo honesta*	森林、农田、草地	全境均有分布
567	鳞翅目	尺蛾科	黄星尺蛾*Arichanna melanaria fraterna* Butler	森林、农田、草地	全境均有分布
568	鳞翅目	尺蛾科	白皮臭尺蛾*Alcis amoenaria* Staudinger	森林、农田、草地	全境均有分布
569	鳞翅目	尺蛾科	杉霜尺蛾*Alcis angulifera* Butler	森林、农田、草地	全境均有分布
570	鳞翅目	尺蛾科	针叶霜尺蛾*Alcis secundaria* Esper	森林、农田、草地	全境均有分布
571	鳞翅目	尺蛾科	山枝子尺蛾*Aspitates geholaria* Oberthur	森林、农田、草地	全境均有分布
572	鳞翅目	尺蛾科	皱霜尺蛾*Boarmiadi spliscens* Butler	森林、农田、草地	全境均有分布
573	鳞翅目	尺蛾科	褐线尺蛾*Boarmiadi castigataria* Brecnea	森林、农田、草地	全境均有分布
574	鳞翅目	尺蛾科	葡萄回纹尺蛾 *Lygris ludovicaria* Oberthur	森林、农田、草地	全境均有分布
575	鳞翅目	尺蛾科	白孔雀尺蛾*Problepsis superans* Butler	森林、农田、草地	全境均有分布
576	鳞翅目	尺蛾科	小白孔雀尺蛾*Problepsis diazoma* prout	森林、农田、草地	全境均有分布
577	鳞翅目	尺蛾科	长眉眼尺蛾*Problepsis changmei* Yang	森林、农田、草地	全境均有分布
578	鳞翅目	尺蛾科	掌尺蛾*Buzura recursaria superans* Butler	森林、农田、草地	全境均有分布
579	鳞翅目	尺蛾科	网园尺蛾*Chiasmia lathrata*	森林、农田、草地	全境均有分布
580	鳞翅目	尺蛾科	双斜线尺蛾*Conchia mundataria* Cramer	森林、农田、草地	全境均有分布
581	鳞翅目	尺蛾科	白点焦尺蛾*Colotois pennaria ussuriensis* O.Bang -Haas	森林、农田、草地	全境均有分布
582	鳞翅目	尺蛾科	白线青尺蛾 *Hemistola veneta*	森林、农田、草地	全境均有分布
583	鳞翅目	尺蛾科	二白点尺蛾*Aspilates smirnovi* Rom.	森林、农田、草地	全境均有分布
584	鳞翅目	尺蛾科	马尾松点尺蛾*Abraxas flavisinuata* Warren	森林、农田、草地	全境均有分布
585	鳞翅目	尺蛾科	黄灰尺蛾*Tephrina flavescens* Alpheraky	森林、农田、草地	全境均有分布
586	鳞翅目	尺蛾科	沙灰尺蛾*Tephrina arenaceria*	森林、农田、草地	全境均有分布
587	鳞翅目	尺蛾科	枯尺蛾*Amblychia angeronaria sinibia* Wehrli	森林、农田、草地	全境均有分布

续表

序号	目	科	种名（拉丁名）	生境	分布
588	鳞翅目	尺蛾科	球果尺蛾*Eupithecia abietaria gigantea* Staudinger	森林、农田、草地	全境均有分布
589	鳞翅目	尺蛾科	栓皮栎尺蛾*Erannis dira* Butler	森林、农田、草地	全境均有分布
590	鳞翅目	尺蛾科	水腊尺蠖*Garaeus parva distans* Warren	森林、农田、草地	全境均有分布
591	鳞翅目	尺蛾科	中绿尺蛾*Hipparchus mandarinaria* Leech	森林、农田、草地	全境均有分布
592	鳞翅目	尺蛾科	青颜锈腰青尺蛾 *Hemithea marina* Butler	森林、农田、草地	全境均有分布
593	鳞翅目	尺蛾科	薄无疆青尺蛾 *Hemistola fletcheri* Prout	森林、农田、草地	全境均有分布
594	鳞翅目	尺蛾科	角顶尺蛾*Hemerophila ernaria* Bremer	森林、农田、草地	全境均有分布
595	鳞翅目	尺蛾科	截翅尺蛾*Hypoxystis Kozhantshikovi* Djakonov	森林、农田、草地	全境均有分布
596	鳞翅目	尺蛾科	万全涡尺蛾*Horisme aguata wanguno* Yang	森林、农田、草地	全境均有分布
597	鳞翅目	尺蛾科	红缘枯叶尺蛾*Spilopera roseimargiata* Leech	森林、农田、草地	全境均有分布
598	鳞翅目	尺蛾科	尘尺蛾*Serraca punctinalis conferenda* Butler	森林、农田、草地	全境均有分布
599	鳞翅目	尺蛾科	褐网尺蛾*Proteostrenia trausbaicaleusis* Wehrli	森林、农田、草地	全境均有分布
600	鳞翅目	尺蛾科	塞尺蛾*Sebastosema bubonaria* Warren	森林、农田、草地	全境均有分布
601	鳞翅目	尺蛾科	小蜻蜓尺蛾 *Cystidia couaggaria* Guenee	森林、农田、草地	全境均有分布
602	鳞翅目	尺蛾科	后缘长翅尺蛾*Obeidia postmarginata* Wehrli	森林、农田、草地	全境均有分布
603	鳞翅目	尺蛾科	淡纹暗尺蛾*Gnophos oehrofasciata*	森林、农田、草地	全境均有分布
604	鳞翅目	尺蛾科	灰涛尺蛾*Glaucorphos unduliferaria*	森林、农田、草地	全境均有分布
605	鳞翅目	尺蛾科	虎纹长翅尺蛾 *Obeidia tigrata*	森林、农田、草地	全境均有分布
606	鳞翅目	尺蛾科	北京尺蛾*Epipristis transiens* Sterneck	森林、农田、草地	全境均有分布
607	鳞翅目	尺蛾科	北花波尺蛾*Eupithecia bohatschi* Staudinger	森林、农田、草地	全境均有分布
608	鳞翅目	刺蛾科	褐边绿刺蛾 *Latoia consocia* Walker	森林、农田、草地	全境均有分布

续表

序号	目	科	种名（拉丁名）	生境	分布
609	鳞翅目	刺蛾科	黄刺蛾*Cnidocampa flavescena*	森林、农田、草地	全境均有分布
610	鳞翅目	刺蛾科	枯刺蛾*Mahanta quadrilinea* Moore	森林、农田、草地	全境均有分布
611	鳞翅目	刺蛾科	桑褐刺蛾*Setora postornata*	森林、农田、草地	全境均有分布
612	鳞翅目	刺蛾科	双齿绿刺蛾*Parasa hilarata*	森林、农田、草地	全境均有分布
613	鳞翅目	刺蛾科	铜斑褐刺蛾*Setora nitens*	森林、农田、草地	全境均有分布
614	鳞翅目	刺蛾科	中国绿刺蛾*Parasa sinica* Moore	森林、农田、草地	全境均有分布
615	鳞翅目	蚕蛾科	黄波花蚕蛾*Oberthüria oaeca* Oberthur	森林、农田、草地	全境均有分布
616	鳞翅目	蚕蛾科	野蚕蛾*Theophila mandarina* Moore	森林、农田、草地	全境均有分布
617	鳞翅目	大蚕蛾科	丁目大蚕蛾*Aglia tau amurensis* Jordan	森林、农田、草地	全境均有分布
618	鳞翅目	大蚕蛾科	黄豹大蚕蛾*Leopa katinka* Westwood	森林、农田、草地	全境均有分布
619	鳞翅目	大蚕蛾科	绿尾大蚕蛾*Actias selene ningpoana* Felder	森林、农田、草地	全境均有分布
620	鳞翅目	大蚕蛾科	蒙蚕蛾*Caligula boisduvali* Everismann	森林、农田、草地	全境均有分布
621	鳞翅目	大蚕蛾科	银杏大蚕蛾*Dictyploca japonica* Moore	森林、农田、草地	全境均有分布
622	鳞翅目	大蚕蛾科	柞蚕*Antherea pernyi* Guerin-Meneville	森林、农田、草地	全境均有分布
623	鳞翅目	大蚕蛾科	樟蚕*Eriogyna pyretorum* Westeood	森林、农田、草地	全境均有分布
624	鳞翅目	大蚕蛾科	云斑带蛾*Apha yunnanensis* Mell	森林、农田、草地	全境均有分布
625	鳞翅目	灯蛾科	白雪灯蛾*Spllosoma niveus*	森林、农田、草地	全境均有分布
626	鳞翅目	灯蛾科	豹灯蛾*Arctia caja*	森林、农田、草地	全境均有分布
627	鳞翅目	灯蛾科	黑带污灯蛾*Spilarctia quercii*	森林、农田、草地	全境均有分布
628	鳞翅目	灯蛾科	红缘灯蛾*Amsacta lactinea*	森林、农田、草地	全境均有分布
629	鳞翅目	灯蛾科	黄臀黑污灯蛾*Spilarctia caesarea*	森林、农田、草地	全境均有分布
630	鳞翅目	灯蛾科	姬白污灯蛾*Spilarctia rhodophila*	森林、农田、草地	全境均有分布
631	鳞翅目	灯蛾科	净雪灯蛾*Spilosoma album*	森林、农田、草地	全境均有分布

续表

序号	目	科	种名（拉丁名）	生境	分布
632	鳞翅目	灯蛾科	排点灯蛾*Diacrisia sannio*	森林、农田、草地	全境均有分布
633	鳞翅目	灯蛾科	人纹污灯蛾*Spilarctia subcarnea*	森林、农田、草地	全境均有分布
634	鳞翅目	灯蛾科	首丽灯蛾 *Callimorpha principalis* Kollar	森林、农田、草地	全境均有分布
635	鳞翅目	灯蛾科	肖浑黄灯蛾*Rhyparioides amurensis*	森林、农田、草地	全境均有分布
636	鳞翅目	灯蛾科	星白雪灯蛾*Spilosoma menthastri*	森林、农田、草地	全境均有分布
637	鳞翅目	灯蛾科	亚麻篱灯蛾*Phrangmatobia fuliginosa*	森林、农田、草地	全境均有分布
638	鳞翅目	灯蛾科	格灯蛾sp.	森林、农田、草地	全境均有分布
639	鳞翅目	毒蛾科	白毒蛾*Arctornis lnigrum*	森林、农田、草地	全境均有分布
640	鳞翅目	毒蛾科	侧柏毒蛾*Parocneria furva*	森林、农田、草地	全境均有分布
641	鳞翅目	毒蛾科	叉带黄毒蛾*Euproctis angulata* Matsumura	森林、农田、草地	全境均有分布
642	鳞翅目	毒蛾科	盗毒蛾*Porthesia similis*	森林、农田、草地	全境均有分布
643	鳞翅目	毒蛾科	古毒蛾*Oygyia antiqua*	森林、农田、草地	全境均有分布
644	鳞翅目	毒蛾科	黄斜带毒蛾*Numenes disparilis* Staudinger	森林、农田、草地	全境均有分布
645	鳞翅目	毒蛾科	灰斑古毒蛾*Orgyia ericae* Gremar	森林、农田、草地	全境均有分布
646	鳞翅目	毒蛾科	角斑古毒蛾*Orgyia gonostigma*	森林、农田、草地	全境均有分布
647	鳞翅目	毒蛾科	柳毒蛾*Stilprotia salicis*	森林、农田、草地	全境均有分布
648	鳞翅目	毒蛾科	杨雪毒蛾*Stilpnotia candida* Staudinger	森林、农田、草地	全境均有分布
649	鳞翅目	毒蛾科	榆黄足毒蛾*Lvela ochropoda*	森林、农田、草地	全境均有分布
650	鳞翅目	毒蛾科	折带黄毒蛾*Euproctis flava*	森林、农田、草地	全境均有分布
651	鳞翅目	凤蛾科	榆凤蛾*Epicopeia mencia* Moore	森林、农田、草地	全境均有分布
652	鳞翅目	钩蛾科	瑕玉钩蛾*Yucilix xia* Yang	森林、农田、草地	全境均有分布
653	鳞翅目	卷蛾科	黄斑长翅卷蛾*Acleris fhobriana* Thunberg	森林、农田、草地	全境均有分布
654	鳞翅目	卷蛾科	忍冬双斜卷蛾*Clepsis semialbana*	森林、农田、草地	全境均有分布
655	鳞翅目	卷蛾科	松针卷叶蛾*Epinotia rubiginosana*	森林、农田、草地	全境均有分布

续表

序号	目	科	种名（拉丁名）	生境	分布
656	鳞翅目	枯叶蛾科	梨小食心虫*Grapholitha molesta*	森林、农田、草地	全境均有分布
657	鳞翅目	枯叶蛾科	白杨毛虫*Bhima idiota* Graeser	森林、农田、草地	全境均有分布
658	鳞翅目	枯叶蛾科	德昌松毛虫*Dendrolimus punctatus techangensis* Tsai et Liu	森林、农田、草地	全境均有分布
659	鳞翅目	枯叶蛾科	东北栎毛虫*Paralebeda plagifera femorata*	森林、农田、草地	全境均有分布
660	鳞翅目	枯叶蛾科	桦树天幕毛虫*Malacosoma rectifascia* Lajonquiere	森林、农田、草地	全境均有分布
661	鳞翅目	枯叶蛾科	黄褐天幕毛虫*Malacosoma neustria testacea* Motschulsky	森林、农田、草地	全境均有分布
662	鳞翅目	枯叶蛾科	黄绿枯叶蛾*Trabala vishnou gigantina* Yang	森林、农田、草地	全境均有分布
663	鳞翅目	枯叶蛾科	李枯叶蛾*Gastropacha quercifolia* Linnaeus	森林、农田、草地	全境均有分布
664	鳞翅目	枯叶蛾科	栎黄枯叶蛾*Trabala vishnou gigantina*	森林、农田、草地	全境均有分布
665	鳞翅目	枯叶蛾科	栎毛虫*Paralebeda plagifera* Walker	森林、农田、草地	全境均有分布
666	鳞翅目	枯叶蛾科	宁陕松毛虫*Dendrolimus ninshanensis* Tsai et Hou	森林、农田、草地	全境均有分布
667	鳞翅目	枯叶蛾科	苹果枯叶蛾*Odonestis pruni* Linnaeus	森林、农田、草地	全境均有分布
668	鳞翅目	枯叶蛾科	松小毛虫*Cosmotriche* inexperta	森林、农田、草地	全境均有分布
669	鳞翅目	枯叶蛾科	杨枯叶蛾*Gastropacha populifolia* Esper	森林、农田、草地	全境均有分布
670	鳞翅目	枯叶蛾科	油松毛虫*Dendrolimus tabulaeformis* Tsai et Liu	森林、农田、草地	全境均有分布
671	鳞翅目	枯叶蛾科	棕色天幕毛虫*Malacosoma dentata* Mell	森林、农田、草地	全境均有分布
672	鳞翅目	鹿蛾科	黑鹿蛾*Amata ganssuensis*	森林、农田、草地	全境均有分布
673	鳞翅目	鹿蛾科	牧鹿蛾*Amata pascus*	森林、农田、草地	全境均有分布
674	鳞翅目	箩纹蛾科	波水蜡蛾*Brahmaea undulata* (Bremer et Grey)	森林、农田、草地	全境均有分布
675	鳞翅目	斑螟科	松果梢斑螟*Dioryctria mendacella* Standinger	森林、农田、草地	全境均有分布
676	鳞翅目	斑螟科	松梢斑螟*Dioryctria splendidella* Herrich-Schaeffer	森林、农田、草地	全境均有分布

续表

序号	目	科	种名（拉丁名）	生境	分布
677	鳞翅目	斑螟科	微红梢斑螟*Dioryctria rubella* Hampson	森林、农田、草地	全境均有分布
678	鳞翅目	螟蛾科	紫斑谷螟*Pyralis farinalis* Linnaeus	森林、农田、草地	全境均有分布
679	鳞翅目	螟蛾科	艾锥额野螟*Loxostege aeruginalis* Hubner	森林、农田、草地	全境均有分布
680	鳞翅目	螟蛾科	草地螟*Loxostege sticticalis* Linnaeus	森林、农田、草地	全境均有分布
681	鳞翅目	螟蛾科	大蜡螟*Galleria mellonella* Linnaeus	森林、农田、草地	全境均有分布
682	鳞翅目	螟蛾科	稻纵卷叶螟*Cnaphalarocis medinalis* Guenee	森林、农田、草地	全境均有分布
683	鳞翅目	螟蛾科	豆荚野螟*Maruca testulalis* Geyer	森林、农田、草地	全境均有分布
684	鳞翅目	螟蛾科	豆蚀叶野螟*Lamprosema indica* Fabricius	森林、农田、草地	全境均有分布
685	鳞翅目	螟蛾科	二化螟*Chilo suppressalis*	森林、农田、草地	全境均有分布
686	鳞翅目	螟蛾科	瓜绢野螟*Diaphania indica*	森林、农田、草地	全境均有分布
687	鳞翅目	螟蛾科	旱柳原野螟*Proteuclasta stotzneri*	森林、农田、草地	全境均有分布
688	鳞翅目	螟蛾科	黄翅缀叶野螟*Botyodes diniasalis* Walker	森林、农田、草地	全境均有分布
689	鳞翅目	螟蛾科	黄伸喙野螟*Mecyna gilvata* Fabricius	森林、农田、草地	全境均有分布
690	鳞翅目	螟蛾科	金黄螟*Pyralis regalis* Schiffermüller et Denis	森林、农田、草地	全境均有分布
691	鳞翅目	螟蛾科	葡萄卷叶野螟*Sylepta luctuosalis*	森林、农田、草地	全境均有分布
692	鳞翅目	螟蛾科	楸蠹野螟*Omphisa plagialis* Wileman	森林、农田、草地	全境均有分布
693	鳞翅目	螟蛾科	桑绢野螟*Diaphania pyloalis*	森林、农田、草地	全境均有分布
694	鳞翅目	螟蛾科	四斑绢野螟*Diaphania quadrimaculalis*	森林、农田、草地	全境均有分布
695	鳞翅目	螟蛾科	粟灰螟*Chilo infuscatellus*	森林、农田、草地	全境均有分布
696	鳞翅目	螟蛾科	粟穗螟*Mampava bipunctella* Ragonot	森林、农田、草地	全境均有分布
697	鳞翅目	螟蛾科	桃蛀野螟*Dichocrocis punctiferalis*	森林、农田、草地	全境均有分布

续表

序号	目	科	种名（拉丁名）	生境	分布
698	鳞翅目	螟蛾科	夏枯草展须野螟*Eurrhypara hortulata* Linnaeus	森林、农田、草地	全境均有分布
699	鳞翅目	螟蛾科	小蜡螟*Achroia grisella* Fabricius	森林、农田、草地	全境均有分布
700	鳞翅目	螟蛾科	锈黄缨突野螟*Udea ferruginadis* Hubner	森林、农田、草地	全境均有分布
701	鳞翅目	敌蛾科	虎腹敌蛾*Nossa moori* Etwes	森林、农田、草地	全境均有分布
702	鳞翅目	豹蠹蛾科	多斑豹蠹蛾*Zeuzera multistrigata* Moore	森林、农田、草地	全境均有分布
703	鳞翅目	豹蠹蛾科	咖啡豹蠹蛾*Zeuzera coffeae* Nietner	森林、农田、草地	全境均有分布
704	鳞翅目	豹蠹蛾科	梨豹蠹蛾*Zeuzera pyrina* Linnaeus	森林、农田、草地	全境均有分布
705	鳞翅目	木蠹蛾科	白斑木蠹蛾*Catopta albonubilus* Graes	森林、农田、草地	全境均有分布
706	鳞翅目	木蠹蛾科	柳木蠹蛾*Holcocerus vicarius*	森林、农田、草地	全境均有分布
707	鳞翅目	木蠹蛾科	蒙古木蠹蛾*Cossus mongolicus* Erschoff	森林、农田、草地	全境均有分布
708	鳞翅目	木蠹蛾科	榆木蠹蛾 *Holcocerus vicarius*	森林、农田、草地	全境均有分布
709	鳞翅目	苔蛾科	草雪苔蛾*Chionaema pratti*	森林、农田、草地	全境均有分布
710	鳞翅目	苔蛾科	后褐土苔蛾*Eilema flavociliata* Lederer	森林、农田、草地	全境均有分布
711	鳞翅目	苔蛾科	黄土苔蛾*Eilema nigripoda*	森林、农田、草地	全境均有分布
712	鳞翅目	苔蛾科	黄痣苔蛾*Stigmatophora flava*	森林、农田、草地	全境均有分布
713	鳞翅目	苔蛾科	灰土苔蛾*Eilema griseola* Hubner	森林、农田、草地	全境均有分布
714	鳞翅目	苔蛾科	美苔蛾*Miltochrista miniata*	森林、农田、草地	全境均有分布
715	鳞翅目	苔蛾科	明痣苔蛾*Stigmatophora micans*	森林、农田、草地	全境均有分布
716	鳞翅目	苔蛾科	日土苔蛾*Ellema japonica*	森林、农田、草地	全境均有分布
717	鳞翅目	苔蛾科	条纹艳苔蛾*Asura strigipennis*	森林、农田、草地	全境均有分布
718	鳞翅目	苔蛾科	头橙花苔蛾*Agyila gigantea*	森林、农田、草地	全境均有分布
719	鳞翅目	苔蛾科	头褐花台蛾*Agylla collitoides*	森林、农田、草地	全境均有分布
720	鳞翅目	苔蛾科	乌闪苔蛾*Paraona staudingeri* Alpheraky	森林、农田、草地	全境均有分布

续表

序号	目	科	种名（拉丁名）	生境	分布
721	鳞翅目	苔蛾科	血红雪苔蛾*Chionaema sanguinea*	森林、农田、草地	全境均有分布
722	鳞翅目	苔蛾科	异美苔蛾*Miltochrista aberrans* Butler	森林、农田、草地	全境均有分布
723	鳞翅目	苔蛾科	优雪苔蛾*Cyana hamata*	森林、农田、草地	全境均有分布
724	鳞翅目	天蛾科	芝麻鬼脸天蛾*Acherontia styx* Westwood	森林、农田、草地	全境均有分布
725	鳞翅目	天蛾科	松黑天蛾*Hyloicus coligineus sinicus* Roth. et Jord.	森林、农田、草地	全境均有分布
726	鳞翅目	天蛾科	白薯天蛾*Herse convolvuli*	森林、农田、草地	全境均有分布
727	鳞翅目	天蛾科	丁香天蛾*Psilogramma increta*	森林、农田、草地	全境均有分布
728	鳞翅目	天蛾科	霜天蛾*Psilogramma menephron* Crame	森林、农田、草地	全境均有分布
729	鳞翅目	天蛾科	小星天蛾*Dolbina exacta* Staudinger	森林、农田、草地	全境均有分布
730	鳞翅目	天蛾科	绒星天蛾*Dolbina tancrei* Staudinger	森林、农田、草地	全境均有分布
731	鳞翅目	天蛾科	大星天蛾*Dolbina inexacta*	森林、农田、草地	全境均有分布
732	鳞翅目	天蛾科	红节天蛾*Sphinx ligustri constricta* Butler	森林、农田、草地	全境均有分布
733	鳞翅目	天蛾科	白须天蛾*Kentrochrysalis sieversi* Alpheraky	森林、农田、草地	全境均有分布
734	鳞翅目	天蛾科	桂花天蛾*Kentrochrysalis consimilis* Rothschild et Jordan	森林、农田、草地	全境均有分布
735	鳞翅目	天蛾科	鹰翅天蛾*Oxyambulyx ochracea*	森林、农田、草地	全境均有分布
736	鳞翅目	天蛾科	日本鹰翅天蛾*Oxyambulyx japohica* Rothschild	森林、农田、草地	全境均有分布
737	鳞翅目	天蛾科	豆天蛾*Clanis bilineata* Walker	森林、农田、草地	全境均有分布
738	鳞翅目	天蛾科	洋槐天蛾*Clanis deucalion*	森林、农田、草地	全境均有分布
739	鳞翅目	天蛾科	栗六点天蛾*Marumba sperchius* Menentries	森林、农田、草地	全境均有分布
740	鳞翅目	天蛾科	梨六点天蛾*Marumba gaschkewitschi complacens* Walker	森林、农田、草地	全境均有分布
741	鳞翅目	天蛾科	椴六点天蛾*Marumba dyras*	森林、农田、草地	全境均有分布
742	鳞翅目	天蛾科	构月天蛾*Parum colligata*	森林、农田、草地	全境均有分布
743	鳞翅目	天蛾科	菩提六点天蛾*Marumba jankowskii*	森林、农田、草地	全境均有分布

续表

序号	目	科	种名（拉丁名）	生境	分布
744	鳞翅目	天蛾科	黄脉天蛾*Amorpha amurensis* Staudinger	森林、农田、草地	全境均有分布
745	鳞翅目	天蛾科	榆绿天蛾*Callambulyx tatarinovii* Bremeret Grey	森林、农田、草地	全境均有分布
746	鳞翅目	天蛾科	蓝目天蛾*Smerinthus planus* Walker	森林、农田、草地	全境均有分布
747	鳞翅目	天蛾科	杨目天蛾*Smerinthus caecus* Menetries	森林、农田、草地	全境均有分布
748	鳞翅目	天蛾科	盾天蛾*Phyllosphingia dissimilis* Bremer	森林、农田、草地	全境均有分布
749	鳞翅目	天蛾科	紫光盾天蛾*Phyllosphingia dissimilis sinensis* Jordan	森林、农田、草地	全境均有分布
750	鳞翅目	天蛾科	葡萄天蛾*Ampelophaga rubiginosa* Brem et Jord.	森林、农田、草地	全境均有分布
751	鳞翅目	天蛾科	葡萄缺角天蛾*Acosmeryx naga*	森林、农田、草地	全境均有分布
752	鳞翅目	天蛾科	小豆长喙天蛾*Macroglossum stellatarum*	森林、农田、草地	全境均有分布
753	鳞翅目	天蛾科	九节木长喙天蛾*Macroglossum fringilla*	森林、农田、草地	全境均有分布
754	鳞翅目	天蛾科	八字白眉天蛾*Hyles lineata* Fabricius	森林、农田、草地	全境均有分布
755	鳞翅目	天蛾科	深色白眉天蛾*Celerio gallii*	森林、农田、草地	全境均有分布
756	鳞翅目	天蛾科	沙枣白眉天蛾*Celerio hippophaes*	森林、农田、草地	全境均有分布
757	鳞翅目	天蛾科	红天蛾*Pergesa elpenor*	森林、农田、草地	全境均有分布
758	鳞翅目	天蛾科	白环红天蛾*Pergesa askoldensis*	森林、农田、草地	全境均有分布
759	鳞翅目	天蛾科	斜纹天蛾*Theretea clotho* Drury	森林、农田、草地	全境均有分布
760	鳞翅目	天蛾科	雀纹天蛾*Theretea japonica*	森林、农田、草地	全境均有分布
761	鳞翅目	天蛾科	芋双线天蛾*Theretea oldenlandiae* Fabricius	森林、农田、草地	全境均有分布
762	鳞翅目	天蛾科	条背天蛾*Cechenene lineosa*	森林、农田、草地	全境均有分布
763	鳞翅目	天蛾科	平背天蛾*Cechenene minor*	森林、农田、草地	全境均有分布
764	鳞翅目	天蛾科	大黑边天蛾*Haemorrhagia alternata* Butler	森林、农田、草地	全境均有分布
765	鳞翅目	天蛾科	锈胸黑边天蛾*Haemorrhag staudingeri*	森林、农田、草地	全境均有分布
766	鳞翅目	透翅蛾科	白杨透翅蛾*Parathrene tabaniformis* Rottonberg	森林、农田、草地	全境均有分布

续表

序号	目	科	种名（拉丁名）	生境	分布
767	鳞翅目	夜蛾科	艾菊冬夜蛾*Cucullia ternaceti* Schiffermuller	森林、农田、草地	全境均有分布
768	鳞翅目	夜蛾科	八字地老虎*Amathers c-nigrum* Linnaeus	森林、农田、草地	全境均有分布
769	鳞翅目	夜蛾科	大三角地老虎*Agrotis kollari* Lederer	森林、农田、草地	全境均有分布
770	鳞翅目	夜蛾科	白班兜夜蛾*Calymnia restituta* Walker	森林、农田、草地	全境均有分布
771	鳞翅目	夜蛾科	白斑剑纹夜蛾*Acronicta catocaloida*	森林、农田、草地	全境均有分布
772	鳞翅目	夜蛾科	白边切夜蛾*Euxoa oberchuri* Leech	森林、农田、草地	全境均有分布
773	鳞翅目	夜蛾科	白钩粘夜蛾*Leucania proxima* Leech	森林、农田、草地	全境均有分布
774	鳞翅目	夜蛾科	白肾灰夜蛾*Polia persicariae*	森林、农田、草地	全境均有分布
775	鳞翅目	夜蛾科	斑冬夜蛾*Cucullia maeulosa* Staudinger	森林、农田、草地	全境均有分布
776	鳞翅目	夜蛾科	碧银冬夜蛾*Cucullia argentea* Hufnangel	森林、农田、草地	全境均有分布
777	鳞翅目	夜蛾科	臂斑文夜蛾*Eustrotia costimacula* Oberthur	森林、农田、草地	全境均有分布
778	鳞翅目	夜蛾科	布光裳夜蛾*Ephesia butleri*	森林、农田、草地	全境均有分布
779	鳞翅目	夜蛾科	残夜蛾*Colobcchyla salicalis* Schiffermuller	森林、农田、草地	全境均有分布
780	鳞翅目	夜蛾科	草梢鹰夜蛾*Hypocala subsatura* Guenee	森林、农田、草地	全境均有分布
781	鳞翅目	夜蛾科	茶色狭翅夜蛾*Hermonassa cecilia* Butler	森林、农田、草地	全境均有分布
782	鳞翅目	夜蛾科	鸱裳夜蛾*Catocala patala* Felder	森林、农田、草地	全境均有分布
783	鳞翅目	夜蛾科	齿恭夜蛾*Gonospileia dentata* Staudinger	森林、农田、草地	全境均有分布
784	鳞翅目	夜蛾科	齿美冬夜蛾*Cirrhia siphuncula* Hampson	森林、农田、草地	全境均有分布
785	鳞翅目	夜蛾科	臭椿皮蛾*Eiigma narcissus*	森林、农田、草地	全境均有分布
786	鳞翅目	夜蛾科	纯毛冬夜蛾*Mniotype monochroma* Esper	森林、农田、草地	全境均有分布
787	鳞翅目	夜蛾科	大地老虎*Agrotis tokionis* Butler	森林、农田、草地	全境均有分布
788	鳞翅目	夜蛾科	大光腹夜蛾*Mythimna grandis* Butler	森林、农田、草地	全境均有分布

续表

序号	目	科	种名（拉丁名）	生境	分布
789	鳞翅目	夜蛾科	丹日明夜蛾*Chasmina sigillata* Menetries	森林、农田、草地	全境均有分布
790	鳞翅目	夜蛾科	稻蛀茎夜蛾*Sesamia inferens* Walker	森林、农田、草地	全境均有分布
791	鳞翅目	夜蛾科	仿爱夜蛾*Apopestes spectum*	森林、农田、草地	全境均有分布
792	鳞翅目	夜蛾科	甘草刺裳夜蛾*Mormonia neonympha* Esper	森林、农田、草地	全境均有分布
793	鳞翅目	夜蛾科	甘蓝夜蛾*Mamestra brassicae* Linnaeus	森林、农田、草地	全境均有分布
794	鳞翅目	夜蛾科	缟裳夜蛾*Catocala fraxini* Linnaeus	森林、农田、草地	全境均有分布
795	鳞翅目	夜蛾科	歌梦尼夜蛾*Orthosia gothica* Linnacus	森林、农田、草地	全境均有分布
796	鳞翅目	夜蛾科	寡夜蛾*Sideridis velutina* Eversmann	森林、农田、草地	全境均有分布
797	鳞翅目	夜蛾科	光腹夜蛾*Mythimna turca* Linnaeus	森林、农田、草地	全境均有分布
798	鳞翅目	夜蛾科	光裳夜蛾*Ephesia fulminea* Scopoli	森林、农田、草地	全境均有分布
799	鳞翅目	夜蛾科	果剑纹夜蛾*Acronicta strigosa* Schiffermuller	森林、农田、草地	全境均有分布
800	鳞翅目	夜蛾科	寒锉夜蛾*Blastieorhinus ussuriensis* Bremer	森林、农田、草地	全境均有分布
801	鳞翅目	夜蛾科	蒿冬夜蛾*Cucullia fraudatrix* Eversmann	森林、农田、草地	全境均有分布
802	鳞翅目	夜蛾科	褐纹鲁夜蛾*Amathes fuscostigma* Bremer	森林、农田、草地	全境均有分布
803	鳞翅目	夜蛾科	黑点丫纹夜蛾*Autographa nigrisigna*	森林、农田、草地	全境均有分布
804	鳞翅目	夜蛾科	黑环陌夜蛾*Trachea melanospila* Kollar	森林、农田、草地	全境均有分布
805	鳞翅目	夜蛾科	红棕灰夜蛾*Polia illoba* Butler	森林、农田、草地	全境均有分布
806	鳞翅目	夜蛾科	后甘夜蛾*Hypobarathra icterias* Eversmann	森林、农田、草地	全境均有分布
807	鳞翅目	夜蛾科	胡桃豹夜蛾*Sinna extrema*	森林、农田、草地	全境均有分布
808	鳞翅目	夜蛾科	壶夜蛾*Calyptra capucina* Esper	森林、农田、草地	全境均有分布
809	鳞翅目	夜蛾科	桦扁身夜蛾*Amphiyra schrenckii* Menetres	森林、农田、草地	全境均有分布
810	鳞翅目	夜蛾科	黄地老虎*Agrotis segetum* Schiffermuller	森林、农田、草地	全境均有分布

续表

序号	目	科	种名（拉丁名）	生境	分布
811	鳞翅目	夜蛾科	黄绿组夜蛾*Anaplectoides virens* Butler	森林、农田、草地	全境均有分布
812	鳞翅目	夜蛾科	黄条冬夜蛾*Cucullia biornata* Fishcher	森林、农田、草地	全境均有分布
813	鳞翅目	夜蛾科	晃剑纹夜蛾*Acronicta leucocuspis* Butler	森林、农田、草地	全境均有分布
814	鳞翅目	夜蛾科	灰歹夜蛾*Diarsia canescens* Butler	森林、农田、草地	全境均有分布
815	鳞翅目	夜蛾科	晦刺裳夜蛾*Mormonia abamita* Bremer et Grey	森林、农田、草地	全境均有分布
816	鳞翅目	夜蛾科	基角狼夜蛾*Ochropleura triangularis* Moore	森林、农田、草地	全境均有分布
817	鳞翅目	夜蛾科	健角剑夜蛾*Gortyna forlis* Butler	森林、农田、草地	全境均有分布
818	鳞翅目	夜蛾科	疆夜蛾*Peridroma saucia* Hubner	森林、农田、草地	全境均有分布
819	鳞翅目	夜蛾科	金翅夜蛾*Plusia chrysitis* Linnaeus	森林、农田、草地	全境均有分布
820	鳞翅目	夜蛾科	警纹地老虎*Agrotis exclamationis* Linnaeus	森林、农田、草地	全境均有分布
821	鳞翅目	夜蛾科	巨黑颈夜蛾*Eccrita maxima* Bremer	森林、农田、草地	全境均有分布
822	鳞翅目	夜蛾科	刻梦尼夜蛾*Orthosia cruda* Schiffermuiler	森林、农田、草地	全境均有分布
823	鳞翅目	夜蛾科	客来夜蛾*Chrysorithrum amata*	森林、农田、草地	全境均有分布
824	鳞翅目	夜蛾科	枯叶夜蛾*Adris tyrannus*	森林、农田、草地	全境均有分布
825	鳞翅目	夜蛾科	利剑纹夜蛾*Acronicta consanguis* Butler	森林、农田、草地	全境均有分布
826	鳞翅目	夜蛾科	栎刺裳夜蛾*Mormonia duia* Bremer	森林、农田、草地	全境均有分布
827	鳞翅目	夜蛾科	鸽光裳夜蛾*Ephesia columbina* Leech	森林、农田、草地	全境均有分布
828	鳞翅目	夜蛾科	柳裳夜蛾*Catocala electa*	森林、农田、草地	全境均有分布
829	鳞翅目	夜蛾科	鹿裳夜蛾*Catocala proxencta* Alpheraky	森林、农田、草地	全境均有分布
830	鳞翅目	夜蛾科	满丫纹夜蛾*Autographa mandarina* Freyer	森林、农田、草地	全境均有分布
831	鳞翅目	夜蛾科	茂裳夜蛾*Catocala doeriesi* Staudinger	森林、农田、草地	全境均有分布

续表

序号	目	科	种名（拉丁名）	生境	分布
832	鳞翅目	夜蛾科	美冬夜蛾*Cirrhia fulvago* Linnaeus	森林、农田、草地	全境均有分布
833	鳞翅目	夜蛾科	梦尼夜蛾*Orthosia incerta* Huffnagel	森林、农田、草地	全境均有分布
834	鳞翅目	夜蛾科	苜蓿夜蛾*Hellothis viriplaca* Hufnagel	森林、农田、草地	全境均有分布
835	鳞翅目	夜蛾科	粘虫*Mythimna separata*	森林、农田、草地	全境均有分布
836	鳞翅目	夜蛾科	平嘴壶夜蛾*Oraesia lata* Butler	森林、农田、草地	全境均有分布
837	鳞翅目	夜蛾科	苹眉夜蛾*Pangrapty obscurata* Butler	森林、农田、草地	全境均有分布
838	鳞翅目	夜蛾科	苹美皮夜蛾*Lamprothripa lactaria* Graeser	森林、农田、草地	全境均有分布
839	鳞翅目	夜蛾科	蔷薇扁身夜蛾*Amphiyra perflua* Fabricius	森林、农田、草地	全境均有分布
840	鳞翅目	夜蛾科	清夜蛾*Enargia palealea* Esper	森林、农田、草地	全境均有分布
841	鳞翅目	夜蛾科	染歹夜蛾*Diarsia tincta* Leech	森林、农田、草地	全境均有分布
842	鳞翅目	夜蛾科	润鲁夜蛾*Amathes dilatata* Butler	森林、农田、草地	全境均有分布
843	鳞翅目	夜蛾科	三斑蕊夜蛾*Cymatophoropsis trimacullata*	森林、农田、草地	全境均有分布
844	鳞翅目	夜蛾科	三叉地老虎*Agrotis trifurca* Eversmann	森林、农田、草地	全境均有分布
845	鳞翅目	夜蛾科	裳夜蛾*Catocala nupta* Linnaeus	森林、农田、草地	全境均有分布
846	鳞翅目	夜蛾科	圣光裳夜蛾*Ephesia sancta* Butler	森林、农田、草地	全境均有分布
847	鳞翅目	夜蛾科	意光裳夜蛾*Ephesia ella* Butler	森林、农田、草地	全境均有分布
848	鳞翅目	夜蛾科	柿梢鹰夜蛾*Hypocala moorei* Butler	森林、农田、草地	全境均有分布
849	鳞翅目	夜蛾科	首剑纹夜蛾*Acronicta megacephals*	森林、农田、草地	全境均有分布
850	鳞翅目	夜蛾科	瘦银锭夜蛾*Macdunnoughia confusa* stephens	森林、农田、草地	全境均有分布
851	鳞翅目	夜蛾科	桃剑纹夜蛾*Acronicta incretata* Hampson	森林、农田、草地	全境均有分布
852	鳞翅目	夜蛾科	淘裳夜蛾*Catocala puerpera* Giorna	森林、农田、草地	全境均有分布
853	鳞翅目	夜蛾科	网夜蛾*Heliephobus reticulata* Goeze	森林、农田、草地	全境均有分布

续表

序号	目	科	种名（拉丁名）	生境	分布
854	鳞翅目	夜蛾科	围连环夜蛾*Perigrapha circumducta* Lederer	森林、农田、草地	全境均有分布
855	鳞翅目	夜蛾科	兀鲁夜蛾*Amathes ditrapezium* Schiffermuller	森林、农田、草地	全境均有分布
856	鳞翅目	夜蛾科	线夜蛾*Elydna lineosa*	森林、农田、草地	全境均有分布
857	鳞翅目	夜蛾科	肖毛翅夜蛾*Lagoptera juno* Dalman	森林、农田、草地	全境均有分布
858	鳞翅目	夜蛾科	小地老虎*Agrotis ypsilon* Rottemberg	森林、农田、草地	全境均有分布
859	鳞翅目	夜蛾科	小造桥夜蛾*Anomis flava* Fabricius	森林、农田、草地	全境均有分布
860	鳞翅目	夜蛾科	筱客来夜蛾*Chrysorithrum flaromaculata* Bremer	森林、农田、草地	全境均有分布
861	鳞翅目	夜蛾科	朽木夜蛾*Axylia putris* Linnaeus	森林、农田、草地	全境均有分布
862	鳞翅目	夜蛾科	旋目夜蛾*Spieredonia retorta Linnaeus*	森林、农田、草地	全境均有分布
863	鳞翅目	夜蛾科	旋幽夜蛾*Scotogramma tritolii Rottemberg*	森林、农田、草地	全境均有分布
864	鳞翅目	夜蛾科	雪疽夜蛾*Nodaria niphona* Butler	森林、农田、草地	全境均有分布
865	鳞翅目	夜蛾科	烟实夜蛾*Heliothis assulta* Guenee	森林、农田、草地	全境均有分布
866	鳞翅目	夜蛾科	杨逸色夜蛾*Ipimorpha subtusa*	森林、农田、草地	全境均有分布
867	鳞翅目	夜蛾科	一点钻夜蛾*Earias pudicana pupillanna* Staudinger	森林、农田、草地	全境均有分布
868	鳞翅目	夜蛾科	银锭夜蛾*Macdunnoughia crassisigna* Warren	森林、农田、草地	全境均有分布
869	鳞翅目	夜蛾科	柞光裳夜蛾*Ephesia streckeri* Staudlnger	森林、农田、草地	全境均有分布
870	鳞翅目	夜蛾科	中金弧夜蛾*Diachrysia intermixta* Warren	森林、农田、草地	全境均有分布
871	鳞翅目	夜蛾科	皱地老虎*Agrotis cortocea* Schiffermuller	森林、农田、草地	全境均有分布
872	鳞翅目	羽蛾科	甘薯羽蛾*Pterophorus monodactylus* Linnaeus	森林、农田、草地	全境均有分布
873	鳞翅目	羽蛾科	葡萄羽蛾*Stenoptilia vitis* Sacasaki	森林、农田、草地	全境均有分布
874	鳞翅目	长角蛾科	大黄长角蛾*Nemophora amurensis* Alpheraky	森林、农田、草地	全境均有分布

续表

序号	目	科	种名（拉丁名）	生境	分布
875	鳞翅目	舟蛾科	凹缘舟蛾*Euhampsonia niveiceps*	森林、农田、草地	全境均有分布
876	鳞翅目	舟蛾科	短扇舟蛾*Clostera curtuloides* Erschoff	森林、农田、草地	全境均有分布
877	鳞翅目	舟蛾科	仿白边舟蛾*Paranerice hoenei* Kiriakoff	森林、农田、草地	全境均有分布
878	鳞翅目	舟蛾科	黑蕊尾舟蛾*Dudusa sphingiformis* Moore	森林、农田、草地	全境均有分布
879	鳞翅目	舟蛾科	黑条沙舟蛾*Shaka atrovittata*	森林、农田、草地	全境均有分布
880	鳞翅目	舟蛾科	红羽舟蛾*Pterostome hoenei* Kiriakoff	森林、农田、草地	全境均有分布
881	鳞翅目	舟蛾科	槐羽舟蛾*Pterostoma sinicum* Moore	森林、农田、草地	全境均有分布
882	鳞翅目	舟蛾科	黄二星舟蛾*Lampronadata cristata*	森林、农田、草地	全境均有分布
883	鳞翅目	舟蛾科	钩翅舟蛾*Gangarides dharma* Moore	森林、农田、草地	全境均有分布
884	鳞翅目	舟蛾科	金纹舟蛾*Plusiogramma aurisigna* Hampson	森林、农田、草地	全境均有分布
885	鳞翅目	舟蛾科	栎蚕舟蛾*Phalerodonta albibasis*	森林、农田、草地	全境均有分布
886	鳞翅目	舟蛾科	龙眼蚁舟蛾*Stauropus alternus*	森林、农田、草地	全境均有分布
887	鳞翅目	舟蛾科	苹蚁舟蛾*Stauropus persimilis* Butler	森林、农田、草地	全境均有分布
888	鳞翅目	舟蛾科	苹掌舟蛾*Phalera flavescescens*	森林、农田、草地	全境均有分布
889	鳞翅目	舟蛾科	扇内斑舟蛾*Peridea grahami*	森林、农田、草地	全境均有分布
890	鳞翅目	舟蛾科	新奇舟蛾*Neophyta sikkima*	森林、农田、草地	全境均有分布
891	鳞翅目	舟蛾科	艳金舟蛾*Spatalia doerriesi* Graeser	森林、农田、草地	全境均有分布
892	鳞翅目	舟蛾科	杨二尾舟蛾*Cerura menciana* Moore	森林、农田、草地	全境均有分布
893	鳞翅目	舟蛾科	杨剑舟蛾*Pheosia fusiformis* Matsumura	森林、农田、草地	全境均有分布
894	鳞翅目	舟蛾科	杨扇舟蛾*Clostera anachoreta*	森林、农田、草地	全境均有分布
895	鳞翅目	舟蛾科	杨小舟蛾*Micromelalopha troglodyta*	森林、农田、草地	全境均有分布
896	鳞翅目	舟蛾科	腰带燕尾舟蛾*Harpyia lanigera*	森林、农田、草地	全境均有分布
897	鳞翅目	舟蛾科	银二星舟蛾*Lampronadata splendida*	森林、农田、草地	全境均有分布

续表

序号	目	科	种名（拉丁名）	生境	分布
898	鳞翅目	舟蛾科	圆掌舟蛾*Phalera bucephala*	森林、农田、草地	全境均有分布
899	鳞翅目	舟蛾科	羽峭舟蛾*Rachia plumosa* Moore	森林、农田、草地	全境均有分布
900	鳞翅目	舟蛾科	云舟蛾*Neopheosia fasciata*	森林、农田、草地	全境均有分布
901	鳞翅目	凤蝶科	碧凤蝶*Papilio bianor*	森林、农田、草地	全境均有分布
902	鳞翅目	凤蝶科	金凤蝶*Papilio machon*	森林、农田、草地	全境均有分布
903	鳞翅目	凤蝶科	柑橘凤蝶*Papilio ruthus*	森林、农田、草地	全境均有分布
904	鳞翅目	凤蝶科	丝带凤蝶*Sericinus montelas*	森林、农田、草地	全境均有分布
905	鳞翅目	粉蝶科	尖钩粉蝶*Conepteryx mahaguru*	森林、农田、草地	全境均有分布
906	鳞翅目	粉蝶科	绢粉蝶*Aporia crataegi*	森林、农田、草地	全境均有分布
907	鳞翅目	粉蝶科	小檗绢粉蝶*Aporia hippia*	森林、农田、草地	全境均有分布
908	鳞翅目	粉蝶科	纤粉蝶*Leptosia nina*	森林、农田、草地	全境均有分布
909	鳞翅目	粉蝶科	云粉蝶*Pontia daplidice*	森林、农田、草地	全境均有分布
910	鳞翅目	粉蝶科	斑缘豆粉蝶*Colias erate*	森林、农田、草地	全境均有分布
911	鳞翅目	粉蝶科	曙红豆粉蝶*Colias eogene*	森林、农田、草地	全境均有分布
912	鳞翅目	粉蝶科	橙黄豆粉蝶*Colias fieldii*	森林、农田、草地	全境均有分布
913	鳞翅目	粉蝶科	菜粉蝶*Pieris rapae*	森林、农田、草地	全境均有分布
914	鳞翅目	粉蝶科	东方菜粉蝶*Pieris canidia*	森林、农田、草地	全境均有分布
915	鳞翅目	粉蝶科	莫氏小粉蝶*Leptidea morsei*	森林、农田、草地	全境均有分布
916	鳞翅目	粉蝶科	突角小粉蝶*Leptidea amurensis*	森林、农田、草地	全境均有分布
917	鳞翅目	眼蝶科	多眼蝶*Kirinia epaminondas*	森林、农田、草地	全境均有分布
918	鳞翅目	眼蝶科	阿芬眼蝶*Aphantopus hyperanthus*	森林、农田、草地	全境均有分布
919	鳞翅目	眼蝶科	仁眼蝶*Eumenis autonoe*	森林、农田、草地	全境均有分布
920	鳞翅目	眼蝶科	白眼蝶*Melanargia halimecle*	森林、农田、草地	全境均有分布
921	鳞翅目	眼蝶科	黑纱白眼蝶*Melanargia lugens*	森林、农田、草地	全境均有分布
922	鳞翅目	眼蝶科	牧女珍眼蝶*Coenonympha amaryllis*	森林、农田、草地	全境均有分布
923	鳞翅目	眼蝶科	爱珍眼蝶*Coenonympha oedippus*	森林、农田、草地	全境均有分布
924	鳞翅目	眼蝶科	矍眼蝶*Ypthima balda*	森林、农田、草地	全境均有分布
925	鳞翅目	眼蝶科	蛇眼蝶*Minois dryas*	森林、农田、草地	全境均有分布
926	鳞翅目	眼蝶科	寿眼蝶*Pseudochazara hippolyte*	森林、农田、草地	全境均有分布
927	鳞翅目	眼蝶科	玄裳眼蝶*Satyrus ferula*	森林、农田、草地	全境均有分布
928	鳞翅目	眼蝶科	黄环链眼蝶*Lopinga achine*	森林、农田、草地	全境均有分布
929	鳞翅目	眼蝶科	古眼蝶*Palaeonympha opalin*	森林、农田、草地	全境均有分布
930	鳞翅目	眼蝶科	斗毛眼蝶*Lasiommata deidamia*	森林、农田、草地	全境均有分布

续表

序号	目	科	种名（拉丁名）	生境	分布
931	鳞翅目	蛱蝶科	孔雀蛱蝶*Inachis io*	森林、农田、草地	全境均有分布
932	鳞翅目	蛱蝶科	帝网蛱蝶*Melitaea diamina* Lang	森林、农田、草地	全境均有分布
933	鳞翅目	蛱蝶科	大网蛱蝶 *Melitaea scotosia*	森林、农田、草地	全境均有分布
934	鳞翅目	蛱蝶科	小红蛱蝶*Vanessa cardui*	森林、农田、草地	全境均有分布
935	鳞翅目	蛱蝶科	大红蛱蝶*Vanessa indica*	森林、农田、草地	全境均有分布
936	鳞翅目	蛱蝶科	荨麻蛱蝶*Aglais urticae*	森林、农田、草地	全境均有分布
937	鳞翅目	蛱蝶科	黄钩蛱蝶*Polygonia caureum*	森林、农田、草地	全境均有分布
938	鳞翅目	蛱蝶科	白钩蛱蝶*Polygonia calbum*	森林、农田、草地	全境均有分布
939	鳞翅目	蛱蝶科	琉璃蛱蝶*Kaniska canace*	森林、农田、草地	全境均有分布
940	鳞翅目	蛱蝶科	绿豹蛱蝶*Argynnis paphia*	森林、农田、草地	全境均有分布
941	鳞翅目	蛱蝶科	老豹蛱蝶*Argyronorme lavdice*	森林、农田、草地	全境均有分布
942	鳞翅目	蛱蝶科	小豹蛱蝶*Brenthis daphne*	森林、农田、草地	全境均有分布
943	鳞翅目	蛱蝶科	伊诺小豹蛱蝶*Brenthis ino*	森林、农田、草地	全境均有分布
944	鳞翅目	蛱蝶科	灿福蛱蝶*Fabriciana adippe*	森林、农田、草地	全境均有分布
945	鳞翅目	蛱蝶科	蟾福蛱蝶*Fabriciiana nerippe*	森林、农田、草地	全境均有分布
946	鳞翅目	蛱蝶科	银斑豹蛱蝶*Speyeria aylaja*	森林、农田、草地	全境均有分布
947	鳞翅目	蛱蝶科	曲纹银豹蛱蝶*Childrena zenobia*	森林、农田、草地	全境均有分布
948	鳞翅目	蛱蝶科	铂蛱蝶*Procl ossiana eunomia*	森林、农田、草地	全境均有分布
949	鳞翅目	蛱蝶科	重眉线蛱蝶*Limenitis amphyssa*	森林、农田、草地	全境均有分布
950	鳞翅目	蛱蝶科	戟眉线蛱蝶*Limenitis homeyeri*	森林、农田、草地	全境均有分布
951	鳞翅目	蛱蝶科	断眉线蛱蝶*Limenitis doerriesi*	森林、农田、草地	全境均有分布
952	鳞翅目	蛱蝶科	扬眉线蛱蝶*Limenitis helmanni*	森林、农田、草地	全境均有分布
953	鳞翅目	蛱蝶科	折线蛱蝶*Limenitis sydyi*	森林、农田、草地	全境均有分布
954	鳞翅目	蛱蝶科	重环蛱蝶*Neptis alωna*	森林、农田、草地	全境均有分布
955	鳞翅目	蛱蝶科	链环蛱蝶*Neptis pryeri*	森林、农田、草地	全境均有分布
956	鳞翅目	蛱蝶科	啡环蛱蝶*Neptis philyra*	森林、农田、草地	全境均有分布
957	鳞翅目	蛱蝶科	单环蛱蝶*Neptis rivularis*	森林、农田、草地	全境均有分布
958	鳞翅目	蛱蝶科	黄帅蛱蝶*Sephisa princeps*	森林、农田、草地	全境均有分布
959	鳞翅目	蛱蝶科	柳紫闪蛱蝶*Apatura ilia*	森林、农田、草地	全境均有分布
960	鳞翅目	蛱蝶科	猫蛱蝶*Timelaea maculatu*	森林、农田、草地	全境均有分布
961	鳞翅目	蛱蝶科	夜迷蛱蝶*Mimathyma mycteis*	森林、农田、草地	全境均有分布
962	鳞翅目	喙蝶科	朴喙蝶*Libythea celtis*	森林、农田、草地	全境均有分布
963	鳞翅目	灰蝶科	蓝灰蝶*Everes argiades*	森林、农田、草地	全境均有分布
964	鳞翅目	灰蝶科	中华爱灰蝶*Aricia mandschurica*	森林、农田、草地	全境均有分布
965	鳞翅目	灰蝶科	琉璃灰蝶*Celastrina argiola*	森林、农田、草地	全境均有分布

续表

序号	目	科	种名（拉丁名）	生境	分布
966	鳞翅目	灰蝶科	茄纹红珠灰蝶*Lycaeides cleobis*	森林、农田、草地	全境均有分布
967	鳞翅目	灰蝶科	红珠灰蝶*Lycaeides argyrognomon*	森林、农田、草地	全境均有分布
968	鳞翅目	灰蝶科	多眼灰蝶*Polyommatus eros*	森林、农田、草地	全境均有分布
969	鳞翅目	灰蝶科	幽洒灰蝶*Satyrium iyonis*	森林、农田、草地	全境均有分布
970	鳞翅目	灰蝶科	久保洒灰蝶*Sastyium kuboi*	森林、农田、草地	全境均有分布
971	鳞翅目	灰蝶科	刺痣洒灰蝶*Satyrium spini*	森林、农田、草地	全境均有分布
972	鳞翅目	灰蝶科	优秀洒灰蝶*Satyrium eximium*	森林、农田、草地	全境均有分布
973	鳞翅目	灰蝶科	艳灰蝶*Favonius orientalis*	森林、农田、草地	全境均有分布
974	鳞翅目	灰蝶科	亲艳灰蝶*Favonius cognatus*	森林、农田、草地	全境均有分布
975	鳞翅目	弄蝶科	小赭弄蝶*Ochlodes venata*	森林、农田、草地	全境均有分布
976	鳞翅目	弄蝶科	白斑赭弄蝶*Ochlodes subbyalina*	森林、农田、草地	全境均有分布
977	鳞翅目	弄蝶科	黑豹弄蝶*Thymelicus sylvaticus*	森林、农田、草地	全境均有分布
978	鳞翅目	弄蝶科	豹弄蝶*Thymelicus leoninus*	森林、农田、草地	全境均有分布
979	鳞翅目	弄蝶科	花弄蝶*Pyrgus maculalus*	森林、农田、草地	全境均有分布
980	鳞翅目	弄蝶科	链弄蝶*Heteropterus morpheus*	森林、农田、草地	全境均有分布
981	鳞翅目	弄蝶科	双带弄蝶*Lobocla bifasciata*	森林、农田、草地	全境均有分布
982	鳞翅目	弄蝶科	黑弄蝶*Daimio tethys*	森林、农田、草地	全境均有分布
983	膜翅目	扁叶蜂科	松扁叶蜂*Acantholyda posticalis* Matsumura	森林、农田、草地	全境均有分布
984	膜翅目	地蜂科	黑地蜂*Andrena carbonaria* Linnaeus	森林、农田、草地	全境均有分布
985	膜翅目	地蜂科	黄胸地蜂*Andrena thoracica* Fabricius	森林、农田、草地	全境均有分布
986	膜翅目	蜾蠃科	点蜾蠃*Eumenes pomiformis*	森林、农田、草地	全境均有分布
987	膜翅目	蜾蠃科	冠蜾蠃*Eumenes coronatus coronatus* Panzer	森林、农田、草地	全境均有分布
988	膜翅目	蜾蠃科	黄喙蜾蠃*Rhynchium quinquecinctum*	森林、农田、草地	全境均有分布
989	膜翅目	蜾蠃科	陆蜾蠃*Eumenes mediterraneus*	森林、农田、草地	全境均有分布
990	膜翅目	蜾蠃科	三叶佳盾蜾蠃*Euodynerus trilobus*	森林、农田、草地	全境均有分布
991	膜翅目	蜾蠃科	四带佳盾蜾蠃*Euodynerus quadrifasciatus*	森林、农田、草地	全境均有分布
992	膜翅目	蜾蠃科	镶黄蜾蠃*Eumenesdecoratus* Smith	森林、农田、草地	全境均有分布
993	膜翅目	胡蜂科	额斑黄胡蜂*Vespula maculifrons*	森林、农田、草地	全境均有分布
994	膜翅目	胡蜂科	澳黄胡蜂*Vespula austriaca*	森林、农田、草地	全境均有分布

续表

序号	目	科	种名（拉丁名）	生境	分布
995	膜翅目	胡蜂科	北方黄胡蜂*Vespula rufa*	森林、农田、草地	全境均有分布
996	膜翅目	胡蜂科	朝鲜黄胡蜂*Vespula koreensis*	森林、农田、草地	全境均有分布
997	膜翅目	胡蜂科	德国黄胡蜂*Vespula germanica*	森林、农田、草地	全境均有分布
998	膜翅目	胡蜂科	黑盾胡蜂*Vespa bicolor* Fbricius	森林、农田、草地	全境均有分布
999	膜翅目	胡蜂科	基胡蜂*Vespa baslis* Smith	森林、农田、草地	全境均有分布
1000	膜翅目	胡蜂科	黑尾胡蜂*Vespa ducalis* Smith	森林、农田、草地	全境均有分布
1001	膜翅目	胡蜂科	黄边胡蜂*Vespa crabro crabro* Linnaeus	森林、农田、草地	全境均有分布
1002	膜翅目	胡蜂科	普通黄胡蜂*Vespula vulgaris*	森林、农田、草地	全境均有分布
1003	膜翅目	胡蜂科	金环胡蜂*Vespa mandarinia mandarinia* Smith	森林、农田、草地	全境均有分布
1004	膜翅目	胡蜂科	墨胸胡蜂*Vespa velutina nigrithorax* Buysson	森林、农田、草地	全境均有分布
1005	膜翅目	胡蜂科	细黄胡蜂*Vespa flaviceps flaviceps* Smith	森林、农田、草地	全境均有分布
1006	膜翅目	胡蜂科	中长黄胡蜂*Dolichovespula media*	森林、农田、草地	全境均有分布
1007	膜翅目	姬蜂科	大蚕蛾棘转姬蜂*Stauropctonus bombycivorus* Variegatus Uchida	森林、农田、草地	全境均有分布
1008	膜翅目	姬蜂科	大螟钝唇姬蜂 *Eriborus terebrans*	森林、农田、草地	全境均有分布
1009	膜翅目	姬蜂科	地蚕大铗姬蜂 *Eutanyacra picta* Schrank	森林、农田、草地	全境均有分布
1010	膜翅目	姬蜂科	广黑点瘤姬蜂*Xanthopimpla punctata* Fabricius	森林、农田、草地	全境均有分布
1011	膜翅目	姬蜂科	黑斑瘦姬蜂*Dicamptus nigropictus*	森林、农田、草地	全境均有分布
1012	膜翅目	姬蜂科	花斑马尾姬蜂*Megarhyssa gloriosa* Matsumura	森林、农田、草地	全境均有分布
1013	膜翅目	姬蜂科	夹色姬蜂*Centeterus atlernecoloratus* Cushman	森林、农田、草地	全境均有分布
1014	膜翅目	姬蜂科	日本黑瘤姬蜂*Coccygomimus nipponicus* Uchida	森林、农田、草地	全境均有分布
1015	膜翅目	姬蜂科	夜蛾瘦姬蜂*Ophion luteus* Linnaeus	森林、农田、草地	全境均有分布
1016	膜翅目	茧蜂科	螟黑纹茧蜂*Bracon onukii* Watanabe	森林、农田、草地	全境均有分布
1017	膜翅目	茧蜂科	螟蛉悬茧蜂*Meteorus narangae*	森林、农田、草地	全境均有分布
1018	膜翅目	茧蜂科	瓢虫茧蜂*Perilitus coccinellae*	森林、农田、草地	全境均有分布

续表

序号	目	科	种名（拉丁名）	生境	分布
1019	膜翅目	茧蜂科	日本黄茧蜂*Meteorus japonicus* Ashmead	森林、农田、草地	全境均有分布
1020	膜翅目	茧蜂科	松毛虫脊茧蜂*Aleiodes denolrolimi*	森林、农田、草地	全境均有分布
1021	膜翅目	金小蜂科	蝶蛹金小蜂*Pteromalus puparum* Linnaeus	森林、农田、草地	全境均有分布
1022	膜翅目	茎蜂科	梨茎蜂*Janus piri* Okanota et Muramatsu	森林、农田、草地	全境均有分布
1023	膜翅目	马蜂科	澳门马蜂*Polistes macaensis* Fbricius	森林、农田、草地	全境均有分布
1024	膜翅目	马蜂科	黄裙马蜂*Polistes sagittarius* Saussure	森林、农田、草地	全境均有分布
1025	膜翅目	马蜂科	角马蜂*Polistes antennalis* Perez	森林、农田、草地	全境均有分布
1026	膜翅目	马蜂科	斯马蜂*Polistes snelleni* Saussure	森林、农田、草地	全境均有分布
1027	膜翅目	马蜂科	约马蜂*Polistes jokahamae* Rodeszkoweki	森林、农田、草地	全境均有分布
1028	膜翅目	马蜂科	柞蚕马蜂*Polistes gallicus gallicus*	森林、农田、草地	全境均有分布
1029	膜翅目	蜜蜂科	凹盾斑蜂*Crodsa emarginata* Lepeletier	森林、农田、草地	全境均有分布
1030	膜翅目	蜜蜂科	褐足原木蜂*Proxylocopa przewalskyi*	森林、农田、草地	全境均有分布
1031	膜翅目	蜜蜂科	黑颚条蜂*Anthophora melanognatha* Cockerell	森林、农田、草地	全境均有分布
1032	膜翅目	蜜蜂科	毛跗黑条蜂*Anthophora acervorum villosula* Smith	森林、农田、草地	全境均有分布
1033	膜翅目	蜜蜂科	小峰熊蜂 *Bombus hypocrita* Pérez	森林、农田、草地	全境均有分布
1034	膜翅目	蜜蜂科	火红熊蜂 *Bombus pyrosoma* Morawitz	森林、农田、草地	全境均有分布
1035	膜翅目	蜜蜂科	重黄熊蜂 *Bombus picipes* Richards	森林、农田、草地	全境均有分布
1036	膜翅目	蜜蜂科	长足熊蜂 *Bombus longipes* Friese	森林、农田、草地	全境均有分布
1037	膜翅目	蜜蜂科	红光熊蜂*Bombus ignitus* Smith	森林、农田、草地	全境均有分布
1038	膜翅目	蜜蜂科	三条熊蜂*Bombus trifasciatus*	森林、农田、草地	全境均有分布
1039	膜翅目	蜜蜂科	密林熊蜂*Bombus patagiatus*	森林、农田、草地	全境均有分布
1040	膜翅目	蜜蜂科	黄胸木蜂*Xylocopa appendiculata*	森林、农田、草地	全境均有分布
1041	膜翅目	蜜蜂科	灰胸木蜂*Xylocopa phalothorax* Lepehetier	森林、农田、草地	全境均有分布

续表

序号	目	科	种名（拉丁名）	生境	分布
1042	膜翅目	蜜蜂科	中华木蜂*Xylocopa sinensis* Smith	森林、农田、草地	全境均有分布
1043	膜翅目	蜜蜂科	中华突眼木蜂*Proxylocopa sinensis*Wu	森林、农田、草地	全境均有分布
1044	膜翅目	蜜蜂科	绿条无垫蜂*Amegilla zonata*	森林、农田、草地	全境均有分布
1045	膜翅目	蜜蜂科	黑角无垫蜂*Amegilla nigricornis*Morawitz	森林、农田、草地	全境均有分布
1046	膜翅目	蜜蜂科	意大利蜂*Apis mellifera Ligustica* Spinola	森林、农田、草地	全境均有分布
1047	膜翅目	蜜蜂科	中华蜜蜂*Apis cerana cerana* Fabricius	森林、农田、草地	全境均有分布
1048	膜翅目	青蜂科	上海青蜂*Chrysis shanghalensis* Smith	森林、农田、草地	全境均有分布
1049	膜翅目	三节叶蜂科	榆三节叶蜂*Arge captiva* Smith	森林、农田、草地	全境均有分布
1050	膜翅目	隧蜂科	红足隧蜂*Halictus rubicundus* Kirby	森林、农田、草地	全境均有分布
1051	膜翅目	土蜂科	金毛长腹土蜂*Campsomeris prismatica* Smith	森林、农田、草地	全境均有分布
1052	膜翅目	小蜂科	次生大腿小蜂*Brachymeria secundaria*	森林、农田、草地	全境均有分布
1053	膜翅目	小蜂科	无脊大腿小蜂*Brachymeria excarinata* Gahan	森林、农田、草地	全境均有分布
1054	膜翅目	叶蜂科	黄翅菜叶蜂*Athalia rosae* Japanensis	森林、农田、草地	全境均有分布
1055	膜翅目	蚁科	普通黑蚁*Lasius niger* Linnaeus	森林、农田、草地	全境均有分布
1056	膜翅目	蚁科	大头蚁*Pheidole megacephala*	森林、农田、草地	全境均有分布
1057	膜翅目	蚁科	大黑弓背蚁*Camponotus herculeanus* Linnaeus	森林、农田、草地	全境均有分布
1058	膜翅目	蚁科	黑蚁*Polyrhachis dives*	森林、农田、草地	全境均有分布
1059	膜翅目	蚁科	日本弓背蚁*Camponotus japonicus* Mayr	森林、农田、草地	全境均有分布
1060	膜翅目	蚁科	日本黑褐蚁*Formica japonica* Mottschulsky	森林、农田、草地	全境均有分布

4.7.2 昆虫组成特征

甘肃子午岭省级自然保护区已发现昆虫15目144科1060种（表4-18）。从统计数据看，其中鳞翅目昆虫的种类最为丰富，多达36科457种，分别占保护区总科数、总种数的25.00%和43.11%；其次为鞘翅目，有25科205种，分别占保护区总科数、总种数的17.36%和19.34%；之后分别为同翅目、半翅目、膜翅目、直翅目、蜻蜓目、双翅目、脉翅目等；螳螂目、竹节虫目、革翅目和缨翅目、广翅目、蛇蛉目的种类最少。在15目中，昆虫种数占全部种数10%以上的有2个目，分别是鳞翅目和鞘翅目，这些种类的昆虫构成了该地区昆虫的优势种群。

表4-18 甘肃子午岭省级自然保护区昆虫组成

序号	目	科		种	
		数量	所占比例/%	数量	所占比例/%
1	蜻蜓目	5	3.47	32	3.02
2	螳螂目	1	0.69	6	0.57
3	直翅目	9	6.25	42	3.96
4	竹节虫目	1	0.69	1	0.09
5	革翅目	2	1.39	4	0.38
6	缨翅目	2	1.39	5	0.47
7	广翅目	1	0.69	2	0.19
8	蛇蛉目	1	0.69	1	0.09
9	同翅目	11	7.64	99	9.34
10	半翅目	17	11.81	88	8.30
11	脉翅目	5	3.47	16	1.51
12	鞘翅目	25	17.36	205	19.34
13	双翅目	11	7.64	24	2.26
14	鳞翅目	36	25.00	457	43.11
15	膜翅目	17	11.81	78	7.36
合计		144	100.00	1060	100.00

4.7.3 昆虫的区系分析

我国动物地理划分为古北界和东洋界，甘肃子午岭省级自然保护区属于古北界东北亚界华北区黄土高原亚区。由于调查的昆虫种类繁多，我们就鞘翅目天牛科的昆虫和鳞翅目天蛾科的昆虫种类进行具体的区系分析。

4.7.3.1 天牛科区系分析

经鉴定该地区的鞘翅目天牛科昆虫共51种，隶属于5亚科40属。各亚科所占比例不同，其中沟天牛亚科18属22种，占总种数的43.14%；天牛亚科12属19种，占总种数的37.25%；锯天牛亚科3属4种，占总种数的7.84%；幽天牛亚科3属3种，占总种数的5.88%；花天牛亚科2属3种，占总种数的5.88%。从种数和出现的频率分析，沟天牛亚科和天牛亚科为本区分布最大的亚科。该区域的优势种有栗山天牛、麻天牛、桃红颈天牛、黄斑星天牛、星天牛、苜蓿多节天牛等。

从天牛科昆虫区系分析上可以看出（表4–19），地理分布属于古北界的种类有29种，占总数的56.8%；属于东洋界的有4种，占总数的7.84%；广布种的种类有18种，占总数的35.29%。可以明显地看出来，该地区的天牛科昆虫主要以古北界为主。

表4–19　天牛科昆虫区系分析

区系成分	数量	比例/%
古北界	29	56.8
东洋界	4	7.84
广布种	18	35.29
合计	51	100

4.7.3.2　天蛾科昆虫区系分析

经鉴定分类整理，该地区的鳞翅目天蛾科昆虫属于5亚科24属共42种，本区天蛾科的属种数，分别占全国属的53.3%和种的33.9%，说明子午岭林区的天蛾科昆虫比较丰富。各亚科所占比例不同，其中云纹天蛾亚科8属15种，占总种数的35.71%；面形天蛾亚科7属11种，占总种数的26.19%；斜纹天蛾亚科5属10种，占总种数的23.8%；蜂形天蛾亚科3属4种，占总种数的9.52%；透翅天蛾亚科1属2种，占总种数的2.38%。从种数和出现的频率分析，云纹天蛾亚科、面形天蛾亚科和斜纹天蛾亚科为本区分布最大的亚科。本地区优势种有白薯天蛾、小星天蛾、黄永天蛾、榆绿天蛾、蓝目天蛾、小豆长喙天蛾、葡萄天蛾、雀纹天蛾。

从地理区系分析来看（表4–20），在本区所采集的24属42种天蛾中，属于古北界的15种，占总种数的35.7%；属于东洋界的5种，占总种数的11.9%；古北、东洋两界共有的22种，占总种数的52.4%。显然以古北、东洋两界共有种占优势，并有相当数量的古北种。

表4–20　天牛科昆虫区系分析

区系成分	数量	比例/%
古北界	15	35.7
东洋界	5	11.9
广布种	22	52.4
合计	42	100

4.8　其他无脊椎动物多样性评估

经过调查统计甘肃子午岭其他无脊椎动物包括5门12纲14目23科33种，分别包括扁形动物门1纲1目1科2种、线虫动物门3纲3目3科4种、环节动物门2纲2目2

科2种、软体动物门2纲2目2科2种、节肢动物门4纲6目15科23种，其中节肢动物门蛛形纲种类所占比最多，如表4-21和表4-22所示。

表4-21 甘肃子午岭其他无脊椎动物名录

序号	门	纲	目	科	种名（拉丁名）
1	扁形动物门	绦虫纲	圆叶目	带绦虫科	猪带绦虫*Taenia solium*
2	扁形动物门	绦虫纲	圆叶目	带绦虫科	牛带绦虫*Taenia saginata* Goeze
3	线虫动物门	线虫纲	蛔目	蛔科	猪蛔虫*Ascaris suum*
4	线虫动物门	线虫纲	蛔目	蛔科	人蛔虫Ascaris lumbricoides
5	线虫动物门	尾感器纲	线虫目	钩虫科	钩虫sp.
6	线虫动物门	铁线虫纲	铁线虫目	铁线虫科	铁线虫*Gordiacea von* Stebold
7	环节动物门	寡毛纲	单向蚓目	正蚓科	蚯蚓*Lumbricus* sp.
8	环节动物门	蛭纲	颚蛭目	水蛭科	水蛭*Whitmanis pigra* Whitman
9	软体动物门	腹足纲	柄眼目	蜗牛科	蜗牛*Oophana heudei*
10	软体动物门	瓣鳃纲	蚌目	珠蚌科	河蚌*Anodonta*
11	节肢动物门	软甲纲	十足目	—	螃蟹sp.
12	节肢动物门	软甲纲	十足目	对虾科	斑节对虾*Penaeus monodon*
13	节肢动物门	甲壳纲	等足目	潮虫科	鼠妇*Porcellio scaber* Latreille
14	节肢动物门	唇足纲	蜈蚣目	蜈蚣科	蜈蚣*Scolopendra subspinipes*
15	节肢动物门	唇足纲	蚰蜒目	蚰蜒科	蚰蜒*Scutigera coleoptrata*
16	节肢动物门	蛛形纲	蝎目	钳蝎科	东亚钳蝎*Mesobuthus martensii*
17	节肢动物门	蛛形纲	蜘蛛目	皿蛛科	草间钻头蛛*Hylyphantes graminicolum*
18	节肢动物门	蛛形纲	蜘蛛目	皿蛛科	魔脸蜘蛛*Neriene emphana*
19	节肢动物门	蛛形纲	蜘蛛目	鹫蛛科	亚洲狂蛛*Zelotes asiaticus*
20	节肢动物门	蛛形纲	蜘蛛目	狼蛛科	星豹蛛*Pardosa astrigera*
21	节肢动物门	蛛形纲	蜘蛛目	皿蛛科	齿螯额角蛛*Gnathonarium dentatum*
22	节肢动物门	蛛形纲	蜘蛛目	拟壁钱科	深褐平腹蛛*Gnaphosa kompirensis*
23	节肢动物门	蛛形纲	蜘蛛目	皿蛛科	六盘盖蛛 *Neriene liupanensis*
24	节肢动物门	蛛形纲	蜘蛛目	蟹蛛科	鞍形花蟹蛛 *Xysticus ephippiatus*
25	节肢动物门	蛛形纲	蜘蛛目	狼蛛科	铲豹蛛 *Pardosa kupupa*
26	节肢动物门	蛛形纲	蜘蛛目	管巢蛛科	拟日本管巢蛛*Clubiona japonicola*
27	节肢动物门	蛛形纲	蜘蛛目	蟹蛛科	三突花蛛*Misumenops tricuspidatus*
28	节肢动物门	蛛形纲	蜘蛛目	逍遥蛛科	草皮逍遥蛛*Philodromus cespitum*
29	节肢动物门	蛛形纲	蜘蛛目	跳蛛科	黑色蝇虎蛛*Plexippus paykulli*
30	节肢动物门	蛛形纲	蜘蛛目	皿蛛科	草间小黑蛛*Erigonidium graminicolum* Sundevall

续表

序号	门	纲	目	科	种名（拉丁名）
31	节肢动物门	蛛形纲	蜘蛛目	狼蛛科	松舞蛛*Alopecosa pinetorum*
32	节肢动物门	蛛形纲	蜘蛛目	管巢蛛科	管巢蛛*Clubiona* sp.
33	节肢动物门	蛛形纲	蜘蛛目	平腹蛛科	掠蛛*Drassodes* sp.

表4–22　甘肃子午岭其他无脊椎动物组成

门	纲		目		科		种	
	纲数	比例/%	目数	比例/%	科数	比例/%	种数	比例/%
扁形动物门	1	8.33	1	7.14	1	4.35	2	6.06
线虫动物门	3	25.00	3	21.43	3	13.04	4	12.12
环节动物门	2	16.67	2	14.29	2	8.70	2	6.06
软体动物门	2	16.67	2	14.29	2	8.70	2	6.06
节肢动物门	4	33.33	6	42.86	15	65.22	23	69.70
合计	12	100.00	14	100.00	23	100.00	33	100.00

第5章　旅游资源

自然保护区是对有代表性的自然生态系统、珍稀濒危野生动植物物种的天然集中分布区、有特殊意义的自然遗迹等保护对象所在的陆地、陆地水体或者海域，依法划定一定面积予以特殊保护和管理的区域。而旅游资源是一个地区旅游业开发和发展的基本条件，是旅游区域吸引力产生的核心因素。自然保护区管理机构可以“在不影响自然保护区的自然环境和自然资源的前提下，组织开展参观、旅游等活动”。甘肃子午岭地处黄土高原，为黄土高原丘陵沟壑地貌，地形梁峁起伏，沟壑纵横，是黄土高原的石质山地之一，地面被黄土和黄土状物质所覆盖，在地貌上具有黄土丘陵沟壑区的特点，沟谷深切。由于受古地形影响和长期流水侵蚀，地面被切割得十分破碎，成为典型的黄土赤梁丘陵地形景观。子午岭自然保护区不仅有优美的高原林海风光，而且还有悠久灿烂的历史文化遗存和丰富的动植物资源。子午岭自然保护区生长着松树、柏树、桦树多种用材和经济林木；大面积集中连片的天然次生林犹如为山体披上的美丽衣裳，远观梁峁起伏、大气磅礴，近看山谷幽深，林木丰蕴。该保护区森林不仅是一块经济林，而且还是一块重要的生态林，被誉为陇东大地的“绿色屏障”、黄土高原的“天然水库”。林区四季分明、气候宜人，季相变化丰富，春季山花烂漫、夏季绿树成荫、秋季漫山金黄、冬季银装素裹，风景秀丽、美不胜收。由于山高林密的地理特点，林区形成了夏无酷暑的森林小气候，林间空气清新，负氧离子浓度高，有“天然空调”“绿色氧吧”之美誉，是理想的生态旅游场所。

子午岭自然保护区横亘在黄土高原上，山势巍峨壮观，风光秀丽宜人，历史遗迹甚多，蕴有丰富的文化景观，堪称陇上天然公园。美丽的子午岭，山上厚厚的黄土被密林覆盖，山下溪水清流拍打着两岸红色的砂岩崖。这些红砂岩崖面成为释家开凿石窟、雕造佛像的天然资源。子午岭自然保护区拥有丰富的动植物资源、独特的自然风光和罕见的人文景观，保护区内还有不少的名胜古迹、革命圣地旧址和森林旅游资源，如南梁苏维埃政府旧址、抗日军政大学第七分校旧址、双塔寺、保全寺、唐王墓、秦直道、花溪谷以及黄土高原森林生态景观。在人们崇尚自然、回归自然的意识日趋增强的今天，随着保护区开发建设步伐的加快，旅游服务设施日臻完善，子午岭自然保护区已成为人们开展自然科学考察、登山探险、挑战极限、自然科普教育、生态教育等活动的好去处。

5.1 自然旅游资源

自然保护区旅游资源一般都比较丰富，许多保护区以其典型独特的自然生态系统、丰富多样的物种资源、绚丽多姿的自然景观、珍贵奇特的自然遗迹享誉国内外。这些宝贵的自然资源和景观，既是自然保护的精华，又是罕有的旅游资源。随着社会经济和科学文化的发展，以及人们物质文化生活水平的不断提高，归真返璞、回归自然为越来越多的人所崇尚，自然保护区必将成为人们所向往的旅游参观和度假胜地。近年来由于种种原因，破坏自然旅游资源的现象依然存在。但随着旅游业的快速发展，人们逐渐认识到保护自然旅游资源的重要性，虽然由于人类活动的影响，出现了一些人工构景物体，并带有特定时期历史文化的某些特征，但就构景的主体来看，依然具有自然景观的基本特点，所有人工构物仅起着衬托和点缀作用。

5.1.1 印象义渠莲花池

印象义渠莲花池景区是国家AAA级旅游景区，位于宁县湘乐镇莲花池村，全线南起新宁金塬，北至盘克宋庄，东西至两边山顶，全长60多千米，涉及5乡（镇）10村。规划总面积15万亩，其中核心区占地3500多亩。

景区内山清水秀、环境优美、地形独特，有“山水莲花池”“情醉凤凰山”之称，这里春天可以踏青、夏天可以纳荫、秋天可以尝鲜、冬天可以观景。景区以义渠文化为主题，以“传承历史文化、发展乡村旅游、促进经济发展”为宗旨，主要以莲花为主题意象、义渠文化为主题元素，景区设有印象义渠、盛世义渠、农耕义渠、小儿义渠、情定义渠、渔猎义渠、游牧义渠七大展示区，是一处集生态游、休闲游、历史游为一体的综合型乡村旅游景区。景区是古义渠国的后花园，一幅幅弯弓射箭、策马奔腾、草原牧歌的异域风情民俗画，粗犷、豪放、奔腾的画风，再现了盛世义渠的壮美场景；荷塘、吊桥、栈道、烽火台、聚将台、儿童游乐园、神雨瀑、义渠王雕像广场等一个个精美的景点让游人在如梦的山水和场景之间心旷神怡、流连忘返。

5.1.2 古豳文化旅游区

古豳文化旅游区是国家AAA级旅游景区，位于宁县县城。该旅游景区是以周朝先祖公刘在此创建古豳国（今宁县庙咀坪）为文化载体而修建。

古豳文化旅游区主要包括古豳国遗址公园、狄公祠、宁县烈士陵园、王孝锡烈士纪念馆、九龙广场及三江两岸综合景观等景点。景区古韵风雅，山水环抱，川塬交错，景色秀丽，城北河、马莲河、九龙河三河交汇，宛如玉带绕城；三江两岸综合景观亭台临水，碧波荡漾，树木倒映，山水交融；九龙广场居于景区中央，九龙柱高耸云霄，花坛、廊亭、假山、雕塑、人工瀑布相得益彰，树影婆娑，美不胜收；马莲河大桥一桥跨二水，横穿广场，平添无限魅力。景区内的烈士陵园，建有革命烈士纪念碑、“五八”战役纪念碑、数千名革命烈士的遗骨安葬于园内，苍松劲柏，环境清幽、庄严肃穆。

5.1.3 义渠百花园

义渠百花园位于宁县瓦斜乡永吉村南咀组，总占地1300亩，其中林地1000亩，山地300亩。景区建有西北地区首个汽车影院、庆阳首个户外婚纱摄影基地、义渠文博馆、百花垂钓中心等35个景点。景区还配套樱桃采摘园1个，苹果采摘园2个，瓜菜采摘园1个。景区结合“331+”扶贫模式，实现了“旅游+”多种产业融合发展，带动村、户实现共同增收，并形成了集观光、休闲、度假、养生为一体的旅游产业体系。

5.1.4 蟠溪生态旅游山庄

蟠溪生态旅游山庄位于宁县春荣镇王台村，是一处集餐饮娱乐、休闲养生、游泳健身、书画交流于一体的综合性旅游景点。有书画艺术交流创作基地1处，贾治龙文学纪念馆1处，生态餐厅1处，养生茶馆1处，游泳馆1座，垂钓鱼池2个，停车场1处休闲景观亭2座，景观桥1座。

5.1.5 庆阳昔家牡丹园

庆阳昔家牡丹园位于宁县瓦斜乡东风村。园内栽植红、黄、白、绿、黑、紫各类牡丹40多个品种，6000余株；栽培幼苗10多亩，10000余株，是陇东观赏牡丹的最佳场所，是文人墨客雅集、休闲的好去处。

5.1.6　前渠苗艺观光园

前渠苗艺观光园位于宁县盘克镇前渠村，是集特色苗林培育、生态休闲观光、科普教育于一体的综合乡村旅游景区。景区临近子午岭林区，南北倚山，城北河穿村而过，自然风景优美、特色产业鲜明、村风民风淳朴，是避暑、休闲、观光的理想福地。

目前景区设有容器苗培育示范区、新品种引进种植区、本地苗标准化栽植区、羊肚菌人工试种区、苗木景观观赏游玩区五大区块，并与印象义渠·莲花池全域旅游黄金线有效接轨。

5.1.7　罗山府岐黄养生谷

罗山府岐黄养生谷位于子午岭腹地罗山府管理站，东接陕西省富县，南与梁掌管理站接壤，北靠合水管理局大山门管理站，西至盘克林界，距白吉湖景点5km，总面积23万亩。景区壮美的自然风景山川相间，湖泊小溪随处可见，有茂密的天然林与人工林，也有整齐的苗圃、花园。春天山花烂漫、鸟语花香、春雨蒙蒙；夏天山清水秀、气候宜人；秋天秋高气爽、漫山遍野五彩缤纷、果实累累；冬天白雪皑皑，野猪、野兔、山鸡、野鹿出没林间。一年四季均有可观赏的景色。

谷内还建有水坝3座，总面积200多亩，是游泳、划船、垂钓及小微湿地旅游的首选之地；亦有众多历史古迹，尤以秦驰道、午亭子和塔儿庄五代塔闻名，是集自然、人文和历史景观为一体的养生型、综合性旅游景区。

5.1.8　白吉湖生态旅游度假区

白吉湖生态旅游度假区位于宁县盘克镇宋庄村，拥有946亩湖面的白吉湖是子午岭山区面积最大的水域，种植莲藕200多亩，人工养鱼2万多条，建成了停车场、客房、娱乐室、餐饮中心等基础接待设施。景区分设水上游乐区、休闲垂钓区、养生健身区、森林观光区等四大区块，是一个集休闲、娱乐、观光、避暑、垂钓于一体的综合性旅游度假区。

5.1.9　桂花塬森林公园

桂花塬森林公园是依托宁县管理局桂花塬管理站自然资源所开发的国家AA级旅游景区，省级森林公园。公园建有游客接待服务中心、文化广场、文娱活动室、图书室、仿蒙古包式度假小屋、篮球场、羽毛球场、乒乓球台及其他健身器械。

桂花塬森林公园总体地貌为黄土丘陵沟壑区，由梁、峁、沟谷组成，优越的气候条件更形成了独特的日出、日落、雨雾、彩虹、繁星、明月等气象旅游资源优势，宜居、宜游。一年之中，冬青、夏荫、春花、秋实，四季景色各异，构成独具特色的天然次生林区的美丽风景，是集自然生态保护、观光旅游、休憩度假、科普教育、秦直道文化体验于一体的综合性养生景区。

5.1.10 早胜玉皇沟旅游度假村

玉皇沟旅游度假村位于宁县早胜镇院子村，是整合院子大坝及周边土地、林木、自然地貌、小微湿地旅游、历史文化遗迹等资源所新建的旅游景点。大坝是由沟底五眼泉水汇聚而成，素有玉泉沟之美誉。相传唐高祖李渊途经早胜地界，慕名取饮。此后，唐朝宫廷每逢重大节庆之日，常派人来此汲取圣水。

现在每逢春节、端午节、中秋节及婚嫁之时，常有群众取水，以祈吉庆。大坝以北塬边有始建于宋代的玉皇大帝庙，使自然风光与文化古迹相得益彰，是观光、踏青、垂钓、娱乐、亲朋会友的好去处。

5.1.11 调令关森林公园

调令关森林公园位于正宁县中湾管理站，是国家AAA级旅游景区。景区开发有秦一号兵站、观景台、秦直道直道林荫、调令松涛、黄帝遗冢、古关日出、八仙洞府、子午烟雨、森林氧吧、黄帝升天峰、犀牛望月、观光植物园、子午岭观景台等旅游景点20多处；建成垂钓中心、蒙古包、小木屋等游乐项目10多个。景区层峦叠翠、空气新鲜、含氧量高，无污染，尘埃少，空气负离子含量高，有“陇上林海、天然氧吧”之美誉。这是一处以森林景观和生态环境为主线，融合自然景观与人文景观，以森林旅游为主旨，集观光游览、探险猎奇、科普教育、休闲度假、住宿娱乐、采摘收获等多种功能于一体的综合场所。

5.1.12 巩焴·龙爪槐

巩焴·龙爪槐位于正宁县湫头镇双佛堂村，当地人称他为命脉树，也叫巩清（焴）槐。据传，明代巩焴在京为官时，曾带回三棵“龙爪槐”，分别植于永和烟村、堡巷和湫头乡双佛堂村。唯有双佛堂的龙爪槐至今仍根深叶茂，树冠如盖，枝干虬曲，盘若卧龙，“鳞甲”片片，熠熠闪光，气势非凡。

5.1.13　夏家沟森林公园

夏家沟森林公园位于合水县太白镇牛车坡行政村烟景川自然村，是国家AA级旅游景区。该区奇山异石，大川河流交错纵横，形成了得天独厚的自然景观。亦有古园林建筑约25000平方米，分为庙宇古迹、度假山庄、运动狩猎、植物花卉、林间鹿场、避暑疗养、会议中心、自然保护等12个景区，沿途又有历代修建的烽墩、土桥、城障、寺庙、穆桂英点将台、昭君庄及古石窟石刻等遗迹尚清晰可辨，是一处集景观、科考、度假、游乐、餐饮、住宿、休闲于一体的综合性旅游景区。

5.1.14　"花溪谷"生态旅游景区

花溪谷生态旅游区位于合水县太白镇连家砭村的曹家寺，占地1300亩。景区已建成紫云海、花涧溪、百花园、童乐湾和玫瑰庄等特色旅游景点，同时配套建设了木屋别墅、帐房酒店、潮玩露营帐篷等，供游客住宿休息，是依托子午岭秀美的自然生态优势，并集花海观光、生态休闲、康体养生于一体的生态旅游区。

5.1.15　双塔森林公园

双塔森林公园位于华池县城东山，它是以双塔寺搬迁修复为依托，以山顶文化广场为中心，充分利用东山良好的森林资源建设的集旅游观光、避暑度假、文化娱乐于一体的国家AA级旅游景区。公园内建有重檐亭、天台、文化大楼、双塔寺、范公祠、碧玉山庄、射击场、草原风情园等36个景点和游乐服务设施。

5.2　人文旅游资源

人文旅游资源由各种社会环境、人民生活、历史文物、文化艺术、民族风情和物质生产构成为人文景观，由于各具传统特色，而成为旅游者游览观赏的对象。它们是人类历史文化的结晶，是民族风貌的集中反映，既含有人类历史长河中遗留的精神与物质财富，也包括当今人类社会的各个侧面。人文景观旅游资源可被人们有意识地创造出来，可通过建造博物馆、美术馆、游乐园、文化宫、体育运动中心，以及组织文化节、戏剧节、电影节、音乐节和各种民间喜庆活动等别具特色的文化活动来丰富旅游内容，招徕远方游客，形成充满现代气息的人文旅游资源。

5.2.1 秦直古道

秦直道史称为“云中之道”，民间俗称“皇上路”“圣人条”。为秦始皇统一六国后令大将蒙恬率30万大军用两年时间所修筑，南起陕西林光宫，北至今内蒙古包头九原郡的一条南北长达700多千米的一条军事通道。它是大秦帝国与秦长城同样重要的第二大国防工程，比闻名西方的罗马大道还要早200多年，是世界上公认的第一条高速公路。庆阳段秦直道经旬邑县杨家胡同进入正宁蔡头湾，沿主岭一路北上至华池县田掌，之后进入陕西境内，全长290多千米。历经两千多年的风霜，秦一号兵站、秦兵马巡检司、雕翎关、午亭子、打扮梁等遗址依然清晰可见。秦直道是研究秦汉北方地区历史，特别是匈奴的战争史、交通史、通信史和民族关系史等，具有非常重要的人文历史信息价值。全国重点文物保护单位。

5.2.2 罗川古城

罗川古城，即显州府古城、罗川古县城，位于永和镇罗川村，始建于北魏初期，西魏置显州，北周废。隋更名罗川。唐、宋、金、元、明、清均为真宁（正宁）县城。古城现有国家级重点文物保护“天官坊”“清官坊”“恩宠坊”；另有元至正年间修建的文庙（正宁二中校园内），现仅存文庙大成殿·神柏。还有省级文物保护单位承天观碑青铁旗杆，市级文物保护单位文庙大殿、赵氏祠堂，隋开皇八年的城墙还依稀可辨。

5.2.3 周家遗址

周家遗址位于正宁县周家镇周家村，断面上暴露的遗迹有灰层、窑址、灰坑和住室，属新石器时代仰韶文化。甘肃省文物保护单位。

5.2.4 阳周故城遗址

阳周故城遗址即秦驰武城，西汉元封五年（前106）设阳周县，隶属上郡，治在今正宁县永正镇王家庄。东汉光武帝建武六年（30）废。

5.2.5 宫河故县城遗址

宫河故县城遗址位于正宁县城宫河塬腹地，现为宫河镇政府所在地。汉为弋居县地，明称“宫房”。古城南北长76丈，东西宽30丈，城墙高2丈，设南北二门，门上建有城楼。城外四周挖有1丈深、2丈宽的护城壕。

5.2.6 桥子梁遗址

桥子梁遗址位于正宁县南邑乡南邑村硷坡洼村桥子梁。遗址内发现灰坑7处，白灰住室面5处，文化层距地表1.5m，有烧结面。这是新石器时代文化遗址。

5.2.7 吴家坡遗址

吴家坡遗址位于正宁县周家镇，是一处比较典型的仰韶文化庙底沟晚期类型遗址。出土文物显示，吴家坡先民已经进入“深耕细作”的农业时代。

5.2.8 永和古县城遗址

永和古县城遗址位于正宁县城西南永和塬，现为永和镇政府所在地。古时城内有一寺庙，称“寺村”，曾为西晋西川县治。

5.2.9 宫家川遗址

宫家川遗址位于正宁县周家镇，为仰韶文化庙底沟类型遗址，距今约5500年。遗址面积60000m^2，曾出土各类陶器50多件。同时，也反映出宫家川遗址先民男性地位正在上升，是父系氏族时代的萌芽。甘肃省文物保护单位。

5.2.10 荀仁遗址

荀仁遗址位于正宁县湫头镇荀仁村，面积约45000m^2，暴露有居址、灶坑。遗址保存较好，对研究仰韶文化半坡类型的发展及内涵有重要价值，为甘肃省文物保护单位。

5.2.11 樊东遗址

樊东遗址位于正宁县永和樊东村，灰坑、窖穴、住室和墓葬均有遗存，属新石器时代仰韶文化。

5.2.12 罗儿沟圈汉子遗址

罗儿沟圈汉子遗址位于正宁县永和镇汉子村，属新石器时代仰韶文化。文化层相当丰富，灰层、灰坑、窑址均有暴露，为甘肃省文物保护单位。

5.2.13 承天观之碑

承天观之碑原位于正宁县正街。原观已毁，石碑尚存，现存县文化馆。对研究道教史有重要价值，为甘肃省文物保护单位。

5.2.14 宁县博物馆

宁县博物馆位于宁县新宁镇辑宁南路16号，成立于1983年，馆藏历史文物、革命文物和古生物化石2733件，其中珍贵文物579件，一级文物17件，二级文物81件，三级文物481件。

5.2.15 宁县城

宁县城，即宁州古城；现宁县人民政府所在地，是全县政治、经济、文化、教育、交通和重要社会活动的中心。在历史时期里，宁县城是一处军事要塞，又久为边防要塞。秦皇、汉武、唐太宗等封建帝王，或巡游或统兵于此。隋唐时作为京畿重地，朝廷委任元谐、杨弘、狄仁杰、郭子仪等文武重臣镇守这里。

宁县城是一座旅游名城。这里西有古豳国和义渠戎国遗址，北有秦皇太子墓，东有秦时质燕太子丹的燕原和明代大将常玉春的点将台。城内还有范仲淹为狄仁杰撰写的“唐狄梁公之碑”、普照寺金贞元大铜钟等金石文物和“梁公旧治坊”“辑宁楼”等古代建筑。宁县人杰地灵，公孙贺、公孙敖、傅介子、傅玄等上百名历史名人生于斯，长于斯，迄今民间仍流传着许多脍炙人口的传说故事。

5.2.16 政平古镇

政平古镇地处宁县南部政平村是泾河、马莲河和无日天沟河的交汇处，故俗称“三江口，红花驿”，是由陕入陇的通衢大道，历来为兵家必争之地。东汉刘秀遣大司徒邓禹引军西进，后归驻大要县（今宁县境内政平一带），休兵养士，屏护京畿。“西秦霸王”薛举入袭泾、宁等州时，秦王李世民大破“西秦”军后设定平县，同时建造了凝寿寺和古塔。现仅存近似西安大雁塔的古塔，经历代修葺，便成现在的上唐下宋的风格，被誉为“甘肃浮图第一塔”，为国家级文物保护单位。古堡子南的清代张氏书房风格独特，工艺精湛，保存完好，为省级文物保护单位；明代名将常遇春古墓，丘冢高大，林木森然；店子沟人类生活遗址为省级文物保护单位。

5.2.17 湘乐古镇

湘乐古镇位于宁县湘乐镇。古名襄洛，汉时设襄洛县。北魏时改“襄洛”为“襄乐”置襄乐郡。西魏废襄乐郡置燕州。北周废燕州置襄乐县。明代设巡检司，撤县置襄乐里，隶属宁州。清置镇。清康熙十七年更襄乐里为襄元里。民国初年改“襄”为“湘”。抗日战争时期，新宁县政府设在湘乐东山村。目前，湘乐古城城垣残存，宋代砖塔耸立于古城内的西北角。

5.2.18 庙嘴坪遗址

庙嘴坪遗址，即公刘邑故城遗址，位于宁县新宁镇庙嘴村，面积约8万平方米，文化层厚0.5～3m之间。出土的陶器主要有新石器时代至汉代的泥质红陶盆、钵、罐、壶和绳纹灰陶鬲、罐等，为甘肃省文物保护单位。

5.2.19 董庄遗址

董庄遗址是新石器时代仰韶文化遗址之一，位于宁县春荣镇董庄村，是距今6500年的聚落遗址，面积4万平方米，有房屋基址、窖穴和公共墓地。从出土文物判断，董庄氏族已经进入母系氏族社会全盛时期。

5.2.20 孟桥遗址

孟桥遗址是新石器时代仰韶文化遗址之一。与宁县董庄村落遗址相距30km，时代略晚于董庄遗址，距今6000年左右，处在母系氏族繁荣期。出土有鱼纹彩陶盆、壶、钵，还出土有刻划符号的陶器，是创造文字之证据。

5.2.21 西沟徐家嘴遗址

西沟徐家嘴遗址是新石器时代齐家文化遗址之一，位于宁县焦村镇西沟行政村徐家自然村，文化层厚2.5～3m。有文化层、灰坑和火烧硬面痕迹，有仰韶文化遗物和周代遗物，在地层上有明显的叠压关系。遗址内还发现数座汉代墓葬残迹。

5.2.22 金刚寺遗址

金刚寺遗址位于宁县焦村镇庄科村。东西长200m，南北宽80m，面积1.6万平方米。硷畔断层上可见大量文化堆积分布，平沿、唇沿灰陶盆残片和灰色瓦残件随处可见。附近发现莲花座一台，普贤残1尊和铁钟残片等。

5.2.23 遇村遗址

遇村遗址位于宁县早胜镇谭腊村。文化层厚2～3m或以上，住室和墓葬均有暴露。地表散布陶片内含泥质灰陶罐、盆、簋、豆，夹砂灰陶绳纹罐、附加堆纹罐和弦纹罐等。甘肃省文物保护单位。

5.2.24 杨庄小坡遗址

杨庄小坡遗址位于宁县和盛镇杨庄小坡村。文化层厚2～4m或以上，住室、窑址和墓葬均有暴露。地表散布陶片不少，内含仰韶文化有彩陶钵、泥质红陶钵、尖底瓶、高颈缺、夹砂红陶绳等。齐家文化有泥质红陶大耳或单耳折腹小口罐、侈口高颈兰折腹罐、夹砂红陶鬲等。甘肃省文物保护单位。

5.2.25 贺家川遗址

贺家川遗址是新石器时代仰韶文化遗址之一，位于宁县新庄镇贺家川村。出土有素面泥质红陶敛口钵，喇叭口尖底瓶，平沿或宽折沿盆，夹砂红陶罐等。

5.2.26 康家岭遗址

康家岭遗址位于宁县焦村镇康家岭村，文化层厚0.5～3m，暴露有灰坑、房址、窖穴、灶坑和墓葬等。遗址保存较好，对研究东部地区仰韶文化的发展及其与齐家文化的关系有重要价值，为甘肃省文物保护单位。

5.2.27 阳𨺗遗址

阳𨺗遗址，属新石器时代仰韶文化，距今约5000年。聚落遗址地处马莲河西岸的沟壑坡地，属今宁县瓦斜乡。聚落遗址有集中的居住区、公共墓葬区和祭祀遗址。其遗留的大量信息反映出当时社会形态由母系氏族向父系氏族转化。

5.2.28 张堡遗址

张堡遗址位于宁县焦村镇张堡村。暴露的遗址有灰层、灰坑、房址、窖穴、墓葬。遗址保存较好，对研究仰韶文化的发展和齐家文化的分布有重要价值，为省级文物保护单位。

5.2.29 石岭子遗址

石岭子遗址新石器时代客省庄二期文化。位于宁县湘乐镇石岭子村，面积4万平方米，距今约4500年。出土的陶器中灰陶居多，为省级文物保护单位。

5.2.30 老庄沟遗址

老庄沟遗址位于宁县和盛镇庙底村，面积约18万平方米。遗址保存较好，对研究齐家文化的内涵有重要价值。

5.2.31 康家岭遗址

康家岭遗址位于宁县焦村镇康家岭村，范围东面伸至南头嘴西接壕畔南自庙胡同北到上沟畖，反映了新石器时代仰韶文化和齐家文化。省级文物保护单位。

5.2.32 合水陇东古石刻艺术博物馆

陇东古石刻艺术博物馆位于合水县西华北街乐蟠西路1号，占地48亩，建筑面积4611m^2，已建成单檐殿展厅、重檐殿展厅、双层殿展厅、侧展厅（东西两幢）、钟鼓楼、宋代石雕造像塔地宫、“黄河古象”展厅等设施，设有北魏、唐、宋（金）、元、明、清时期石刻造像展和革命历史文物展，馆藏各类文物3000多件，其中古石刻艺术品436件。该博物馆是国家级AAA级旅游景点、文化旅游景点、爱国主义教育基地。

5.2.33 黄河古象出土遗址

黄河古象出土遗址位于合水县板桥镇穆旗村马莲河西岸，为1973年出土的大约生活在第四纪更新世早期，距今约250万年的剑齿象化石，象体身高4m，体长8m，门齿长3.02m，是迄今为止世界上个体最大、保存最完整的长鼻类剑齿象化石。因马莲河属黄河流域，故称“黄河古象”。

5.2.34 宏州府古城

宏州府古城位于合水县东南固城川，又名古城，今固城镇政府所在地。后周置长城镇，隋为宏州府治，唐初废。固城何时所筑史无记载。城长达30丈，民国前期尚存方砖铺装的街道30余丈。附近寺院、宇甚多，固城寺依山而建，上下三层，雄壮美观。

5.2.35 蟠交古城遗址

蟠交古城遗址，即今城关镇（城关镇政府），又名老合水、合水老城、合水镇。古城始建于唐初，以城在大小乐蟠二水交汇处得名。古城在历史上经过多次战争破坏，历代都曾加以重修。此后直到1949年9月县治迁西华池止，共有1200百余年的县级建制历史。

5.2.36 曹家沟遗址

曹家沟遗址属新石器时代仰韶文化，坐落在马莲河东岸支流固城河南岸二级阶地，属今合水县段集乡。属距今6000～5500年的新石器时代仰韶文化。由出土的骨针说明缝纫技巧比较高，已经重视衣着服饰。

5.2.37 牛头山遗址

牛头山遗址位于合水县吉岘镇铁李川村，面积6万平方米，属距今约4500年的新石器时代齐家文化。

5.2.38 陈家川遗址

陈家川遗址位于合水县陈家川村。文化遗存主要有白灰面房子、灰坑、窖穴和陶片堆积层，属新石器时代仰韶文化。甘肃省文物保护单位。

5.2.39 九站遗址

九站遗址位于合水县蒿咀铺乡九站村，面积约10万平方米，分遗址区和墓葬区。该遗址对研究寺洼文化（新石器时代仰韶文化）的内涵有重要价值，为甘肃省文物保护单位。

5.2.40 圣公泉遗址

圣公泉遗址位于合水县老城镇南四尺深的小井一口，内有细泉泛出。唐朝大诗人王勃曾到此地，赋诗《晏圣公泉》。清乾隆年间，立坊树碑，清代合水书院亦建于此，亦名“圣泉书院”，因年久失修，仅存遗迹。

5.2.41 瓦岗川遗址

瓦岗川遗址位于合水县板桥镇柳沟行政村柳沟自然村瓦岗川口台地一带，是新石器时代至青铜时代遗址，面积约10万平方米。

5.2.42　瓦川遗址

瓦川遗址位于合水县板桥镇瓦岗川口村，文化层十分丰富，住室、窑址和墓葬均有暴露，属新石器时代齐家文化遗址。甘肃省文物保护单位。

5.2.43　合水东关遗址

东关遗址位于合水县太白镇东100m，属仰韶文化庙底沟类型，面积约8万平方米。遗址保存较好，对研究甘肃东部地区仰韶文化的发展有重要价值，为甘肃省文物保护单位。

5.2.44　“碧落霞天”摩崖石刻

“碧落霞天”摩崖石刻位于合水县太白镇连家砭苗村河南岸灵山下遥古寺药王洞旁峭壁上。据考，“碧落霞天”四字系明朝嘉靖进士陈棐手迹，后按察承差富平惠东臬督工刻石于峭壁之上。

5.2.45　干沟桥遗址

干沟桥遗址位于合水县老城镇五里坡村南200m，面积约15万平方米。遗址保存较好，对研究甘肃东部地区仰韶文化和青铜时代文化的发展有重要价值，为甘肃省文物保护单位

5.2.46　卜家岘子遗址

卜家岘子遗址位于合水县店子乡卜家岘村，面积约40万平方米，住室、窑址和墓葬均有暴露，是新石器时代齐家文化遗址，为甘肃省文物保护单位。

5.2.47　程家川遗址

程家川遗址位于合水县吉岘镇程家川村西北，属仰韶文化庙底沟类型，面积约11万平方米。遗址保存较好，对研究仰韶文化的分布与内涵有重要价值，为甘肃省文物保护单位。

5.2.48　二将城城址

二将城（大顺城）遗址位于华池县山庄乡境内的二将城子村，原名“第二

将城”。地处葫芦河上游二将川南岸山梁上，为子午岭分支山脉。北宋环庆路防御西夏中心城池，范仲淹主持修筑，取名大顺。古城依地形而筑，分为外郭和内城，外郭为一条沿山梁走向的城垣，与内城相隔一条冲沟，是自然天险。内城呈长方形，城内残砖破瓦遍地，瓷器残片杂于其中。出土有“大顺城官”板瓦、铁釜、铁镞和瓷器残片，可辨器残片，可辨器形有碗、盘等。

5.2.49 林州府古城

林州府古城即东华池古城，位于华池县林镇乡东华池。北朝时，西魏在此置华池县，后废。隋仁寿二年复置华池县。唐、宋因之。唐武德四年于此置林州总管府，七年裁。贞观元年废州，华池县归属庆州。宋神宗熙宁四年并入合水县，华池为镇，后改为寨。明置巡检司，清又改为镇。此城最早由何人所筑史无记载，有史可考的是明代巡捕马文升复筑。现西城半山腰有北宋建砖塔一座，八角七层，楼阁式，高约26m。

5.2.50 白马庙石牌坊

白马庙石牌坊位于华池县南梁镇白马庙自然村。为三门四柱单层石坊，清代道光十一年（1831年）立。石牌坊底部已陷入土层内，正面中匾上雕刻“精忠义勇”四个大字，左右雕有坊联。左右两侧小门匾分别雕刻“至大圣刚”。背面中匾雕刻“气助道义”四字，边柱刻有“可托可寄”四字。中门坊联左联“青龙偃月撑住大清一半天”，右联“赤兔嘶风踏开吴魏三分界”。坊顶雕二龙戏珠，柱端为衔环辅首，坊座为鼓型墩上雕蹲狮。

5.2.51 豹子川积善桥

豹子川积善桥位于华池县林镇乡豹子川内，今存明重修石碑一通，可见文字有“积善桥”“秉天地之正气也，通行年深日久水浸坍塌”等字样。该桥长20m，高8m，单孔，一直使用到20世纪60年代末期。

5.2.52 林沟口仿古牌坊

林沟口仿古牌坊位于华池县和庆城县交界处，由华池县新建仿明、清风格四柱十一楼牌坊门一座，提升对外形象，促进华池旅游产业发展。

5.2.53　芋嘴遗址

芋嘴遗址地处华池县山庄乡二将川上游北岸芋嘴山坡上，面积约6万平方米，属新石器时代仰韶文化遗址。

5.2.54　怀安故城遗址

怀安故城遗址位于华池县城西北部、距县65km，现为怀安乡政府所在地。唐开元十一年（723年）在此置怀安县。五代因之。北宋改县为镇，明改巡检司，清置镇，后废。古县城为唐代所筑，宋仲淹扩筑，明成化八年（1472年）巡抚马文升复筑。古城遗址尚存。

5.2.55　兰沟门遗址

兰沟门遗址位于华池县五蛟镇兰沟门村东南1km，面积约7.5万平方米。文化遗存主要有半地穴式的居址、灰坑、窖穴和陶片堆积层。遗址保存较好，对研究仰韶文化庙底沟类型的分布和内涵有重要价值。为甘肃省文物保护单位。

5.2.56　大峁梁遗址

大峁梁遗址位于华池县西梁自然村大梁峁和小疙瘩峁两条山梁至沟底，属新石器时代仰韶文化遗址。

5.2.57　碾子堂遗址

碾子堂遗址位于华池县怀安乡宋嘴子碾子堂村。文化遗存主要有房子、灰坑、窖穴和陶片堆积层，属新石器时代仰韶文化遗址。为甘肃省文物保护单位。

5.2.58　大顺城遗址

大顺城遗址位于华池县山庄乡，为范仲淹任环庆路军事统帅后，亲自率军修筑，宋仁宗为这座城御笔赐名“大顺城”。后范仲淹在这里写下千古名句《渔家傲·秋思》。为省级文物保护单位。

5.2.59　悦乐故城遗址

悦乐故城遗址位于华池县柔远河与元城河交汇处的悦乐镇上堡子村。为使因战乱而流离失所、无家可归的流亡者安居乐业，故命名为“业乐城”，后改为

“悦乐城”。

5.2.60 南梁堡子遗址

南梁堡子遗址位于华池县林镇乡四合台村西梁自然村的山顶上。始建于明代，清代、民国间多次维修。

5.2.61 金山寺遗址

金山寺遗址位于华池县南梁镇高台村东沟门自然村台地上，明代所建，现已辟为耕地，仅留残佛身3尊，残佛头1尊，石狮1只，残石碑1通及大量残砖瓦、石块。石碑额头刻有“大明碑记”，落款为“大明正德元年秋月立”。

5.2.62 五蛟古城遗址

五蛟古城遗址位于华池县西部元城川五蛟镇城壕村，距县城50km。唐代所建。因五水相交而得名。现为五蛟镇政府所在地。

5.2.63 走马城遗址

走马城遗址位于华池县城西北元城镇北15km走马岭南（今吕沟嘴），与岭北走马城（今陕西吴起县庙沟乡西南）相对。世传李卫公大捷于此，走马入城，故名走马城。宋代建通寨堡，遗址尚存。

5.2.64 元城故城遗址

元城故城遗址原名怀安雪泥寨，位于华池县元城镇西。宋代范仲淹所筑，遗址尚存。

5.2.65 小城子城遗址

小城子城遗址原名怀安东谷寨，位于华池县城西北部怀安乡小城子村，宋代范仲淹所筑。

5.2.66 赵家岔遗址

该遗址位于华池县王咀子乡东北银坪村郭家咀子组，出土了距今约1.5万年至1.8万年的旧石器时代人类遗物，现存天津自然博物馆。为甘肃省文物保护单位。

5.3 宗教文化旅游资源

宗教建筑是世界上最优秀的建筑遗存，往往会被列为“世界文化遗产”，它们被看作全人类共同的财富，受全世界人民的爱护和拥护和欣赏。而宗教文化是人类传统文化的重要组成部分，它影响到人们的思想意识、生活习俗等方面，并渗透到文学艺术、天文地理等领域，是旅游资源的重要组成部分。开发宗教文化资源，对旅游业的发展具有重要的意义；而旅游业的发展，也有利于宗教文化的继承、传播、交流和研究。宗教文化与旅游业的关系是相辅相成、共同发展的。旅游业的发展，旅游资源的开发利用，新的旅游市场的开拓，吸引了更多的客人前来游览、朝圣和学术考察交流，这些都有利于宗教文化的传播、交流和发展，对宗教文物古迹也起着保护、修缮的作用。旅游业的发展对于宗教文化的继承、传播、交流和研究都起到促进的作用。旅游活动是人们需求层次提高的一种表现，能满足人们求知的需要，通过旅游可以增长人们的宗教文化知识，陶冶性情、修心养性。到宗教名胜古迹的人一般具有较高的文化水平，不仅有一般游客，更有朝圣者、宗教信徒和专家学者。因此旅游活动的发展也是人们传播了解、探讨和研究宗教文化的一个重要途径。

5.3.1 中华黄帝文化旅游景区

中华黄帝文化旅游景区位于正宁县南邑乡五顷塬村与二顷塬村之间，黄帝冢西侧。景区规划范围195hm^2，主要建设内容包括建设“一轴、两心、一带、六区”及其基础配套设施等。其中“一轴”指黄帝朝圣文化轴，“两心”指黄帝文化展示中心、黄帝冢根祖文化中心，“一带”指华夏根祖文化带，“六区”指综合服务区、黄帝文化展示区、黄帝冢祭祀守陵区、华夏根祖文化区、黄帝文化体验区、森林生态观光区”。现已建成黄帝文化博览园中功德厅、姓氏广场、岐黄广场、百家姓图腾柱项目，及黄帝文化博览园中真宁宫（入口大门、管理用房）、嫘祖殿、勤政园、厕所等主体工程。

5.3.2 燕氏家族墓地

燕氏家族墓地位于正宁县周家镇燕家村。燕庆安（1212—1279年），元代陕西五路西蜀四川行中书省申命署巩昌延安管民提领。卒后与家属同葬于此。墓地占地面积约800m^2，原有四个大墓冢，今已残缺，墓碑和一对石羊移藏县博物馆。为甘肃省文物保护单位。

5.3.3 赵邦清墓

赵邦清墓，明代墓地，位于正宁县永和镇于家村。原有3个大墓冢，今已无存。墓碑和石羊、石马等石刻尚存。

5.3.4 塔儿庄五代塔

塔儿庄砖塔位于宁县盘克镇罗山府管理站。砖塔始建于五代时期（907—960年），通体高约11m，底边长约73m。该塔为宁县境内三个塔中唯一有彩绘壁画的砖塔，建筑工艺极为精湛，檐、斗工整，棱角如锋，砖缝弥合如线，不见缝泥，为研究古建筑的珍贵资料，具有极高的史料和文物考古价值。

5.3.5 扶苏墓

扶苏墓，位于宁县新宁镇袁家寺村。俗称“冢子疙瘩”“太子墓”。《元和郡县图志》《大明一统志》《嘉庆重修一统志》及省、府、州、县旧志均载秦始皇太子扶苏监蒙恬筑长城，始皇崩，赵高、丞相李斯矫诏赐其死，葬于此。墓冢高约20m，周长约150m。

5.3.6 良平傅介子祠

傅介子祠位于宁县良平镇傅家村。傅介子，汉族，北地义渠（今宁县良平镇）人，西汉时期著名外交家、勇士，是继张骞之后又一个为“通西域、辟丝路”做出重大贡献的人。傅介子去世后葬于今庆城县西塬，人称石马坳，历经两千多年沧桑，墓冢遗址及石马石刻尚存，被庆城县政府列为爱国主义教育基地。为缅怀始祖功德，良平傅氏家族曾在明朝万历年间修建傅介子祠，清乾隆及光绪年间两次重修。2005年，重修后的傅介子祠，规模宏大、气势雄伟、古朴典雅、美观协调，塑像及壁画、壁记一应俱全，为市内名祠。

5.3.7 莲花寺石窟

莲花寺位于合水县太白镇莲花寺村，地处子午岭密林深处的葫芦河中游东岸。石窟开凿在向南延伸的一段红砂石崖面上，为一摩崖大龛，共有造像千余身。大龛内依山势而开小龛，崖面雕佛像，龛室相连，追像密集，布局巧妙，工艺高超，令人折服。小佛龛共有25处，多为圆拱形浅龛，属唐、宋两代开凿。莲花寺石窟摩崖造像，采用连环画表现形式，雕造了佛本生故事，艺术价值高，观赏性强，是子午岭石窟艺术中的一朵奇葩。甘肃省文物保护单位。

5.3.8　千佛砭石窟

千佛砭石窟北魏所建，位于合水县太白镇阳巷自然村葫芦河北岸。佛像建在高2m、长6.5m岩面上，均为成排成列浅浮雕摩崖造像，并列12排。每排有拱形小浅龛76至80个，每个小龛内浮雕1尊坐佛，共有造像930余身。在摩崖造像以东10m处，有2个小龛，内各雕1佛2菩萨。

5.3.9　兔儿沟墓群

兔儿沟墓群，即西周墓群，位于合水县西华池镇师家村。从1973至1985年，先后有多处墓葬暴露，合水县文化馆和庆阳地区博物馆陆续清理，出土彩绘灰陶罐、饕餮纹铜鼎、铜戈、铜簋、铜斧等文物。墓葬分布稠密，范围广泛。

5.3.10　连家砭墓群

连家砭墓群（宋、金），位于合水县太白镇连家砭村西南2km处的台地上，俗称“唐王坟”。面积约四千平方米。地表封土无存，有墓碑10通。据碑文记载，为唐睿宗第五子薛王李业后代墓地。

5.3.11　塔儿湾石造像塔

塔儿湾石造像塔为全国50座名塔之一，位于合水县太白镇苗村川塔儿湾村，始建于宋代，以凿磨的红砂岩石条块叠砌而成，平面呈八角形密檐式建筑，共十三层，系省级文物保护单位。

5.3.12　药王洞石窟

药王洞石窟位于合水县太白镇连家砭苗村河南岸灵山下，原有古寺一座叫遥古寺，现古寺已毁，仅留药王洞石窟，该石窟为明代开凿。石窟旁边的峭壁上有明代嘉靖年间进士陈棐手迹“碧落霞天”摩崖石刻。

5.3.13　安定寺石窟

安定寺石窟位于合水县太白镇平定川龙王庙沟内 2000 多米的小溪南岸，是金代开凿的石窟。洞窟形制为前廊后室，中间由甬道连接，甬道右壁上部刻有开凿人的题记，对研究金代党项部落以及金代军事制度有着重要意义。

5.3.14 张沟门石窟

张家沟门石窟位于合水县太白镇李家庄张家沟门西岸红砂岩崖面上，现残存8个龛，共有造像31身。由北向南2、3龛之间的崖壁上刻有“太和十五年太岁在未癸巳朔3月15日佛弟子程弘庆供养佛时造石坎（龛）佛一躯”题记。

5.3.15 烟景川石窟

烟景川石窟位于合水县太白镇烟景川内，东距烟景川管护站驻地700m，坐北向南，为明代所建。石窟位于台地上面红砂岩体上，内共有造像20尊。所有造像通体泥塑后彩绘，现泥塑脱落。

5.3.16 鱼池台石窟

鱼池台石窟位于合水县平定川管理站南14m鱼池台西山下，为北魏所建。石窟坐西面东，塑有1佛2弟子。

5.3.17 李家庄石窟

李家庄石窟位于合水县太白镇平定川内距川口1km处，属太白镇莲花寺行政村李家庄自然村。石窟由北魏的马勺场石窟、北宋的窑庄背石窟，金代大定16年佛龛和明万历26年佛洞组成。

5.3.18 翠峰寺

翠峰寺位于合水县肖咀乡卓堡村翠峰山。翠峰寺始建于北宋，寺院现存前殿、三佛殿各3间，韦驮殿1间，万宝洞及山门、僧窑、墓塔、灵霄三层阁等遗迹；为庆阳市文物保护单位。

5.3.19 保全寺石窟

保全寺石窟位于合水县东北太白镇葫芦河支流平定川马家老庄，为北魏中期及晚期所建，共开龛30余个，除中心部分的三、四、六等窟较大外，其余为圆拱形残龛。保存较完整的13号龛为释迦并坐说法图，5号龛内雕主佛及两肋侍。甘肃省文物保护单位。

5.3.21　万佛寺

万佛寺位于华池县紫坊畔乡高庄村川畔组，建于宋代。寺院早毁，现仅存石佛塔（脚扎川万佛塔）1座。现存造像1290余身。各层均由整块石料的塔体和塔檐组成，檐下饰像，檐上饰瓦楞。

5.3.22　白马石造像塔

白马石造像塔位于华池县白马乡政府南侧柴砭村，地处元城河上游西岸支流白马水东岸一级阶地上，为宋代所建。砂岩筒体结构，残高5.6m，残存7层，密檐楼阁式，由下向上逐层缩小。甘肃省文物保护单位。

5.3.23　双塔寺遗址

双塔寺原建在华池县林镇乡豹子川张岔村双塔沟与张岔河交汇处的半山腰，原名石塔院，始建于金代，为华池寨寨主保义校尉李世雄主持修建，历经多次修缮。至清代，大部分建筑被毁，仅留存双石塔。两塔各13层，1号塔通体雕有佛像、菩萨、弟子供养人、抬塔力士、伎乐天等，共有雕像三千五百余尊；2号塔有雕像615尊，1至6层有雕像，6层以上无雕像。2000年，1号塔先后两次被盗，经公安机关全力侦破并追回。2001年9月，经省政府批准，华池县将双石造像塔异地搬迁保护，迁建于县城东山双塔森林公园。

5.3.24　山玄圣寺

山玄圣寺位于华池县柔远镇孙家川村柔远山顶，建于汉代。明、清、民国曾多次重修。主要建筑有天门、二天门、三天门、飞升楼、玉皇楼、玄圣行宫、祖师行宫等。寺内有大钟1口，山门有石狮1对，山前门有石旗杆4根，钟、鼓楼各1座。现仅存石狮，其余被毁。

5.3.25　定汉寺

定汉寺位于华池县城壕镇新集村，建于南北朝时期，兴于唐、宋。明、清曾重修。旧时寺庙正殿佛2尊、菩萨3尊、金刚2尊；石阁菩萨2尊，旁列罗汉诸天；左殿祖师2尊；右殿伽蓝土地2尊；三门天王4尊；钟楼1座，今仅存断壁残垣。

5.3.26 清凉寺

清凉寺位于华池县悦乐杜河村，建于明代。清代曾多次复修。建筑面积1200m^2，由正殿、串心殿、东厢房、西厢房组成，共12间。后殿内塑像被毁，四壁彩绘尚存，其构图清晰，色彩艳丽，有明清画风，保存较好。

5.3.27 弥陀院

弥陀院位于华池县五蛟镇李良子村毛沟门沟口山根底，建于金大定二年（1162），明弘治、雍正、乾隆、咸丰、同治年间曾重修。

5.3.28 新堡玉皇庙古建筑群

新堡玉皇庙古建筑群位于华池县悦乐镇新堡村，地处柔远河西岸一级阶地，为清代所建。四合院土木结构，有山门和左右厢房，正殿为二层楼阁。殿内有壁画，保存完好。还有清代庙碑一通，为市级文物保护单位。

5.4 革命遗址旅游资源

革命遗址包括“从中国共产党成立至中华人民共和国成立前后共28年的历史时期的重要革命发生地、纪念馆、纪念物及其所承载的革命精神”。这类旅游资源具有丰富的内涵，资源类型多样。甘肃子午岭省级自然保护区已经初步形成了以战斗遗址类、会议遗址类、抗战时期生产运动类、根据地类、纪念馆类、烈士陵园类为主的红色旅游资源。

5.4.1 中华苏维埃共和国关中特区纪念馆

中华苏维埃共和国关中特区纪念馆位于庆阳市正宁县南邑乡南邑村，现有习仲勋旧居、关中特委、关中特区苏维埃政府、新正县委、新正县苏维埃政府、南邑乡苏维埃政府等旧址，共有展陈面积1000多平方米。为市级文物保护单位。

5.4.2 红军红一军团政治部旧址（邓小平旧居）

邓小平旧居位于正宁县宫河镇王录村，旧址现有院落1处，窑洞5孔。1937年2月至8月，时任中国工农红军第一军团政治部主任的邓小平在这里生活工作半年之久。为市级文物保护单位，先后被命名为爱国主义教育基地、庆阳市党史教育基地、庆阳市廉政教育基地。2009年12月被命名为爱国主义教育基地。

5.4.3　寺村塬革命委员会成立大会旧址

寺村塬革命委员会成立大会旧址位于正宁县湫头镇新庄子村。为1932年3月至8月，谢子长、刘志丹开展革命活动期间，召开寺村塬72个农民代表大会，并选举成立的陕甘边区革命委员会旧址，大会旧址保存完好。

5.4.4　红军陕甘游击队成立大会遗址

中国工农红军陕甘游击队成立大会遗址位于正宁县三嘉乡锦章村。1932年2月12日，谢子长带领西北反帝同盟军，在三嘉乡锦章村举行中国工农红军陕甘游击队成立大会，将西北反帝同盟军改编为中国工农红军陕甘游击队。1995年3月，确立为正宁县爱国主义教育基地。

5.4.5　正宁县烈士陵园

正宁县烈士陵园位于正宁县山河镇移风村一组。始建于1951年，原址位于县城中街，1981年迁于现址，占地18.3亩。2013年7月改扩建，建成了烈士公墓、烈士纪念碑、革命烈士纪念馆等。2005年10月被命名为全市爱国主义教育基地。

5.4.6　宁县革命烈士陵园

宁县革命烈士陵园坐落在县城西北庙嘴坪南麓。始建于1956年，园内建有“宁县革命烈士纪念碑”、“五八战役殉难烈士纪念碑”、“王孝锡革命烈士纪念碑”和静心亭、励志坡、修德苑等景观。陵园先后被省市县各级政府命名革命文物保护单位、庆阳市国防教育基地、庆阳市爱国主义教育基地、庆阳市廉政教育基地、中共宁县党史教育基地等。

5.4.7　王孝锡烈士纪念馆

王孝锡烈士纪念馆位于宁县古豳文化旅游区游客服务中心东面，馆内展出了王孝锡烈士早期革命活动期间的图片、图书、遗物等百余件。纪念馆先后被评为甘肃省第五批爱国主义教育示范基地、庆阳市爱国主义教育基地以及庆阳市廉政教育基地。

5.4.8　王孝锡烈士陵园

王孝锡烈士陵园坐落在宁县太昌镇西岭村。1985年10月修建，建有陵墓、纪念碑、花坛等。为省级文物保护单位。

5.4.9 任鼎昌烈士墓

任鼎昌烈士墓位于宁县太昌镇申明村。1987年8月修建，建有陵墓、纪念碑。为市级文物保护单位。

5.4.10 中共邠宁支部旧址

中共邠宁支部旧址位于宁县太昌镇肖家村，为甘肃省第一个农村党组织。2019年扩建，新建立体雕塑、宣誓墙、文艺舞台及展示厅。

5.4.11 焦村烈士陵园

焦村烈士陵园位于宁县焦村镇王家庄三里墩。为纪念1948年5月8日西北野战军在屯字镇战斗后部队东撤途经焦村牺牲的烈士，1969年5月1日焦村人民公社革命委员会修建。

5.4.12 石鼓烈士陵园

石鼓烈士陵园位于宁县春荣镇石鼓村路北，1980年宁县人民政府修建，1989年8月将散葬于苏城佛堂村的烈士遗骨迁于陵园集中礼葬，共安葬“迎王战斗”中31名烈士遗骨，并竖“石鼓革命烈士纪念碑”。

5.4.13 九岘烈士陵园

九岘烈士陵园位于宁县九岘西坬桥子峁。为纪念1947年8月九岘战役中牺牲的烈士，1966年5月宁县人民政府修建烈士陵园，竖“九岘战役烈士纪念碑”1座；1987年8月1日重建碑楼。

5.4.14 包家寨子会议旧址

包家寨子会议旧址位于合水县蒿咀铺乡张举塬行政村后塬自然村包家寨子东沟畔。1933年11月3日至5日，中共陕甘边特委、陕甘边革命委员会和红军临时总指挥部在此召开联席会议。2003年确定为县级文物保护单位。

5.4.15 陕甘红军纪念馆

陕甘红军纪念馆位于合水县太白镇，是为纪念刘志丹、谢子长、习仲勋等革命先烈在陇东大地开展“太白起义”“倒水湾整编”“包家寨子会议”等重大军事活动和创建陕甘红军的艰辛历程和丰功伟绩，传承陕甘红军舍生忘死、艰苦奋斗的红色精神所建。纪念馆占地46289m^2，总建筑面积4200m^2，分一馆、一碑、一园、一中心四个部分。

5.4.16　合水县烈士陵园

合水县烈士陵园初建于1952年，原址在西华池镇中街。1975年迁至西华池镇唐沟圈并扩建陵园，新陵园占地6600m^2，烈士纪念塔1座。

5.4.17　太白烈士陵园

太白烈士陵园位于合水县太白镇瓦川口。建于1955年6月，占地2600m^2，迁入烈士遗骸76具，竖“革命烈士公墓”墓碑1座。属县级文物保护单位。

5.4.18　老城镇烈士陵园

老城镇烈士陵园建于1955年6月，原址合水县老城镇西关，1975年改迁葫芦把山腰第三台平台上。占地3300m^2，迁入烈士遗骸129具，竖“革命烈士公墓”墓碑1座。属县级文物保护单位。

5.4.19　店子烈士陵园

店子烈士陵园位于合水县店子街东，建于1955年6月，占地2600m^2，迁入烈士遗骸64具，竖“革命烈士公墓”墓碑1座。属县级文物保护单位。

5.4.20　刘志丹太白起义旧址

刘志丹太白起义旧址位于合水县太白镇太白村。是1930年刘志丹发动“太白起义”，并在之后组建第一支革命武装南梁游击队的地方，为创建陕甘红军奠定了基础。

5.4.21　抗日军政大学第七分校旧址（简称抗大七分校）

抗日军政大学第七分校旧址（简称抗大七分校）位于庆阳市华池县林镇乡东华池村，是1936年6月1日在陕北瓦窑堡创建的“中国人民抗日军政大学”下设的12个分校之一。现存22孔石箍窑和1处院落。省级文物保护单位，为庆阳市红色旅游景点和革命传统教育、爱国主义教育基地。

5.4.22 抗大七分校卫生所旧址

抗大七分校卫生所旧址位于合水县蒿咀铺乡陈家河村。1942年，中国人民抗日军政大学第七分校利用陈家河村两处简陋的桩基、8孔窑洞建起的卫生所。

5.4.23 大凤川军民大生产基地

大凤川军民大生产基地旧址位于华池县大、小凤川，是《军民大生产》歌曲的诞生地。2009年，华池县在练兵场旧址新建大凤川军民大生产纪念馆。

5.4.24 南梁革命纪念馆

南梁革命纪念馆坐落于华池县南梁镇荔园堡村，原陕甘边苏维埃政府所在地，为全国爱国主义教育示范基地、全国国防教育基地、全国首批百个红色旅游经典景区、国家AAAA级旅游景区。纪念馆由门楼、牌坊、纪念碑、展馆、浮雕、政府旧址、清音楼、“两点一存”主题文化广场等部分组成。

5.4.25 南梁陕甘边区革命政府旧址

南梁陕甘边区革命政府旧址位于华池县林镇乡四合台村寨子湾自然村。旧址分3组，共19孔窑洞，为第七批全国重点文物保护单位。

5.4.26 列宁小学旧址

列宁小学旧址位于华池县南梁镇荔园堡南1.5km处的转嘴子。学校在战争年代屡遭破坏，几经迁转，后瓦房全毁，仅留土窑一孔。学校旧址经恢复维修，现为全市红色旅游景点和市级文物保护单位。

5.4.27 华池县烈士纪念碑

华池县烈士纪念碑坐落在华池县烈士陵园内。1965年7月1日华池县人民政府立。

5.4.28 华池县悦乐镇烈士纪念塔

华池县悦乐镇烈士纪念塔坐落在悦乐镇正街，建于1950年4月5日。纪念碑镶于塔龛中间，纪念塔三面刻有185名革命烈士名录。

5.4.29　张岔烈士公墓

张岔烈士公墓位于华池县林镇乡豹子川张岔村。竖立烈士纪念碑一座，烈士公墓内安葬75位烈士，均为创建南梁苏区和解放战争时期在南梁一带牺牲的革命烈士，以及大生产运动中抗大七分校因公牺牲的学员。

5.4.30　阎洼子烈士墓

阎洼子烈士墓位华池县南梁镇白马庙川、玉皇庙川、荔园堡川三岔路口，是陕甘边区根据地中心地带。1934年反“围剿”斗争中，有42名红军战士和群众被国民党杀害于此。

5.5　水文旅游资源

水文旅游资源以湖泊、河流、云雾、雨、积雪等不同形式存在于大自然之中，构成了不同的美学特征。它们还有迷人的色彩；有的晶莹碧透，倒映风物；有的一片汪洋，深邃叵测。它们美的形象，美的音色，美的色彩，无不形成了巨大的旅游吸引力。人们置身其中，或听，或看，或遨游，充分享受着水文旅游资源给人类带来的愉悦之情。水文旅游资源既适合开展度假避暑或休疗养事业，同时又可利用广阔水面开发多种康乐体育专项旅游活动，如划船、垂钓、狩猎、游泳、潜水、漂流等。还可以利用水面农业、水产养殖，开展水上农业观光、捕鱼尝鲜等农作参与性旅游活动。

5.5.1　九龙川

九龙川位于宁县，因先周豳国的九位帝王葬于此，故称“九龙川”。川内九龙河发源于子午岭西麓，流经宁县八个乡镇，最后汇入马莲河。九龙河波光熠熠，清澈见底，是宁县七条河中唯一不拖泥携沙的一条河。九龙河流域还蕴藏着深厚的历史文化积淀，沿岸有董家台、苏家城、闫家沟、徐家台、柳光洼等古文化遗址27处。有建于五代初期，距今1200多年的悠久历史的兴隆寺。还盛产驰名天下的黄甘桃和晋枣，是踏青、观光、科普和体验生活的好去处。

5.5.2　宋庄荷塘

宋庄荷塘位于盘克镇宋庄村，是印象义渠 · 莲花池全域生态旅游线的重要组成部分。目前修缮荷塘17座，建有硬化广场、水上舞台、水上观景台、水上栈道、水面观景亭、廊亭、廊架，是观光旅游、休闲娱乐、避暑之胜地。

5.5.3 白吉坡水库

白吉坡水库位于宁县盘克镇宋庄村，总库容565万立方米。已发展成白吉湖生态旅游度假区，已成为远近闻名的观光、旅游、垂钓、避暑胜地。

5.5.4 庵里水库

正宁庵里水库位于正宁县西坡镇庵里村，总库容538.39万立方米。目前已发展成为集防洪、灌溉、城区供水、水产养殖于一体的综合性水库。库区流域内植被良好，水土流失轻微，野生动植物丰富，空气清新，环境幽静，日照充足，是观光、旅游、避暑的好地方。

5.5.5 犀牛湖

犀牛湖位于刘家店管理站犀牛庄管护站南北两山交汇处。传说，太上老君云游至此，其坐骑饮用该处清水池水后食毒草而死，老君便驾白鹤离去，便有了现在的犀牛庄和犀牛湖。湖边森林茂密，环境优美。湖内水生动植物繁多，是垂钓、观光旅游盛景。

5.5.6 大小凤川自然生态风景区（凤川湖）

大、小凤川自然生态风景区位于华池县林镇乡，景区森林资源丰富，动植物种类繁多，有军民大生产基地纪念馆、南梁干部学院、世界最早的“高速公路”——秦直道、凤川长湖、小凤川、烟雾沟、凤川松涛、子午烟雨等景点。令人心旷神怡，被誉为“天然氧吧”“陇上小江南”。2006年4月5日，子午岭经国务院批准列为国家级自然保护区。

5.6 自然遗迹

自然遗迹是大自然发展变化留下的具有特定科学文化价值的旧迹，是由物质和生物结构或这类结构群组成的自然景观。自然遗迹作为自然环境的一个小生境，是在自然界演化的历史时期，受内外动力地质作用形成并遗留下来的自然产物，是自然资源和环境的重要组成部分。子午岭自然保护区拥有独特优美的自然风光、罕见的人文景观和良好的环境质量，在黄土高原及其以北地区的风景资源中具有很强的代表性，对旅游者吸引力强，是黄土高原上不可多得的旅游开发地域。

甘肃子午岭省级自然保护区属典型的陇东—陕北黄土高原丘陵沟壑地貌类型，区内最高海拔1756m（调令关），最低海拔1100m（太白镇），相对高差656m。保护区内梁、峁、塬、沟、川等沟壑纵横，以梁峁或峁为主，峁间或梁间有“崾山间”，相互交织，连成网络式崎岖山丘，极具黄土高原区特有的黄土梁峁地貌特征。

也因古剥蚀作用，部分地段形成基岩裸露的山梁或坡面。区内岩石与周边区域岩石不同，基岩为棕红色砂岩和粉砂岩，平行层理结构明显，岩层厚度由中厚层至块状层。由于易受风蚀、水蚀影响，因而形成了难得的岩石景观；裸露处或因风蚀圆润而失去棱角，舒展地表现了曲线美；或因水蚀而变得层理明显，色彩斑斓，凸凹自然而富有韵律。岩石便于雕凿的特点，使区内洞、穴多有分布，有的临基，有的悬崖，有佛洞，也有古人避战乱而凿的居洞。

5.7　保护区周边地区旅游资源

旅游资源是旅游业生存与发展的物质基础。资源是有限的、不可再生的。不合理的资源利用方式不但会导致资源被破坏和浪费，还会影响本地旅游业以及经济的发展。如何合理保护和利用旅游资源，达到生态效益、社会效益和经济效益的有机统一，是实现旅游资源可持续发展的关键所在。旅游资源的合理利用是提高旅游经济效益、保护资源的重要前提，也是推进当地旅游业可持续发展的首要条件。

子午岭自然保护区处于延安革命胜地旅游区、宜川壶口瀑布旅游区、黄帝陵旅游区、玉华宫景区、庆州古城马嵬驿、环洲古城、崆峒山的中心位置，是旅游产业开发的黄金地带，易构成旅游网络节点。此外，自然保护区内、外部交通便利，方式多样，为开展保护工作和发展旅游业提供了良好的基础。

第6章　社会经济状况

生物多样性保护与社区经济协调发展是当今世界生物多样性保护的热点和难点。妥善解决保护与利用之间的矛盾，不仅直接关系着生物多样性保护的成败，而且是以人为本理念的具体体现和理性选择。自然保护区不是世外桃源，历史发展的轨迹决定了它和其周边社区之间存在着千丝万缕的联系，在当今这种联系表现得尤为紧密。自然界是人类生存和发展的基础，人类活动离不开自然，从一定意义上讲，人类的生存和发展是自然演进的重要组成部分，人类活动影响着自然的结构、功能和演化进程。因此，自然保护区只有立足于周边社区的社会经济特点和发展阶段，制定和实施切实可行的保护管理措施，才能真正实现保护区的发展目标。当前子午岭自然保护区人口、资源、环境之间的矛盾十分突出，掌握保护区周边社区的基本情况，构建双方良性互动共赢的长效机制，不仅是保护区自身发展的现实需要，也是贯彻落实科学发展观、构建社会主义和谐社会、建设社会主义新农村的必然要求。

为了全面了解子午岭自然保护区周边社区的社会经济状况，为保护区协调发展建言献策，本次科考队员深入机关单位、乡村农户、田间地头，采用访问法、问卷调查法、二手资料收集法等，对保护区周边社区的行政建制、人口、民族构成、土地利用、产业结构、交通和通信等情况进行了调查。

6.1　保护区社区概况

子午岭省级自然保护区在正宁、宁县、合水、华池4个县境内都有分布。其核心区内没有居民居住和农牧民活动，在缓冲区和实验区及其边缘总计有14个乡镇，104个行政村，人口14.68万人，其中农业人口12.66万人，主要分布在实验区和保护区外围，缓冲区人口分布较少。

各乡镇及村落主要沿柏油公路分布，到村基本都有水泥路面，到户也基本实现机耕便道或泥结碎石林区道路。电力供应较充足，基本满足了农户家中照明用电。

资源的利用现状表现为周边社区村社，尤其是地处保护区缓冲区的村社普遍存在对现有自然资源进行粗放的开发和利用，主动参与资源的保护和管理的意识及能力比较缺乏，直接影响和威胁着生态环境及资源的完整性与系统性。

社区落后的经济状况，制约着人们对自然资源合理的保护与利用。直接用于自然资源管理的经费缺乏，区内经济发展缓慢。随着天然林保护工程和退耕还林工程的逐年实施，发展食用菌等以林木为主要生产原料的产业应该大量兴起，有序管理森林资源有待进一步加强。

社区贫困及人口生存需求增加，导致社区自然资源的压力不断加大。绝大部分农户仍靠山吃山，不乏有砍伐林木作燃料，牛、羊放养也偶有发生，生态环境破坏性较大，如甘草、猪苓、龙骨等名贵中药材被挖掘采集时有发生，住所附近生活垃圾污染亦有不同程度出现，同时也使住所附近生态环境与保护区自然环境格格不入。

6.2　保护区社区产业结构

随着退耕还林工程开展实施，保护区及周边社区农业结构得到了部分调整，从传统的单一耕作方式逐步转换为农林牧副复合型生产格局。群众主要从事农业生产的同时兼营一定规模的畜牧业和少量林副业。

在生产体系上，当地农户基本上以传统农业种植为主，在耕耙、播种、收获、运输等方面很大程度上还是依靠人力、畜力进行。少量水田以种植水稻为主，旱地以种植玉米、小麦、油菜、大豆等农作物为主，土壤瘠薄，单位面积产量较低，一年一季，主要以家庭为单位进行农业生产，粮食基本能自给自足。

农作物品种林区以玉米为主，并有少量水稻和西葫芦（产白瓜子）；林缘区有玉米、小麦、油菜、马铃薯、红薯等。畜禽有牛、马、猪、鸡、鸭等。林副业主要有采种、挖药、山货编制及小农具加工等。

林副业生产在当地农民经济生活中亦占有相当重要的地位，但随着天然林资源保护工程的全面实施，该林区已实施全面禁伐，停止了所有商品材和林副业用材的生产，也使当地农村产业结构发生了改变，原有的林业产值已转换为副业收入。目前，副业生产主要以开展香菇、平菇、羊肚菌等食用菌的栽培，树舌灵芝、酸枣、秦艽、猪苓、穿龙薯蓣、柴胡、百蕊草、葛缕子、牛蒡、黄耆、党参、菘蓝、黄精、杠柳、黄芩、苍术、北桑寄生、五倍子、山杏、山桃等名贵中草药栽植、采集，荒山造林及花卉苗木繁育，核桃、葡萄、樱桃、花椒、桃等经济植物的种植，猪、羊、牛、鸡、鸭、鹅、鱼、蜜蜂的养殖等为主，使林下经济产值得到迅速发展，经济林提质增效效果显著。

随着区划的调整，位于水源地保护区和规划功能区的原有养殖场的清理，新上养殖场的严格审批，畜牧同样面临发展空间受限的窘境，压缩了畜牧业的发展空间。随着城镇化不断加快，农村人口向城市转移，农村青壮年劳动力流失严重，制约农业新技术推广，影响农业生产发展。同时，转移人口不愿舍弃土地使用权，土地长期流转困难，造成土地流转成本过高，加重农业成本，不利于高效农业的健康发展。

6.3 保护区土地资源与利用

6.3.1 土地资源

保护区及周边人口经济发展较快，草地、耕地利用、城乡聚落扩展与生态保护的矛盾尖锐，人与野生动物争空间、家畜与野生动物争资源，对生物多样性保护及其他生态服务功能的影响很大。现行《中华人民共和国自然保护区条例》禁止在自然保护区内进行砍伐、放牧、开垦等活动。

保护区区划经营面积242106.1hm^2，核心区65153.3hm^2，缓冲区46859.0hm^2，实验区130093.8hm^2。其中，国有土地233144.8hm^2，保护区已取得土地使用权，并办理了土地使用权属证。集体土地8961.3hm^2。保护区已与周边乡村签订了土地使用管理协议，纳入保护区统一管理，保护区与周围乡、村、组界线清楚，无土地使用权属纠纷。

6.3.2 土地利用结构

保护区在2009年重新调整功能区后的土地利用结构为：林业用地232286.9hm^2；其中，有林地161026.7hm^2，灌木林地20675.5hm^2，疏林地19023.6hm^2，未成林造林地11236.3hm^2，宜林地20168.8hm^2，苗圃地156.0hm^2；非林业用地9819.2hm^2；森林覆盖率为65.99%。现通过14年的管护及造林，森林覆盖率已达87.62%。

6.4 人口及民族

自然保护区所在4个县共有36镇19乡，567个行政村（社区），2777个村民小组，总人口109.77万人；常住人口88.98万人，0～14岁和65岁及以上人口28.77万人，占常住人口的32.33%。总人口中主要以汉族为主，占99%以上，其他还有回、蒙、藏、苗、满、羌、土家等多个少数民族。总体受教育程度较低，高中以下文化程度占绝大多数。

6.5 周边地区社会经济概况

2020年，保护区沿线4县（区）国民生产总值共238.75亿元，其中第一产业产值37.42亿元，第二产业产值121.06亿元，第三产业产值80.27亿元。农业总产值74.81亿元。粮食总产量为50.58万吨，人均粮食占有量460.78kg，农民人均可支配收入10505.43元（见表6-1）。

表6-1 甘肃子午岭省级自然保护区周边4县区经济指标

统计单位	国民生产总值/亿元	第一产业产值/亿元	第二产业产值/亿元	第三产业产值/亿元	农业总产值/亿元	工业总产值/亿元	粮食总产量/万吨	农民人均可支配收入/元
正宁县	24.65	5.59	1.91	17.14	5.78	—	4.64	11309.22
宁县	59.61	18.85	9.07	31.7	19.14	6.9	22.55	10378.1
合水县	57.71	6.86	35.06	15.79	39.5	—	8.15	10290.48
华池县	96.78	6.12	75.02	15.64	10.39	—	15.24	10043.9
合计	238.75	37.42	121.06	80.27	74.81	—	50.58	10505.43

6.5.1 正宁县经济发展概况

2020年，全县地区生产总值完成24.65亿元，按可比价格计算，同比增长2.00%，增速比一季度、上半年和前三季度分别提高490个、330个1.80个百分点。从产业看，第一、二、三产业增加值分别完成5.59亿元、1.91亿、17.14亿元，分别增长4.50%、3.20%、0.80%，增速比上半年分别提高4.40个、17.70个、0.70个百分点，分别拉动GDP增长1.14个、0.26个、0.56个百分点；产业结构比为22.7∶7.8∶69.5。从行业看，农林牧渔业、建筑业、交通运输、仓储和邮政业、金融业以及房地产业增长较快，分别增长4.71%、9.90%、9.10%、7.52%、3.49%，合计拉动GDP增长2.38个百分点。

全县农林牧渔业增加值完成5.78亿元，按可比价格计算，同比增长 4.71%。粮食作物，面积11.45万亩，下降15.62%，总产量4.64万吨，下降14.81%，占4万吨责任目标的116%；粮食单产440kg，增长7.31%。经济作物，油料产量0.57万吨，增长35.37%；烤烟产量0.34万吨，下降1.10%；蔬菜产量3.64万吨，增长

50.34%；药材产量0.93万吨，增长71.58%；水果产量7.31 万吨，增长9.79%。畜牧产业，全县猪、牛、羊、禽分别出栏4.48万头、0.28万头、0.88万只、9.93万只，分别增长1.94%、45.60%、58.36%、15.46%；分别存栏7万头、1.19万头、1.31 万只、24.54万只，分别增长63.28%、150.12%、3.91%、7.30%。肉产量0.41万吨，增长4.41%；禽蛋产量736.2吨，增长7.32%。

城乡居民人均可支配收入分别为31874.97元、11309.22元，分别增长4.53%、7.2%，增速分别比前三季度提高0.63个、0.4个百分点，农村居民人均可支配收入增速快于城镇居民2.67个百分点。城乡居民人均收入比值为2.82，比上年同期缩小0.07，城乡居民收入相对差距进一步缩小。城乡居民消费支出分别为22395.54元、7818.39元，分别增长1.41%、7.78%，从收入来源看，城乡居民“四项收入”均保持增长态势。其中，城镇居民工资性收入占总收入的83.97%，增长4.99%，是城镇居民收入的主要来源；农村居民经营性收入占总收入的半壁江山，增长6.70%。从消费支出看，城镇居民“八项支出”呈现“五增三降”，其中食品烟酒、交通通信、教育文化娱乐是城镇居民的主要支出，分别占消费支出的30.26%、12.55%、11.58%，分别增长1.11%、0.27%、9.81%；农村居民“八项支出”呈现“七增一降”，其中食品烟酒、居住是农村居民的主要支出，分别占消费支出的33.11%、20.15%，分别增长8.11%、9.87%。

6.5.2 宁县县经济发展概况

2020年全县实现生产总值59.61亿元，按可比价计算，比上年增长2.3%。其中，第一产业增加值18.85亿元，增长4.5%；第二产业增加值9.07亿元，增长0.5%；第三产业增加值31.7亿元，增长2.0%。三次产业结构由上年的27.87：19.14：52.98调整为，31.6：152：53.2。全县十大生态产业完成增加值10.12亿元，占全县生产总值的17%，占比提升0.58%。

全县完成农林牧渔业增加值19.14亿元，同比增长5.0%。全县农作物播种面积102万亩，比上年增加2.48万亩。粮食播种面积71.81万亩，比上年增加1.1万亩；总产量22.55万吨，比上年增产2.38%。夏粮播种面积38.08万亩，比上年减少1.33万亩；产量8.68万吨，比上年下降12.12%。玉米播种面积22.12万亩，比上年增加3.56万亩；产量11.52万吨，比上年增加21.17%。豆类播种面积6.18万亩，比上年增加1.03万亩；产量0.92万吨，比上年增加26.92%。薯类播种面积1.96万亩，比上年减少0.66万亩；产量0.64万吨，比上年下降21.04%。油料播种面积11.92万亩，比上年减少1.92万亩；产量1.99万吨，比上年增加1.01%。蔬菜播种面积6.08万亩，比上年减少0.95万亩；产量6.36万吨，比上年减产9.14%。瓜类播种面积5.38万亩，比上年增加1.07万亩；产量18.39万吨，比上年增产0.3%。中草药播种面积5.6万亩，比上年增加2.52万亩；果园面积14.16万亩，比上年增加0.82万亩。

园林水果产量11.11万吨，其中苹果产量10.33万吨，比上年增产48.36%。畜牧产业，全年肉类总产量1.64万吨，比上年下降4.4%。牛奶产量896吨，增长1.8%。年末大牲畜存栏6.26万头，增长1.73%。其中：牛存栏6.12万头，增长1.86%；牛出栏4.35万头，增长4.61%；猪存栏15.07万头，增加18.69%；猪出栏12.6万头，增加3.76%；羊存栏13.04万只，增长17.16%；羊出栏8.66万只，增长8.8%。全县水产品产量95吨。年末造林面积17万亩，实有封山（沙）育林面积6.88万亩，育苗面积3.67万亩，当年苗木产量1.51亿株。

全县城镇居民可支配收入33491.64元，增长4.9%。农村居民人均可支配收入10378.1元，增长7.7%。固定资产投资增长12.3%。规模以上工业增加值同比增长10.1%（含石油）；完成社会消费品零售总额21.5亿元，同比下降2.8%，完成大口径财政收入3.9亿元，增长11.7%；公共财政预算收入完成2.5亿元，增长27%。

6.5.3　合水县经济发展概况

2020年全县生产总值57.71亿元，按不变价格计算，比上年增长 3.8%，其中，第一产业增加值6.86 亿元，增长 4.5%，第二产业增加值35.06亿元，增长5%，第三产业增加值15.79亿元，增长与上年持平。第一、二、三产业对经济增长的贡献率分别为10.9%、89.3%和–0.2%，拉动经济增长0.41、3.39和–0.01个百分点。

全县完成农林牧渔业增加值6.96亿元，同比增长4.53%。粮食播种面积22.39万亩，同比下降3.1%，粮食产量7.42万吨，同比下降3.88%。其中，小麦播种面积5.67万亩，同比下降7.01%；小麦产量1.14万吨，同比下降21.53%。玉米播种面积8.5万亩，同比增长2.98%，玉米产量4.41万吨，同比增长3.16%。蔬菜园艺类播种面积5.62万亩，同比增长3.24%，蔬菜产量5.92万吨，同比增长31.67%。大牲畜存栏2.58万头，同比增长4.26%，其中，牛存栏2.4万头，同比增长4.98%，牛出栏1.16万头，同比增长4.92%；猪存栏3.58万头，同比增长14.99%，猪出栏3.36万头，同比增长11.19%；羊存栏19.04万只，同比增长2.29%，羊出栏14.22万只，同比增长6.0%；鸡出栏9.96万只，同比持平，鸡存笼27.47万只，同比增长3.78%。肉产量6728.21吨，其中猪肉2916.9吨，牛肉1392.48吨，驴肉15.66吨，羊肉2274.79吨，禽肉105.16吨，兔肉13.8吨，同比增速分别为2.97%、4.01%、–3.19%、–11.43%、6.0%、1.81%、–16.06%；鲜蛋产量842.1吨，同比增长8.38%。造林总面积9万亩，同比下降0.24%；育苗总面积4.7万亩，同比增长77.09%。水产品产量48.14吨，同比增长18.86%

全县城镇居民人均可支配收入32337.5元，同比增加1279.6元，增长4.1%，高于三季度0.3个百分点。农村居民收入增长稳定，全县农村居民人均可支配收入10290.48元，同比增长8%。

6.5.4 华池县经济发展概况

2020年全县地区生产总值96.78亿元，增长2.1%，其中：第一产业增加值6.12亿元，增长4.4%；第二产业增加值75.02亿元，增长2.4%；第三产业增加值15.64亿元，下降0.3%。

全年完成农林牧渔业产值10.40亿元，实现农林牧渔业增加值6.19亿元，增长4.5%。一是种植业增势强劲。全年农作物播种面积72.68万亩，增长2.2%。粮食播种面积63.79万亩，增长7.7%，粮食总产量15.24万吨，增长15.4%，其中：谷物播种面积49.58万亩，增长3.9%，产量12.76万吨，增长11.7%（小麦播种面积3.63万亩，产量0.63万吨；玉米播种面积40.06万亩，增长1.9%，产量11.09万吨，增长11.8%；荞麦种植面积3.6万亩，增长36.9%，产量0.45万吨，增长40.4%）；豆类播种面积6.2万亩，产量0.65万吨；油料播种面积3.7万亩，产量0.53万吨，蔬菜播种面积2.86万亩，产量3.18万吨，增长1.8%，中药材播种面积1.58万亩，产量0.65万吨，实现产值7.4亿元。二是林业生产形势良好。年内全县造林面积20万亩，其中人工造林面积18.75万亩。封山育林面积29.78万亩，森林抚育面积6万亩，其中育苗面积1.71万亩。果园面积1.02万亩，园林水果产量1.27万吨，增长2.3%，实现林业产值0.98亿元。三是畜牧业快速增长。全年大家畜存栏1.64万头，增长18.9%；家禽存栏33.11万只，增长39.7%，当年出栏14.4万只，增长54.8%；猪存栏3.57万头，增长36.6%，猪出栏4.12万头，增长57.9%；牛存栏1.24万头，增长27.7%，牛出栏0.58万头，增长6.9%；羊存栏16.44万只，增长17.0%，羊出栏4.81万只，增长19.5%，实现畜牧业产值1.74亿元。四是渔业和服务业平稳增长。年内全县水产品养殖面积15.3亩，水产品产量11.08万吨，分别实现渔业和服务业产值8.56万元和2921.2万元。

全县城乡居民人均可支配收入分别为34484元和10043.9元，增长4.2%和7.9%。从城乡居民收入构成看，工资性收入分别为29374.4元和4422.2元，分别增长4.5%和7.0%；经营净收入分别为3218.7元和3867.4元，分别增长8.0%和8.4%；财产净收入分别为432.9元和71.8元，分别增长3.7%和4.7%；转移净收入分别为1458.1元和1682.6元，分别增长2.9%和9.5%。

第7章　自然保护区管理

7.1　基础设施

甘肃省子午岭位于庆阳市境内，横跨正宁、宁县、合水、华池4县的24个乡镇，面积4900多平方千米。2005年，甘肃省政府批准在华池、合水、宁县、正宁4个管理局所辖林区的核心地段，建立甘肃子午岭省级自然保护区，区划经营面积242106.1hm^2；其中：核心区70705.5hm^2，缓冲区47379.4hm^2，实验区124021.2hm^2，主要保护对象为黄土高原天然次生林及其生境所形成的自然生态系统。2009年2月，甘肃省对子午岭省级自然保护区相关功能区进行了调整，调整后保护区总面积不变，核心区、缓冲区面积减少，实验区面积增加。

甘肃子午岭省级自然保护区经甘肃省林业厅、庆阳市林业和草原局及各管理局的多年建设，目前已具备了一定的基础设施条件，能够基本满足保护管理工作的实际需要。近年来，保护区主要通过上级拨款和自筹资金等方式，为林区投资修路、新建维修资源管护站（点）、瞭望台、实施铁丝网围栏、购置各类扑火器械等。

甘肃子午岭省级自然保护区含子午岭林区的华池、合水、宁县、正宁四个管理局所辖林区核心地段，地理坐标在东经108°09′～108°43′，北纬35°18′～36°30′之间。保护区下辖4个管理局、22个管理站，有业务用房27处，49000m^2；管护站131个，瞭望台9处，管护用房34500m^2，能够满足保护区日常管护工作的开展，基本实现了办公自动化。

在保护区四周界线的山脊、道路、河流等地形明显处埋设了界桩，并在界桩上刻写“甘肃子午岭省级自然保护区界桩”字样。在保护区主要道路出入口均建立标示牌及视频监控报警系统。

7.1.1　交通工程

保护区内各管护站位置偏僻、工作人员高度分散、生活物资输送及日常办公、科研、生产极为不便。现仅为每个管理站配备护林防火公务用车1辆，各管护站日常生活及管护用车基本以私家车或职工私人摩托车为交通工具。

7.1.2 道路工程

保护区四个管理局公路纵横交错，四通八达。市与县、县和县及乡与乡之间都有干线公路通往各保护站都有专线公路，保护区内道路、林区便道能够满足基本的护林和生产需要，但因林区道路多以土路或砂石路面为主，多数道路因年久失修，或因每年的降雨，路基损坏严重，需要每年多次修复。

7.1.3 通信工程

保护区各管理局均位于各县县城，有中国电信、中国移动和中国联通的无线网络覆盖区。下辖22个管理站及131个管护站和9个瞭望台均有中国电信、中国移动或中国联通无线网络覆盖。保护区利用这些通信设施，采用有线和无线相结合的方式，基本可以实现保护区内外通信畅通。

7.1.4 供电工程

保护区各管护站站址是原护林站或场部所在地，供电设施良好，部分管护站架设有变压器。另有一些管护站是通过邻近乡镇电管所供电。保护区各管理局、下辖各管理站及各管护站利用国家电网解决了供电问题，能够保证职工正常工作和生活。

7.1.5 水工程

保护区各管理局利用市政供水系统和排水系统解决给排水问题。下辖22个管理站均自建有简易的给水和排水设施，基本能够满足管理站职工生活给排水问题。大部分管护站自建有简易的给水设施，基本能够满足职工生活给水问题，但排水系统很不完善，下雨时污水横流。少数管护站给排水工程有待建设。

7.1.6 保护区经费

自然保护区批准成立以来，上级没有批准设立专职管理机构，除2006年下达的1276万元基础设施建设经费外，也从未拨付过自然保护区建设专项经费。下属22个管理站仅在原单位的基础上加挂保护区管理站牌子，工作经费来源主要是财政拨款和国家重点工程项目拨款。2006年国家发展和改革委员会、国家林业局下达子午岭国家级自然保护区基础设施建设项目投资1276万元，其中到位中央财政预算内专项投资1020万元，地方配套256万元。

7.2　机构设置

2005年根据甘肃省人民政府文件（甘政函〔2005〕4号）批复，成立了子午岭省级自然保护区，下设甘肃子午岭自然保护区华池管理局、合水管理局、宁县管理局和正宁管理局，四个管理局均属正县级事业单位。四个管理局下属共有22个管理站，9个木材检查站和中湾林科所1个，现编制人数1237人，从业人数1211人，其中：本科人数69人，大专人数235人，中专人数128人，高中人数及以下191人，高中以下人数612人。

根据自然地形地势、资源分布及管理现状，子午岭自然保护区下设4个管理局和22个管理站。其中：正宁管理局4个，宁县管理局5个，合水管理局7个，华池管理局6个，各管理局所承担的区域内自然保护管理职能如下。

7.2.1　甘肃子午岭自然保护区华池管理局

华池管理局内设纪委、人秘科、财务科、生产科、管护科、多种经营6个职能科室和庆阳市子午岭林区华池社区居委会。下辖东华池、豹子川、大凤川、林镇、山庄、城壕6个管理站。

7.2.2　甘肃子午岭自然保护区合水管理局

合水管理局内设人秘科、计财科、生产科、管护科、经营科5个职能科室。下辖大山门、拓儿塬、太白、连家砭、北川、蒿咀铺、平定川7个管理站。

7.2.3　甘肃子午岭自然保护区宁县管理局

宁县管理局内设人秘科、计财科、生产科、管护科、经营科5个职能科室。下辖九岘、罗山府、盘克、桂花塬、梁掌5个管理站。

7.2.4　甘肃子午岭自然保护区正宁管理局

正宁管理局内设人秘科、计财科、生产科、管护科、经营科5个职能科室。下辖秦家梁、中湾、刘家店、西坡4个管理站。

7.3 保护管理

根据甘肃省子午岭自然保护区的管理实际，保护区实行“保护区管理局—保护管理站”二级管理体系，为了保证政令畅通，维护保护区的整体利益，对保护区管理局、保护管理站，划定具体职责如下。

7.3.1 保护区管理局

贯彻执行有关自然保护的法律法规、政策规定和工作制度，负责管辖区域内的自然保护区保护和管理工作；调查自然资源并建立档案，组织环境与资源监测，保护自然资源和自然环境；配合开展有关科学研究、主管部门和有关机构对违反管理规定的各类违法违规行为进行查处；开展自然保护宣传教育；负责界标竖立和管理。

自然保护区华池管理局、合水管理局、宁县管理局、正宁管理局分别下设人秘科、计财科、生产科、管护科、经营科5个职能科室，其职责如下：

人秘科：负责文件传阅处理，拟制党政文件材料，承办干部考核、工人晋升、职称评聘、劳资文档管理和群团组织等业务。

管护科：负责制订森林资源管理办法及灭火预案，组织实施林木林地管护、防火、禁毒、依法行政等。

生产科：负责各项生态工程建设、林业有害生物防治、森林资源调查清查、林业科技项目试验及推广应用等。

计财科：负责编制、组织实施预（决）算，监督审核资金管理使用，申报林业固定资产投资项目，负责林业统计等。

经营科：负责制定、指导实施产业项目，负责苗木销售、森林旅游项目规划设计、档案管理，协调指导森林公园建设管理等。

7.3.2 保护管理站

保护管理站是保护区的基层实施单位，它包括保护点、检查站、瞭望台等，根据划定的范围，对本辖区的自然资源进行监督管护。为提高整体的保护效能、各保护管理点负责本范围的保护管理，并与邻近单位相互配合做好联防。

7.4　科学研究

7.4.1　已开展的工作

保护区是进行自然科学研究的重要基地。通过科学研究，促进人类了解自然、掌握自然变化规律，指导对自然资源的保护和恢复自然条件、维护生态平衡，最终达到人与自然的和谐发展。自然保护区的科学研究是一项综合性、系统性和针对性很强的工作，需要进行自然科学系统内的多学科合作，要求自然科学和社会科学紧密结合，共同努力，在进行项目选定时，不仅要考虑自然保护的眼前需要和现有科研条件，而且要着眼自然保护区的长远目标和社会协作的可能性、必要性。

早在1953—1981年，中国科学院植物研究所和西北生物土壤研究所就对本地区植物多样性进行了四次小范围调查。1980年以来，原庆阳师范高等专科学校生物系刘立品等学者通过生物多样性实习及后期相关项目工作的开展，基本摸清了子午岭林区木本植物资源本底情况。但相对于泾河与洛河之间的广大区域来说，植物多样性本底情况还不十分清楚；但这些工作的开展，对了解本区域维管植物多样性概况起着承前启后的作用。

2006年以来，陇东学院生命科学与技术学院马世荣副教授通过生物多样性见习及第四次全国中药资源普查和相关项目工作的开展，对庆阳市七县一区，陕西省榆林市定边县，延安市吴起县、志丹县、甘泉县、富县、洛川县和黄陵县，铜川市耀州区、印台区，咸阳市旬邑县、淳化县在内的所有地区维管植物多样性进行了系统调查，初步掌握了保护区的资源概况。

子午岭林区油松人工林全周期抚育是一项重要的林业经营活动，面积较大，对于促进油松人工林健康稳定生长，巩固和扩大生态建设成效，实现森林的可持续经营发挥重要作用。庆阳市林科所实施的“庆阳市油松人工林全周期抚育改造技术示范推广”项目在合水大山门管理站建成代表各个龄级特征的庆阳市油松人工林全周期抚育改造示范基地，完成作业、对照和监测固定样地的布设；开展样地现状、技术应用林分因子变化的首次监测调查；在各类型改造样地内进行抚育技术的应用示范，为全市油松人工林科学合理化经营措施的制定树立样板。

7.4.2　保护区的科研监测

保护区的科研监测任务是结合保护区保护与管理的中心工作，开展生物多样性保护研究与监测、珍稀濒危野生动植物的保护繁殖研究、保护区社区可持续发展模式研究。为保护区合理开发利用自然资源和对自然资源、自然环境进行科学管理奠定基础，为提高土地对人类社会经济活动的承载力创造条件。

保护区科研监测的目标为加强科研监测基础设施建设，建设高素质科研队伍进行本底资源调查，开展森林群落结构与物种多样性研究，开展保护区珍稀濒危物种的救护、繁育、保护研究及其利用工作。

7.4.3 保护区研究的工作重点

7.4.3.1 本底资源和重点物种调查与监测

通过自然保护区的本底资源和重点物种调查与监测，摸清保护区生物资源的数量及变化趋势。调查可采用多种方法相结合，彻底查清资源量及分布，建立健全资源档案，为进行更好的保护管理打下基础，主要调查内容如下。

（1）自然地理各要素的调查与研究（地质地貌、气候气象、水文、土壤等）；

（2）兽类、鸟类、两栖爬行类、昆虫类的种类、数量和分布状况调查；

（3）种子植物的种类、数量和分布状况调查；

（4）植被资源调查；

（5）社会经济状况的调查；

（6）自然环境和其他自然资源的调查。

7.4.3.2 珍稀动植物繁育及保护方法的研究

对珍稀濒危动植物的濒危机制进行研究，探索增加濒危种群数量的方法。通过繁育栽培珍稀植物，增加植物种数量、具体内容如下。

（1）珍稀濒危物种的基因多样性研究；

（2）珍稀濒危种群的群体遗传学研究；

（3）保护区野生动植物的物种多样性研究；

（4）珍稀濒危物种保护措施研究；

（5）特种濒危动物人工养殖技术研究；

（6）植物资源的合理开发与利用研究。

7.4.3.3 建立信息系统，强化档案管理，建立数据库

随着保护区建设的不断完善和管理工作的科学化、科研日常化，积累的资料信息也逐年增多。为了便于信息的检索、查询、数据统计和国际交流，利用现代信息技术建立地理信息系统（GIS）和管理数据库。这对提高保护区整体水平，促进保护区自身建设、管理和发展具有重要作用。

7.4.4　科学研究工作的人才保障

（1）有计划地培养保护区的科研力量，通过请进来、派出去的办法提高保护区科研人员的业务水平。

（2）通过提高人才待遇，接收大专院校毕业生等途径，引进有经验的中、高级科研人才，并对现有职工不断进行专业技术培训，逐步壮大科研队伍。同时，邀请国内高等院校、研究机构专家与科研人员来保护区开展科学研究。

（3）注重提高科研人员的政治和业务素质。制订符合实际的人才培养规划，尽快培养出一批结构合理的科研骨干力量和学科带头人。鼓励在职深造，树立优良学风，倡导上进和钻研精神。

（4）积极开展面向保护区内外群众，中小学生的科学普及工作，激发人们热爱自然、探索自然的兴趣，增强保护环境的自觉性与积极性。

甘肃子午岭省级自然保护区是在国有林场的基础上建立的，以营造生态林为主，自然保护区实施封山禁牧，禁止一切畜群进入保护区内，严格控制职工群众采樵。在封育区采用铁丝、木桩、土墙等办法围栏近3万米。对保护区内各种用途占用林地进行了全面清理整顿，对保护区内采油占用林地进行了重点清理，对保护区批准前开采的油井一律停止生产，封堵井口。现在对涉及的3类71处生态环境问题进行了整改，达到了整改目标。其中，涉油设施49处（47处井场129口油气水井、1处拉油站、1处油田生活基地）已停止生产、拆除清运设备（设施）、封堵油井，平整场地，栽植苗木、恢复生态44处，恢复耕地5处；人工设施20处（鱼塘12处，养殖场区8处）已全部停止经营、拆除厂房、清理垃圾，平整场地（12处鱼塘9处恢复原貌，3处恢复耕地，用作稻田，7处养殖场区恢复耕地，1处养殖场区恢复建设用地）；工厂企业2处（华池县宝塔建材厂、合水县太白镇牛坡混凝土搅拌厂）已拆除设备和厂房、平整场地，恢复为耕地。还增加了维修防护设施，先后对147个资源管护站点进行维修，维修林区公路260km，开设防火隔离带180km，维修防火道路390km。

目前在保护区内部还没有矿产开发行为，但周边的矿山开发对保护区影响很大。矿山开发破坏植被、污染水源，容易造成水土流失、山体滑坡，对保护对象和环境产生不良影响。因此，兼顾保护区建设和地方经济发展的需要，保留大规模的矿山企业，进行保护性开发，不得增设新的矿山企业，现有小规模、破坏性开采的矿山企业要分期、分批搬迁或关闭，搬迁或关闭的矿山应依法进行植被恢复，保留企业也要边开发边治理，依法进行植被恢复。

第8章　自然保护区评价

8.1　保护管理历史沿革

子午岭自唐宋时期还是大面积的原始森林，明末清初时原始森林已基本消失殆尽，并在清代后期换之以现存的天然次生林。中华人民共和国成立后，子午岭森林管理受到高度重视，并于1955年10月成立正宁、宁县、合水和华池森林经营所。1957年改为国营林场。1958年，在原有基础上增加正宁县刘家店、合水县拓儿塬和庆阳县定汉寺林场。1959年废除林业机构，国营林场并入农场。1962年恢复林业机构，重建6个国营林场。1965—1974年，子午岭林区林、农机构采用团、营、连等部队建制。1975—1984年，国营农场相继改为林场。至1985年，子午岭林区建成正宁、宁县、合水和华池4个林业总场，区域内林业管理及林区生态环境在一定程度上得到了有效保护。子午岭成为黄土高原中部最大的天然次生林，是黄河流域主要的水源涵养和水土保持林，对稳定黄河水质、水量及陇东黄土高原水土保持具有十分重要的意义；同时，其植物区系复杂，物种多样性丰富，群落结构不稳定，具有非常重要的保护和科研价值。2004年，原庆阳市林业局（现庆阳市林业和草原局）委托甘肃省林业调查规划研究院完成《甘肃子午岭省级自然保护区区划报告》，并积极组织开展保护区申报工作。2005年2月，经甘肃省政府批准建立甘肃子午岭省级自然保护区（甘政函〔2005〕4号），区划涉及正宁、湘乐、合水和华池4个林业总场，22个国有林场。2018年，庆阳市国营华池、合水、湘乐、正宁林业总场分别更名为甘肃省子午岭林业管理局华池分局、甘肃省子午岭林业管理局合水分局、甘肃省子午岭林业管理局宁县分局、甘肃省子午岭林业管理局正宁分局，并加挂甘肃子午岭自然保护区华池管理局、甘肃省子午岭林业管理局合水管理局、甘肃省子午岭林业管理局宁县管理局、甘肃省子午岭林业管理局正宁管理局的牌子，管辖区域内含自然保护区的22个基层林场分别加挂甘肃子午岭自然保护区管理站的牌子，并受庆阳市林业和草原局统一管理。

8.2 保护区范围及功能区评价

甘肃子午岭省级自然保护区是甘肃省政府于2005年2月批准建立的（甘政函〔2005〕4号），位于庆阳市境内，含子午岭林区的华池、合水、宁县、正宁四个管理局所辖林区核心地段，地理坐标在东经108°09′～108°43′，北纬35°18′～36°30′之间，总面积242106.1hm^2。2009年，因青兰高速公路建设需要，经甘肃省政府甘政函〔2009〕15号文件批准对子午岭自然保护区功能区进行了调整。

核心区：面积为65153.3hm^2，占保护区总面积的26.9%，由4块区域构成。其中，1号核心区位于华池管理局豹子川管理站管护区，面积为7337.7hm^2；2号核心区位于华池管理局大凤川管理站，面积16257hm^2；3号核心区面积最大，位于合水管理局的太白、连家砭、蒿咀铺、拓儿塬和大山门，宁县管理局的罗山府、梁掌和桂花塬管理站，正宁管理局秦家梁和西坡管理站管护区内，面积为46095.1hm^2；4号核心区位于正宁管理局刘家店管理站，面积最小，为1015.7hm^2。本区域主要由天然次生林组成，主要有蒙古栎林、山杨林、白桦林、侧柏林、人工油松林、人工刺槐林、人工核桃林、人工华北落叶松林和杂木林，区内生物多样性高，生态系统较为稳定。主要保护对象为对应各植被类型。

缓冲区：面积为46859.0hm^2，占保护区总面积的19.4%。1号和2号核心区按缓冲区区划要求进行了区划，3号核心区的正东面与姊妖保护区陕西延安柴松自然保护区和陕西子午岭自然保护区的缓冲区相连，该区域再未设立缓冲区，3号核心区的东南面和4号核心区正东面刚好在子午岭主岭上，为保证核心区的安全，根据规定设立了500m宽的缓冲带。区域多以山脊线、沟壑、道路或河流等自然地形为界，形成一道天然屏障。区内植被类型基本同核心区，但人为干扰相对较多，人工林比例较大，保护对象亦为各类型群落。

实验区：面积为130093.8hm^2，占保护区总面积的53.7%，主要由天然次生林组成，含有部分人工林，保护对象为对应各个群落。

8.3 主要保护对象动态变化评价

子午岭自然保护区位于我国温带草原区南部，属温带大陆性季风气候，保存有典型的暖温带—温带森林生态系统，是天然的物种资源宝库，包含有多种珍稀、濒危野生动植物。本区以华北成分为主，其次为华中成分和黄土高原成分，还杂有少量蒙新成分、东北成分和欧洲中亚成分，是多种区系成分交汇组成。自然植被类型有3个植被型组、5个植被型、26个群系，森林覆盖率87.62%。植被的垂直带谱不甚明显，而子午岭南北和主岭东西呈一定差异，是暖温带落叶阔叶林区与温带草原区域的过渡型。该区还是陇东和陕北黄土高原的重要水源区，保护好森林生态系统，对维持区域生态环境的稳定具有十分重要的作用。

该区是我国黄土高原地区生物多样性较丰富的地区之一，保护区的建立有利于保护暖温带落叶阔叶林、温带草原过渡地区生态环境，有利于该区的生物多样性保护。

8.4 管理有效性评价

自子午岭自然保护区建立以来，各管理局按照《甘肃省自然保护区管理条例》，结合实际，建立健全了自然保护区管理机构，成立了由局长任组长、相关科室及各管理站负责人为成员的自然保护区管理领导小组，配备了与自然保护区管理工作相适应的专业技术人员和保护管理人员。制定了自然保护区管理措施，划分了管护责任区，管理局与管理站、管理站与各管护站（点）、护林人员层层签订目标责任书，明确了管护职责、范围。建立完善了《森林资源管护岗位职责》《森林资源管护责任落实表》《森林资源管护制度》《森林资源管护职责》《森林资源管护责任区域图》及护林人员的考勤制度和巡山日志，确保了在自然保护区范围内未发生严重的林业有害生物、森林火灾、乱砍滥伐、乱捕滥猎等现象，取得了良好的管理成效。但多年来，社区群众以种植业收入为主要经济来源。并由于经济基础、交通条件等多方面原因，替代产业和产品发展缓慢，社区群众的收入增长较慢，这将对自然保护与管理产生一定影响。

8.5 社会效益评价

自然保护工程是公益性事业，通过自然生态系统保护工程的有效实施，将极大地宣传生态环境建设与人类的密切关系，提高人们的自然保护意识。自然环境条件的改善，为人们提供更好的保健游憩场所，改善当地居民生存环境，为周边地区社会经济和科教文卫事业的全面、持续发展提供良好的自然环境条件和投资环境，促进经济和社会的可持续发展。

8.5.1 可提供良好的科学研究和科普教育基地

甘肃子午岭省级自然保护区是一个天然的自然博物馆，是研究黄土高原森林生态、动植物、环境、水文、地质、土壤、气候等学科的理想基地，可以通过举办森林生态、环保、自然保护等方面的学术讲座，组织夏令营、科普宣传等活动，利用实物、模型、标本、图片、电影、电视、报告、展览等多种形式普及科学知识，进行自然保护教育。

8.5.2 为社会提供游憩场所

保护区景观资源丰富，在实验区开展科普旅游，而且使游客在游览中获得广博的科学知识，在了解和认识自然的过程中，生动而又具体地感受到祖国山河的壮美，从而激发爱国热情，增强想象力和创造力，陶冶情操，促进身心健康。

8.5.3 提供了就业机会

通过各种科普教育及旅游资源的开发，带动当地相关产业（交通、餐饮、通信等）的发展，加快当地群众脱贫致富的步伐。

8.5.4 提高知名度

随着自然保护事业与生态旅游业的发展，专家、学者、新闻工作者和游客将纷至沓来，通过科考、探险、游憩、绘画、摄影、录像和宣传等活动，自然保护区的知名度将迅速提高，高知名度带来的各种效益将不可估量。

8.5.5 加速信息交流

随着保护区科学研究工作的不断深化和自然保护事业的发展，将进一步促进对外交往，扩大对外交流，加速信息传递。将有利于引进人才、技术和设备，对尽快提高保护区工作人员的科学文化素质，提高管理和科研水平，繁荣自然保护事业有积极的推动作用。

8.6 经济效益评价

保护区优越的景观资源、丰富的红色资源和独特的动植物资源，为开展生态旅游和多种经营提供了有利条件。在生态旅游区和实验区发展旅游业和多种经营，可以为保护区内和周边地区的群众提供大量的就业机会，优化就业结构，有利于社会安定和群众生活水平的提高，有利于促进保护区社区共管的良性循环。同时也为投资经营者创造了良好的投资环境，对促进自然保护区及周边地区的经济腾飞具有重要的意义。更为重要的是，周边群众将会认识到，保护区建设的好与坏，与自身利益息息相关，进一步能达到变被动保护为主动保护的目的。

因此，在开展保护管理工作的同时，开展种植业、科普教育及生态、人文、和红色旅游服务业等项目，不仅可以获得一定的经济收入，缓解保护区的资金紧张状况，增强保护区保护、管理、科研能力，而且还可以安置附近村民就业，增加当地居民经济收入，巩固好来之不易的脱贫攻坚成果。另外，随着各项事业的不断发展，在改善本区域生态环境的同时，提高了所在地的知名度，创造了一个良好的投资环境，对当地经济发展具有明显的带动作用。

总之，发展好甘肃子午岭省级自然保护区的各项事业，将有效地保护该地区的生物多样性，为自然生态系统的良性循环及动物种群数量的增加起到积极作用。同时，自然资源作为国有资产，林木的不断生长增值，具有可观的储备价值，经济效益显著。

8.7 生态效益评价

自然生态系统的保护将使以自然为主体的动植物栖息地、生态系统的水平结构、垂直结构和营养结构得以优化，促进生态系统的物质循环和流动，充分发挥涵养水源、调节气候、保持水土、防风固沙和美化环境的多种功能。项目的实施不仅对区域和整个流域生态系统具有极其重要的作用，而且这些生态系统所产生的巨大生态效益不仅是局部地区的，而应该是大范围的。对陇东农业建设和庆阳经济的发展有着直接关系，对建设全面小康社会都至关重要。具体生态效益如下：

8.7.1 净化空气效益

森林通过吸收同化、吸附阻滞等形式，成为污染物归宿的浩大汇库。工业发展排放的烟灰、粉尘、废气严重污染着空气，威胁人类健康。据报道，$1m^2$的云杉，每天可吸滞粉尘8.14g，松林为9.86g，榆树林为3.39g，林区大气中飘尘浓度比非森林地区平均低10%～25%。据测算，森林中空气的SO_2要比空旷地平均少15%～50%。因此，甘肃子午岭森林生态系统能够吸收周边地区工业生产形成的有害气体SO_2，可有效地改善林区及周边环境的大气质量。

8.7.2 调节降水效益

甘肃子午岭自然保护区森林生态系统显著地影响着林区及周边地区的气候条件与变化。在子午岭森林影响下，保护区及邻近地带存在一个稳定的600mm降水区，高于黄土高原其他地方一般年份的降水量。

8.7.3 涵养水源效益

黄土高原是个缺水的地区，黄河中游的地表水主要分布在其中四大支流，即渭河、泾河、汾河和洛河。其中的渭河和汾河分别流经黄土高原的南侧和东侧，而汾河和洛河两大流域覆盖了黄土高原中部的整个地区。子午岭既是泾河、洛河两大流域的分水岭，又是这两大水系的发源地和补给区。泾河、洛河流经子午岭林区，河水流量比较稳定，这正是由于子午岭森林发挥了拦蓄降水、涵养水源的巨大作用。

8.7.4 净化水质效益

甘肃子午岭森林生态系统具有良好的水质贮滤效应。据于志民研究，森林拦截的降水与对比试验地相比具有明显的改善水质的作用，在水源涵养林保护下的水质完全可以达到生活饮用水的标准。

8.7.5 保持水土效益

森林生态系统对固土保水是其主要的生态服务功能之一。据张嘉宾（1986）的测定分析，即使是微小的细根，也有很强的固持土壤的能力，平均直径只有0.8mm的细根，具有固持1.31kg土壤的能力。甘肃子午岭位于黄土高原中部，根据现代黄土高原的侵蚀速率可知，近代黄土高原每年土壤侵蚀流失量为16亿吨左右。如按目前的侵蚀速度持续，未来100年就将有0.5m厚的黄土被侵蚀。甘肃子午岭自然条件优越，植物生长茂盛，森林枯落物较多，为土壤保持提供了有力保障。

据水保部门观测数据，子午岭林区葫芦河流域土壤侵蚀模数为130t/（km^2·年），而远离林区的沟壑区侵蚀模数均在5000～6000t/（km^2·年）以上，有些地方甚至达5000～6000t/（km^2·年）以上，反映了子午岭林区森林保持水土的生态效益显著性。

8.7.6 固碳制氧效益

森林在生长过程中要吸收大量CO_2，放出O_2，是天然制氧厂。森林每生长$1m^3$木材，可吸收大气中的CO_2约850kg。在树木生长旺季，$1hm^2$的阔叶林每天能吸收$1tCO_2$，制造生产出$750kgO_2$。甘肃子午岭森林生态系统通过吸收CO_2，放出O_2，调节大气中CO_2、O_2的循环和平衡，这种吸碳、造氧功能，不仅使得被工业废气污染了的区域空气质量得到明显改善，还可减少局部地区的温室气体排放量。

8.7.7 土壤营养富集效益

森林生态系统营养物质循环发生在大气、生物与土壤之间，而生物与土壤之间的养分交换是最主要的过程。依据森林植被对土壤有机质及养分的补充作用，枯枝落叶以及腐殖质化、矿质化分解，是补充土壤有机质及N、P、K等营养元素的主要途径，也是森林与土壤之间营养物质循环的基本过程。甘肃子午岭自然条件相对于黄土高原其他地区比较优越，植物种类繁多，生长茂盛，为自然肥力的增长提供了有力保障。

8.7.8 保护生物多样性效益

子午岭林区是陇东黄土高原生物多样性最丰富的地区，是一座弥足珍贵的物种基因库。通过本次调查，保护区仅维管植物有133科593属1394种，野生脊椎动物304种，无脊椎动物1058种。在野生动植物中，有国家一级野生保护动物7种，二级野生保护动物42种；一级野生保护植物1种，二级野生保护植物6种。这些高等动植物种群及群落的存在，正是依靠了子午岭森林的庇护作用。

第9章　保护与管理建议

9.1　存在的问题与矛盾

9.1.1　保护区保护工程不够完善

甘肃子午岭省级自然保护区经过多年的建设，特别是在习近平总书记“绿水青山就是金山银山”的生态理念影响下，其基础设施、管理水平尽管有了较大的改善，也取得了一定的成绩，但我们不能盲目乐观，总体上仍然处于较低水平。保护区自成立以来上级尚未批准设立专职管理机构，除2006年下达的1276万元基础设施建设经费外，也未拨付自然保护区专项经费。

9.1.2　科研队伍力量有待加强

甘肃子午岭省级自然保护区是2005年2月批准建立，起步较晚，缺乏现代化的办公和科研设备，致使科研能力和科研水平较低；尽管兰州大学和陇东学院合作建立了子午岭野外观测台站，由于经费缺乏，人员配备不足，其工作也难以高质量开展。

9.1.3　保护区人员专业水平和业务素质有待提高

近几年来，尽管政府部门通过公开招聘的方式选聘了一批大学生到林业系统甚至是基层工作，使保护区人员文化水平有了一定的提高，但是他们大多也不是林业大学毕业的专业人才，致使保护区的科研和监测数据的研发都难以进行。另外，由于自然条件艰苦，又远离城市，对于大多数年轻人来说，进入林业系统，下到基层开展工作只是作为一个过渡，没有扎根的想法；甚至个别大学生参加工作不到一年，因各种原因而辞职的现象也时有发生。

9.1.4 保护区面临的威胁

（1）放牧

随着社会经济的发展，尽管家养牲畜数量在减少，但是长期形成的家养牲畜放牧模式在一些偏远地区还占有一定规模。而不合理的放牧对生态环境会造成一定的破坏，加重了生态系统的承载能力，会危及森林及草地系统的安全，特别是冬季放牧甚至会引起草地退化。甘肃子午岭省级自然保护区周边，特别是偏远山区的牛、羊、马、猪等的养殖仍具有一定规模，保护区应该与当地政府、村组协作，规范放牧者的放牧，在一定程度控制放牧牲畜的数量；同时，探索家养模式， 以解决提高农牧民生活质量和自然保护区管理的矛盾，大大降低放牧对保护区生态系统的破坏。

（2）采药、盗伐和偷猎

由于近30年的植被恢复和保护区建立以来的科学管理，华北豹、黑鹳、大鸨、金雕、大天鹅等一些珍稀动物频频“出镜亮相”， 燕雀、领雀嘴鹎、红头长尾山雀、太平鸟、大鲵、豪猪等动物新纪录不断被刷新，羊肚菌、猪苓、穿龙薯蓣、黄精等资源的逐渐恢复，巍巍子午岭已成为名副其实的天然物种“基因库”，野生动植物的“栖息地”。但随之而来的采药、盗伐和偷猎现象也偶有发生，对保护区野生动植物带来了较大威胁。

（3）自然灾害

保护区地处黄土高原腹地，土质疏松。夏季暴雨和秋季阴雨较多，林区山体滑坡及泥石流偶有发生；冬春季降水稀少，气候多风干燥，森林火险威胁较大。同时，近年来气候不稳定，天气变化异常，极端气候时有出现，最低气温可达–27.7℃。突然出现极端低温，给保护区多数物种造成不同程度的伤害。

（4）生态旅游

随着经济社会发展和人民生活水平的提高，以“走近自然，感受生态”为理念的生态旅游也成为人们的一种休闲娱乐方式。保护区森林覆盖率高，空气质量好，被誉为“天然氧吧”，每逢节假日周边群众时常会去保护区开展短暂的“修身养性”，但不文明旅游现象随处可见，常常在林沿路边垃圾遍地，所到之处毁草毁树，戏弄野生动物也屡见不鲜，对保护区生态环境造成了一定的影响，对保护区管理也提出了挑战。

（5）入侵植物

外来物种入侵是全球生物多样性减少的第二大原因，对人类健康、经济发展和社会文化都产生了较大的影响。人类日益增加的活动有意、无意地带入了更多的外来种，致使自然保护区内外来种的数量越来越多，并在一些保护区造成严重危害。甘肃子午岭省级自然保护区已有列入《中国入侵植物名录》的外来入侵植物42科208种，占本区域维管植物种数的14.9%。这些外来植物对丰富本地资源及景观格局作出了突出贡献，但不乏有少数植物对本区域生态环境、农林生产及群众生命财产安全有不良的影响，对保护区生物多样性提出了新的挑战。

（6）人工抚育

因森林抚育可提高林分质量、森林的生态效益和社会效益，被很多森林生态系统所喜用。甘肃子午岭省级自然保护区也不例外，早期管理中，各区均存在不同程度的抚育管理，致使抚育区灌木植物的个体密度、高度和草本植物的个体密度显著降低，同时物种的丰富度也随之降低。因此，适度抚育可能是甘肃子午岭省级自然保护区人工林生物多样性保育和维持的有效措施，也是保护区科学管理需要长期关注的新的课题。同时，破解因早期过度抚育而导致的保护区生物多样性降低或成为一个比较棘手的问题。

9.2　保护管理及规划建议

9.2.1　预防为主，科学规划，全面加强保护区建设

甘肃子午岭自然保护区是2005年2月批准建立的省级自然保护区，起步相对较晚，自然条件差，资金缺乏，基础设施、管理条件、科研设施、团队建设和技术水平等都相对较为落后。因此，要以习近平总书记“绿水青山就是金山银山”的生态理念为指引，加强保护区建设，在项目建设、资金投入、机构设置、科学管理等方面加大力度。从林业专项资金、省级计划、地方筹集、外援项目等多渠道筹措资金，开源节流，在努力改善保护区基础设施条件和工作环境的同时，加大科研监测力度，同兰州大学、陇东学院合作建立一支高水平的专业科研团队，为实施有效保护创造良好的条件。

9.2.2　科学防治，加强科学研究和监测体系建设

科学了解、掌握保护区的资源状况与生物多样性特征及其变化是实现有效管理和保护的前提。通过对保护区内生物资源的调查，全面掌握保护区内的生物多样性现状，对保护区形成完整的监测系统网，常年定期、不定期监测区域生态系统，包括物种分布、组成和变化、生物总量、受干扰程度、光热、降水和生态破

坏程度等，这对全面了解保护区生态环境和生物多样性现状及发展趋势提供最直接、最可靠、最科学的数据，也为制定和实施保护区科学管理提供可靠依据。加强预警系统与事故处理能力建设，甘肃子午岭自然保护区生态环境比较脆弱，面临人为压力和自然灾害的双重压力，一旦破坏恢复重建难度较大、周期长，一旦发生生态或环境破坏事件，如不能及时采取强有力措施，将对保护区的生物多样性和生物链造成无法挽回的损失。因此，我们必须制定对可能发生的自然灾害和人为破坏事件的预警方案，加强事故应急处理反应能力建设。确立保护区森林生态系统健康标准，采用科学、安全、经济、高效的综合防控技术和措施。

9.2.3 加大科学研究力度，为保护区提供科学理论支撑

在子午岭自然保护区加大科学研究力度，就是要在对保护区生物多样性进行充分调查的基础上有计划、有步骤地进行科研立项，利用现代化的科技手段，提高保护区在生物多样性繁殖与演化、资源保护、开发利用等方面技术含量，为保护区开发利用与保护提供科学理论和技术支撑。

（1）建立华北豹、紫斑牡丹等国家级保护动植物资源的种群监测系统，长期开展其种群动态监测。

（2）建立保护区森林防火预警和病虫害防治系统。

（3）开展保护区生物多样性动态调查，以便反映保护地管理效应。

（4）建立保护区石油资源前期开发对生态环境的影响观测和常态化生态系统修复试验。

（5）开展保护区入侵动植物动态监测，以便及时掌握外来入侵物种对子午岭森林生态系统的影响。

（6）开展不同林分、不同抚育模式对保护区生物多样性的影响研究。

（7）开展保护区花溪谷生态旅游的长期监测和评估。

9.2.4 科学管理，加强法治教育，提高公众参与度

通过应用现代的科学管理技术和手段对保护区实现有效管理。加强保护区及周边社区居民的法治教育和技能培训，使自然保护区内生物多样性得到有效保护，并逐步走到法治化和专业化的轨道上来。通过宣传教育和培训，使保护区内的居民和旅游者将自身视为保护区生态系统中的一员，认识到保护区与人们应该是相互依存、唇齿相依的关系，提高主动保护意识，特别是让周边群众认识到保护区长期良好的生态环境对当地居民也会产生较好的经济效益。鼓励公众参与保

护，特别是将居民传统的自然资源利用方式，也纳入保护管理的范围之内，统一实行基于符合生态学和自然伦理道德的长效管理机制。

9.2.5 科学建设，合理利用，将生物多样性保护纳入区域国民经济发展计划

认真实施保护区建设和保护工程，对保护区内资源和生物多样性进行普查，并制定可持续利用的经营管理方案，合理开发利用保护区内的各类生物资源。自然保护区和生物多样性的保护管理与区域社会经济发展状况密不可分，尽管生物多样性在空间分布格局和地理分布上存在着异质性和相对独立性，但离开区域经济发展讲自然保护就会成为空话。应该把自然保护区及生物多样性的保护纳入区域可持续发展战略中，并同保护区所在区域的国民经济发展计划相一致，避免保护区因脱离区域经济发展而孤立。通过适当的政策调整和倾斜，以及适度的产业结构调整等，建立保护区生态环境效益监测和评估体系，加强生物资源的保护和可持续利用，最终将自然保护区建设成为一个自然与社会经济和谐发展的自然体，践行习近平总书记“绿水青山就是金山银山”的生态理念，使生物多样性保护与当地经济和社会发展可持续相融合，走出一条既保护了生态环境，又发展了经济的良性路径。

参考文献

[1] 蔡波, 李家堂, 陈跃英, 等. 通过红色名录评估探讨中国爬行动物受威胁现状及原因[J]. 生物多样性, 2016, 24（5）: 578−587.

[2] 陈德来, 周天林, 石国玺, 等. 陇东−六盘地区首次发现中国大鲵[J]. 四川动物, 2017, 36（1）: 58.

[3] 陈竞先. 陇东地区啮齿动物调查报告[J]. 动物学杂志, 1986（5）: 15−18.

[4] 陈彦生. 陕西维管植物名录[M]. 北京: 高等教育出版社, 2016.

[5] 陈之端, 路安民, 刘冰, 等. 中国维管植物生命之树[M]. 北京: 科学出版社, 2020.

[6] 甘肃省庆阳地区志编纂委员会.庆阳地区志（第一卷）.兰州大学出版社，1993.

[7] 贺鹏辉, 邢会文, 杜芬芬, 等.庆阳市鸟类资源调查[J]. 安徽农业科学, 2011, 39（32）: 19877−19880.

[8] 何杰坤. 中国陆生野生动物生态地理区划研究[M]. 北京: 科学出版社, 2018.

[9] 华池县志编纂委员会.华池县志.甘肃人民出版社，2004.

[10] 江建平, 谢 锋, 臧春鑫, 等. 中国两栖动物受威胁现状评估[J]. 生物多样性, 2016, 24（5）: 588−597.

[11] 姜双林. 子午岭林区步甲昆虫的区系研究[J]. 甘肃科学学报, 2006（2）: 49−51.

[12] 姜双林, 张希彪. 陇东子午岭林区尺蛾科昆虫区系研究[J]. 甘肃科学学报, 2001（2）: 47−50.12.

[13] 蒋志刚, 李立立, 罗振华, 等. 通过红色名录评估研究中国哺乳动物受威胁现状及其原因[J]. 生物多样性, 2016, 24（5）: 552−567.

[14] 蒋志刚, 江建平, 王跃招, 等.中国脊椎动物红色名录[J]. 生物多样性, 2016, 24（5）: 501−551, 615.

[15] 蒋志刚. 中国脊椎动物生存现状研究[J]. 生物多样性, 2016, 24（5）: 495−499.

[16] 李成. 甘肃陇南地区两栖爬行动物调查[J]. 四川动物, 2000, 20（2）:74−76.

[17] 李师翁, 刘立品. 子午岭森林与灌丛植被的主要类型及特征的研究[J]. 西北植

物学报, 2004（2）:275−280.
[18] 柳鹏飞, 张娟丽, 杨永鹏, 等. 庆阳鸟类新纪录——燕雀、领雀嘴鹎、董鸡、日本鹌鹑、红头长尾山雀[J]. 陇东学院学报, 2020, 31（2）: 1−3.
[19] 刘富顺, 郭小强, 王根旺. 陇东子午岭林区芳香油植物资源研究[J]. 宝鸡文理学院学报（自然科学版）, 2008, 28（4）: 298−302.
[20] 刘富顺, 郭小强, 王根旺. 陇东子午岭天然草地野生有毒植物调查[J]. 草业科学, 2007（2）: 59−62.
[21] 刘富顺, 张希彪, 马世荣. 黄土丘陵区子午岭短柄五加群落特征分析[J]. 植物研究, 2009, 29（4）: 475−480.
[22] 刘立品. 子午岭木本植物志[M]. 兰州: 兰州大学出版社, 1998.
[23] 马金双. 中国入侵植物名录[M]. 北京: 高等教育出版社, 2013.
[24] 马世荣, 周天林, 史亚玲. 甘肃省华池县中药资源调查初报[J]. 安徽农业科学, 2020, 48（18）: 173−176.
[25] 马世荣, 魏晓岚, 肖佳佳, 等. 甘肃省庆城县中药资源调查初报[J]. 现代农业科技, 2020（12）: 101−103, 107.
[26] 马世荣. 子午岭甘肃段野生观赏植物资源调查分析[J]. 绿色科技, 2015（2）: 40−42.
[27] 马世荣, 张希彪, 郭小强, 等. 子午岭天然油松林乔木层种内与种间竞争关系研究[J]. 西北植物学报, 2012, 32（9）:1882−1887.
[28] 强乾聪. 甘肃省阿夏自然保护区生物多样性及其保护[J]. 吉林农业, 2011（8）: 169−170.
[29] 庆阳地区土壤普查办公室. 甘肃庆阳土壤[M]. 甘肃科学技术出版社，1989.
[30] 庆阳市地方志编纂委员会. 庆阳市志（1986—2010）[M]. 中华书局，2014.
[31] 庆阳市林业局, 庆阳市林业生态环境调查规划院. 庆阳市古树名木奇观[M]. 三秦出版社，2016.
[32] 申登峰. 甘肃子午岭自然保护区区划研究[D]. 甘肃农业大学, 2005.
[33] 史生晶, 高军, 王春霞, 等. 甘肃多儿国家级自然保护区维管植物区系分析[J]. 草业学报, 2021, 30（4）: 140−149.
[34] 王东, 马世荣. 陇东地区园林绿化及观赏植物应用调查报告[J]. 陇东学院学报, 2018, 29（1）: 64−67.
[35] 王根旺. 陇东药用两栖爬行动物资源开发与利用研究[J]. 宝鸡文理学院学报（自然科学版）, 2005（4）: 57−60.

[36] 王根旺. 甘肃陇东地区药用陆生脊椎动物资源简介[J]. 时珍国医国药, 2007（1）: 253–254.

[37] 王根旺. 甘肃子午岭林区野生果树种质资源调查研究[J]. 甘肃林业科技, 2006（2）: 8–11, 28.

[38] 王丕贤, 俞诗原, 王建文. 陇东爬行动物初步调查[J]. 四川动物, 1990（2）: 38.

[39] 王丕贤, 周天林. 甘肃子午岭地区鸟类区系分析[J]. 四川动物, 1994（3）: 120–122.

[40] 王丕贤. 甘肃陇东地区鱼类初步调查[J]. 四川动物, 2003（4）: 224–225.

[41] 王乃昂. 甘肃省志·自然地理志[M]. 兰州: 甘肃文化出版社, 2018.

[42] 王香亭. 甘肃脊椎动物志[M]. 兰州: 甘肃科学技术出版社, 1991.

[43] 王荷生, 张镱锂. 中国种子植物特有属的生物多样性和特征[J]. 云南植物研究, 1994（3）: 209–220.

[44] 魏至公. 甘肃省志·林业志[M]. 兰州：甘肃文化出版社，2009:238–240.

[45] 席忠诚, 俞银大, 李亚绒. 子午岭林区林虫区划初探[J]. 甘肃林业科技, 1997（3）: 57–59.

[46] 席忠诚, 李亚绒. 子午岭林区林虫发生特点与防治对策[J]. 中国森林病虫, 2002（5）: 28–29.

[47] 徐根海, 强盛. 中国外来入侵生物[M]. 北京:科学出版社, 2018.

[48] 许姝娟, 史红全, 韩亚鹏, 等. 陇东子午岭林区蝗虫初步调查[J]. 陇东学院学报, 2015, 26（5）: 92–94.

[49] 姚崇勇, 龚大洁. 甘肃两栖爬行动物[M]. 兰州: 甘肃科学技术出版社, 2012.

[50] 姚崇勇. 甘肃省爬行动物区系与地理区划[J]. 四川动物, 2004, 23（3）: 217–217.

[51] 俞诗源, 王丕贤. 甘肃蛇类一新纪录–青脊蛇[J]. 动物学杂志, 1992, 27（2）:58.

[52] 俞诗源, 王丕贤, 张婉荣. 陇东十三县（市）的哺乳动物[J].四川动物, 1992（4）: 29–30.

[53] 俞诗源, 王丕贤. 甘肃子午岭的兽类[J]. 动物学杂志, 1994（5）: 31–33.

[54] 俞诗源, 王丕贤. 子午岭的爬行动物[J]. 西北师范大学学报（自然科学版）, 1994（1）: 58–59.

[55] 岳建兵, 赵佳丽, 王建华.甘肃省插岗梁自然保护区维管植物区系组成与特征[J]. 林业资源管理, 2015（2）: 154–161.

[56] 张浩, 贺鹏辉, 杨桂英. 庆阳市鸟类群落多样性研究[J]. 林业实用技术, 2012（12）: 86–87.

[57] 张则瑾, 郭焱培, 贺金生, 等. 中国极小种群野生植物的保护现状评估[J]. 生物多样性, 2018, 26（6）: 572−577.

[58] 张荣祖. 中国动物地理[M]. 北京: 科学出版社, 1999.

[59] 张勇, 龚大洁, 黄帅, 等. 甘肃两栖爬行动物多样性及区系分析[J]. 四川动物, 2020, 39（5）: 579−591.

[60] 张志达, 于应文, 花立民, 等. 甘肃省野生维管植物多样性分布格局分析. 草业学报, 2014, 23（1）: 22−30.

[61] 正宁县志编纂委员会. 正宁县志[M]. 甘肃文化出版社, 2010.

[62] 植物智——中国植物物种信息系统[DB/OL]. http:// www. iplant. cn.

[63] 中国数字植物标本馆[DB/OL]. https:// www. cvh. ac. cn/.

[64] 中国外来入侵物种信息系统[DB/OL]. http://www.iplant.cn/ias/.

[65] 中国科学院《中国自然地理》编辑委员会. 中国自然地理[M]. 北京:科学出版社，1979.

[66] 周天林, 王丕贤, 韩芬茹. 关山林区勺鸡生态的初步研究[J]. 动物学研究, 1996（1）: 52−58.

[67] Allantospermum A, Apodanthaceae A, Boraginales B, et al. An update of the Angiosperm Phylogeny Group clssifcation for the orders and families of flowering plants: APG Ⅳ [J]. Botamical Journal of the Linnean Socet, 2016, 181(1): 1−20.

[68] Myers N, Mittermeier RA, Mittermeier CG, et al. Biodiversity hotspots for conservation priorities[J]. Nature, 2000, 403: 853−858.

[69] Warman LD, Forsyth DM, Sinclair ARE, et al. Species distributions, surrogacy, and important conservation regions in Canada. Ecology Letters, 2004, 7: 374−379.

数据来源:

气象数据：中国气象数据共享网（国家气象信息中心−中国气象数据网 (nmic.cn)）

DEM数据：地理空间数据云 (gscloud.cn)